"十三五"国家重点图书出版规划项目

世界兽医经典著作译丛

兽医临床病例分析

Manual of Veterinary Clinical Chemistry
A Case Study Approach

［英］Leslie C. Sharkey　　M. Judith Radin　　编著

夏兆飞　　陈艳云　　主译

中国农业出版社

Manual of Veterinary Clinical Chemistry: A Case Study Approach

By: Leslie C. Sharkey and Judith Radin

The original English language work has been published by Teton NewMedia, Jackson, Wyoming, USA

北京市版权局著作权合同登记号：图字 01-2016-1404 号

图书在版编目（CIP）数据

兽医临床病例分析/（英）夏基（Sharkey,L.C.），（英）雷丁（Radin,M.J.）编著；夏兆飞，陈艳云主译. —北京：中国农业出版社，2017.3（2019.3重印）
　　（世界兽医经典著作译丛）
　　ISBN 978-7-109-21640-2

　　Ⅰ.①兽…　Ⅱ.①夏…②雷…③夏…④陈…　Ⅲ.①兽医—病案—分析　Ⅳ.①S85

中国版本图书馆CIP数据核字（2016）第094146号

中国农业出版社出版
（北京市朝阳区麦子店街18号楼）
（邮政编码100125）
责任编辑　邱利伟　王森鹤
———————————————
北京通州皇家印刷厂印刷　　新华书店北京发行所发行
2017年3月第1版　　2019年3月北京第4次印刷
———————————————
开本：787mm×1092mm 1/16　印张：26.75　插页：6
字数：450千字
定价：168.00元
（凡本版图书出现印刷、装订错误，请向出版社发行部调换）

主 译

夏兆飞　　陈艳云

副主译

王姜维　　邱志钊　　吕艳丽　　曲伟杰

翻译校对人员

吴海燕　　唐玉洁　　曹　燕　　施　尧　　李　琴
刘　蕾　　邱志钊　　王姜维　　陈艳云　　夏兆飞

主译简介

　　夏兆飞，中国农业大学动物医学院临床系教授、博士生导师。长期在中国农业大学动物医学院从事教学、科研和兽医临床工作。主要研究领域有小动物实验室诊断技术、小动物临床治疗技术、小动物临床营养和动物医院经营管理等。

　　现任中国农业大学动物医学院临床兽医系系主任、教学动物医院院长，《中国兽医杂志》副主编，亚洲兽医内科协会副会长，中国饲料工业协会宠物食品专业委员会副主任委员。曾任北京小动物诊疗行业协会理事长等职务。

　　主持国内外科研项目10余项，发表论文100多篇，主编或主译教材和著作10余部。主讲《兽医临床诊断学》《兽医临床病例分析》和《小动物临床营养学》等课程。数十次到美国、加拿大、法国、日本等国学习交流、考察参观，熟悉国内外的小动物临床发展现状及宠物食品生产现状。

主译简介

陈艳云，博士，执业兽医师，师从夏兆飞教授，主要研究领域为小动物肿瘤学和兽医临床实验室诊断。

2014—2016年出任中国农业大学动物医院检验科主管，组织中国农业大学动物医院实验室检查培训班10余次，并担任主讲教师；现任北京市小动物诊疗行业协会继续教育讲师。

曾主持和参加多项科研项目，在国内外核心期刊上发表文章20余篇。主译和参与翻译《小动物肿瘤学》《兽医临床尿液分析》《小动物内科学》和《兽医助理输液疗法指南》等多部书籍，参编《兽医临床病理学》和《兽医临床诊断学》等多部教材。

数次到新加坡、韩国等国学习交流、考察参观，熟悉国内外小动物临床实验室诊断技术的发展现状。

《世界兽医经典著作译丛》总序

　　引进翻译一套经典兽医著作是很多兽医工作者的一个长期愿望。我们倡导、发起这项工作的目的很简单，也很明确，概括起来主要有三点：一是促进兽医基础教育；二是推动兽医科学研究；三是加快兽医人才培养。对这项工作的热情和动力，我想这套译丛的很多组织者和参与者与我一样，来源于"见贤思齐"。正因为了解我们在一些兽医学科、工作领域尚存在不足，所以希望多做些基础工作，促进国内兽医工作与国际兽医发展保持同步。

　　回顾近年来我国的兽医工作，我们取得了很多成绩。但是，对照国际相关规则标准，与很多国家相比，我国兽医事业发展水平仍然不高，需要我们博采众长、学习借鉴，积极引进、消化吸收世界兽医发展文明成果，加强基础教育、科学技术研究，进一步提高保障养殖业健康发展、保障动物卫生和兽医公共卫生安全的能力和水平。为此，农业部兽医局着眼长远、统筹规划，委托中国农业出版社组织相关专家，本着"权威、经典、系统、适用"的原则，从世界范围遴选出兽医领域优秀教科书、工具书和参考书50余部，集合形成《世界兽医经典著作译丛》，以期为我国兽医学科发展、技术进步和产业升级提供技术支撑和智力支持。

　　我们深知，优秀的兽医科技、学术专著需要智慧积淀和时间积累，需要实践检验和读者认可，也需要具有稳定性和连续性。为了在浩如烟海、林林总总的著作中选择出真正的经典，我们在设计《世界兽医经典著作译丛》过程中，广泛征求、听取行业专家和读者意见，从促进兽医学科发展、提高兽医服务水平的需要出发，对书目进行了严格挑选。总的来看，所选书目除了涵盖基础兽医学、预防兽医学、临床兽医学等领域以外，还包括动物福利等当前国际热点问题，基本囊括了国外兽医著作的精华。

　　目前，《世界兽医经典著作译丛》已被列入"十三五"国家重点图书出版规划项目，成为我国文化出版领域的重点工程。为高质量完成翻译和出版工作，我们专门组织成立了高规格的译审委员会，协调组织翻译出版工作。每部专著的翻译工作都由兽医各学科的权威专家、学者担纲，翻译稿件需经翻译质量委员会审查合格后才能定稿付梓。尽管如此，由于很多书籍涉及的知识点多、面广，难免存在理解不透彻、翻译不准确的问题。对此，译者和审校人员真诚希望广大读者予以批评指正。

　　我们真诚地希望这套丛书能够成为兽医科技文化建设的一个重要载体，成为兽医领域和相关行业广大学生及从业人员的有益工具，为推动兽医教育发展、技术进步和兽医人才培养发挥积极、长远的作用。

国家首席兽医师　张仲秋

中文版序言

近年来，随着国内小动物临床诊疗行业的蓬勃发展，兽医对临床病理学知识的需求与日俱增，尤其是血清生化分析方面。目前很多书籍都有关于单项生化检查的分析，但缺乏对病例的整体把握和分析。在学习的过程中，临床病例分析与讨论几乎是每个兽医都非常热衷的学习方式，大家喜欢从实际的病例中总结经验，学以致用，创造更多价值。为了满足大家对生化分析和病例分析的需求，我们将《兽医临床病例分析》一书翻译成中文出版。

本书思路清晰，言简意赅，主次分明，有很强的可读性。在分析临床病例时，作者从临床兽医的需求出发，内容涵盖了病史介绍、体格检查、实验室检查、其他检查、诊断、治疗、病例监测和预后等方面，全面分析了实际工作中遇到的各种病例，重点强调了血清生化检查的综合判读，适合一线兽医从业者。

本书共分为七个章节，第一章为判读计划，从整体出发，给大家提供了良好的分析思路；第二章至第七章分别从肝酶升高、胃肠道疾病和碳水化合物代谢的检查、血清蛋白、肾功能检查、钙磷镁异常、电解质和酸碱功能的评估等方面，选取不同的病例加以分析，由浅入深，层次分明。全书共125个病例，每章结尾处都有相关病例的比较分析，加深我们对不同疾病的理解。

在本书的翻译过程中，我们力求把原文的意思表达精准，但是，由于本书内容专业而广泛，涉及的知识面很多，难免有瑕疵之处。如读者发现，恳请反馈给译者或出版社，以便日后改进。

夏兆飞　陈艳云

2016年7月于中国农业大学

　　我们致力于为兽医学生、住院医和临床兽医提供一本实用的参考书，通过病例分析的形式帮助大家判读生化数据，提高临床技能。目前很多书籍中都有关于单项生化检查分析的介绍，但缺乏系统分析的书籍。

　　这本书里的病例来源于作者的实际案例，每个章节都根据疑难程度划分等级，由浅入深。虽然生化分析在全书的分量最重，但也涵盖了简短的病史、体格检查、CBC、尿液分析、细胞学或体腔液分析。有些病例可通过体格检查、影像学检查或显微镜的评估找到重要的线索。判读生化数据时一定要结合动物的临床表现，这是判读的关键要点。每个病例分析在结束时都有一个简短的总结，不但有病例的后续检查数据，还有治疗效果的介绍。

　　我们也强调了年龄和人为失误对结果的影响，还有一些病例的检查结果在参考范围以外，但没有相关临床表现，不得不考虑是否为统计学原因造成的（译者注：参考范围是统计了一定样本的检查结果而建立起来的，所以会有一些健康动物的检查结果落在参考范围以外）。这些都是一些重要的判读要点，了解这些可有效避免误判。我们也尽最大努力选取了一些其他家养动物案例，来拓宽读者的阅读面。每个章节都有"教科书式"的经典案例，然而，由于这些病例都来自于作者的诊所，有些病例没有足够的检查数据，这对大家是一种挑战，我们希望这些挑战既能给大家带来欢乐，也能带来很多启发。我们也选取了一些临床症状和实验室检查数据相似但诊断完全不同的病例，病例总结部分会有不同病例的分析比较，有助于临床兽医加深对这些疾病的鉴别诊断。

　　很多病例最终是通过辅助诊断、活检或者尸检才最终建立诊断。我们也承认，书中这么多病例，可能只有一个或几个是正确的。写这本书时，我们得到两个获得认证的临床病理学家的支持，但随着兽医学的发展，有些观点可能会改变。我们希望您在阅读这本书时，能够提高判读临床生化数据的技能。

怎样使用这本书

　　和很多其他临床病理学检查不同，生化检查结果从实验室传递到兽医师手里时，一般不会附上判读信息。这本书旨在帮助兽医学生、兽医住院医、兽医师等提高实验室检查数据的判读技能。虽然每个章节都有关于某些检查指标的相关简介和判读概要，但本书并非生化检查的最佳参考文献，使用本书时还需要相关基础知识，读者可备上一本经典的实验室检查参考书。

　　本书第一章提供了临床生化数据的处理方法，回顾了参考范围建立的基本原则和其他相关信息。随后的章节侧重于不同器官系统的实验室检查，检查结果相似但病因完全不同的疾病也会出现在同一个章节（例如碱性磷酸酶升高既有可能继发于内分泌疾病，也有可能继发于骨骼病变，但他们都会出现在肝酶升高章节）。

　　每个章节都包含了三个难度等级的病例。读者可以从难度等级最低的病例开始学习。虽然每个病例都是独立的，不一定要连续阅读，但我们每个病例都是严格挑选、精心排序的，强调不同疾病可能会出现相似的检查结果。本书也有关于血液学、尿液分析、凝血检查、细胞学、X线检查的判读分析。每个病例都有异常检查结果分析判读的环节，随后会有各种异常结果回归临床表现的综合分析，虽然各种信息相互交错，但我们能从纷繁复杂的数据中理出头绪，得出最终诊断，最后还会推荐一些其他的参考文献。我们提供的每一个病例都是真实存在的，所以我们知道这些病例的最终结局。我们也希望能为读者提供一本实用性强的参考书，让大家乐在其中地学习，提高大家的技能。

　　下面是作者推荐的一些经典的参考书籍：

Fundamentals of Veterinary Clinical Pathology

SL Stockham, MA Scott, eds., Blackwell Publishing, Ames, IA

Fluid, Electrolyte, and Acid Base Disorders in Small Animal Practice

SP DiBartola ed., Saunders Elsevier, St. Louis, MO.

Veterinary Hematology and Clinical Chemistry

MA Thrall, ed., Lippincott Williams &Wilkins, Philadelphia, PA.

Canine and Feline Endocrinology and Reproduction

EC Feldman, RW Nelson, eds., W.B. Saunders, St. Louis, MO

Large Animal Internal Medicine

BP Smith, ed., Mosby, St. Louis, MO.

Equine Internal Medicine

SM Reed, WM Bayly, RB McEachern, DC Sellon, eds., W.B. Saunders, St. Louis, MO.

Laboratory urinalysis and hematology, for the small animal practitioner

CA Sink, BF Feldman, Teton NewMedia, Jackson, WY.

Urinalysis, A clinical guide to compassionate patient care.

CA Osborne, JB Stevens, Bayer.

致 谢

很多兽医师、兽医学生、技师、塔夫茨大学、明尼苏达大学和俄亥俄州立大学的兽医技师们为本书做了大量的奠基工作，在此致以我们最诚挚的谢意。

目录
Contents

第一章

制订判读计划

临床生化检查

对于大多数患病动物来说，临床生化检查是病例基本资料的重要组成部分。需要进行临床生化检查的原因包括：

1. 对表现健康的动物进行疾病筛查（麻醉前检查或老年动物体检）。

2. 评估疾病的严重程度：检查指标与参考范围的偏离度可能与器官损伤或功能障碍的严重程度有关，但并非所有检查都适用。

3. 鉴别诊断。

4. 判断预后。

5. 确定药物毒性。

6. 通过一系列检查评估治疗效果。

所有检查都会有假阳性、假阴性和实验室人为误差，这些都可能会影响检查结果。因此，很难通过单项检查结果做出诊断或判断预后；反之，某项检查结果正常也不能完全排除某种疾病。只有把实验室检查和病史、体格检查、影像学检查和其他诊断方法结合起来，才能建立正确的诊断。

第一步：血液学检查结果异常还是动物异常？

很多原因都会引起实验室检查结果超出参考范围，但有些异常与疾病无关。

1. "正常的异常值"——参考范围是怎样生成的。

由于许多临床生化检查结果取决于实验室的仪器及试剂，因此如果可能的话，每个实验室都应制定自己的参考范围，但有时可能会使用已出版的参考范围，尤其是一些稀有动物。由于检查方法不同，可能会导致健康动物的检查结果落在参考范围以外。同时还需要根据特定年龄（新生儿）、特定品种、生殖状况等情况，制定专门的参考范围。人医实验室也可能会接收动物样本，但他们可能缺乏相应的参考范围。

通过检查健康动物的血液的某项指标，可建立该类动物的参考范围。计算出平均值，如果数据成正态分布，参考范围则设定为Mean（平均值）±2SD（标准偏差）。然而这种做法会导致5%左右的"健康"动物的检查结果落在参考范围以外（图1-1）。例如，如果一个完全正常的动物一共进行12项血清生化检查，所有检查结果都正常的概率只有54%。

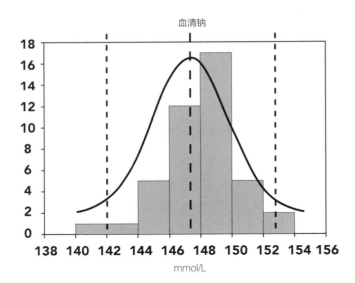

图1-1 参考范围的计算方法：如测量43只正常犬的血清钠离子水平，将每只犬的血清钠离子水平标明在柱形图上。计算出平均值（较粗的虚线）和参考范围（较细的虚线或±2 SD）。请注意，43只正常犬中，两只的检查结果在参考范围以外。这样就可以预计会有5%的正常动物的血清生化检查结果落在参考范围以外

2. 实验室检查的准确性和精确性。

实验室检查结果要达到很高的准确度和精确度，这样才能保证异常值能够真实地反映患病动物的状态，而不是实验室检查技术不良造成的。准确性反映了实验室检查结果和"真实"值之间的一致性，而精确性反映的是重复测量结果之间的一致性（图1-2）。

3. 患病动物患上某种疾病时，实验室检查

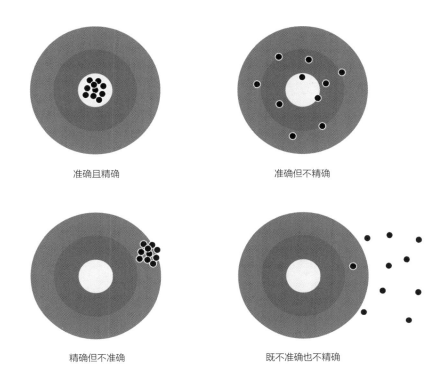

准确且精确　　　　　　　　　　准确但不精确

精确但不准确　　　　　　　　　　既不准确也不精确

图 1-2　准确性和精确性

结果异常的频率跟该项试验的敏感性、特异性和该病在某种动物中的流行程度等有关。

敏感性是衡量动物患病时阳性或异常结果出现的频率。

特异性是衡量动物健康时阴性或正常结果出现的频率。

虽然试验的敏感性和特异性反映了检查结果的准确性，但它们都是通过使用高度选择性的动物（检验敏感性时，所有试验动物都患有某种疾病；检验特异性时，所有试验动物都未患某一疾病）来确定的。临床医生可能对某项检查的阳性预测值更感兴趣，即出现阳性结果时能够确定罹患某种疾病的百分率。阳性预测

值能够提示某种疾病的流行程度。不过要注意，这些试验通常是在大学或大型转诊中心进行的，因此，某种疾病的流行程度可能与读者所在的诊所附近有很大区别。

4. 采集和处理样品过程中的实验室误差可能会导致正常动物的实验室检查结果异常。本书不可能列举出所有人为误差和错误，当实验室数据与患病动物的临床表现不一致时，往往需要考虑这些人为误差和错误。血液样品出现溶血、黄疸，脂血症时都可能因试验方法的干扰而出现人为异常。如果血清样品没有及时离心，则会出现细胞对葡萄糖的体外消耗，从而引起低血糖。电解质和酶类从细胞渗漏到血清

中也可能会引发某些问题。进食后立即采样可能会导致脂血症或血清葡萄糖、胆固醇和甘油三酯升高。某些药物可能会导致实验室检查异常，药物或其代谢产物可能会直接干扰分析方法。

5. 常规临床生化检查不能排除任何疾病。在某些案例中，一些实验室检查指标只有在疾病晚期才会出现异常（敏感性较差）。尿素氮和肌酐就是很好的例子，大约75%的肾功能丧失以后，这两个参数才开始升高。其他病例中，常规临床生化检查不能为疾病提供良好的诊断依据。例如，在肺脏疾病或心血管疾病中，没有任何特异性的血清生化指标发生变化，虽然继发于缺氧或血液灌注不良时，一些指标会出现变化。

第二步：将检查结果分类

许多临床生化检查报告单中，检查结果按照一定的逻辑（通常是根据器官系统）排列。一些实验室会提供价格较低、针对肝脏或肾脏疾病的"迷你"报告。兽医也可以按自己方式排列，这种做法有助于排除某些疾病。例如：

肾脏疾病	肝脏疾病	电解质紊乱	水合状态
BUN	BILI	Na^+	PCV
CREA	ALP	Cl^-	TP
P	GGT	K^+	ALB
Ca	ALT/SDH	AG	BUN/CREA
Na^+	ALB	HCO_3^-	尿相对密度
Cl^-	CHOL		体格检查
K^+	TG		
HCO_3^-			
ALB			
AMYL			
USG			

实验室数据评估与体格检查、病史调查或X线评估相似。只要能得到满意的结果，采用哪种方法并不重要。全面系统的检查方法能确保万无一失，在繁忙的工作中非常有效。

第三步：在临床资料的基础上整合临床生化数据

如果动物有一些临床生化检查结果异常，但临床表现正常，可以遵循图1-3的概要进行分析。判读实验检查结果时要结合动物的临床信息。例如，一个水合良好的动物大量饮水后可能会出现等渗尿，而对一个脱水同时兼有氮质血症的动物来讲，出现等渗尿则提示肾脏严重损伤。同样是血糖升高，平静状态的猫比在诊室里嗥叫挣扎的猫患有糖尿病的可能性更高。

所有引起实验室检查结果异常的原因都需要在初步鉴别诊断表中列举出来，但根据病史和体格检查可以排除掉一些疾病，而剩下的可以粗略地根据临床资料优先排序。以猫高血糖为例，与就诊过程中紧张、无相关临床症状的猫相比，有多饮多尿和体重减轻病史的瘦猫更有可能有糖尿病，即使血糖升高的程度相同。

第四步：试着用一种原发疾病解释所有问题和实验室异常

这是建立诊断的标准步骤。必须牢记，某些患病动物（尤其是一些老年动物）可能有多种原发问题。正如俄亥俄州立大学的Bob Hamlin医生所说："不能因为头痛排除同时腹泻的可能。"

在大多数病例中，血液学检查结果反映的是继发于原发病的变化。例如，肝酶升高或尿道感染可能跟糖尿病有关。许多疾病会出现脱水的实验室表现（红细胞比容、总蛋白和/或白蛋白升高）。发生车祸的动物可能会出现肝酶升高，这些是由创伤性细胞损伤或休克继发的灌注不良引起的，而不是原发性肝脏疾病引起的。

第五步：在临床生化检查指导下建立进一步诊断

准确诊断要求结合临床病史、体格检查、实验室检查、影像学检查，以及其他可能的检查。血清生化检查可能会显示一些问题（如电解质紊乱），临床医生必须找出原因。依据病史和一般检查，临床兽医可以选择进行腹部X线检查、细小病毒检查、ACTH试验，或其他有助于确定潜在问题的检查。

建立参考范围能改善试验的敏感性与特异性。例如，95%以上的肾上腺皮质机能亢进患犬会出现ALP升高。由于地塞米松抑制试验和ACTH刺激实验很难解释，如果一些动物有相关临床症状，而且实验室检查结果高度提示肾上腺皮质机能亢进，从业者可能会高估检查结果。

如果经济条件不允许，或者一些检查更具有侵入性，实验室检查和临床数据也有助于优化诊断程序。例如甲状腺机能亢进的猫虽无原发性肝病，但其肝酶也可能会升高。因此，如果患猫体重减轻、心动过速，同时颈部触诊有结节，应检查T4水平，而不是肝脏活组织检查。

第六步：不断实践！！！！

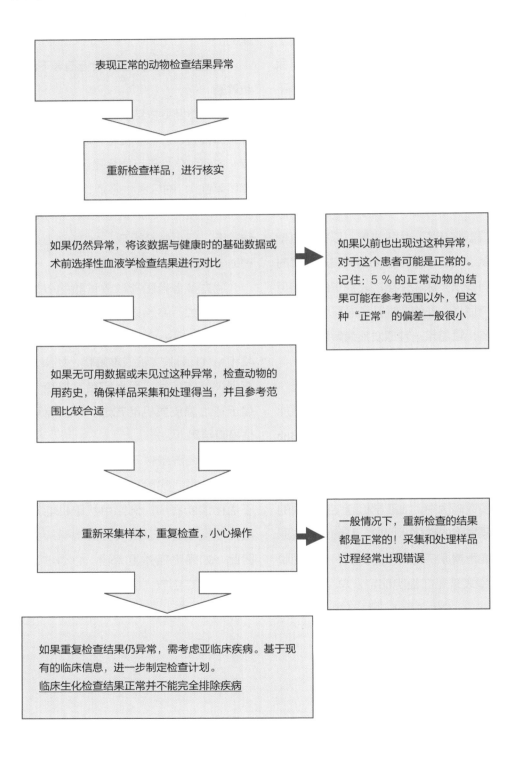

表现正常的动物检查结果异常

重新检查样品，进行核实

如果仍然异常，将该数据与健康时的基础数据或术前选择性血液学检查结果进行对比

如果以前也出现过这种异常，对于这个患者可能是正常的。记住：5％的正常动物的结果可能在参考范围以外，但这种"正常"的偏差一般很小

如果无可用数据或未见过这种异常，检查动物的用药史，确保样品采集和处理得当，并且参考范围比较合适

重新采集样本，重复检查，小心操作

一般情况下，重新检查的结果都是正常的！采集和处理样品过程经常出现错误

如果重复检查结果仍异常，需考虑亚临床疾病。基于现有的临床信息，进一步制定检查计划。临床生化检查结果正常并不能完全排除疾病

第二章

肝酶升高

由于肝胆疾病通常呈现的是非特异性症状如沉郁、体重减轻、腹泻和呕吐等，所以肝胆疾病诊断起来比较难。可以用实验室检查确定肝脏疾病是否是这些临床症状的原因，但是结果的判读比较复杂，因为并非所有肝脏疾病的动物会表现出同样的临床病理变化，肝外疾病也会出现和肝胆管疾病相似的实验室检查结果。

下面列举了一些指导肝酶判读的技巧：

1. 血清酶活性升高相对来说较敏感，但不是肝脏疾病的特异性指标。

2. 在进行昂贵的侵入性、针对原发性肝脏疾病的检查之前，应该先全面调查其他可以诱导肝酶升高的因素，如患病动物的用药史、代谢性疾病或其他肝外疾病。

3. 肝脏实质功能严重丧失时，循环中的肝酶浓度可能仍然在正常范围内。

4. 肝酶升高的程度不一定能指示预后，但是常常反映了损伤的程度和受损细胞的数量。

5. 血样中的肝酶活性不能被用来评估肝功能，通常推荐的是血清胆汁酸浓度或血氨水平。

6. 活检标本报告中组织学改变的程度可能跟肝酶升高的程度不一致。生化指标出现异常时，光学显微镜下可能观察不到明显的病理变化。与此相反，肝实质发生严重的损伤时，如果活性肝细胞不再发生渗漏，可能肝酶表现正常。

7. 肝酶水平随时间逐渐下降往往提示潜在疾病好转，酶诱导得到消除，也可能缺乏有活性的肝细胞。肝酶活性在参考范围之下时，通常认为没有诊断学意义。

8. 依据肝脏疾病的类型、程度和持续时间的不同，可能出现的实验室异常项目包括：全血细胞计数、凝血检查以及血清生化分析。

9. 临床上一旦排除了肝酶升高的肝外因素，或者进一步进行实验室检查，就可以利用肝酶值对一般的疾病进行分类，如：

● 肝细胞损伤（小动物血清ALT、AST升高；大动物血清SDH、AST升高）；

● 胆汁淤积（小动物血清ALP、GGT和胆红素升高；大动物血清GGT和胆红素升高）；

● 肝功能下降（血清胆汁酸、胆红素、血

氨或纤维蛋白降解物升高；PT或APTT延长，血清蛋白、胆固醇、尿素、葡萄糖下降）；

● 以上各项的组合。

肝细胞损伤会导致肝细胞肿胀，并继发胆汁淤积，胆汁淤积过程中胆汁酸的蓄积对肝细胞具有一定毒性。慢性、严重肝细胞损伤或胆汁淤积最终都会损害肝功能。原发疾病的实验室检测值往往比继发疾病的偏差更大，但疾病晚期时，很难确定最初的病因。如果血液学检查提示为肝脏疾病，往往需要特异性诊断，例如细胞学检查或肝组织的活组织检查。

本章病例评估指导

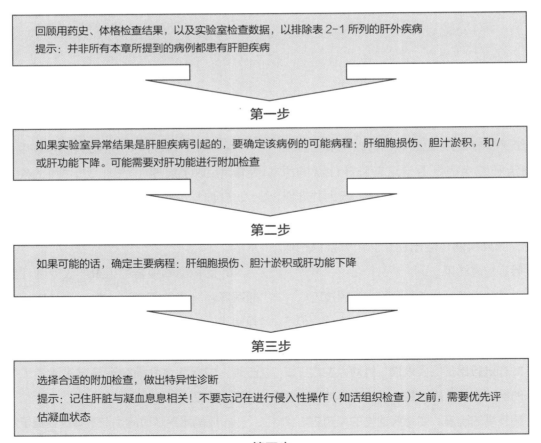

回顾用药史、体格检查结果，以及实验室检查数据，以排除表 2-1 所列的肝外疾病
提示：并非所有本章所提到的病例都患有肝胆疾病

第一步

如果实验室异常结果是肝胆疾病引起的，要确定该病例的可能病程：肝细胞损伤、胆汁淤积，和 / 或肝功能下降。可能需要对肝功能进行附加检查

第二步

如果可能的话，确定主要病程：肝细胞损伤、胆汁淤积或肝功能下降

第三步

选择合适的附加检查，做出特异性诊断
提示：记住肝脏与凝血息息相关！不要忘记在进行侵入性操作（如活组织检查）之前，需要优先评估凝血状态

第四步

表 2.1 一些能引起血清肝酶水平或胆红素浓度升高的肝外因素

药物诱导
　　皮质类固醇（犬）：ALP、GGT、ALT、AST
　　抗惊厥药（苯巴比妥、苯妥英、扑米酮）：ALT、ALP、AST、GGT
内分泌疾病
　　甲状腺机能亢进（猫）：ALP、ALT
　　甲状腺机能减退（犬）：ALP
糖尿病：ALP
肾上腺皮质机能亢进（犬）：ALP、ALT、GGT、AST
缺氧/低血压：ALT、ALP、GGT、AST、LDH
继发于损伤性肠炎、中毒性肠炎：ALT、AST、SDH
肌肉损伤：AST、ALT（如果变化严重）、LDH
肿瘤：（原发性或转移性）
骨重建增加（骨骼快速生长、肿瘤、骨髓炎）：ALP（骨骼同工酶）
其他
　　全身感染
溶血：胆红素
妊娠（猫）：ALP（胎盘同工酶）
初乳喂养的初生婴儿（犬、小羊、小牛）：GGT
胰腺炎
厌食：马的（间接）胆红素

病例1 – 等级1

"Spunky"，罗威纳犬，10周龄，雄性。就诊前Spunky咳出一小块玻璃，之后出现干呕。无腹泻症状，已常规免疫。Spunky在检查室中表现活泼，反应灵敏，体况良好。体格检查未发现明显异常。

解析：

CBC：相对于Spunky的年龄来说，显示为轻度正色素性贫血的血象，实际上是在幼犬参考范围内的。幼犬的总蛋白水平可能处于参考范围的下限，因为球蛋白水平可能比较低。但是在其他情况下，总蛋白下降提示可能失血症状。这些数据表明，在判读CBC的结果时，

血常规检查

WBC	10.8×10^9 个 /L	（4.9 ~ 16.8）
Seg	6.2×10^9 个 /L	（2.8 ~ 11.5）
Band	0	（0.0 ~ 0.3）
Lym	3.8×10^9 个 /L	（1.0 ~ 4.8）
Mono	0.5×10^9 个 /L	（0.1 ~ 1.5）
Eos	0.3×10^9 个 /L	（0 ~ 1.4）
白细胞形态：未见明显异常		
HCT	↓ 28 %	（39 ~ 55）
RBC	↓ 4.14×10^{12} 个 /L	（5.8 ~ 8.5）
HGB	↓ 9.2 g/dL	（14.0 ~ 19.1）
MCV	67.0 fL	（60.0 ~ 75.0）
MCHC	33.0 g/dL	（33.0 ~ 36.0）
红细胞形态：未见明显异常		
血小板：成簇，但数量充足		

生化检查

GLU	111 mg/dL	（67.0 ~ 135.0）
BUN	23 mg/dL	（8 ~ 29）
CREA	0.6 mg/dL	（0.6 ~ 2.0）
P	↑ 9.3 mg/dL	（2.6 ~ 7.2）
Ca	↑ 12.6 mg/dL	（9.4 ~ 11.6）
Mg	2.0 mmol/L	（1.7 ~ 2.5）
TP	5.5 g/dL	（5.5 ~ 7.8）
ALB	3.2 g/dL	（2.8 ~ 4.0）
GLO	2.3 g/dL	（2.3 ~ 4.2）
A/G	1.5	（0.7 ~ 2.1）
Na^+	147 mmol/L	（142 ~ 163）
Cl^-	108 mmol/L	（106 ~ 126）
K^+	5.4 mmol/L	（3.8 ~ 5.4）
HCO_3^-	26 mmol/L	（15 ~ 28）
AG	18.4 mmol/L	（15 ~ 25）
TBIL	< 0.10 mg/dL	（0.10 ~ 0.30）
ALP	↑ 560 IU/L	（20 ~ 320）
GGT	4 IU/L	（2 ~ 10）
ALT	20 IU/L	（18 ~ 86）
AST	39 IU/L	（16 ~ 54）
CHOL	279 mg/dL	（82 ~ 355）
TG	158 mg/dL	（30 ~ 321）
AMYL	541 IU/L	（409 ~ 1 203）

要针对幼年动物选择合适的参考范围需。鉴于Spunky有吞食玻璃的病史，需要定期监测其PCV，同时观察是否存在失血症状，特别是胃肠道失血。

血清生化分析

高钙血症并发高磷血症：对于幼年动物，尤其是大型犬的骨骼快速生长期，这种现象大多数是正常的。这需要与成年动物的高钙血症及高磷血症进行鉴别诊断，如肾功能衰竭、维生素D中毒以及肾上腺皮质功能低下。Spunky的其他实验室检查数据以及临床病史并不支持以上这些诊断。

ALP轻微升高（1.5倍）：正如简介里提到的，很多肝性因素和肝外性因素都可能导致犬的ALP升高。对于处于生长期的幼年犬，骨骼生长会导致ALP轻度升高。ALP能促进骨骼贮存矿物质（Kronenberg）。从用药史中，我们可以知道是否使用过会导致ALP升高的药物。

病例总结及结果

幼年大型犬的正常表现。

对于这只患病动物，检查报告所列出的一系列"异常结果"其实是正常的生理表现，而并非指示了肝脏疾病。出院后Spunky再未出现其他相关症状。

→ 参考文献

Kronenberg HM. 2002. NPT2a-the phosphate homeostasis. New Eng J Med (347): 1022-1024.

病例2 – 等级1

"Bandit"，拉布拉多巡回犬，1.5岁，雌性绝育。主人发现它被卡车撞到左胸后即来就诊。当时Bandit被撞飞到空中，而后落地，刚落地时不能移动。几分钟后，它站起来并开始走动，但突然前肢不能支撑而倒地，并倒在草地上吠叫。它以前曾接受过脓皮症的治疗，但是目前没有用过任何药物。

体格检查发现Bandit的左腋区有挫伤，左侧桡骨和尺骨中间有擦伤，而且其左肘部附近的胸壁有一处肿胀。左前肢跛行且疼痛，但是看起来还很机敏警觉。胸部、腹部和左前肢X线检查结果显示Bandit有轻微气胸。安排住院观察。

解析

CBC：由创伤应激引发内源性皮质类固醇释放可导致淋巴细胞减少。

血清生化分析

ALT及AST升高（15～20倍）：这两种酶明显升高，证明该病例发生肝细胞损伤。ALP和GGT均正常，表明该病例没有出现胆汁淤积。在小动物病例中，ALT相对具有肝脏特异性，而AST可能与肌肉组织或其他器官损伤有关。如果肌肉损伤非常严重，ALT也可能会升高，这是由于ALT从肌肉组织中漏出所致（Swenson）。血清CK水平可以评定肌肉损伤程度，但是在本病例中，它可能由于创伤会出现升高。Bandit肝酶升高最有可能是肝脏损伤引起的，但也可能是事故后的休克，引起肝脏瞬时灌注不足所致。

血常规检查

WBC	8.1×10^9 个 /L	（4.9 ~ 16.9）
Seg	6.8×10^9 个 /L	（2.8 ~ 11.5）
Band	0	（0 ~ 0.3）
Lym	↓ 0.5×10^9 个 /L	（1.0 ~ 4.8）
Mono	0.6×10^9 个 /L	（0.1 ~ 1.3）
Eos	0.2×10^9 个 /L	（0 ~ 1.3）
白细胞形态：未见明显异常		
HCT	45 %	（37 ~ 55）
RBC	6.59×10^{12} 个 /L	（5.5 ~ 8.5）
HGB	15.9 g/dL	（12.0 ~ 18.0）
MCV	68.1 fL	（60.0 ~ 77.0）
MCHC	34.0 g/dL	（31.0 ~ 34.0）
红细胞形态：未见明显异常		
血小板	227.0×10^9 个 /L	（181.0 ~ 525.0）
血浆澄清，无色		

生化检查

GLU	88 mg/dL	（67.0 ~ 135.0）
BUN	18 mg/dL	（8 ~ 29）
CREA	1.1 mg/dL	（0.6 ~ 2.0）
P	3.1 mg/dL	（2.6 ~ 7.2）
Ca	10.9 mg/dL	（9.4 ~ 11.6）
Mg	1.9 mmol/L	（1.7 ~ 2.5）
TP	5.9 g/dL	（5.5 ~ 7.8）
ALB	3.7 g/dL	（2.8 ~ 4.0）
GLO	2.3 g/dL	（2.3 ~ 4.2）
A/G	1.6	（0.7 ~ 1.6）
Na^+	148 mmol/L	（142 ~ 163）
Cl^-	112 mmol/L	（111 ~ 129）
K^+	4.1 mmol/L	（3.8 ~ 5.4）
HCO_3^-	24 mmol/L	（15 ~ 28）
AG	16.1 mmol/L	（15 ~ 25）
TBIL	0.03 mg/dL	（0.10 ~ 0.30）
ALP	79 IU/L	（12 ~ 121）
GGT	6 IU/L	（2 ~ 10）
ALT	↑ 1 505 IU/L	（18 ~ 86）
AST	↑ 1 411 IU/L	（16 ~ 54）
CHOL	39 mg/dL	（30 ~ 321）
TG	178 mg/dL	（30 ~ 321）
AMYL	578 IU/L	（409 ~ 1 203）

尿液分析：膀胱穿刺检查

外观：深黄，混浊
SG：1.044
pH：9.0
蛋白质：30 mg/dL
葡萄糖/酮体：−
胆红素：+
血红素：+++

尿沉渣检查
红细胞：每个高倍视野有 5 ~ 10 个 RBC
白细胞：偶见

偶见上皮细胞
未见细菌
脂肪滴和碎片：+

尿液分析：尿检显示，Bandit的尿液是浓缩尿，呈碱性，并且含有少量红细胞和白细胞。尿液中出现蛋白质及血红素，可能是由于膀胱穿刺过程中受到血液污染引起的，也可能是继发于创伤的泌尿生殖道出血所致。浓缩尿液样品中蛋白质含量为痕量至1+（30mg/dL）水平时，通常没有显著的临床意义。但是，当样本为碱性尿时，可能会出现蛋白质假阳性的结果。肉食动物的尿液普遍呈酸性，碱性尿表明可能存在脲酶阳性细菌。餐后的尿液可能会暂时呈现碱性。

犬结合胆红素的肾阈值较低，检测结果经常为痕量至1+水平，特别是浓缩尿。对犬来说，尿胆红素出现往往会在血清胆红素升高之前就先被检测出来。

病例总结和结果

使用止痛药物治疗后，Bandit于第2天上午出院。顺利康复。

→ **参考文献**

Swenson CL, Graves TK. 1997. Absence of liver specificity for canine alanine amionotransferase (ALT). Vet Clin Pathol: 26-28.

病例3 − 等级1

"Chewie"，佛兰德牧羊犬，6 岁，雄性去势。大约1个月前左前肢开始出现跛行。首诊兽医初步诊断为分离性骨软骨炎，开具一种非甾体类抗炎镇痛药的处方。就诊时，Chewie表现疼痛，左肱骨近端出现肿胀。

解析

CBC：淋巴细胞和嗜酸性粒细胞在数量上

血常规检查

WBC	5.8×10^9 个 /L	（4.9 ~ 16.8）
Seg	4.1×10^9 个 /L	（2.8 ~ 11.5）
Band	0	（0 ~ 0.3）
Lym	↓ 0.9×10^9 个 /L	（1.0 ~ 4.8）
Mono	0.6×10^9 个 /L	（0.1 ~ 1.5）
Eos	↑ 0.2×10^9 个 /L	（0 ~ 0.1）
白细胞形态：正常		
HCT	48 %	（39 ~ 55）
RBC	7.78×10^{12} 个 /L	（5.8 ~ 8.5）
HGB	16.7 g/dL	（14.0 ~ 19.1）
MCV	60.9 fL	（60.0 ~ 75.0）
MCHC	34.8 g/dL	（33.0 ~ 36.0）
红细胞形态：正常		
血小板：数量充足		

生化检查

GLU	99 mg/dL	（67.0 ~ 135.0）
BUN	13 mg/dL	（8 ~ 29）
CREA	1.2 mg/dL	（0.6 ~ 2.0）
P	3.9 mg/dL	（2.6 ~ 7.2）
Mg	2.3 mmol/L	（1.7 ~ 2.5）
TP	6.8 g/dL	（5.5 ~ 7.8）
ALB	3.3 g/dL	（2.8 ~ 4.0）
GLO	3.5 g/dL	（2.3 ~ 4.2）
A/G	0.9	（0.7 ~ 2.1）
Na^+	148 mmol/L	（142 ~ 163）
Cl^-	114 mmol/L	（106 ~ 126）
K^+	4.4 mmol/L	（3.8 ~ 5.4）
HCO_3^-	15 mmol/L	（15 ~ 28）
AG	23.4 mmol/L	（15 ~ 25）
TBIL	0.20 mg/dL	（0.10 ~ 0.30）
ALP	↑ 345 IU/L	（12 ~ 121）
GGT	4 IU/L	（2 ~ 10）
ALT	59 IU/L	（18 ~ 86）
AST	27 IU/L	（16 ~ 54）
CHOL	243 mg/dL	（82 ~ 355）
TG	71 mg/dL	（30 ~ 321）
AMYL	1 200 IU/L	（409 ~ 1 203）

的轻微变化可能是正常的。淋巴细胞减少症可能继发于内源性皮质醇的释放或应激。但是，该病例出现嗜酸性粒细胞轻度升高，因此可以排除皮质类固醇反应。嗜酸性粒细胞增多可见于寄生虫感染或者过敏反应，其他CBC检查指标均正常。

ALP升高（2.5倍）：ALP只是轻度升高，这没有特异性。引起犬ALP升高的原因有很多，因此ALP的判读必须依靠临床信息。经过病史调查和临床检查发现，该病例ALP升高可能跟骨病有关，可能是骨髓炎，也可能是骨肉瘤。可排除内分泌紊乱和药物不良反应。

病例总结和结果

骨科疾病继发ALP升高。

与Spunky（病例1）相比，Chewie是成年犬，所以ALP升高不是骨生长引起的，也没有给予会引起ALP升高的药物。虽然淋巴细胞减少症符合类固醇反应，但Chewie的淋巴细胞只

是轻微降低，同时其他CBC检查结果也不符合应激或者类固醇白细胞象。据报道，一些非类固醇抗炎药物可能会导致一些品种的犬出现肝功能衰竭，不仅会引起ALP升高，还会同时引发黄疸，以及ALT和AST升高，这只犬并没有出现这些变化。

X线检查显示该病例肱骨近端出现了骨溶解，但无现胸腔肿瘤转移的迹象。需要注意的是，这一结果并不能排除肿瘤微转移，大多数骨肉瘤患者在初次诊断时已经发生了微转移。对骨溶解部位进行细针抽吸细胞学检查（图2-1），检查结果符合骨肉瘤。对Chewie进行了截肢，活组织检查证实该病例患有骨肉瘤，而且肿瘤部位出现坏死和出血。被诊断为骨肉瘤的犬，如果出现了ALP升高，那么其存活时间及无症状期都较短。在这种情况下，血清生化分析不仅有助于临床诊断，还可以提供预后信息。

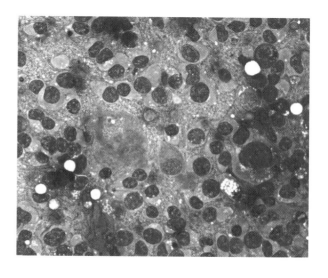

图2-1　骨溶解病变处的细针抽吸涂片，其中有包含大量淡蓝色细胞质的间质细胞，圆形、卵圆形或纺锤形不等。大多数细胞从圆形变成了卵圆形，符合骨肉瘤的变化。具有明显的恶性特征，如像细胞大小不等症、细胞核大小不均。可以观察到与类骨质相似的亮粉色细胞外物质（见彩图1）

→ **参考文献**

Ehrhart N, Dernell WS, Hoffmann WE, Weigel RM, Powers B, Withrow SJ. 1998. Prognostic importance of alkaline phosphatase activity in serum from dogs with appendicular osteosarcoma: 75 cases (1990–1996). J Vet Med Assoc (213): 1002-1006.

Kirpenteijn J, Kik M, Rutteman GR, Teske E. 2002. Rognostic significance of a new histological grading system for osteosarcoma. Vet Pathol (39):240-246.

Liptal JM, Dernell WS, Ehrhart N, Withrow SJ. 2004. Canine appendicular osteosarcoma: diagnosis and palliative treatment. Comp Contin Ed (26): 172-196.

病例4 – 等级1

"Beauty"，1.5 岁，雌性，迷你型马。曾经历过持续几小时的繁重体力劳动。在田间接受了部分子宫切除手术，但手术没有做完。就诊时，Beauty表现为心搏加快，呼吸频率增加。

解析

CBC

白细胞象：Beauty患有白细胞减少症，以中性粒细胞减少和淋巴细胞减少为特征。中性粒细胞的中毒性变化和纤维蛋白原升高提示炎症。因此，中性粒细胞减少症继发于急性、不可控性炎症，它导致血液中的中性粒细胞消耗殆尽。淋巴细胞减少症可能继发于应激引起的

血常规检查

WBC	↓ 1.6×10^9 个 /L	（5.9 ~ 11.2）
Seg	↓ 0.7×10^9 个 /L	（2.3 ~ 9.1）
Band	0.1	（0 ~ 0.3）
Lym	↓ 0.7×10^9 个 /L	（1.6 ~ 5.2）
Mono	0.3×10^9 个 /L	（0.0 ~ 1.4）
白细胞形态：中度中毒性中性粒细胞		
HCT	42 %	（30 ~ 51）
RBC	7.91×10^{12} 个 /L	（6.5 ~ 12.8）
HGB	14.8 g/dL	（10.9 ~ 18.1）
MCV	51.8 fL	（35.0 ~ 53.0）
MCHC	35.2 g/dL	（34.6 ~ 38.0）
红细胞形态：外观正常		
血小板：数量充足		
纤维蛋白原	↑ 500 mg/dL	（100 ~ 400）

生化检查

GLU	↑ 178 mg/dL	（6.0 ~ 128.0）
BUN	23 mg/dL	（11 ~ 26）
CREA	1.1 mg/dL	（0.9 ~ 1.9）
P	4.2 mg/dL	（1.9 ~ 6.0）
Ca	11.1 mg/dL	（11.0 ~ 13.5）
TP	7.0 g/dL	（5.6 ~ 7.0）
ALB	2.8 g/dL	（2.4 ~ 3.8）
GLO	4.2 g/dL	（2.5 ~ 4.9）
A/G	0.7	（0.7 ~ 2.1）
Na$^+$	139 mmol/L	（130 ~ 145）
Cl$^-$	99 mmol/L	（99 ~ 105）
K$^+$	3.5 mmol/L	（3.0 ~ 5.0）
HCO$_3^-$	31 mmol/L	（25 ~ 31）
TBIL	↑ 3.6 mg/dL	（0.30 ~ 3.0）
DBIL	0.1 mg/dL	（0 ~ 0.5）
IBIL	↑ 3.5 mg/dL	（0.2 ~ 3.0）
GGT	10 IU/L	（5 ~ 23）
AST	↑ 1 173 IU/L	（190 ~ 380）
CK	↑ 39 501 IU/L	（80 ~ 446）

内源性皮质类固醇释放。

血清生化分析

高血糖症：该病例血糖升高的原因很可能是应激。

伴随间接胆红素升高的高胆红素血症：马厌食可导致间接胆红素升高。另一个原因可能是肝功能下降，但这个病例没有进行特异的肝功能试验。血清胆汁酸和血氨是评价肝功能特异性的指标。败血症可导致胆红素在血液中清除率下降，因为内毒素可阻滞肝细胞摄入胆红素。伴有中毒性变化的中性粒细胞减少症也符合败血症的表现。由于该病例的PCV正常，因此胆红素升高不是溶血引起的。

GGT正常，而AST（30倍）和CK（70倍）升高：AST升高可能是肝细胞损伤或肌肉损伤引起的。而CK明显升高，是肌肉损伤的有力指标。再结合GGT水平（正常），这些检查结果表明该病例AST升高的原因是肌肉损伤。

病例总结和结果

急性非可控性炎症（败血症或/和子宫炎）、肌肉损伤、厌食和应激。

入院后，立即对Beauty进行全身麻醉，并试图通过产道移除死胎，但是胎儿太大。故对它进行剖宫产手术，采取腹中线的手术通路。术后没有并发症，给予广谱静脉抗生素和Banamine注射液（译者注：有效成分为氟尼辛，NSAIDs，仅用于马和牛，Schering-Plough公司生产）进行治疗。应用催产素，并且每天用稀释的碘伏和乳酸林格氏液冲洗子宫，持续5 d。向子宫内灌入抗生素3次。手术后，Beauty发生了乳腺炎，但抗生素治疗效果良好，由于切口处感染需要引流，部分皮肤需要切除。Beauty出院后顺利的恢复了健康。

Beauty这一病例说明，对于马和其他小动物来讲，需判定肝酶升高是否肝外因素引起的。对于马来讲，SDH比AST更具有肝脏特异性，这有助于临床医师鉴别AST升高是由肝细胞损伤引起的还是肌肉损伤造成的。由于马厌

食会导致胆红素升高，使得结果判读更为复杂。正如前文所述，败血症是高胆红素血症的一个潜在病因，我们也应将其考虑在内。

肝脏病例5 - 等级1

"Greta"，德国牧羊犬，9岁，雌性绝育。有水样腹泻的病史，之前被诊断为肠炎，使用泼尼松进行治疗，20 mg/d，口服。之后该犬的临床症状有所好转，可是最近开始出现腹围增大、皮肤变薄、脱毛、多饮多尿的症状。

解析

CBC

成熟的中性粒细胞增多，淋巴细胞减少：成熟的中性粒细胞增多提示炎症，但并未出现中毒性变化和核左移，这一变化和皮质类固醇

血常规检查

WBC	↑	20.00×10^9 个 /L	（4.9 ~ 16.8）
Seg	↑	19.0×10^9 个 /L	（2.8 ~ 11.5）
Band		0	（0 ~ 0.3）
Lym	↓	0.6×10^9 个 /L	（1.0 ~ 4.8）
Mono		0	（0.1 ~ 1.5）
Eos		0.4×10^9 个 /L	（0 ~ 1.4）
白细胞形态：正常			
HCT		42 %	（39 ~ 55）
RBC		5.44×10^{12} 个 /L	（5.8 ~ 8.5）
HGB		14.7 g/dL	（14.0 ~ 19.1）
MCV		73.8 fL	（60.0 ~ 75.0）
MCHC		35.0 g/dL	（33.0 ~ 36.0）
红细胞形态：正常			
血小板		525.0×10^9 个 /L	（181 ~ 525）

生化检查

GLU	91 mg/dL	（67.0 ~ 135.0）
BUN	12 mg/dL	（8 ~ 29）
CREA	0.5 mg/dL	（0.6 ~ 2.0）
P	5.5 mg/dL	（2.6 ~ 7.2）
Ca	9.5 mg/dL	（9.4 ~ 11.6）
Mg	2.3 mmol/L	（1.7 ~ 2.5）
TP	6.3 g/dL	（5.5 ~ 7.8）
ALB	3.0 g/dL	（2.8 ~ 4.0）
GLO	3.3 g/dL	（2.3 ~ 4.2）
A/G	0.9	（0.7 ~ 2.1）
Na^+	149 mmol/L	（142 ~ 163）
Cl^-	109 mmol/L	（106 ~ 126）
K^+	5.1 mmol/L	（3.8 ~ 5.4）
HCO_3^-	26 mmol/L	（15 ~ 28）
AG	19.1 mmol/L	（15 ~ 25）
TBIL	< 0.20 mg/dL	（0.10 ~ 0.30）
ALP	↑ 464 IU/L	（20 ~ 320）
GGT	↑ 163 IU/L	（2 ~ 10）
ALT	↑ 329 IU/L	（18 ~ 86）
AST	52 IU/L	（16 ~ 54）
CHOL	114 mg/dL	（82 ~ 355）
TG	80 mg/dL	（30 ~ 321）
AMYL	453 IU/L	（409 ~ 1 203）

白细胞象相符，淋巴细胞减少症也证实了这一推测。类固醇介导的犬白细胞象还包括单核细胞增多症和嗜酸性粒细胞减少症，不过这个病例没有出现这些变化。有些病犬的类固醇白细胞象不会在同一时间全部表现出来。

血清生化检查

ALP（25 %）和GGT（16 倍）升高：ALP和GGT 被认为是经典的胆汁淤积酶。但是，正如这里所见，即使没有胆汁淤积的症状，类固醇也能引起ALP和GGT升高。注意血清胆红素在正常范围内。

ALT（3 ~ 4 倍）升高：这类肝脏酶一般是用来检测肝脏细胞的损伤，皮质类固醇激素类药物也可以使之升高。

病例总结和结果

皮质类固醇性肝病。

开始治疗之前，Greta 的肝脏酶指标一直在正常范围内。虽然也很有可能已发生肝脏疾病，但是这个病例中，肝脏酶指标升高则更有可能是类固醇药物造成的。如想进一步证实这个推测，可以检查皮质类固醇激素诱导ALP的同工酶，而这一变化能受到左旋咪唑的抑制。这个实验的理论基础是，左旋咪唑可以抑制肝脏和骨髓的ALP同工酶的活性。在正常犬血清ALP中，皮质类固醇激素诱发的同工酶占5%～20%。有报道显示一些肝胆疾病可能与炎性肠病相关，Greta还需要进行进一步鉴别诊断从而排除肝脏疾病，尤其是在类固醇药物停用之后，肝脏酶指标仍然升高的情况下。通常很多因素都会造成ALP升高，所以在分析犬ALP升高的原因时，要结合病史、临床症状以及其他实验室检查结果。

一般来说，由类固醇药物造成的ALP升高的程度会比GGT高，但是具体病例的升高程度还取决于药物的剂量、给药途径、类固醇的种类，以及动物对药物的敏感程度等。一些类固醇肝病患犬会出现ALT升高的现象，可能是因为皮质类固醇激素诱发肝脏出现空泡变性，造成局灶性坏死或胆汁淤积。

因为Greta出现了医源性肾上腺皮质机能亢进，泼尼松剂量逐渐下降。但是肠炎症状随之加剧，所以又添加了另外一种免疫抑制药物。治疗方案改变2个月后，临床症状得到良好控制，虽然肝脏酶的指数还是偏高，但都明显降低（ALP为217 IU/L，GGT为41 IU/L，而ALT为118 IU/L）。

病例6 - 等级1

"Rover"，杂种暹罗猫，13岁，雄性去势。近段时间来体重减轻，并出现呕吐、腹泻症状。临床检查显示Rover心搏过速，出现奔马律；瘦弱、被毛稀疏杂乱，腹部触诊未发现明显异常。

血常规检查

WBC	↓ 7.5×10^9 个/L	（4.5～15.7）
Seg	5.8×10^9 个/L	（2.1～10.1）
Lym	↓ 1.3×10^9 个/L	（1.5～7.0）
Mono	0.2×10^9 个/L	（0～0.9）
Eos	0.2×10^9 个/L	（0～1.9）
白细胞形态：未见明显异常		
HCT	32%	（28～45）
RBC	7.44×10^{12} 个/L	（5.0～10.0）
HGB	10.5 g/L	（8.0～15.0）
MCV	40.6 fL	（39.0～55.0）
MCHC	32.8 g/dL	（31.0～35.0）
红细胞形态：未见明显异常		
血小板：成簇，但数量正常		

生化检查

GLU	↑	200 mg/dL	（0 ～ 120）
BUN		25 mg/dL	（5 ～ 32）
CREA		1.9 mg/dL	（0.9 ～ 2.1）
P		4.7 mg/dL	（3.0 ～ 6.0）
Ca		10.0 mg/dL	（8.9 ～ 11.6）
TP		7.8 g/dL	（8.9 ～ 11.6）
ALB		3.5 g/dL	（2.4 ～ 4.0）
GLO		4.3 g/dL	（2.5 ～ 5.8）
A/G		0.8	（0.7 ～ 1.6）
Na^+		155 mmol/L	（149 ～ 163）
Cl^-		122 mmol/L	（119 ～ 134）
K^+		4.2 mmol/L	（3.6 ～ 5.4）
HCO_3^-		22 mmol/L	（13 ～ 22）
TBIL		0.2 mg/dL	（0.10 ～ 0.30）
ALP	↑	312 IU/L	（10 ～ 72）
ALT	↑	250 IU/L	（29 ～ 191）
AST	↑	159 IU/L	（12 ～ 42）
CHOL		203 mg/dL	（77 ～ 258）
TG		25 mg/dL	（25 ～ 191）
AMY		791 IU/L	（496 ～ 1 874）

尿液分析

外观：淡黄，不透明

尿相对密度：1.045

pH：7.0

尿蛋白：阴性

尿糖 / 酮体：阴性

尿胆原：阴性

尿胆红素：阴性

尿沉渣

高倍镜下每个视野 0 ～ 5 个 RBC

无白细胞

无管型

无上皮细胞

无细菌

痕量脂滴和碎片

解析

CBC

淋巴细胞减少症：淋巴细胞轻度减少在此可能是应激引起的，但是并未出现成熟中性粒细胞增多症，所以不符合类固醇白细胞象的表现。

血清生化分析

高血糖症：鉴别诊断包括应激反应、餐后效应或糖尿病。急性肾上腺素释放，或者慢性糖皮质激素释放（应激）都会引起高血糖。肾上腺素引起的高血糖应该是暂时性的。而血象中的淋巴细胞减少也证明只是应激反应。该病例的血糖只是相对轻度升高，同时在尿液中未发现尿糖和酮体，但这并不能完全排除糖尿病。患猫的临床症状也是非特异性的，也不能完全排除糖尿病。血清果糖胺水平能够更好地反映血糖变化情况。猫胰腺炎可能出现高血糖或低血糖的情况。

ALP升高（4倍）：与犬相比，猫的ALP变化更具特异性。所以猫的ALP升高往往具有重要的意义。猫ALP升高常见于肝脏疾病，同时也见于甲状腺机能亢进和糖尿病。与此相反，糖皮质激素通常不会引起猫ALP升高。

ALT和AST升高（2~3倍）：对于犬，这些指标升高提示肝细胞损伤，原因包括肝脏疾病，或者药物、毒素以及激素（包括甲状腺素升高）的作用。仅根据生化指标很难判断导致肝脏酶升高的具体原因。

病例总结和结论

肝酶升高，伴有轻度高血糖和淋巴细胞减少症。

这个病例的主要鉴别诊断是甲状腺机能亢进。依据包括体重减轻、心搏过速、奔马律、呕吐、腹泻等临床病史和实验室检查结果。猫的大部分原发性肝脏疾病都表现出一定程度的高胆红素血症，但在此病例并没有出现。虽然最初的实验室检查结果显示血糖升高，尿液检查无明显异常，但这些结果并不能排除糖尿病。要确诊甲状腺机能亢进需进一步检测T4浓度。对于肝脏酶升高的猫，首先要排除甲状腺机能亢进和糖尿病，然后再考虑侵袭性检查，如肝脏细针抽吸和组织学检查。Rover的T4浓度为$9\,\mu g/dL$（参考范围：$< 2.5\ \mu g/dL$），最后确诊为甲状腺机能亢进。

甲状腺机能亢进猫的肝酶变化（升高）在病情得到控制后，大多是可逆的，肝酶升高的原因还不是很清楚，营养不良、心脏并发症和甲状腺激素的直接毒性作用都可能为诱发因素。组织损伤一般较轻微，包括脂肪浸润、肝细胞变性和坏死。一些研究表明，甲状腺机能亢进猫的ALP中，有一部分源自于骨骼释放。

该病例服用低剂量甲硫咪唑后病情控制良好。由于甲硫咪唑通常会有血液学不良反应，且治疗甲状腺机能亢进时可能会使亚临床肾功能不全变得更加明显，因此在开始治疗的几个月中，要严密监测患病动物的实验室指标。该病例没有对甲硫咪唑表现出任何不良反应，也未发生氮质血症，最后肝脏指标回到正常范围内。

病例7 – 等级2

"Lady"，美洲爱斯基摩犬，13岁，雌性绝育。突然出现喜卧、反应呆滞等状况。临床检查发现Lady腹围增大，有波动感，发热、心搏过速、黏膜暗红。毛细血管再充盈时间为$3.5\ s$，腹腔穿刺时收集到大量液体。

血常规检查

WBC	↓ 5.8×10^9 个 /L	（ 6.0 ~ 17.0 ）
Seg	4.6×10^9 个 /L	（ 3.0 ~ 11.0 ）
Band	0.2×10^9 个 /L	（ 0 ~ 0.3 ）
Lym	↓ 0.7×10^9 个 /L	（ 1.0 ~ 4.8 ）
Mono	0.2×10^9 个 /L	（ 0.2 ~ 1.4 ）
Eos	0.1×10^9 个 /L	（ 0 ~ 1.3 ）
白细胞形态：中性粒细胞出现轻度中毒性变化		
PCV	44 %	（ 37 ~ 55 ）
RBC	6.3×10^{12} 个 /L	（ 5.5 ~ 8.5 ）
HGB	14.7 g/dL	（ 12.0 ~ 18.0 ）
MCV	71.9 fL	（ 60.0 ~ 77.0 ）
MCHC	33.4 g/dL	（ 31.0 ~ 34.0 ）
红细胞形态：正常		
血小板	↓ 127×10^9 个 /L	（ 250 ~ 450 ）
血浆轻度溶血		

生化检查

GLU	92 mg/dL	（ 65.0 ~ 120.0 ）
BUN	↑ 51 mg/dL	（ 8 ~ 33 ）
CREA	↑ 1.7 mg/dL	（ 0.5 ~ 1.5 ）
P	6.0 mg/dL	（ 3.0 ~ 6.0 ）
Ca	10.5 mg/dL	（ 8.8 ~ 11.0 ）
Mg	2.2 mmol/L	（ 1.4 ~ 2.7 ）
TP	7.0 g/dL	（ 5.2 ~ 7.2 ）
ALB	4.1 g/dL	（ 3.0 ~ 4.2 ）
GLO	2.9 g/dL	（ 2.0 ~ 4.0 ）
A/G Ratio	1.4	（ 0.7 ~ 2.1 ）
Na^+	149 mmol/L	（ 140 ~ 150 ）
Cl^-	106 mmol/L	（ 105 ~ 120 ）
K^+	3.9 mmol/L	（ 3.8 ~ 5.4 ）
HCO_3^-	18 mmol/L	（ 16 ~ 25 ）
AG	↑ 28.9 mmol/L	（ 15 ~ 25 ）
TBIL	↑ 0.63 mg/dL	（ 0.10 ~ 0.50 ）
ALP	↑ 2 769 IU/L	（ 20 ~ 320 ）
ALT	↑ 9 955 IU/L	（ 10 ~ 95 ）
AST	↑ 4 847 IU/L	（ 15 ~ 52 ）
CHOL	259 mg/dL	（ 110 ~ 314 ）
TG	83 mg/dL	（ 30 ~ 300 ）
AMYL	957 IU/L	（ 400 ~ 1 200 ）

腹腔积液分析

颜色：深红棕色
总蛋白量：6.5 mg/dL
有核细胞总数：33 600 /μL
细胞学形态：涂片中有大量轻度退行性中性粒细胞，以及胞内和胞外细菌。细菌为大肠杆菌，有些大肠杆菌局部不能着色，提示有芽胞生成（图 2-2）

未采集到该病例的尿液。

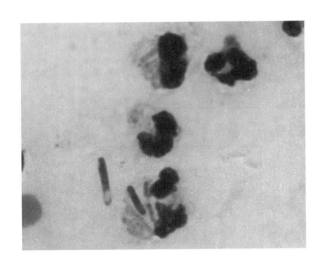

图 2-2 病例 7，Lady 的腹腔液体细胞学检查。可见退行性中性粒细胞,细胞内出现大肠杆菌(见彩图 2)

解析

CBC

白细胞象：轻度白细胞减少症，伴有淋巴细胞减少症和中性粒细胞的中毒性变化。皮质类固醇效应可能会引起淋巴细胞减少，但是其他类固醇白细胞象的表现并不明显，例如中性粒细胞增多和单核细胞增多。中性粒细胞的中毒性变化表明存在炎症反应。由于该病例是急性发病，因此CBC可能在一段时间之后才会出现异常，24 h后需要继续监测CBC，如果临床状况恶化，监测还须更及时些。

血小板：在没有发生血小板功能缺陷的情况下，轻度血小板减少症并不会有严重自发性出血的危险。肝脏疾病和/或脓毒性病灶可以导致血小板数量减少（可能为消耗性机制）。凝血检查有助于排除弥散性血管内凝血（DIC）的可能性。

血清生化分析

轻度氮质血症：由于其他原发性肾病的指标没有出现明显异常（磷、淀粉酶、红细胞比容都正常），但指示灌注不良（CRT延长）和脱水（ALB在参考范围上限）的指标出现了变化，再结合Lady的临床病史，因此怀疑轻度氮质血症是由肾前性因素导致的。浓缩尿的相对密度更能证明以上的判读分析，但是没有采集到该病例的尿样。

ALT和AST显著升高：两种肝细胞酶水平都升高到参考值上限的100倍左右，表明该病例发生了显著的肝细胞损伤。AST升高对肝损伤的指示特异性较低，也可能有肌肉损伤。检测CK有助于区分AST的来源，但在该病例并无临床必要。不幸的是，这些酶的升高既不能显示肝细胞损伤的潜在病因，也不能判断预后。

ALP中度升高：ALP升高约10倍很可能是轻度的胆汁淤积引起的，而胆汁淤积继发于肝细胞损伤，因为肝酶升高的程度比胆汁淤积酶的高。因为我们怀疑有皮质类固醇白细胞象的迹象，所以可能存在一定程度的酶诱导，一些参考实验室可以检测皮质类固醇诱导的ALP同工酶。通常我们需要获取动物完整的用药史，还要排除肝酶升高的肝外因素，尤其是犬（表2-1）。

轻度高胆红素血症：这种现象出现最可能继发于轻度胆汁淤积，这一点与ALP升高的解释相吻合。由于血细胞比容正常，所以该病例不可能是发生了溶血（溶血能导致红细胞明显破坏）。这个病例中，必须视败血症为高胆红素血症的一个原因，因为腹腔液中存在细菌和炎症细胞。循环中高水平的炎性细胞因子如IL-6和肿瘤坏死因子（TNF）直接阻止肝细胞对胆红素的吸收。

阴离子间隙增大：这是因为循环阴离子浓度增大，而常规生化检查并不检测这项指标（见第七章）。该病例中，血流灌注不良可能会导致乳酸堆积。尽管阴离子间隙增大，不过由于碳酸氢根在参考范围内，说明这是一种混合性的酸碱紊乱。要了解该病例的完整酸碱情况，还需要动脉血气分析。

腹腔穿刺检查：败血性化脓性渗出物（图2-2）。

病例总结和结论

严重肝细胞损伤伴随继发性轻度胆汁淤积、轻/中度肾前性氮质血症及败血性腹膜炎。

更深入的病史调查显示，该犬在另一个诊所被诊断为大面积肝细胞癌，那时它的血象还正常。该病例在被转诊到该医院前的24 h内，曾在超声引导下连续12～15次向肝脏肿瘤内注射无水乙醇。肝脏楔形活组织检查显示了原来肝脏肿瘤的残迹，以及一些凝固性坏死和急性化脓性肝门肝炎的区域，坏死可能是注射乙醇造成的。该病例最终死在医院内。

病例8 – 等级2

"Patton"，德国牧羊犬，2.5岁，雄性（未去势）。呕吐胆汁色液体一周，并出现厌食、嗜睡的症状。现在病情进一步恶化，出现走路不稳、失明和虚脱。就诊时，Patton已处于严重休克状态，发热，体温108°F（42.2℃）。兽医进行了腹腔穿刺和血常规检查。

血常规检查

WBC	↑ 19.4×10^9 个 /L	(6.0 ~ 17.0)
Seg	↑ 17.6×10^9 个 /L	(3.0 ~ 11.0)
Band	0	(0 ~ 0.300)
Lym	↓ 0.8×10^9 个 /L	(1.0 ~ 4.8)
Mono	0.8×10^9 个 /L	(0.150 ~ 1.350)
Eos	0.2×10^9 个 /L	(0.0 ~ 1.250)

每 100 个白细胞中含 3 个有核红细胞

白细胞形态：在正常范围内

HCT	↓ 31 %	(37 ~ 55)
RBC	↓ 4.48×10^6 个 /μL	(5.5 ~ 8.5)
HGB	↓ 10.4 g/dL	(12.0 ~ 18.0)
MCV	71.2 fL	(60.0 ~ 77.0)
MCHC	33.5 g/dL	(31.0 ~ 34.0)

红细胞形态：红细胞大小不均（中等程度），多染性红细胞轻度增多

血小板	↓ 134×10^6 个 /L	(250 ~ 450)

血小板：出现小凝集，应将血小板计数当做最小值

血浆黄疸

生化检查

GLU	96 mg/dL	(65.0 ~ 120.0)
BUN	8 mg/dL	(8 ~ 33)
CREA	由于高胆红素血症结果无效	
P	↑ 4.0 mg/dL	(3.0 ~ 6.0)
Ca	10.4 mg/dL	(8.8 ~ 11.0)
Mg	1.4 mmol/L	(1.4 ~ 2.7)
TP	5.7 g/dL	(5.2 ~ 7.2)
ALB	3.2 g/dL	(3.0 ~ 4.2)
GLO	2.5 g/dL	(2.0 ~ 4.0)
A/G	1.3	(0.7 ~ 2.1)
Na^+	141 mmol/L	(140 ~ 151)
Cl^-	↓ 100 mmol/L	(105 ~ 120)
K^+	↓ 3.7 mmol/L	(3.8 ~ 5.4)
HCO_3^-	↑ 27 mmol/L	(16 ~ 25)
AG	17.7 mmol/L	(15 ~ 25)
TBIL	↑ 17.50 mg/dL	(0.10 ~ 0.50)
ALP	↑ 11 168 IU/L	(20 ~ 320)
GGT	↑ 40 IU/L	(2 ~ 10)
ALT	↑ 622 IU/L	(10 ~ 95)
AST	↑ 227 IU/L	(15 ~ 52)
CHOL	↑ 470 mg/dL	(110 ~ 314)
TG	83 mg/dL	(30 ~ 300)
AMYL	910 IU/L	(400 ~ 1 200)

腹腔穿刺液（图2-3）

离心前颜色：红色，混浊　　　　　　离心后颜色：橘黄，澄清
总蛋白：5.2 mg/dL　　　　　　　　　有核细胞总数：51 900/μL

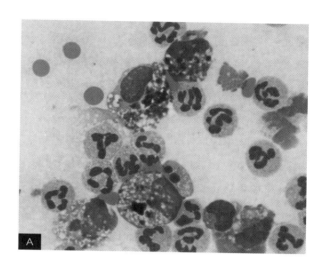

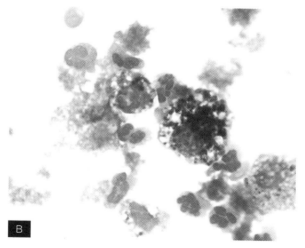

图2-3 A和B（见彩图3）
A. Patton（病例8）的腹水的细胞学检查。涂片镜下可见非退行性中性粒细胞和空泡化的巨噬细胞（内含青绿色至黑色的颗粒）
B. 细胞外出现一些金黄色的胆色素区。符合胆汁性腹膜炎的表现。镜下可见大量含空泡的巨噬细胞，胞内含有大量青绿色至黑染的颗粒。胞外出现金黄色的颗粒。视野背景内有少量血细胞和散在的非退行性中性粒细胞。未见病原体

解析

CBC

白细胞象：白细胞增多（中性粒细胞增多），淋巴细胞减少，细胞形态正常。虽然单核细胞没有增多，但以上这些都符合皮质类固醇白细胞象的表现。虽然没有出现中毒性中性粒细胞或核左移，但根据其他检查结果，除糖皮质激素的影响外，还要考虑炎症的可能。

红细胞象：轻度正细胞性正色素性贫血。这种红细胞象可能跟有以下几种情况有关：慢性疾病引起的贫血（非再生型）；短时间内发生的急性失血（血细胞参数尚未发生改变）；还有可能是急性溶血。一些形态学改变，如多染性红细胞和有核红细胞增多，表明该病例的贫血为再生性的。有核红细胞的出现可能与休克继发的内皮细胞受损有关，还有可能是脾脏功能不全所致。还需要进行网织红细胞计数，并进一步监测CBC。

血小板：由于人为因素导致血小板出现凝集簇，血小板计数值偏低，因此应该用新鲜血液样本重复计数。在没有其他病理变化的情况下，血小板轻微减少还不至于导致自发性出血。肝脏疾病或者重度炎症均可导致血小板减少（机制可能是过度消耗），此外，还需要检查凝血功能，以排除弥散性血管内凝血（DIC）的可能。

血清生化检查

低氯血症：本病例氯离子下降，但钠离子没有变化。呕吐大量胃内容物导致氯离子丢失，并且氯离子的变化趋势和碳酸氢盐（HCO_3^-）刚好相反（关于电解质紊乱的完整讨论见第七章）。

血钾降低：很多因素都可能导致Patton血钾降低。其中一个很重要的原因是呕吐和/或腹泻，呕吐和腹泻都会引起钾离子经胃肠道丢失。厌食动物钾离子摄入减少，尤其是伴有体外丢失的情况下，可能会出现低钾血症。细胞的离子交换也会导致血钾异常，该病例出现了碱血症，引发了细胞外钾离子进入胞内，和氢离子进行交换，导致血液中钾离子降低（关于

电解质紊乱的完整讨论见第七章）。

碳酸氢盐（HCO_3^-）升高：提示碱中毒，原因是呕吐胃内容物引起了酸的丢失。

明显的高胆红素血症：ALP和GGT显著升高提示高胆红素血症是胆汁淤积引起的。尽管患犬贫血，但是血细胞比容仅轻微下降，而且红细胞形态正常，说明并没有发生溶血。从Lady这一病例（病例7）可知，败血症也会破坏肝细胞对胆红素的摄取。由于结合胆红素和非结合胆红素之间能快速形成平衡，Van den Burgh试验不能区分溶血性和胆汁淤积性的高胆红素血症。

ALP和GGT显著升高：在本病例中ALP和GGT升高（约高于参考范围上限的35倍和4倍）是由典型的胆汁淤积造成的。通常还要考虑肝外因素。

ALT和AST轻微升高：ALT和AST升高的程度（约高于参考范围上限的5倍）比胆汁淤积酶低。根据这些酶升高的变化，推测Patton可能患有原发性胆汁淤积继发的肝细胞损伤。

高胆固醇血症：Patton极有可能患有继发于胆汁淤积的高胆固醇血症。高胆固醇血症也常见伴发于各种内分泌疾病、肾病综合征、胰腺炎、肝脏疾病，还可见于餐后和自发性高脂血症。

腹腔穿刺检查：有明显的伴有色素的混合炎症，指示胆汁性腹膜炎（图2-3）。

病例总结和结果

原发性胆汁淤积以及继发的肝细胞损伤、由呕吐导致电解质和酸碱平衡紊乱、胆汁性腹膜炎。

该病例和Lady（病例7）刚好相反，Lady

的原发病因是肝细胞损伤，其肝细胞酶升高的程度比胆汁淤积酶更高。除了酶的改变之外，显著高胆红素血症和中度高脂（胆固醇）血症都说明了Patton是典型的胆汁淤积。这两个病例都未进行肝功能试验。

Patton的腹部X线摄片显示，其腹腔内有大量游离气体，使胆囊突显。开腹探查发现胆囊已充血坏死，并且在靠近肝脏边缘侧的胆囊壁破裂，这正是胆汁性腹膜炎发生的原因。组织学检查发现在组织间隙中伴有慢性化脓性炎症和肉芽组织，但不能确定引起胆囊壁破裂的原因。近期一项研究表明胆囊梗阻可引起胆囊破裂（Holt）。在该研究中的病例的临床病理变化和本病例相似。术后使用抗生素和甲氧氯普胺治疗。Patton的临床症状得到缓解，但是其右眼虽有光反射，但已经失明。现认为失明是由于中枢方面的原因导致的，但并没有进行更深入的病因学研究。

→ 参考文献

Holt DE, Mayhew PD, Hendrick MJ. 2004. Canine gallbladder infarction: 12 cases (1993–2003). Vet Pathol (41): 416-418.

病例9 - 等级2

"Bruja"，杂种德国牧羊犬，14岁，雌性绝育。因渐进性厌食、嗜睡、虚弱等原因前来就诊。最近几天开始呕吐，每天至少呕吐3次，呕吐物为黄绿色、清亮的液体。Bruja在6月龄时候做过卵巢切除术，之后13年内切口处总是间歇性排脓，抗生素治疗有一定效果。就诊时Bruja紧张不安，精神沉郁。临床检查发现其腹部膨胀，充满液体，触诊时较为柔软。

血常规检查

WBC	↑ 33.3×10^9 个 /L	（4.9 ~ 16.9）
Seg	↑ 29.3×10^9 个 /L	（2.8 ~ 11.5）
Band	0	（0 ~ 0.3）
Lym	2.7×10^9 个 /L	（1.0 ~ 4.8）
Mono	1.0×10^9 个 /L	（0.1 ~ 1.5）
Baso	0.3×10^9 个 /L	（0 ~ 0.3）
白细胞形态：中性粒细胞表现出轻度中毒性变化，血涂片羽毛区有一个肥大细胞		
HCT	↓ 30 %	（39 ~ 55）
RBC	↓ 4.30×10^{12} 个 /L	（5.8 ~ 8.5）
HGB	↓ 9.5 g/dL	（14.0 ~ 19.1）
MCV	67.7 fL	（60.0 ~ 75.0）
MCHC	↓ 31.7 g/dL	（33.0 ~ 36.0）
红细胞形态：无多染性红细胞		
血小板：成簇，不能进行评估，可见巨型血小板		
血浆黄疸		

生化检查

GLU	95 mg/dL	（65.0 ~ 120.0）
BUN	↑ 119 mg/dL	（8 ~ 33）
CREA	↑ 4.5 mg/dL	（0.5 ~ 1.5）
P	↑ 8.1 mg/dL	（3.0 ~ 6.0）
Ca	9.5 mg/dL	（8.8 ~ 11.0）
Mg	1.9 mmol/L	（1.4 ~ 2.7）
TP	5.5 g/dL	（5.2 ~ 7.2）
ALB	↓ 2.5 g/dL	（3.0 ~ 4.2）
GLO	3.0 g/dL	（2.0 ~ 4.0）
A/G	0.8	（0.7 ~ 2.1）
Na^+	144 mmol/L	（140 ~ 151）
Cl^-	↓ 102 mmol/L	（105 ~ 120）
K^+	3.9 mmol/L	（3.8 ~ 5.4）
HCO_3^-	17 mmol/L	（16 ~ 25）
TBIL	↑ 2.57 mg/dL	（0.10 ~ 0.50）
ALP	↑ 677 IU/L	（20 ~ 320）
GGT	5 IU/L	（1 ~ 10）
ALT	↑ 126 IU/L	（10 ~ 95）
AST	↑ 259 IU/L	（15 ~ 52）
CHOL	288 mg/dL	（110 ~ 314）
TG	274 mg/dL	（30 ~ 300）
AMYL	↑ 8 991 IU/L	（400 ~ 1 200）

腹腔积液分析

离心前颜色：红色，混浊
离心后颜色：淡红色，清亮
总蛋白：5.0 mg/dL
有核细胞总数：214 560 个 /μL
细胞学描述：92 % 为中性粒细胞，8 % 为大单核细胞。中性粒细胞严重退化，并出现中毒性变化，细胞质嗜碱性并且空泡化，细胞核肿胀，形态不规则。许多细胞中出现多个 Döhle 小体。在偶见红细胞的细颗粒背景下也可以见到散在的空泡化巨噬细胞。也有少量淡染的长杆状胞内细菌
尿相对密度：1.039，无法获取其他数据

解析

CBC

白细胞象：伴有中毒性变化的成熟中性粒细胞增多提示炎症。在这一病例中，一个肥大

细胞不具有诊断意义。

红细胞象：轻微正细胞性低色素性贫血很难进行分类。慢性疾病引起的贫血是非可再生性的，而且通常是正细胞性正色素性贫血。极

少情况下，在慢性炎症中也会出现低色素性贫血，这是缺铁性贫血的表现。低色素性贫血可能是轻微的再生性反应（或者是再生反应的开始），也可能跟缺铁有关。需进行网织红细胞计数评估骨髓反应。

血清生化分析

伴有高磷血症的氮质血症：由于尿液浓缩，所以氮质血症应该是肾前性的。脱水可能是由厌食和呕吐引起的。

低白蛋白血症：白蛋白降低的程度较轻。白蛋白经第三间隙流失造成高蛋白含量的腹腔积液会引起低白蛋白血症，当然也要考虑肾性流失和胃肠道流失。由于白蛋白是由肝脏产生的，所以肝脏功能显著下降会引起低白蛋白血症，尤其是与过度流失并发时。由于肝酶升高，所以应该检测血清胆汁酸浓度来评估肝脏功能。做任何侵入性检查之前都应先做凝血检查。白蛋白是一种负急性期反应蛋白，所以炎症会降低其在肝脏中的合成量。饥饿也会导致低白蛋白血症，但从这一病例的体况来看并不是饥饿所致，而且厌食是一个相对急性的过程。

低氯血症：这一病例中，血钠水平正常而血氯略微偏低，最有可能原因是呕吐丢失引起的。

高胆红素血症：一般情况下，高胆红素血症的鉴别诊断主要是溶血和肝脏疾病。该病例贫血，但肝酶水平也出现升高。另外，即使这两种情况都不存在，败血症也可能导致高胆红素血症，因为内毒素能够直接损伤肝细胞对胆红素的摄取。

ALP升高（2倍）：该病例ALP升高极有可能是由胆汁淤积所致。但同时应考虑到酶诱导和肝外因素引起的ALP升高。

ALT升高（1.5倍）、AST升高（5倍）：这些变化是由肝细胞损伤引起的。

高淀粉酶血症：淀粉酶升高可能是由肾小球滤过率下降引起的。但也不能排除胰腺炎，尤其是考虑到该病例的临床症状时。

病例总结和结果

诊断结果为胆汁淤积、肝细胞损伤、肾前性氮质血症、败血性腹膜炎。需进一步评估胰腺炎的可能性。

腹部X线检查显示肝脏增大，有一大块区域充满气体，符合肝脓肿的X线征象（图2-4）。我们对Bruja进行了手术探查，但它在手术过程中死去。进行组织学检查的部分肝脏显示该犬患有慢性活动性胆管（周围）肝炎，伴有轻度至中度的纤维桥接和小结节性增生。发生脓肿的组织未进行组织学检查。小结节性增生是老年犬的常见病。尚不清楚其他病变的原因，也不清楚肝脓肿是否与绝育切口处的慢性排脓有关。

和Lady、Patton（病例7、8）相比，通过实验室数据还不能确定该病例的主要病因是胆汁淤积还是肝细胞损伤。该病例证实了肝酶水平并不能提供准确的预后（这一章前言中的第4条）。尽管肝脏出现了明显的病变，但肝酶变化相对不大（第6条）。

犬的肝脏脓肿不是一种常见疾病。幼犬肝脏脓肿可能继发于脐静脉炎；而对于成年犬，一般都会认为是由其他败血症引起的血源性并发症（Grooters）。临床症状是非特异性的。对于肝脓肿病例，实验室数据一般会显示炎性白细胞象和轻微贫血，尤其是慢性肝脓肿。经常会出现轻度至重度血小板减少症，但由于Bruja的血小板出现凝集，因此很难判断它是否存在血小板异常。正如我们在该病例中看到的那样，血清生化异常包括高胆红素血症、肝细胞酶升高和胆汁淤积酶升高。需要指出的

是，并不是所有患肝脓肿的犬都会出现ALT或AST升高（Farrar）。所以肝细胞酶正常也不能排除肝脓肿。与呕吐和腹泻相关的非特异性生化指标也可能会出现异常。影像学检查通常有助于鉴别肝脓肿和其他引起肝酶升高的疾病通，但是很难区分肝囊肿、血肿和肿瘤与脓

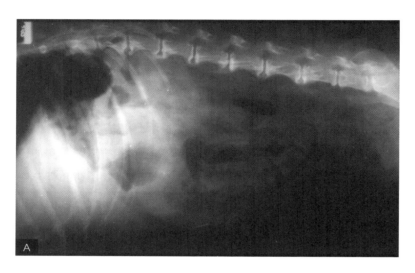

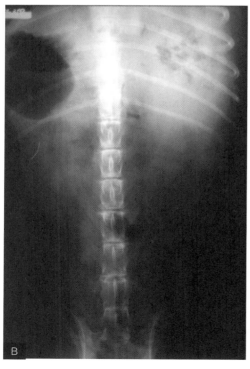

图2-4 A和B（见彩图4）
A. Bruja的腹部侧位（左侧卧）X线片。有一大块区域充满气体，符合肝脓肿的X线征象
B. 腹背位X线摄片

肿。对肿物进行抽吸细胞学分析有助于区分不同的病因，但要考虑到此举可能使感染扩散。

→ 参考文献

Farrar ET, Washabau RJ, Saunders HM. 1996. Hepatic abscesses in dogs: 14 cases (1982–1994). J Am Vet Med Assoc (208): 243-24.

Grooters AM, Sherding RG, Johnson SE. 1995. Hepatic abscesses in dogs. Compendium Cont Educ (17): 833-838.

病例10 – 等级2

"Dervish"，挪威森林猫，6月龄，有漏斗胸病史，并且有间歇性咳嗽和气喘。去势手术4d后开始无精打采并且出现发热症状。转诊前接受了支持治疗（包括输液治疗），之后被送到了本教学医院接受进一步检查。就诊时Dervish表现气喘、呼吸困难、瞳孔散大和精神沉郁。

解析

CBC

白细胞象：以中性粒细胞减少和淋巴细胞减少为特征的白细胞减少症。中性粒细胞减

血常规检查

WBC	↓ 1.8×10^9 个 /L	（5.5 ~ 19.5）
Seg	↓ 0.1×10^9 个 /L	（2.5 ~ 12.5）
Lym	↓ 1.1×10^9 个 /L	（1.5 ~ 7.0）
Mono	0.5×10^9 个 /L	（0 ~ 0.9）
Baso	0.1×10^9 个 /L	（0 ~ 0.2）
白细胞形态：未见异常		
HCT	↓ 24 %	（28 ~ 45）
RBC	↓ 4.64×10^{12} 个 /L	（5.0 ~ 10.0）
HGB	8.7 g/dL	（8.0 ~ 15.0）
MCV	39.1 fL	（39.0 ~ 55.0）
MCHC	↑ 36.3 g/dL	（31.0 ~ 35.0）
网织红细胞计数：未见		
红细胞形态：未见异常		
血小板：数量正常		
血浆黄疸		

生化检查

GLU	↑ 125 mg/dL	（70.0 ~ 120.0）
BUN	↓ 11 mg/dL	（13 ~ 35）
CREA	1.1 mg/dL	（0.6 ~ 2.0）
P	5.8 mg/dL	（3.0 ~ 7.0）
Ca	8.9 mg/dL	（8.6 ~ 11.0）
Mg	1.7 mmol/L	（1.6 ~ 2.4）
TP	↓ 5.6 g/dL	（5.8 ~ 8.2）
ALB	2.7 g/dL	（2.5 ~ 4.0）
GLO	2.9 g/dL	（2.2 ~ 4.5）
A/G Ratio	0.9	（0.7 ~ 1.6）
Na^+	152 mmol/L	（142 ~ 153）
Cl^-	120 mmol/L	（108 ~ 128）
K^+	4.7 mmol/L	（3.5 ~ 5.2）
AG	17 mmol/L	（8 ~ 19）
TBIL	↑ 1.14 mg/dL	（0.10 ~ 0.50）
ALP	↑ 480 IU/L	（12 ~ 121）
ALT	↑ 1 862 IU/L	（18 ~ 86）
AST	↑ 1 148 IU/L	（16 ~ 54）
CHOL	166 mg/dL	（80 ~ 255）
TG	100 mg/dL	（20 ~ 100）
AMY	580 IU/L	（409 ~ 1 203）

尿液分析：自然排尿

外观：琥珀色不透明	尿沉渣
SG：1.010	每个高倍镜视野下有 0 ~ 5 个红细胞
pH：7.0	无白细胞
蛋白：阴性	少量管型
糖 / 铜：阴性	偶见上皮细胞
胆红素：2+	胆红素结晶 1+
血红素：微量	脂滴 1+

凝血检查

PT	↑ 46.7 s	（6.2 ~ 9.3 s）
APTT	↑ 38.4 s	（8.9 ~ 16.3 s）

少的鉴别诊断包括消耗性疾病（如急性重度感染）、白细胞生成减少以及免疫介导性破坏（稀少）。当机体处于重度感染阶段时，机体对中性粒细胞的需求量超过了骨髓生成量。血象同时呈现的非再生性贫血提示该病例可能有骨髓疾病，但是这种程度的贫血更符合慢性疾病的表现。淋巴细胞减少症可能是应激引起的（类固醇反应）。病毒感染也可能会破坏造血前体细胞。

红细胞象：轻度正红细胞性贫血。如前文所述，引起这种变化（轻度正红细胞性贫血）最有可能的原因是慢性疾病。MCHC升高有可能是人为因素造成的，有可能是血管内溶血引起的，也有可能是体外红细胞破裂造成的，如由于样品处理过程中红细胞破裂、脂血症或海因茨小体。

血清生化分析

高血糖症：检查结果呈现轻微低蛋白血症。极有可能是应激或者静脉注射含有葡萄糖的液体引起的。

尿素氮下降：血清尿素氮降低可能继发于肝功能障碍，也可能是日常饮食蛋白质过低导致的。由于肝酶升高、凝血时间延长，而且尿素氮下降，提示肝脏功能不全，需要进行肝功能检查。由于该病例尿相对密度下降，提示利尿剂的应用导致排泄增加，可能会引起血清尿素氮下降。Dervish曾经过输液治疗，我们不得不质疑使用尿相对密度衡量肾功能的意义。因为在这个病例中肌酐是正常的，提示肾功能正常。

低蛋白血症：检查结果显示虽然患病动物的血清总蛋白降低，但是白蛋白和球蛋白均在参考范围之内。白蛋白在参考范围的下限，需要进一步监测。如果肝功能试验支持肝功能下降的推测，白蛋白有可能会进一步降低，如果出现这种现象，则提示该病例的有非常严重的肝功能障碍。

高胆红素血症：血清胆红素轻微升高，可能和肝功能下降和/或一定程度的胆汁淤积有关。ALP升高支持后面这一推论。由于Dervish的白细胞下降，并且出现发热症状，因此不能排除败血症（能引起肝细胞摄取胆红素的能力下降）这一鉴别诊断。由于PCV只是轻微下降，而且没有出现和溶血相关的红细胞形态变化，因此溶血不是胆红素升高的主要原因。另外，大多数溶血性疾病都会表现出再生性反应。如果在溶血性贫血发生的前几天进行血常规检查，则表现为非再生性贫血。因为贫血至少在3d后才会出现明显的网织红细胞增多症。

ALP升高：检查结果显示ALP升高了4倍，符合胆汁淤积的表现。和犬相比，ALP升高对猫胆汁淤积的特异性更高，因为猫的非特异性酶诱导很少见。因此，即使猫的ALP只是轻微升高，其临床意义也比较重大。在该病例中，胆汁淤积可能继发于更严重的肝细胞疾病。

ALT和AST升高：ALT和AST升高20倍表明肝细胞的损伤是Dervish的原发病因。由于Dervish患有贫血和呼吸系统疾病，因此它可能有一定程度的缺氧，需要进一步检查引起肝细胞损伤的其他原因。

尿液检查

Dervish排出的是等渗尿，但是由于一些原因很难从尿检结果来推测其肾功能。它曾经接受过输液治疗，可能会引起尿相对密度下降。另外，其他数据显示肝功能下降会引起尿素氮下降。犬患有肝脏疾病时常出现多饮多尿，但猫相对少见。多饮多尿也可能与肝性脑病有关，这一点可以解释Dervish表现出的意识障碍。犬发生肝性脑病时，神经递质垂体的异常刺激增加，引起皮质醇增多症和渗透阈值升高，从而导致抗利尿激素释放。胆红素2+和胆红素晶体继发于高胆红素血症。

凝血检查

PT和APTT时间都显著延长，可以考虑为次级凝血障碍。从临床症状和尿素氮下降的表现，可以推测出凝血时间延长可能是肝功能下降引起的，需要进一步检查。从白细胞降低和发热可以推测出Dervish 也可能有严重的炎症和/或败血症。所以它很有可能发生了弥散性血管内凝血（DIC）。血小板充足，所以现在发生DIC的可能性也比较低。检测纤维蛋白降解产物可以解决这一问题。

病例总结和结果

显著的肝细胞损伤、伴有继发性轻度胆汁淤积和次级凝血障碍；严重的中性粒细胞减少症和非再生性贫血提示炎症。

由于血氨浓度升高到48.0 μmol/L（参考值为0～24），证实Dervish肝功能下降。胆汁酸是检测肝功能的另一种指标。一般情况下，胆汁酸是评估肝功能的首选，因为它比血氨更敏感，而且操作简单。测胆汁酸时并不要求像测血氨那样，样品需要在冰上保存，并在采样后30 min内进行检测。然而，由于胆汁淤积时胆红素升高，这时胆汁酸的意义不大，但是，在肝酶水平不明确、胆红素正常或者怀疑有溶血的病例中，胆汁酸意义较大。另外，和禁食胆汁酸水平相比，餐后胆汁酸水平更能反映猫的肝功能状况。不幸的是，Dervish的神经功能下降，进食受到干扰。血氨是唯一一种与肝性脑病有关的临床可检测的毒素，并且该病例中检测血氨是个很好的选择。尽管病例7和8（Lady和Patton）都有显著的肝脏疾病，但是血清生化检查结果中却没有肝功能下降的证据。血常规检查对肝脏疾病的指示意义非常微小，而且特异性差。由于哺乳动物的肝脏具有强大的代偿功能，所以只有当疾病发展到晚期或者出现突发性肝衰竭时，大部分肝功能丧失，肝功能指标才会出现明显变化。通常肝功能降低时实验室检查出现异常的项目包括血清尿素氮下降、肌酐下降（不常见）、尿液浓缩能力下降、低蛋白血症、胆固醇下降、低血糖和凝血时间延长。肝功能下降的证据可能和肝细胞损伤的证据同时出现（例如血清中肝酶升高），但是当肝功能降低时不一定会出现肝酶升高。这些病例中即使多数功能性的肝组织丧失，肝酶水平也很少降到参考值以下。如果病例在就诊时肝酶水平明显升高，并随时间变化开始降低，患者有可能处于恢复期，但也可能正在丧失功能性肝组织。

对Dervish的肝性脑病进行了治疗，进行输液治疗的同时应用抗生素，并使用维生素K改善凝血障碍。Dervish没有进行肝脏活组织检查就出院了，所以并没有确定导致其肝脏疾病的原因。腹部超声检查未见异常，血清检测FeLV、FIV和弓形虫均为阴性。最后Dervish的肝酶水平几乎恢复正常，但是视力没有恢复。咨询眼科医生后诊断为视网膜变性，可能是一种遗传病。Dervish在做绝育手术时曾经给予安定。有报道称这种药物会引起某些猫的突发性肝衰竭（Center）。但是报道中的猫是在反复给药之后出现了突发性肝衰竭。也应考虑其他潜在因素如门静脉异常。

Dervish 在2年内反复出现中性粒细胞的升高与下降，反复的骨髓检查发现粒细胞增生。偶尔出现的中性粒细胞减少症可能与发热或条件致病菌感染有关，抗生素治疗能起到一定的效果。最后也无法确定中性粒细胞下降的原因。

→ 参考文献

Center SA, Elston TH, Rowland PH, Rosen DK, Reitz BL, Brunt JE, Rodan I, House J, Bank S, Lynch LR, Dring LA, Levy JK. 1996. "Fulminant hepatic failure associated with oral administration of diazepam in 11 cats" JAVMA (209): 618-621.

病例11 - 等级2

"Squid"，美国短毛猫，11 岁，雌性绝育。有嗜睡、厌食和体重减轻的病史。表现为脱水、虚弱和黏膜黄染；肝脏增大，触诊超出最后肋弓大约4 cm，肝脏边缘钝圆；腹部X线检查显示双肾大小正常，而膀胱内有4个不透射线的结石。

解析

CBC：未能获取到CBC的数据。

血清生化分析

尿素氮下降而血清肌酐正常：这可能是继发于肝功能下降或者饥饿导致的尿素氮生成减少，不过饥饿的可能性较低。如果尿液是等渗的，还有可能是利尿剂引起的。

伴有低白蛋白血症的低蛋白血症：结合血清尿素氮下降的表现，最有可能造成低白蛋白血症的原因是肝脏生成减少。鉴别诊断要考虑饥饿或蛋白性营养不良等因素。其他低白蛋白血症鉴别诊断包括过度丢失如经肾脏丢失、经胃肠道丢失、或经渗出性皮肤损伤丢失。病史调查和临床检查并未发现有严重皮肤丢失或者腹泻，并且尿蛋白为阴性。也没有出血现象的描述，不过可通过PCV检查来排除出血的情况。经出血、渗出性皮肤病变或者胃肠道会造成白蛋白和球蛋白同时丢失，而该病例没有表现出这种变化。我们要注意在许多猫的肝脏疾病中都有一个急性反应期，导致球蛋白升高。肝脏脂质沉积综合征却是一个例外，通常不会出现高球蛋白血症。

低钙血症：低钙血症很可能是继发于低白蛋白血症（见第六章）。可通过正常犬的血钙浓度用公式计算出校正血钙浓度（校正血钙浓度排除了低白蛋白血症的干扰），但这一公式并不适用于健康猫和生病猫。

ALP升高（12倍），γ-GGT正常：虽然脂血症导致胆红素的检查结果不可用，但是黏膜黄染、胆红素尿、ALP升高等变化均提示胆汁淤积。ALP上升12倍对于Squid来说具有重要的意义。对于猫，碱性磷酸酶在组织中的浓度很低，且半衰期短，因此即使只上升了2～3倍，也可以当作胆汁淤积的重要指征。猫科动

生化检查

GLU	88 mg/dL	(70.0 ~ 120.0)
BUN	↓ 10 mg/dL	(15 ~ 32)
CREA	1.1 mg/dL	(0.9 ~ 2.1)
P	4.2 mg/dL	(3.0 ~ 6.0)
Ca	↓ 8.5 mg/dL	(8.9 ~ 11.6)
TP	↓ 4.8 g/dL	(6.0 ~ 8.4)
ALB	↓ 2.1 g/dL	(2.4 ~ 4.0)
GLO	2.7 g/dL	(2.5 ~ 5.8)
A/G	0.8	(0.5 ~ 1.4)
Na^+	149 mmol/L	(149 ~ 163)
Cl^-	119 mmol/L	(119 ~ 134)
K^+	3.6 mmol/L	(3.6 ~ 5.4)
HCO_3^-	22 mmol/L	(13 ~ 22)
AG	11.6 mmol/L	(9 ~ 21)
TBIL	由于脂血症结果无效	
ALP	↑ 997 IU/L	(10 ~ 72)
GGT	< 3.0 IU/L	(0 ~ 5)
ALT	↑ 249 IU/L	(29 ~ 145)
AST	↑ 287 IU/L	(12 ~ 42)
CHOL	203 mg/dL	(77 ~ 258)
TG	↑ 1 134 mg/dL	(25 ~ 191)
AMY	791 IU/L	(496 ~ 1 874)

尿液分析：未注明取样方法

外观：琥珀色不透明	尿沉渣
SG：1.009	每个高倍镜视野下有 0 ~ 5 个红细胞
pH：7.0	偶见白细胞
蛋白：阴性	未见管型
葡萄糖 / 酮体：阴性	未见上皮细胞
胆红素：1+	未见细菌
血红素：痕量	脂肪滴和脂肪碎片痕迹

物很少见到酶诱导的现象，而且该病例也没有药物治疗的病史。检测红细胞比容有助于排除溶血性黄疸这一因素。大多数猫的肝脏疾病中ALP和GGT会同时升高，但在猫的肝脏脂质沉积综合征中ALP会明显升高，而GGT的变化可能和ALP不一致。基于这些酶的变化，这个病例的主要鉴别诊断应该为肝脏脂质沉积综合征。由于肝脏脂质沉积综合征可能是原发性

的，也可能是继发性的，因此应该对该病例进行全面的检查，以评估有无其他潜在的疾病。

ALT和AST升高：ALT和AST轻微升高（升高2倍），提示Squid出现了一定程度的肝细胞损伤。

高脂血症：在肝脏脂质沉积综合征中，甘油三酯的浓度变化不定。外周脂肪储备动员入肝脏，但肝脏不能充分利用脂肪，从而会导致血液中甘油三酯浓度升高。

尿检分析：Squid的尿液为等渗尿。如同前一个病例（Dervish，病例11）提到的，肝脏疾病可能会导致多饮多尿，随后尿液浓缩程度下降。也可能存在原发性肾脏尿液浓缩能力下降，但需要进一步评估。与犬不同的是，正常猫尿液中检测不到胆红素。以上表明，该病例尿液中出现胆红素是高胆红素血症引起的。只有结合胆红素能被肾小球滤过。

病例总结与结果

猫的肝脏脂质沉积综合征。

该病例的血液检查类似于Dervish（病例10），Squid的结果提示胆汁淤积、肝细胞性损

伤和肝功能下降。如上所述，在这个病例中，由于ALP升高和GGT正常，应首先考虑为肝脏脂质沉积综合征。肝脏肿大、厌食和体重减轻的病史也进一步支持这个推测。需要进行肝脏活组织检查和细胞学检查，以证实血液学检查结果的推论。两种方法在肝脏脂质沉积综合征中都可以观察到明显的空泡化的肝细胞，但是活组织检查更常用，因为这种方法可以排除一些能够诱发肝脏脂质沉积综合征的疾病。由于猫的肝脏疾病通常能导致凝血障碍，且这里的一些检查结果（尿素氮下降，低白蛋白血症，黄疸）提示有肝功能下降的可能性，在任何侵入性操作之前必须做凝血检查，同时考虑预防性给予维生素K（VK）治疗。肝功能试验如血氨和胆汁酸一般不会改变临床治疗，在已经出现黄疸的肝脏脂质沉积综合征的病例中也不是一个重要的指标。

Squid在肝脏细针抽吸之前接受了VK治疗。肝脏细胞学检查结果符合肝脏脂质沉积综合征的变化，出现了大片空泡化的肝细胞，这些细胞的胞浆里有大量大小不等的、离散的空

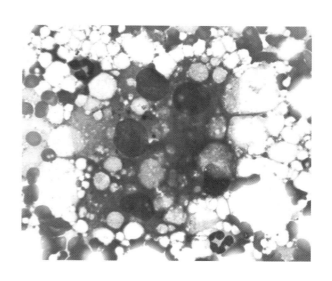

图2-5 病例11，Squid的肝脏细针抽吸的细胞涂片。样品包括显著的空泡化肝脏细胞，符合肝脏脂质沉积综合征的表现（见彩图5）

泡（图2-5）。细胞内和细胞间隙都出现了胆色素，形成胆栓。背景中可看到大量红细胞和脂质空泡，伴有散在的白细胞。Squid被放置了鼻饲管，在家表现好转最终痊愈。

→ 参考文献

Center SA, Crawford MA, Guida L. 1993. A retrospective study of 77 cats with severe hepatic lipidosis: 1975–1990. J Vet Intern Med (7): 349-359.

Griffin B. 2000. Feline hepatic lipidosis: pathophysiology, clinical signs, and diagnosis. Compendium (22): 847-856.

病例12 - 等级2

"Binar"，虎斑猫，1.5 岁，雄性去势，眼睛呈铜色。室内猫，正常免疫，家中无其他宠物。就诊时Binar有抽搐症状，并且对静脉注射地西泮有耐受性。采集到血样后，为控制抽搐对其施以全身麻醉。麻醉苏醒过程中表现出一系列神经症状，包括精神迟钝、顶头、步履蹒跚、辨距过大等。主人认为它未接触到任何毒物。临床检查未见其他异常。

解析

CBC：无明显异常。

尿素氮（BUN）和肌酐（CREA）下降：

血常规检查

WBC	8.8×10^9 个 /L	（4.5 ~ 15.7）
Seg	6.8×10^9 个 /L	（2.1 ~ 10.1）
Lym	1.7×10^9 个 /L	（1.5 ~ 7.0）
Mono	0.2×10^9 个 /L	（0 ~ 0.9）
Eos	0.1×10^9 个 /L	（0 ~ 1.9）
白细胞形态：中性粒细胞呈轻度中毒性变化		
HCT	32 %	（28 ~ 45）
RBC	7.44×10^{12} 个 /L	（5.0 ~ 10.0）
HGB	10.5 g/dL	（8.0 ~ 15.0）
MCV	40.6 fL	（39.0 ~ 55.0）
MCHC	32.8 g/dL	（31.0 ~ 35.0）
红细胞形态：在正常范围内		
血小板：凝集成簇，不能进行评估		

生化检查

GLU	112 mg/dL	（70.0 ~ 120.0）
BUN	↓ 9 mg/dL	（15 ~ 32）
CREA	↓ 0.7 mg/dL	（0.9 ~ 2.1）
P	4.5 mg/dL	（3.0 ~ 6.3）
Ca	↓ 8.7 mg/dL	（8.9 ~ 11.5）
Mg	2.1 mmol/L	（1.9 ~ 2.6）
TP	↓ 4.7 g/dL	（6.0 ~ 8.4）
ALB	↓ 2.3 g/dL	（3.0 ~ 4.2）
GLO	↓ 2.4 g/dL	（2.5 ~ 5.8）
A/G	0.9	（0.7 ~ 1.6）
Na^+	150 mmol/L	（149 ~ 164）
Cl^-	120 mmol/L	（119 ~ 134）
K^+	3.6 mmol/L	（3.6 ~ 5.4）
HCO_3^-	20 mmol/L	（13 ~ 22）
AG	14 mmol/L	（9 ~ 21）
TBIL	0.2 mg/dL	（0.10 ~ 0.30）
ALP	15 IU/L	（10 ~ 72）
ALT	↑ 150 IU/L	（29 ~ 145）
AST	↑ 45 IU/L	（12 ~ 42）
CHOL	211 mg/dL	（77 ~ 258）
TG	47 mg/dL	（25 ~ 191）
AMYL	593 IU/L	（496 ~ 1 874）

没能采集到Binar的尿液。

考虑Binar同时出现血清白蛋白下降及神经症状，尿素氮下降可能是由肝脏损伤生成不足造成的。食物蛋白质摄取不足也会导致尿素氮下降。尿液增多会引起血清肌酐浓度下降。不过血清肌酐浓度下降也可见于消瘦、肌肉量很少（例如营养不良或恶病质）的动物。

　　伴随低白蛋白血症和低球蛋白血症的低蛋白血症：由于Binar同时出现尿素氮、肌酐下降，以及神经症状，应该把肝脏合成不足当作一项重要的鉴别诊断，但这一推测不能解释为什么Binar的血清球蛋白水平处于临界值。正如病例Squid（病例11）里指出的，猫患有肝脏疾病时可能会出现白蛋白合成不足，但是一般都会出现高球蛋白血症。尿素氮、肌酐下降和低白蛋白血症同时出现，也可能是严重饥饿肌肉消耗过度造成的，但临床病史并不支持这一推测，这一推测也不能解释低球蛋白血症的原因。能引起泛蛋白减少症的原因可能有过度丢失入胃肠道或体腔、皮肤损伤渗出及出血。不过Binar并无腹泻或明显皮肤损伤的病史。未获取到Binar尿蛋白的数据，因此不能认定Binar的低蛋白血症是由肾脏丢失引起的。

Binar也无出血病史，且红细胞比容在参考范围内。

低钙血症：低钙血症可能继发于低白蛋白血症（见第六章）。根据健康犬的血清蛋白水平、血钙浓度以及患病犬白蛋白水平下降的程度，可以经过公式计算出校正血钙浓度。但目前还没有健康猫或患病猫的校正钙浓度的计算公式。

ALT和AST轻微升高：该病例有抽搐的病史，提示其在抽搐时肝细胞会出现暂时缺氧或灌注不足，从而导致和肝细胞相关的酶出现轻微升高。结合其他异常的实验室数据，可以考虑Binar患有原发性肝脏疾病。由于ALT和AST升高的程度与受损肝细胞数量成正比，一定程度上反映了肝损伤的严重程度，因此这个病例中，两者轻度升高提示其肝脏上可能出现了微小的肿物。

病例总结和结果

门静脉短路。

餐后胆汁酸浓度为54 μmol/L，提示Binar的肝功能下降。染色示踪研究显示该病例出现了门静脉奇静脉短路。

Binar这一病例提示，即使肝脏转氨酶没有显著升高，动物也可能出现了严重的肝脏疾病。Dervish 和 Squid（病例 10和病例 11）的肝功能均显著下降，肝脏转氨酶明显升高，并且出现了高胆红素血症。这种情况下，常规检查便可确诊肝脏疾病。由于自发性癫痫非常少见，任何有弥散性脑病的病例都需要考虑肝性脑病，尤其是幼猫。铜色眼和猫先天性门静脉异常有一定的相关性。与猫相比，犬门静脉短路更易出现轻度小红细

胞性贫血（特征性变化）。门静脉短路的犬猫都会出现真性尿酸胺结晶尿、多饮多尿和低白蛋白血症，而Binary的血清蛋白确实出现了下降。患有门静脉短路的动物的肝酶可能只是轻度升高，尤其是猫。在一些病例中禁食后胆汁酸浓度和血氨浓度（有时）可能在正常范围内，因为这些病例有足够的肝脏功能单位来维持循环（从血液中吸收入肝脏进行代谢）。然而，餐后胆汁酸浓度会显著升高。因此，这一试验是门静脉短路的良好筛查试验。注意Dervish（病例 10）的讨论部分：对于肝性脑病来讲，血氨浓度是临床唯一可检测指标，但是这一检测对样品运输传送的要求很高，在私人诊所里的应用并不广泛。

兽医对Binar进行了缩窄手术从而使这个短路血管的血流速度减慢，肝功能得到了改善。继续对Binar进行药物治疗，并由其转诊前的兽医负责护理照料。

病例13 - 等级2

"Rocky"，拳师犬，8 岁，雄性绝育。发病前非常健康，没有接触过任何药物。主人外出1周，回家后发现Rocky嗜睡，并且在接下来的2d内越来越严重，并注意到尿液颜色有变化。就诊时该犬表现虚弱和虚脱。黏膜苍白、黄染，体温102℉（38.9℃），脉搏160 次/min，伴有明显的心律失常。呼吸44 次/min。

解析

CBC

白细胞象：中性粒白细胞增多症，并伴有再生性核左移和单核细胞增多症。核左移提示

血常规检查

WBC	↑ 28.4×10^9 个/L	(4.9 ~ 17.0)
Seg	↑ 23.3×10^9 个/L	(3.0 ~ 11.0)
Band	↑ 1.7×10^9 个/L	(0 ~ 0.3)
Lym	1.4×10^9 个/L	(1.0 ~ 4.8)
Mono	↑ 2.0×10^9 个/L	(0.1 ~ 1.3)
Eos	0	(0 ~ 1.250)
有核 RBC/100 WBC	19（每 100 个 WBC 中含有 19 个有核 RBC）	
白细胞形态：无明显异常		
HCT	↓ 7 %	(37 ~ 55)
RBC	—	($5.8 \sim 8.5 \times 10^{12}$ 个/L)
HGB	↓ 4.5 g/dL	(12.0 ~ 18.0)
MCV	—	(60.0 ~ 77.0)
MCHC	—	(31.0 ~ 34.0)

红细胞形态：可观察到红细胞凝集的现象，生理盐水稀释证实红细胞凝集（图 2-6）。有中度多染红细胞及红细胞大小不等的现象

血小板	↓ 103.0×10^9 个/L	(181.0 ~ 525.0)
血浆黄疸		

生化检查

GLU	134 mg/dL	(67.0 ~ 135.0)
BUN	↑ 53 mg/dL	(8 ~ 29)
CREA	由于高胆红素血症，数据无效	
P	3.9 mg/dL	(2.6 ~ 7.2)
Ca	9.5 mg/dL	(9.4 ~ 11.6)
Mg	2.4 mmol/L	(1.7 ~ 2.5)
TP	↓ 4.8 g/dL	(5.5 ~ 7.8)
ALB	3.3 g/dL	(2.8 ~ 4.0)
GLO	↓ 1.5 g/dL	(2.3 ~ 4.2)
A/G	↑ 2.2	(0.7 ~ 1.6)
Na^+	142 mmol/L	(142 ~ 163)
Cl^-	112 mmol/L	(111 ~ 129)
K^+	3.8 mmol/L	(3.8 ~ 5.4)
HCO_3^-	23 mmol/L	(15 ~ 28)
AG	10.8 mmol/L	(8 ~ 19)
TBIL	↑ 56.5 mg/dL	(0.10 ~ 0.50)
ALP	↑ 270 IU/L	(12 ~ 121)

续表

ALT	↑ 392 IU/L	（18 ~ 86）
AST	↑ 235 IU/L	（16 ~ 54）
CHOL	230 mg/dL	（82 ~ 355）
TG	178 mg/dL	（30 ~ 321）
Amy	1 052 IU/L	（409 ~ 1 203）

尿液分析：自然排尿

尿色：淡黄色、不透明
尿相对密度：1.026
pH：7.0
尿蛋白：30 mg/dL
尿糖 / 尿酮：阴性
胆红素：3+
血红素：3+

尿沉渣
每个高倍视野中可见 0 ~ 5 个红细胞
未见白细胞
少量颗粒管型
偶见上皮细胞
未见细菌
脂滴 1+、碎屑

凝血检查

凝血酶原时间（PT）	↑ 9.7 s	（6.2 ~ 9.3）
活化部分凝血酶原时间（APTT）	14.2 s	（8.9 ~ 16.3）
纤维蛋白原	300 mg/dL	（100 ~ 300）
纤维蛋白原降解产物（FDP）	↑ >20 μg/mL	（<5）

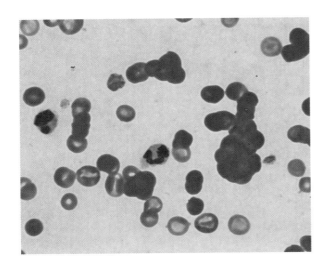

图2-6 病例 13，Rocky 的血涂片。含有大量红细胞凝集簇，加入生理盐水后样本中的红细胞依然没有散开（见彩图 6）

机体有严重的炎症，这也可以解释单核细胞增多的现象。该病例的炎症可能来自于免疫介导性溶血性贫血和肝脏损伤。

红细胞象：严重贫血。红细胞凝集是贫血的特征性变化，然而由于存在红细胞大小不等和多染的现象，提示贫血有一定程度的再生性。但还需要进行网织红细胞计数来定量分析再生性反应。有核红细胞可能是部分再生反应的表现。然而，骨髓和脾脏内皮细胞缺氧损伤会降低这些器官的调控功能，从而导致成熟细胞转运到循环通路的调控能力下降。

血小板：轻度血小板减少症，但在缺乏其他病理变化的情况下，血小板减少到这种程度还不足以导致自发性出血。炎症和早期弥散性血管内凝血可能会导致血小板消耗增加，从而引起血小板下降。免疫介导性溶血也可能会出现这种情况。患有免疫介导性溶血性贫血的犬中，1/3 ~ 1/2的病例同时患有免疫介导性血小板减少症。

血清生化分析

尿素氮（BUN）升高：需要确定氮质血症的原因（肾前性、肾性、肾后性）。由于高胆红素血症会干扰肌酐的反应，可能会导致肌酐检查结果假性降低。该病例中尿素氮升高的原因很有可能是肾前性的。尿液有些浓缩。但是，由于未对脱水状况进行评估，所以很难确定尿液是否出现了最大程度的浓缩（比如尿相对密度大于1.030）。

伴有低球蛋白血症的低蛋白血症：尚不能确定引起这种变化的原因，因为机体出现严重炎症时，可能会引起免疫球蛋白和急性期反应产物的生成增加，从而导致球蛋白升高。广泛

的炎症可能导致毛细血管通透性增强，蛋白进入组织间隙增多（更多关于蛋白情况的评估的信息见第四章）。

严重高胆红素血症：检查结果提示高胆红素血症是溶血引起的。由于该病例出现了严重的再生性贫血及ALP轻度升高，提示胆汁淤积的可能性不大。需要进行网织红细胞计数来定量分析再生性反应。但由于急性溶血反应数天之后才会出现网织红细胞从骨髓中释放增多的现象，所以急性溶血初期可能检测不到明显的网织红细胞增多。

ALP轻度升高：如果患病犬的ALP只升高2倍，则很难解释ALP升高的原因。由于该犬没有患内分泌疾病，也没有使用会引起ALP升高的药物的病史，因此引起ALP升高最有可能的原因是肝脏缺氧。

ALT和AST升高（轻度到中度）：肝细胞酶类升高了4 ~ 5倍，升高的程度比ALP稍甚。根据临床病史推测，肝细胞损伤可能是缺氧引起的。免疫介导性溶血性贫血的病例中往往会出现肝脏的缺血性病变，因此缺氧引发了肝细胞损伤。

凝血检查：结合FDPs > 20 μg/mL和血小板减少症来看，说明这个病患有发展为DIC的风险。尽管此时只有PT轻微延长，但还需要监测凝血时间。肝脏疾病可能伴随有FDPs的升高，因为肝细胞的清除能力会下降。

病例总结和结论

免疫介导性溶血性贫血，肝脏缺氧继发肝酶升高。

相比起Patton（病例8），Rocky有一定程度的高胆红素血症，但是Rocky同时还有严

重的贫血，并且ALP轻度升高，提示Rocky的高胆红素血症可能是溶血引起的，而不是胆汁淤积引起的。患有免疫介导性溶血性贫血的病例中，如果胆红素超过5 mg/dL，则提示预后不良，并且有形成血栓的危险（Carr）。ALP升高同样也提示存在并发血栓症的风险（Johnson），这在免疫介导性溶血性贫血的病例中非常常见。肝细胞酶类比胆汁淤积指标升高幅度稍大，但是相比起之前的病例（Lady和Patton，病例7和病例8），由于该病例同时出现了溶血，因此此时更难以判断高胆红素血症到底是肝细胞损伤还是胆汁淤积引起的。通过尸检已经证实，患有免疫介导性溶血性贫血的患犬会出现出血性、缺血性和胆汁淤积性肝损伤，并且当病例伴有高胆红素血症时，这些损伤会更严重（McManus）。

库姆斯试验呈阳性（1+），该病例并且接受了输血治疗，同时给予皮质类固醇类药物、硫唑嘌呤（译者注：一种免疫抑制剂）、胃保护剂和静脉输液。Rocky输液治疗后出院，但预后谨慎。它在家2周情况良好，但因食欲下降等复诊，并出现黄疸、肝脾明显肿大、心杂音、呼吸加快等症状。它整晚都在特护病房，状态比较稳定，但第2天早上出现大量的腹水（以败血性脓性渗出为特征）。最后它被施行安乐死。尸检显示其有类固醇性肝病。另外，Rocky还有严重的膜性增生性肾小球肾炎和继发于免疫介导性溶血性贫血的血红蛋白尿性肾病。

→ 参考文献

Carr AP, Panciera DL, Didd L. 2002. Prognostic factors for mortality and thromboembolism in canine immune-mediated hemolytic anemia: a retrospective study of 72dogs. J Vet Intern Med (16): 504-509.

Johnson LR, Lappin MR, Baker DC. 1999. Pulmonary thromboembolism in 29 dogs; 1985–1995. J Vet Intern Med. (13): 338-345.

McManus PM, Craig LE. 2001. Correlation between leukocytosis and necropsy findings in dogs with immune-mediated hemolytic anemia:34 cases (1995–1999). J Am Vet Med Assoc (218): 1308-1313.

病例14 – 等级2

"Peach"，10岁，雄性美洲驼，因面部瘙痒和皮炎前来就诊。该美洲驼进入新草地后才出现这一症状。体格检查发现两侧耳朵基部皮肤都有化脓性表皮脱落。鼻口部结痂并过度角化，双侧结膜水肿并伴有黏液化脓性结膜炎；整个面部严重水肿；除腹部有一个伤疤外，身体其他部位没有明显的变化，但体况评分较低。

解析

CBC：伴随单核细胞增多的中性粒细胞增多症。同时，纤维蛋白原增加提示炎症，这与描述中的面部损伤一致。

血清生化分析

高血糖症：Peach的高血糖可能是应激

血常规检查

WBC	↑ 35.3 × 10⁹ 个 /L	（7.5 ~ 21.5）
Seg	↑ 30.7 × 10⁹ 个 /L	（4.6 ~ 16.0）
Band	0	（0 ~ 0.3）
Lym	2.5 × 10⁹ 个 /L	（1.0 ~ 7.5）
Mono	↑ 1.4 × 10⁹ 个 /L	（0.1 ~ 0.8）
Eos	0.7 × 10⁹ 个 /L	（0 ~ 3.3）
WBC 形态：无明显异常		
HCT	31 %	（29 ~ 39）
RBC	7.91 × 10⁹ 个 /L	（6.5 ~ 12.8）
血小板：大量		
RBC 形态：无明显异常		
纤维蛋白原	↑ 500 mg/dL	（100 ~ 400）

生化检查

GLU	↑ 320 mg/dL	（90 ~ 140.0）
BUN	30 mg/dL	（13 ~ 32）
CREA	1.9 mg/dL	（1.5 ~ 2.9）
P	5.3 mg/dL	（4.6 ~ 9.8）
Ca	10.0 mg/dL	（8.0 ~ 10.0）
TP	↑ 8.4 g/dL	（5.5 ~ 7.0）
ALB	3.5 g/dL	（3.5 ~ 4.4）
GLO	↑ 4.9 g/dL	（1.7 ~ 3.5）
A/G	↓ 0.7	（1.4 ~ 3.3）
Na⁺	147 mmol/L	（147 ~ 158）
Cl⁻	116 mmol/L	（105 ~ 118）
K⁺	5.8 mmol/L	（4.3 ~ 5.8）
HCO₃⁻	15 mmol/L	（14 ~ 28）
TBIL	↑ 0.4 mg/dL	（0.0 ~ 0.1）
ALP	↑ 3 118 IU/L	（30 ~ 780）
GGT	↑ 1 272 IU/L	（5 ~ 29）
SDH	↑ 150 IU/L	（14 ~ 70）
CK	319 IU/L	（30 ~ 400）

造成的。虽然胰岛素在骆驼科动物的外周循环中含量较少，且胰腺对高血糖反应较低（Cebra，2001）。由于骆驼科动物有这样一种生理局限，因此当它们出现高血糖时，一些

专家推荐采取更积极的监控措施和治疗方案（Cebra，2000）。

伴随高球蛋白血症高蛋白血症：正如CBC中所讨论的，这些结果最符合炎症的表现，免疫球蛋白和急性期反应产物均可导致球蛋白升高，其机制在第四章中有介绍。患有炎性疾病的动物，免疫球蛋白的升高通常是多克隆性的，提示多种蛋白生成增加。白蛋白在参考范围的下限，这里不存在检查失误的现象。白蛋白下降可能是肝功能下降生成减少造成的，一些证据表明，在一些其他物种中，白蛋白是一种负急性期反应产物。相对而言，该病例中，白蛋白下降可能和皮肤损伤造成的渗出性丢失有关，也可能跟慢性营养不良有关。

高胆红素血症：该病例中，胆红素轻微升高有几个可能的原因。引起血清胆红素升高的原因包括溶血、胆汁淤积、肝功能下降和败血症。该病例不能完全排除溶血的可能，但血清并未溶血，而且PCV虽然偏低，但仍处于参考范围内。虽然没有进行特异性肝功能试验，但也不能排除胆汁淤积和肝功能下降的可能。中性粒细胞性白细胞增多症提示可能是败血症，但这种变化更倾向于提示炎症，而非感染性疾病。需进一步确定该病例是否出现了败血症。

AST、SDH、ALP、GGT升高：AST、SDH升高、CK正常更符合肝细胞损伤的表现。ALP、GGT升高可能和肝胆管疾病（包括胆汁淤积）有关。由于该病例GGT升高最明显，因此只根据现有的实验室数据，很难判断哪种病因占主导地位。

病例总结和结果

肝胆管疾病，伴发炎症和高血糖。

该病例中，肝脏活组织检查有助于诊断和预后。肝脏组织切片显示轻度到中度肝门纤维化，伴随轻度淋巴细胞、浆细胞和散在的中性粒细胞浸润。三处皮肤病变经活组织检查发现表皮溃疡、真皮化脓，伴发由细菌引起的严重浅表脓皮病。为了缓解Peach面部的炎症，静脉输注抗生素和可的松，并使用Banamine®（译者注：氟尼辛葡甲胺，可用于肉牛、奶牛、马属动物，消炎止痛）控制疼痛，同时结合具有角质溶解作用的抗菌香波进行治疗。给药后24h Peach面部水肿消失，活动自如，饮食正常。随后Peach出院了，但2周后死亡。尸检发现Peach患有严重的脓皮病。此外，剖检发现7.6～11.4 L的腹水，大小不等的白色结节散布在肝脏、肾脏、心包和胸膜。心包脂肪极度萎缩，腹膜中有很多直径1 mm的白色结节，且边界增厚、粗糙。在胸膜内偶尔会发现小白色点状物。组织学检查发现这些白色结节由炎性物质的持续的化脓性渗出形成，通常形成在血管的中央。心脏和肾脏的损伤是可能引起死亡的直接原因，同时，皮肤损伤是败血症的原发性病灶。

对于该病例而言，检测指标出现变化最有可能继发于肝炎（弥漫性细菌感染引起的），对于骆驼科动物来讲，肝病多是营养不良或者代谢紊乱引起的，在该病例同样如此，因为该病例体况很差。据报道骆驼科动物和其他动物肝病（脂沉积症、中毒和肿瘤）的原因类似。

对其他动物来说，肝胆管疾病的特异性诊断通常需要肝脏活组织检查。骆驼科动物透皮穿刺采样比较安全，穿刺后动物的实验室检查指标的变化很小（Anderson）。活组织检查所采集的样本比开腹探查和尸检所采集的样本小，因此，根据活组织检查所做出的诊断的准确性尚未可知。有证据表明，小动物的活组织采样方法不同，诊断结果可能有很大差异，可能是样品偏差造成的（Cole）。这也许是首次活组织样本不能反映剖检时全身细菌感染状况的原因，而且不能确定全身感染是出现在活组织检查时，也有可能是出院后出现的新症状。

→ 参考文献

Anderson DE and Silveira F. 1999. Effects of percutaneous liver biopsy in alpacas and llamas. Am J Vet Res (60): 1423-1425.

Cebra CK, Tornquist SJ, Van Saun RJ, Smith BB. 2001. Glucose tolerance testing in llamas and alpacas. Am J Vet Res (62): 682-686.

Cebra CK. 2000. Hyperglycemia, hypernatremia, and hyperosmolarity in 6 neonatal llamas and alpacas. J Am vet Med Assoc (217): 1701-1704.

Cole TL, Center SA, Flood SN, Rowland RH, Valentine BA, Warner KL, Hollis HN. 2002. Diagnostic comparison of needLe and wedge biopsy specimens of the liver in dogs and cats. J Am vet Med Assoc (220): 1483-1490.

病例15 – 等级3

"Stella"，9岁，小型母马。因虚弱、精神沉郁和急性腹痛前来就诊。检查发现Stella黏膜苍白黄染，脉搏微弱，呼吸浅而快。很瘦，体况很差。主诉Stella几天前产驹后就开始厌食，体重减轻。将Stella放入拖车送往医院前，主人注意到它的尿液是棕色的。马厩里2d都没有发现粪便，但4个区域的肠音都正常。

血常规检查

WBC	↑ 12.5×10^9 个 /L	（5.9 ~ 11.2）
Seg	↑ 10.4×10^9 个 /L	（2.3 ~ 9.1）
Band	0	（0 ~ 0.3）
Lym	2.0×10^9 个 /L	（1.6 ~ 5.2）
Mono	0.1×10^9 个 /L	（0 ~ 1.0）
白细胞形态：无明显异常		
HCT	↓ 10 %	（30 ~ 51）
RBC	↓ 1.53×10^{12} 个 /L	（6.5 ~ 12.8）
HGB	↓ 3.6 g/dL	（10.9 ~ 18.1）
MCV	↑ 64.0 fL	（35.0 ~ 53.0）
MCHC	36.0 g/dL	（34.6 ~ 38.0）
红细胞形态：大量海因茨小体，红细胞大小轻度不等（图 2-7）		
血小板：数量正常		
纤维蛋白原	300 mg/dL	（100 ~ 400）

生化检查

GLU	123 mg/dL	（6.0 ~ 128.0）
BUN	↑ 37 mg/dL	（11 ~ 26）
CREA	1.2 mg/dL	（0.9 ~ 1.9）
P	2.5 mg/dL	（1.9 ~ 6.0）
Ca	11.6 mg/dL	（11 ~ 13.5）
TP	↑ 8.1 g/dL	（5.6 ~ 7.0）
ALB	2.9 g/dL	（2.4 ~ 3.8）
GLO	↑ 5.2 g/dL	（2.5 ~ 4.9）
A/G	↓ 0.6	（0.7 ~ 2.1）
Na^+	131 mmol/L	（130 ~ 145）
Cl^-	↓ 93 mmol/L	（99 ~ 105）
K^+	4.3 mmol/L	（3.0 ~ 5.0）
HCO_3^-	↓ 19 mmol/L	（25 ~ 31）
TBIL	↑ 10.3 mg/dL	（0.30 ~ 0.30）
DBIL	0.4 IU/L	（0 ~ 0.5）
IBIL	↑ 9.9 IU/L	（0.2 ~ 0.3）
GGT	↑ 56 IU/L	（5 ~ 23）
AST	↑ 2 064 IU/L	（190 ~ 380）
CK	↑ 568 mg/dL	（80 ~ 446）
LDH	↑ 3 614 mg/dL	（160 ~ 500）
NH_3	↑ 203 IU/L	（0 ~ 55）
TG	↑ 700 mg/dL	（9 ~ 52）

尿液检查：自然排尿

外观：黄褐色、混浊
SG：1.030
pH：8.0
血红素：4+
蛋白：4+（> 500 mg/dL）
葡萄糖、胆红素、酮体：阴性

尿沉渣
红细胞：每个高倍镜视野中 0 ~ 2 个
白细胞：每个高倍镜视野中 0 ~ 2 个
碳酸钙结晶：4+（每个低倍镜视野 > 50 个）
偶见上皮细胞
未见细菌、黏液和管型

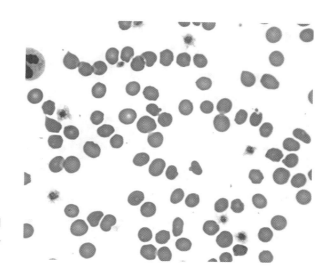

图 2-7　Stella 的血涂片，可见含海因茨小体的红细胞和散在的血小板（瑞氏-姬姆萨染色，1 000×）（见彩图 7）

解析

CBC

白细胞象：Stella出现轻度中性白细胞增多症，这可能是应激（但并未出现淋巴细胞减少症）或炎症造成的。没有出现中毒性变化或核左移，纤维蛋白原在正常范围内，说明炎症比较轻微或是急性的。血清生化显示Stella有高球蛋白血症，这一结果也支持炎症这一推测。

红细胞象：Stella贫血严重。马科动物的网织红细胞在血液再生反应中并不释放进入循环，所以单靠CBC结果不能判断贫血是否为再生性。由于海因茨小体是红细胞氧化损伤的表现，因此Stella的贫血可能是红细胞氧化损伤引起的。马的血液中出现海因茨小体时，临床医生应考虑它可能误食了洋葱、芸薹属植物、红枫叶或某些药物（如吩噻嗪、亚甲蓝这类药物）。进一步询问畜主发现Stella曾接触过红枫叶。

血清生化分析

尿素氮升高：由于尿液浓缩充分，因此尿素氮升高可能是肾前性的。

伴有高球蛋白血症的高蛋白血症：球蛋白升高可能是免疫球蛋白升高或急性期反应物增多引起的。不管怎样，表明机体存在炎症。白蛋白此时是正常的，表明脱水不是高蛋白血症的主要原因，但不能排除并发白蛋白丢失的可能，也许正是这一变化掩盖了脱水的表现。

伴有低钠血症和碳酸氢盐下降的低氯血症：氯离子和钠离子的下降不成比例，而且并发碳酸氢盐下降，说明Stella发生了代谢性酸中毒。由于氯离子和碳酸氢盐的变化通常是相反的（此病例中不是），检查结果表明该病例存在混合性酸碱紊乱。要全面评价其酸碱状态需进行动脉血气分析。

伴有间接胆红素升高的高胆红素血症：胆红素分析在小动物的疾病诊断中起的作用不大，但可用于马属动物疾病的诊断。马间接（未结合）胆红素升高的原因包括溶血、肝脏衰竭和厌食。该病例中，这三种原因都可能存在。马直接（结合）胆红素很少会超过总胆红素的25%，否则意味着胆管阻塞。

GGT升高：这项指标升高提示肝胆管疾病或胆汁淤积。GGT升高可见于临产母马和小型马的肝脏脂沉积综合征。

AST（5倍）、LDH（7倍）、CK（升为正常值的125%）升高：AST和LDH指示了肝脏或肌肉损伤。CK也有升高，但幅度不如AST和LDH，故大部分酶升高是由于肝脏损伤造成的，小部分是由于肌肉损伤造成的。应当注意的是，所有这些酶都不能反映肝功能。

血氨升高：这项指标升高提示肝功能受损。

高甘油三酯血症：高甘油三酯血症在马并不常见，但可见于小型品种马和矮种马的肝脂沉积综合征。该病例中，热量摄入减少引起脂肪动员，造成脂质在血浆和肝脏中聚积。结果通常会出现肝功能下降。

尿液检查：尿液不再是棕色，也经过了充分浓缩。若尿检中出现完整的红细胞、游离血红蛋白、肌红蛋白中的任意一种，潜血检查即为阳性。由于尿沉渣检查中只发现了少量红细胞，因此潜血反应强阳性可能是血红蛋白或肌红蛋白引起的，除非体外尿样中的红细胞发生了明显的溶解。碳酸钙结晶在马属动物的尿液中很常见，尤其是食物中含有苜蓿时。

病例总结和结果

红枫叶中毒会形成海因茨小体，造成严重的溶血性贫血，同时引起肝细胞损伤、肝功能下降、高脂血症，还可能会引起混合性酸碱平衡紊乱。

Stella接受了输血治疗，以提高组织的含氧量。它用Banamine®（译者注：氟尼辛葡甲胺，可用于肉牛、奶牛、马属动物，消炎止痛）和布托啡诺控制急性腹痛。因为有发生血红蛋白性肾病的可能，对它进行了输液治疗，并且使用利尿剂。由于Stella有神经症状，并且肝功能减退，它还服用了乳果糖、B族维生素、维生素K和右旋葡萄糖。它被鼓励多进食。经过5d治疗后，Stella的血氨恢复正常，肝酶降低，红细胞比容稳定。食物中蛋白质的含量被限制在12%，以控制肝性脑病，另外防止它再次接近红枫叶。

Stella实验室检查结果的异常提示多种复杂的内科问题。和Rocky（病例13）相似，继发于急性溶血性贫血的缺氧会导致肝损伤，肝脏脂质沉积综合征又对其造成进一步损伤。无法判断厌食是继发于溶血或高血氨，还是之前产驹引起的。肌肉和肝脏组织缺氧使得血液中转氨酶水平升高。肌肉损伤可解释小动物肝酶出现升高的原因（见病例2中的Bandit）。综上所述，造成间接胆红素的3个常见原因Stella都存在，但三者之间的相互关系并不明确。混合性的酸碱紊乱不是特别典型，然而可能会同时出现组织缺氧引起的酸中毒、肝脏脂质沉积综合征引起的代谢性酸中毒，以及呼吸过度造成的呼吸性碱中毒。

病例16 – 等级2

"Skipper"，15岁，母马。数周前其肝酶和胆红素升高，并且出现黄疸、间歇性发热、食欲下降。就诊时Skipper体重下降，臀部和鬐甲部出现了肌肉消耗，右球关节和系部有多处磨损，磨损处还持续一周流出血色渗出物；基本生命指征正常，但是巩膜和牙龈呈黄色；中

血常规检查

WBC	9.0×10^9 个 /L	（ 5.9 ~ 11.2 ）
Seg	7.0×10^9 个 /L	（ 2.3 ~ 9.1 ）
Band	0	（ 0 ~ 0.3 ）
Lym	1.6×10^9 个 /L	（ 1.6 ~ 5.2 ）
Mono	0.4×10^9 个 /L	（ 0 ~ 1.0 ）
白细胞形态：未见明显异常		
HCT	51 %	（ 30 ~ 51 ）
RBC	10.7×10^{12} 个 /L	（ 6.5 ~ 12.8 ）
MCV	47.2 fL	（ 35.0 ~ 53.0 ）
MCHC	38.0 g/dL	（ 34.6 ~ 38.0 ）
PLT	↓ 79.0×10^9	（ 83.0 ~ 271.0 ）
红细胞形态：缗钱（钱串样）状排列		
纤维蛋白原	↑ 600 mg/dL	（ 100 ~ 400 ）

生化检查

GLU	110 mg/dL	（ 6.0 ~ 128.0 ）
BUN	12 mg/dL	（ 11 ~ 26 ）
CREA	高胆红素血症导致检测无效	
P	2.7 mg/dL	（ 1.9 ~ 6.0 ）
Ca	12.0 mg/dL	（ 11.0 ~ 13.5 ）
TP	↑ 8.0 g/dL	（ 5.6 ~ 7.0 ）
ALB	2.7 g/dL	（ 2.4 ~ 3.8 ）
GLO	↑ 5.3 g/dL	（ 2.5 ~ 4.9 ）
A/G	↓ 0.5	（ 0.7 ~ 2.1 ）
Na^+	135 mmol/L	（ 130 ~ 145 ）
Cl^-	99 mmol/L	（ 99 ~ 105 ）
K^+	3.4 mmol/L	（ 3.0 ~ 5.0 ）
HCO_3^-	29 mmol/L	（ 25 ~ 31 ）
TBIL	↑ 11.7 mg/dL	（ 0.30 ~ 3.0 ）
DBIL	↑ 1.70 mg/dL	（ 0.0 ~ 0.5 ）
IBIL	↑ 10.00 mg/dL	（ 0.2 ~ 3.0 ）
ALP	↑ 2 151 IU/L	（ 109 ~ 352 ）
GGT	↑ 1 344 IU/L	（ 5 ~ 23 ）
SDH	↑ 7.1 IU/L	（ 2 ~ 6 ）
AST	367 IU/L	（ 190 ~ 380 ）
CK	108 IU/L	（ 80 ~ 446 ）

凝血检查

| PT | 11.1 s | （10.9 ～ 14.5） |
| APTT | 56.6 s | （54.7 ～ 69.9） |

度沉郁，但对外界环境刺激仍保持警觉性。

解析

CBC

纤维蛋白原升高：纤维蛋白原升高提示炎症，血清生化检查发现它有高球蛋白血症，印证了炎症这一推测。此时白细胞象没有变化，因为大动物的纤维蛋白原可能比白细胞象更能指示炎症。

血小板减少：血小板减少和肝脏疾病有关。这里需要考虑血小板过度消耗，这也和内皮（可能是血管内皮）损伤相关。还有一种可能，即枯否氏细胞的功能受损时，会激活全身免疫反应，机体就可以耐受高于正常水平毒素和细菌（经由肝门循环非正常滤过的细菌和毒素）。

血清生化分析

伴有高球蛋白血症的高蛋白血症：球蛋白升高反映免疫球蛋白升高或急性期反应物增加。不管怎样，这些都提示炎症。白蛋白水平正常，提示脱水并不是高蛋白血症的首要原因。不能排除白蛋白丢失或生成减少的可能性，这也可能掩饰了脱水的影响。由于该病例有肝脏疾病的证据，所以白蛋白合成减少的可能性最大。

直接胆红素和间接胆红素皆升高的高胆红素血症：马的间接胆红素（未结合胆红素）升高的原因包括溶血、肝脏衰竭和厌食。由于红细胞比容处于参考范围内，可排除溶血，而厌食和肝脏疾病的可能性更高。直接胆红素也出现升高，提示该病例有一定程度的胆汁淤积。

ALP升高（8倍）和 γ -GGT（47倍）：这两种酶升高提示肝胆管疾病或者胆汁淤积。

SDH升高：SDH升高支持肝细胞性疾病这一推测。

凝血检测：凝血时间正常。只有非常严重的肝功能损伤才能导致凝血因子生成减少。但是有肝脏疾病的动物凝血时间可能延长，这是因为肝脏还产生纤维蛋白溶酶激活因子和抑制因子，而且肝脏负责清除活化的凝血因子，纤溶酶，以及凝血产物的分解。

病例总结和结果

胆汁淤积性肝病，并发轻度炎症。

凝血检查正常的动物可以在肝脏超声检查引导下采集活组织样本。超声检查发现，该病例的肝脏呈弥散性不均匀回声，但没有胆道阻塞的表现。采集到的活组织样本的检查结果提示该病例有轻度到中度肝脏纤维桥连、胆管增生、轻度结节性增生。医生认为这些变化提示慢性中毒性肝炎，但不知道具体原因。患病动物球关节和系部的损伤可能与肝病并发的光敏作用有关，但这些损伤并没有通过活组织检查得到证实。最后对病畜进行对症治疗。

与Stella相似（病例15），Skipper有厌食症，使得间接胆红素升高。但是与Stella相比，Skipper没有溶血的证据，不会使间接胆红素升高的解释更加复杂。另外，Skipper的直接胆红素升高，提示它患有比肝病更严重的胆汁淤积，这一点Stella并不明显。Skipper的AST和CK均在正常范围内，提示在这个病例中并发肌肉损伤不是这些症状的成因，而在Stella的病例中却相反。Skipper没有做特定的肝功能测试，但是根据病史推荐进行这些检查。现在它的肝功能似乎能够产生足够的凝血蛋白，但凝血蛋白并不是肝功能的敏感指标。

病例17 – 等级3

"Flower"，6个月，摩根雄马。就诊时精神沉郁，对威胁反应迟钝。据主人介绍，这匹小雄马10天前出现红色尿液。食物包括干草（Soft Timothy hay）和12 %的Blue Seal公司的甜食，从上周开始厌食，身体状况依然良好。这匹患马和其余30匹马养在一起，其中还包括2 匹健康的小马驹，它们可以自由接触，饲喂普通牧草。体格检查发现它的身体虚弱，站立时腿呈现八字形，并且站立不稳。呼吸很费力，并且有时会伴随起伏线。Coggin's测试结果显示马传染性贫血病毒阴性。Flower在住

血常规检查

	第 1 天	第 5 天	
WBC	↑ 15.7×10^9 个 /L	↑ 17.9×10^9 个 /L	（5.9 ~ 11.2）
Seg	↑ 9.3×10^9 个 /L	↑ 11.5×10^9 个 /L	（2.3 ~ 9.1）
Band	0	0	（0 ~ 0.3）
Lym	↑ 6.7×10^9 个 /L	↑ 5.9×10^9 个 /L	（1.6 ~ 5.2）
Mon	0.7×10^9 个 /L	0.5×10^9 个 /L	（0 ~ 1.0）
白细胞形态：未见明显异常			
HCT	45 %	↓ 24 %	（30 ~ 51）
RBC	11.9×10^{12} 个 /L	↓ 5.47×10^{12} 个 /L	（6.5 ~ 12.8）
HGB	15.6 g/dL	↓ 8.6 g/dL	（10.9 ~ 18.1）
MCV	38.0 fL	44 fL	（35.0 ~ 53.0）
MCHC	34.2 g/dL	35.8 g/dL	（34.6 ~ 38.0）
红细胞形态：正常			
血小板：数量正常			
第 1 天和第 5 天的血浆都呈黄疸状			
纤维蛋白原	100 mg/dL	100 mg/dL	（100 ~ 400）

生化检查

GLU		82 mg/dL	↓ 39 mg/dL	(60.0 ~ 128.0)
BUN	↓ 5 mg/dL		↓ 5 mg/dL	(11 ~ 26)
CREA		因胆红素升高，检测值无效		
P		5.2 mg/dL	4.6 mg/dL	(1.9 ~ 6.0)
Ca		11.0 mg/dL	11.5 mg/dL	(11.0 ~ 13.5)
TP	↓ 5.3 g/dL		↓ 3.7 g/dL	(5.6 ~ 7.0)
ALB	↓ 2.1 g/dL		↓ 2.1 g/dL	(2.4 ~ 3.8)
GLO		2.8 g/dL	↓ 1.6 g/dL	(2.5 ~ 4.9)
A/G		0.9	1.3	(0.7 ~ 2.1)
Na^+		130 mmol/L	130 mmol/L	(130 ~ 145)
Cl^-		99 mmol/L	99 mmol/L	(99 ~ 105)
K^+		5.0 mmol/L	3.8 mmol/L	(3.0 ~ 5.0)
HCO_3^-	↓ 23 mmol/L		↓ 21 mmol/L	(25 ~ 31)
AG		13 mmol/L	14 mmol/L	(7 ~ 15)
TBIL	↑ 17.2 mg/dL		↑ 20.5 mg/dL	(0.3 ~ 3.0)
DBIL	↑ 2.9 mg/dL		↑ 5.6 mg/dL	(0.0 ~ 0.5)
IBIL	↑ 14.3 mg/dL		↑ 14.9 mg/dL	(0.2 ~ 3.0)
ALP	↑ 1 565 IU/L		↑ 1 544 U/L	(109 ~ 352)
GGT	↑ 30 IU/L		↑ 95 U/L	(5 ~ 23)
AST	↑ 4 936 IU/L		↑ 12 033 U/L	(190 ~ 380)
LDH			↑ 20 895 IU/L	(160 ~ 500)
SDH			↑ 160 IU/L	(2 ~ 6)
CK		201 IU/L	↑ 1 722 U/L	(80 ~ 446)
NH_3			↑ 97 μmol/L	(7 ~ 49)

尿液检查：第 1 天采集的尿样为自然排尿排出

外观：棕色、混浊
SG：1.026
pH：6.5
蛋白：500 mg/dL
葡萄糖：3+
胆红素：3+
血红素：3+

尿沉渣
红细胞：每个高倍视野中可见 0 ~ 5 个 RBC
白细胞：偶见
偶见鳞状上皮细胞和胆红素结晶

凝血情况：第 1 天

PT   ↑ 35.5 s   （9.4 ～ 12.4）
APTT   ↑ > 120 s   （41.8 ～ 64.7）
FDP   阴性

院前5 d接受了支持治疗，包括静脉补液和抗生素。

解析

CBC

白细胞象：第1 天和第5 天的白细胞象都是表现为轻微中性粒细胞（成熟粒细胞）增多症和轻微淋巴细胞增多症。能导致这种白细胞象变化的潜在原因包括应激白细胞象、皮质类固醇效应引起的中性粒细胞增多症和兴奋（肾上腺素）引起的淋巴细胞增多症。也可能是轻微炎症，然而中性粒细胞没有中毒性变化，也没有出现核左移的现象。抗原刺激也可能会促进淋巴细胞增多。

红细胞象：第5天出现中度正细胞性正色素性贫血。5d内红细胞比容显著下降提示红细胞丢失。Flower可能存在出血，白蛋白下降和球蛋白下降也支持这一推测，但没有出血相关的临床证据。也可能存在溶血，血浆黄疸支持这一推测。不过是先出现血浆黄疸，而后才表现出贫血；溶血可能与厌食或者肝脏疾病相关。红细胞形态正常，无从获得红细胞丢失的可能原因。由于马的未成熟红细胞不会释放入循环系统，因此不能用网织红细胞计数来判断贫血是否再生性。不过随着时间的推移，MCV升高则提示贫血为再生的。

血清生化分析

低血糖：出现低血糖最常见的原因是样品处理不当，导致血液样品中细胞对葡萄糖的消耗。因此，比较合适的做法是重新采集样品，并仔细进行处理来验证血糖是否下降。样品需要迅速离心，并且尽快从血凝块中分离出血清，以防血细胞消耗葡萄糖。将样品放在氟化钠管中也可以防止葡萄糖的消耗。还有其他能导致低血糖的原因，不过不常见。肝功能下降也会引起低血糖，但是很少见。然而在该病例中，结合低血糖与其他一些实验室数据，提示其患有肝脏疾病。该病例有厌食的表现，然而它体况良好，不支持低血糖是饥饿导致，通常严重的厌食才会出现低血糖（见第六章，病例16）。有些肿瘤可以产生胰岛素（胰岛素肿瘤）或者胰岛素样生长因子，也会引起低血糖。不过考虑到发病年龄，可以排除类肿瘤性低血糖。败血症也会引起低血糖，不过该病例的白细胞象则更趋向于轻度的代偿性炎症，而非败血症。

BUN下降：BUN下降最有可能的原因是肝功能下降。其他原因可能包括饥饿、多尿和过度水合。

伴随A：G轻微升高的泛蛋白减少症：肝脏衰竭导致白蛋白生成减少，血清生化检查中一些其他指标和并发的凝血紊乱也支持这一点。饥饿继发的白蛋白生成减少也会出现这种变化，但该病例体况正常，因此排除这一原因。也有可能是失血或者胃肠道丢失导致的蛋白丢失增加，这种可能性很大，因为第5天时，丢失的白蛋白和球蛋白大致平衡。

该病例中，蛋白丢失可能是出血引起的，可以从第5天的检查结果中得到证实，因为该病例出现了贫血。尽管该病例没有腹泻的病史，也需要检测体外和体内寄生虫。低蛋白血症也不太可能是肾脏丢失引起的，因为蛋白丢失性肾病时，球蛋白一般保持在参考范围之内。然而，尿液检查发现该病例有蛋白尿，并且需要检测尿蛋白肌酐比，以确定是否有蛋白经肾脏丢失的可能性。确定是否有蛋白尿非常重要，因为使用尿液试纸进行尿检时，血红蛋白可能会导致尿蛋白假性升高。

HCO_3^-降低：碳酸氢盐下降提示酸血症，但是需要血气分析进行全面评价。根据临床症状，酸血症可能是由于乳酸酸中毒而导致的，继发于灌注不良及缺氧或贫血。一般情况下，乳酸堆积造成的酸血症会引起阴离子间隙增加，因为乳酸盐是一种无法测量的阴离子。在这个病例中，白蛋白下降又会引起阴离子间隙减小。因此，乳酸酸中毒和白蛋白下降结果叠加，最终可能会导致阴离子间隙的测量值正常。这一结果表明，多种异常结果叠加，可能会使得某项分析值在参考范围之内。

直接胆红素和间接胆红素显著升高：厌食会导致马的间接胆红素的值升高到6～8 mg/dL。该马在第5天出现贫血，提示胆红素升高也可能是溶血引起的。很多迹象表明这匹马患有肝脏疾病，并出现肝功能下降，从而导致直接胆红素和间接胆红素升高。

ALP和GGT升高（4～5倍）：马的肝胆管疾病会导致ALP和GGT升高。幼龄动物骨骼快速生长也会导致ALP升高，然而在这个病例中，这种变化可能是肝脏疾病引起的。

AST、LDH和SDH升高：肝细胞损伤会导致这些酶升高，但AST和LDH的特异性可能不是很高，肌肉损伤也会引起这两种酶升高。而这个病例的CK最初在参考范围之内，直到出现显著的贫血症状后，CK才明显升高。因此，至少在第1天时，AST升高可能是由于肝脏损伤造成的。

血氨升高：血氨升高表明肝功能下降，或者尿素循环紊乱，不过后者较为罕见。

尿液分析：尿液棕色，血色素反应为3+，符合血管内溶血继发血红蛋白尿的表现，虽然血尿和肌红蛋白尿也可能产生相同的结果。因为沉渣中大量红细胞的血色素反应强度较低，因此怀疑发生了溶血。红细胞在体外偶见溶解。胆红素结晶提示胆红素尿（可能继发于血管外溶血或者肝脏疾病）。酸性尿可能是厌食和代谢性酸中毒引起的。在这个病例中，尿液有一定程度的浓缩，相对密度为1.026。肝脏衰竭时，由于尿素下降，不能产生正常的尿液浓缩梯度。因此肝脏衰竭可能会引起尿液浓缩能力下降。尿液中的色素可能会干扰尿液中葡萄糖的检测，从而出现假阳性。

凝血检查：PT和APTT显著延长表明凝血障碍可能继发于内源性和外源性凝血途径，或共同途径。符合肝功能下降的表现。弥散性血管内凝血（DIC）是一种鉴别诊断，但血小板计数在参考范围之内，并且纤维蛋白降解产物没有上升。由于肝功能下降，合成功能也会下降，因此纤维蛋白原（100 mg/dL）降低。DIC时大动物出现低纤维蛋白原的可能比小动物小，因为家养大动物通常可以生成大量纤维蛋白原。病史中未提到患病动物曾接触过华法林类抗凝血剂，这种抗凝血剂会造成PT和APTT延长。

病例总结和结果

伴发肝细胞损伤和胆汁淤积的肝功能下降。可能为继发于肝脏衰竭的溶血性贫血，或由于肝脏疾病导致与凝血障碍有关的出血。

住院的第6天，虽然这匹小雄马的肠音听起来正常，但是它开始呻吟、躺卧、并注视自己的肋腹部。该病例持续排出棕红色尿液，并且PCV降至10 %。那天更晚时候它出现鼻出血。在输入全血和新鲜冷冻血浆之后，凝血参数转为正常，没有出现新的出血情况。第2天，这匹小雄马反应更加迟钝，且运动失调，并出现腹部水肿和PCV急剧下降。由于该病例对治疗反应很差，可能预后不良，所以对其施行了安乐死。尸检发现肝脏萎缩，组织学检查显示肝门和中间区出现严重的慢性活动性坏死性肝炎和肝内胆汁淤积。肾脏显著变色，呈棕绿色。组织学上表现为中度、多灶性、亚急性肾小管坏死和着色的颗粒管型，和血红蛋白性肾病相符。

Flower的肝脏疾病的病因尚未确定，不过可能的鉴别诊断包括传染性疾病（如Tyzzer's disease）、免疫介导性疾病（如泰勒氏病，虽然在幼年动物不太可能发生）、接触肝毒素或先天性肝病。这匹小马与报道的幼驹的摩根幼驹肝病（McConnico）有关，这种先天性肝脏疾病类似人的高氨血症-高鸟氨酸血症-类瓜氨酸尿综合征。

这个病例应该和Stella（Case 15）相对比，Stella也同时患有溶血和肝脏疾病。在这两个病例中，因为患病动物同时出现食欲缺乏、肝脏疾病和严重溶血，使得实验室数据很难判读。这些病例和Skipper（Case 16）对比，Skipper的血象正常，其实验室异常指标更指向肝脏疾病。

严重的急性贫血经常会导致继发于组织缺氧的肝细胞损伤。就像我们看到的，这匹小马和Stella的肌肉组织都因缺氧而发生损伤。因此，如果两种组织都有肝酶同时升高，则更难判读，如AST和LDH。Stella的血象出现海因茨小体，能提示贫血的溶血机制。而对于Flower，红细胞形态正常，使得贫血的原因更加难以确定。虽然没有进行库姆斯试验，但未观察到提示免疫介导的凝集反应。血涂片镜检没有发现红细胞寄生虫。尿液棕色提示血管内溶血，但是没有发现病因。该病例假定溶血的原因是肝脏衰竭，然而关于摩根幼驹肝病的报道中没有溶血。溶血综合征与红细胞脆性增加有关，马出现严重肝脏衰竭时，红细胞脆性达到极限。

→ 参考文献

McConnico RS, Duckett WM, Wood PA. 1997. Persistent hyperammonemia in two related Morgan weanlings JVIM (11): 264-266.

病例18 – 等级 2

"Hilda"，杜宾犬，10 岁，雌性已绝育。临床表现为嗜睡、呕吐和食欲不振。3个月前发生过胃扩张-扭转，并在2年前开始一直使用卡洛芬控制关节炎。此外，一直使用苯丙醇胺（Phenylpropanolamine）治疗尿失禁，同时是von Willebrands 基因（冯德威尔氏基因）携带者。Hilda已经厌食好几天了，可以饮水，但喝完便呕吐出来；进行性嗜睡，每天起来的次数几乎不超过1次；每天水样腹泻1次。经常饲喂高脂食物如丹麦甜点、奶酪蛋糕、面包和黄油、猫粮等。

体格检查发现Hilda表现迟钝、嗜睡、眼球凹陷、轻度结膜炎、巩膜黄染。听诊未发现明显异常，毛细血管再充盈时间小于2 s，体温、呼吸、脉搏正常。此外，皮肤上有几个大的脂肪瘤团块。

解析

CBC

白细胞象：Hilda的成熟中性粒细胞轻度增高，伴随淋巴细胞减少，可能是皮质类固醇效应，但也不能排除轻微炎症反应。

血小板：如果没有在血涂片中见到聚集成堆的血小板，那就可能是血小板减少症，因此需要进行自动或人工计数以确定血小板的数量。

血清生化分析

显著氮质血症和高磷血症：这些测量值均表明肾小球滤过率下降，结合等渗尿，说明氮质血症是肾性的。继发于脱水的肾前性因素会

血常规检查

WBC	13.5×10^9 个 /L	（6.0 ~ 17.0）
Seg	↑ 12.3×10^9 个 /L	（3.0 ~ 11.5）
Band	0	（0 ~ 0.3）
Lym	↓ 0.7×10^9 个 /L	（1.0 ~ 4.8）
Mono	0.5×10^9 个 /L	（0.150 ~ 1.350）
血浆外观：黄染		
白细胞形态：未见明显异常		
HCT	41 %	（37 ~ 55）
RBC	6.56×10^{12} 个 /L	（5.5 ~ 8.5）
HGB	15.2 g/dL	（12.0 ~ 18.0）
MCV	64.9 fL	（60.0 ~ 77.0）
MCHC	↑ 37.1 g/dL	（31.0 ~ 34.0）
红细胞形态：正常		
血小板（PLT）：数量轻微减少		

生化检查

GLU	↑ 168 mg/dL	（65.0 ~ 120.0）
BUN	↑ 169 mg/dL	（8 ~ 33）
CRE	↑ 8.6 mg/dL	（0.5 ~ 1.5）
P	↑ 16.3 mg/dL	（3.0 ~ 6.0）
Ca	10.1 mg/dL	（8.8 ~ 11.0）
Mg	2.1 mmol/L	（1.4 ~ 2.7）
TP	6.5 g/dL	（5.2 ~ 7.2）
ALB	3.2 g/dL	（3.0 ~ 4.2）
GLO	3.3 g/dL	（2.0 ~ 4.0）
A/G	1	（0.7 ~ 2.1）
Na^+	140 mmol/L	（140 ~ 151）
Cl^-	↓ 82 mmol/L	（105 ~ 120）
K^+	4.3 mmol/L	（3.8 ~ 5.4）
AG	↑ 42.3 mmol/L	（15 ~ 25）
HCO_3^-	20 mmol/L	（16 ~ 25）
TBIL	↑ 20.52 mg/dL	（0.10 ~ 0.50）
ALP	↑ 4 410 IU/L	（20 ~ 320）
GGT	10 U/L	（1 ~ 10）
ALT	↑ 189 IU/L	（10 ~ 95）
AST	↑ 285 U/L	（15 ~ 52）
CHOL	308 mg/dL	（110 ~ 314）
TG	121 mg/dL	（30 ~ 300）
AMYL	↑ 1 683 IU/L	（400 ~ 1 200）
LPS	↑ 3 486 IU/L	（120 ~ 258）
NH_3	2.0 μmol/L	（<32）

凝血检查

PT	8.7 s	（5.9 ~ 9.1）
APTT	14.8 s	（12.2 ~ 18.6）

尿液检查

SG：1.012，未能获取其他数据

加剧肾性氮质血症。

低氯血症：病史表明氯离子丢失可能是胃内容物呕吐引起的，酸碱紊乱也可能会引起氯离子下降，但是该病例的碳酸氢盐水平在正常范围内。因此，需要进行动脉血气分析以全面评估机体是否发生了酸碱紊乱。

阴离子间隙升高：在该病例中，无法测量的阴离子可能来源于尿酸盐。乳酸酸中毒多发生于脱水和组织灌注不良的动物。

高胆红素血症：由于缺乏贫血或其他显著指示溶血证据，结合该病例的肝酶水平，提示高胆红素血症是胆汁淤积引起的。

ALP升高（13～15倍）：如果没有明显的产生酶诱导的原因，那么ALP升高可以解释为胆汁淤积，GGT处于参考范围的上限，应监测其变化。

ALT及AST升高（2～6倍）：肝细胞损伤通常与胆汁淤积同时发生，或者继发于胆汁对肝细胞的损伤作用。

淀粉酶和脂肪酶升高：由于Hilda有呕吐和腹泻的病史，而且有高脂饮食的习惯，有可能是胰腺炎。但是，临床兽医师要注意，肾小球滤过率（GFR）的下降同样会导致淀粉酶和脂肪酶升高。一般来讲，GFR下降会引起胰酶相对小幅升高，通常会高于正常范围上限的2～4倍。

病例总结与结果

肾性氮质血症并发胆汁淤积和肝细胞损伤，可能并发胰腺炎。

如前所述，血清生化检查很难指示出肝脏疾病的特定原因。该病例存在胆汁淤积和肝细胞损伤的迹象，但是其他肝功能检查（血

氨浓度、凝血时间、血清白蛋白）结果正常。对于犬，在钩端螺旋体疫区，结合肾性氮质血症及肝酶升高，应怀疑是否发生了钩端螺旋体病。与犬钩端螺旋体病不同，猫患该病后虽然有肝肾炎症，其临床症状一般比较轻微或基本不表现。

Hilda最初的钩端螺旋体滴度测定是阴性的，但是其恢复期*L.pomona*的滴度是1∶6 400，*L.bratislava*的滴度是1∶1 600。在疾病的急性期，滴度反应常为阴性，滴度≥1∶4即可提示钩端螺旋体感染。钩端螺旋体增殖能引起肝肾损伤，且在肾脏增殖可能是一个长期的过程。钩端螺旋体产生的毒素会引起肝脏的亚细胞损伤，而组织学不会出现明显变化。肝内胆汁淤积是肝炎引起的。

Hilda住院数周，接受了针对钩端螺旋体的治疗，且在其肾功能恢复期间给予支持疗法。好转后Hilda出院，并回到转诊前的医院继续接受护理。

肝脏病例19 - 等级3

"Lily"，家养短毛猫，7岁，雌性去势。昨天出现严重嗜睡和厌食的症状。主诉该病例大量饮水，一直卧在水碗边。今天早上发现，猫砂盆中很湿，不过其他猫也使用这个砂盆。Lily一直生活在室内，似乎有异食癖，常常进食一些奇怪的东西如柠檬草、芦荟、塑料。据主人说截至昨天该病例一直表现正常，食欲正常，体重没有减轻。体格检查发现lily出现发热、黄疸、腹部疼痛等症状。前腹部能触诊到一个团块。

血常规检查

WBC	↓ 4.0×10^9 个 /L	（4.5 ~ 5.7）
Seg	↓ 1.8×10^9 个 /L	（2.1 ~ 10.1）
Band	↑ 0.8×10^9 个 /L	（0 ~ 0.3）
Lym	↓ 1.3×10^9 个 /L	（1.5 ~ 7.0）
Mono	0.1×10^9 个 /L	（0 ~ 0.9）

白细胞形态：中性粒细胞的细胞质出现中度嗜碱性，并且空泡化；细胞内含有较大的 Dohle 小体

RBC	↓ 4.36×10^{12} 个 /L	（5.0 ~ 10.0）
HGB	↓ 7.5 g/L	（8.0 ~ 15.0）
MCV	40.6 fL	（39.0 ~ 55.0）
MCHC	32.8 g/dL	（31.0 ~ 35.0）

红细胞形态：在正常范围内

血小板：有一定凝集，但数量正常

生化检查

GLU	↑ 312 mg/dL	（70 ~ 120）
BUN	32 mg/dL	（15 ~ 32）
Crea	1.0 mg/dL	（0.9 ~ 2.1）
P	3.0 mg/dL	（3.0 ~ 6.0）
Ca	↓ 8.1 mg/dL	（8.9 ~ 11.6）
TP	6.6 g/dL	（8.9 ~ 11.6）
ALB	3.9 g/dL	（2.4 ~ 4.0）
GLO	2.7 g/dL	（2.5 ~ 5.8）
A/G	1.4	（0.5 ~ 1.4）
Na^+	↓ 145 mmol/L	（149 ~ 163）
Cl^-	↓ 111 mmol/L	（119 ~ 134）
K^+	↓ 3.2 mmol/L	（3.6 ~ 5.4）
HCO_3^-	15 mmol/L	（13 ~ 22）
TBIL	↑ 9.0 mg/dL	（0.10 ~ 0.30）
ALP	↑ 376 IU/L	（10 ~ 72）
GGT	5 IU/L	（0 ~ 5）
ALT	↑ 338 IU/L	（29 ~ 145）
AST	↑ 517 IU/L	（12 ~ 42）
CHOL	119 mg/dL	（77 ~ 258）
Tri	394 mg/dL	（25 ~ 191）
Amy	754 IU/L	（496 ~ 1 874）

尿液检查：无

解析

CBC

白细胞象：该病例出现了白细胞减少症，伴有核左移，细胞出现中毒性变化，提示显著的炎症反应。淋巴细胞减少症提示Lily同时还存在应激白细胞象。

红细胞象：轻度正细胞性正色素性贫血，提示为慢性疾病引起的非再生性贫血。应该进行网织红细胞计数，以便评价红细胞的再生情况。

血清生化分析

血糖升高：鉴别诊断包括应激性高血糖、餐后效应、内分泌疾病如糖尿病或甲状旁腺机能亢进、胰腺炎等。未患有糖尿病的猫，在应激状态下其血糖水平可达到300 mg/dL。处于病理状态的猫，应激时血糖升高的程度会更甚（Rand）。虽然未进行尿检，不管是什么病因，血糖升高到这种程度很可能会出现糖尿。

低钙血症：血清白蛋白正常、磷浓度正常时，血钙降低的主要鉴别诊断为胰腺炎和吸收不良。引起血钙下降的其他原因有肾衰和甲状旁腺激素机能减退，通常会伴发高磷血症，但也不总是出现。关于钙磷的矿物质代谢的详细情况见第六章。

低钠血症和低氯血症：第七章会更详细的讨论电解质紊乱。这个病例可能反映了继发高血糖的渗透性变化。血钠和血氯下降可能是经肾脏、皮肤和其他途径流失引起的。校正氯离子浓度（111 mmol/L × 156 mmol/L ÷ 145 mmol/L = 119 mmol/L，位于参考范围内）显示氯离子和钠离子等比例丢失，这可能是液体转移引起的。

低钾血症：低钾血症可能是动物厌食摄入减少所致，也可能是因为通过肾脏、胃肠道或者第三间隙丢失增加所致。低钾血症最有可能的原因是摄取不足，同时还可能存在其他类型的丢失。这个病例中，厌食和多尿共同导致钾离子下降。酸碱紊乱之后，也有可能会发生钾离子转移。酸中毒会导致钾离子从细胞内转移至细胞外，从而与氢离子置换。

高胆红素血症：高胆红素血症主要鉴别诊断包括肝脏疾病和溶血性疾病。因为肝脏酶升高，所以强烈怀疑该病例患有肝脏疾病。贫血为轻度非再生性，提示溶血的可能性不大。

ALP上升（5倍）：ALP升高的潜在原因是胆汁淤积，或者内分泌疾病如糖尿病、甲状腺机能亢进。类似于我们在Rover（病例6）中所讨论的，对于猫来说，ALP很少会发生非特异性的升高，因此，ALP升高通常有提示意义。继发于糖尿病时，ALP升高程度一般小于500 IU/L，该病例即如此。而高血糖症提示Lily可能患有糖尿病，高胆红素血症则提示可能存在胆汁淤积。ALP升高而GGT正常时，肝脏脂质沉积综合征是一个重要的鉴别诊断，但也不能排除其他肝脏疾病。

ALT和AST升高（2倍和10倍）：这些酶升高提示肝细胞损伤，支持ALP升高所列出的鉴别诊断。

病例总结和结论

肝细胞损伤以及胆汁淤积、高血糖、电解质下降、炎症疾病和轻微的非再生性贫血。

腹部超声显示Lily有轻度腹水，腹部团块证明是增大的低回声胰腺，外周包裹明亮的胰腺周围脂肪。考虑Lily有严重的炎症反应，且出现中性粒细胞减少、核左移、细胞呈现中毒性变化，因此它被诊断为胰腺炎。治疗包括应用广谱抗生素、输液治疗和胰岛素。切开食道放置导管给予营养支持。如果肝脏酶没有改变，建议进行肝脏活组织检查。但Lily1个月后在转诊前的诊所内被施行安乐死。

患有胰腺炎的病例常常出现血清肝酶指标升高，可能是继发于缺血或者与胰腺炎毒性产物接触有关。患有胰腺炎的猫出现高磷血症预示严重的肝细胞损伤，或者严重的肝内/肝外性胆管阻塞。高血糖可继发于胰高血糖素或应激，但是，一些患有胰腺炎的猫可出现一过性或者永久性糖尿病（胰腺炎症损伤胰岛细胞所致）。低血钙也可由胰腺炎引起。主要机制还不确定，可能与胰腺周围脂肪钙化或肌肉对钙的吸收增加有关。由于猫胰腺炎大多会伴发与胰腺炎无关的疾病，如炎性肠病、糖尿病、或肿瘤，所以血液学指标的判读会比较复杂（Simpson）。尽管糖尿病和胰腺炎已经足以解释所有异常的实验室指标，但由于Lily未做过肝脏组织学检查，所以仍不能排除原发性肝病。

该病例可以与Rover（病例6）相比较，甲状腺机能亢进的猫表现出高血糖和肝酶升高。相比Rover，Lily的高胆红素血症更说明了肝脏出现显著的病理变化。该病例需注意的是，虽然超声显示出胰腺病变，但淀粉酶正常。猫胰腺炎对淀粉酶敏感性不强，怀疑患有胰腺炎的猫应该进一步进行脂肪酶免疫反应性或者胰蛋白酶样免疫反应性（TLI）试验。第三章我们会进一步讨论。

→ 参考文献

Rand Js, Kinnaird E, Baglioni A, Blackshaw J, Priest J. 2002. Acute stress hyperglycemia in cats is associated with struggling and increased concentrations of lactate and norepinephrine. J Vet Intern Med (16): 123-132.

Simpson K. 2001. The emergence of feline pancreatitis. J Vet Intern Med (15); 327-328.

病例20 - 等级3

"Calvin"，雪貂，4月龄，雄性去势。因呕吐、厌食、嗜睡前来就诊。主诉Calvin之前都很健康，可是目前饮水增加，触碰到腹部时似乎会出现疼痛感。体格检查发现Calvin喜卧，除非把它抱起来否则对刺激无反应。它看起来很虚弱，而且在笼中出现尿失禁。口腔黏膜苍白，而且触诊时腹部疼痛。听诊未见明显异常。

解析

CBC: 没有可供参考的资料。

氮质血症：尿素氮显著升高，需要结合尿相对密度来判读这一指标的变化，但该病例并没有做尿检。由于该雪貂可以排尿，因此氮质血症很有可能是肾前性和肾性的。应该注意的是，与犬猫相比，肌酐对雪貂肾功能指示的敏感性没那么高。而且，即便组织学检查证实肾功能衰竭已到晚期，雪貂的肌酐也很少会超过2.0或3.0。

生化检查

GLU	144 mg/dL	（95～205）
BUN	↑165 mg/dL	（7～40）
CREA	↑1.5 mg/dL	（0.3～0.8）
P	↑20.7 mg/dL	（4.8～8.7）
Ca	↓6.0 mg/dL	（8.4～10.7）
TP	↓4.2 g/dL	（5.2～7.3）
ALB	↓1.5 g/dL	（2.8～4.0）
GLO	2.7 g/dL	（2.3～3.8）
Na$^+$	128 mmol/L	（128～159）
Cl$^-$	↓86 mmol/L	（105～120）
K$^+$	↓7.7 mmol/L	（4.3～6.0）
HCO$_3^-$	25 mmol/L	（16～28）
TBIL	↑0.2 mg/dL	（0.0～0.10）
ALP	↑119 IU/L	（30～90）
ALT	↑1 543 IU/L	（40～175）
AST	↑1 190 IU/L	（35～150）
CHOL	149 mg/dL	（85～204）

高磷血症和低钙血症：对于患病动物来说，这样的钙磷比例组合往往提示肾功能衰竭，然而也可能发生原发性甲状旁腺机能减退或继发营养性甲状旁腺机能亢进。高磷血症可能是肾小球滤过率下降（GFR）造成的，而血清钙离子下降可能是由低白蛋白血症造成的。由于有一部分钙离子与白蛋白结合，所以低白蛋白血症会造成总血清钙降低而离子钙不变。犬有白蛋白下降时校正血清钙公式，但不适用于其他动物。

伴随低白蛋白血症的低蛋白血症，球蛋白正常：一般来说，蛋白质经肾脏流失增加或肝功能不足引起白蛋白生成减少时，会出现这种变化。在没有尿样的情况下，不能评估蛋白是否经肾脏流失。患病雪貂和老年雪貂常出现总蛋白下降，这通常是长期厌食和肠道炎症的征兆。

低氯血症和高钾血症：氯离子下降一般是由呕吐造成的。肾小球滤过率（GFR）降低会导致肾脏排钾功能下降。虽然碳酸氢盐在参考范围内，但酸碱紊乱也可能会造成离子发生跨细胞转移。肾上腺皮质机能减退也可能会造成氯离子下降和钾离子升高，但雪貂的肾上腺疾病一般为亢进，而非减退。

血清胆红素升高，ALP轻微升高，伴发ALT和AST升高（几乎10倍）：相对于胆汁淤积酶，肝细胞酶升高较明显，提示Calvin存在原发性肝细胞损伤，并伴随继发性胆汁淤积。除肝脏肿瘤外，很少见雪貂的原发性肝脏疾病（Hoefer）。而因厌食引发脂肪动员存贮在肝脏中，可使雪貂肝细胞肿胀和肝酶升高。厌食雪貂的ALT通常不超过800 IU/L，但该病例的ALT超过了这个水平。由于雪貂天性好奇，不能排除中毒的可能性。

病例总结和结果

肝细胞损伤，并伴有轻度继发性胆汁淤积、氮质血症和低蛋白血症。

关于这只雪貂可能的鉴别诊断有很多，包括：胃炎和胃溃疡、肾功能衰竭、胃肠道异物伴发肾前性氮质血症、肝脏肿瘤和中毒。通过更进一步的问诊调查，主人说在病症发生当晚，在房间的地上发现了一个200 mg的布洛芬碎片。由于雪貂天生好奇，在没人看护的情况下，易有接触毒物的风险。曾有报道雪貂偷窥药瓶或咀嚼其内药物。

目前关于布洛芬对雪貂影响的研究还不够全面，报道显示人的布洛芬中毒会发生急性肾衰、肝脏疾病和低白蛋白血症。布洛芬会抑制前列腺素合成，并降低肾脏的血液循环和肾小球滤过率（GFR）。当犬布洛芬中毒时，主要会出现肾脏和胃肠道症状，如果剂量很大也会造成中枢神经症状。该雪貂有精神不振的症状。近期研究表明，当给予布洛芬时，93%的雪貂会发生神经症状，55%有胃肠道症状，包括厌食、呕吐、腹泻或黑粪症（Richardson）。也有关于肾功能衰竭的报道。与猫相比，雪貂对布洛芬的毒性反应要敏感得多。

对Calvin的治疗方案有静脉输液和给予胃肠道保护剂。治疗1d之后，它的神经症状明显减轻而且开始进食进水，可还是很虚弱。经过2d治疗后，精神好转，而且触诊时腹痛消失。经过3～4d的治疗，Calvin的检查结果开始趋

生化检查

	第3天	第4天	
GLU	134 mg/dL	96 mg/dL	（95～205）
BUN	25 mg/dL	40 mg/dL	（7～40）
CREA	0.5 mg/dL	↑ 1.0 mg/dL	（0.3～0.8）
P	6.4 mg/dL	8.7 mg/dL	（4.～8.7）
Ca	↓ 8.1 mg/dL	9.6 mg/dL	（8.4～10.7）
TP	↓ 5.0 g/dL	5.5 g/dL	（5.2～7.3）
ALB	↓ 2.2 g/dL	↓ 2.5 g/dL	（2.8～4.0）
GLO	2.8 g/dL	3.0 g/dL	（2.3～3.8）
Na⁺	QNS	157 mmol/L	（128～159）
Cl⁻	QNS	115 mmol/L	（105～120）
K⁺	QNS	3.7 mmol/L	（4.3～6.0）
HCO₃⁻	QNS	27 mmol/L	（16～28）
TBIL	0.1 mg/dL	0.1 mg/dL	（0～0.10）
ALP	37 IU/L	43 IU/L	（30～90）
ALT	↑ 648 IU/L	↑ 192 IU/L	（40～175）
AST	↑ 241 IU/L	61 IU/L	（35～150）

于正常，提示病情改善。第4天后该病例出院，医生要求2周后复查血液。Calvin很快就康复了。

→ **参考文献**

Hoefer HL. 1997. Gastrointestinal Diseases. In: Ferrets, Rabbits, and Rodents: Clinical Medicine and surgery. E.V. Hillyer and K.E. Quesenberry, W.B. Saunders Co. Philadelphia. Pp 26-36.

Richardson JA, Balabuszko RA. 2001. Ibuprofen ingestion in ferrets: 43 cases. J of Vet emerg Crit Care (11): 53-59.

病例21 - 等级3

"Snoopy"，6岁，巴塞特（Bassett）混血犬，雌性绝育。因腹泻8d来就诊。粪便中没有明显出血，饮食和行为未出现异常。4d前腹泻加重，粪便中混有黏液。此后开始嗜睡。2d前Snoopy出现呼吸困难，昨晚反流1次。体格检查发现Snoopy有发热、腹围增大等症状。

解析

CBC: Snoopy表现为伴有中性粒细胞减少的白细胞减少症、轻微的正细胞性正色素性贫血和明显的血小板减少症。建议对血小板进行人工计数，以确定血小板是否真正减少。败血症伴发弥散血管内凝血时，可能会引起中性

血常规检查

WBC	↓ 3.6×10^9 个/L	（4.9 ~ 16.9）
Seg	↓ 0.7×10^9 个/L	（2.8 ~ 11.5）
Band	0	（0 ~ 0.3）
Lym	1.5×10^9 个/L	（1.0 ~ 4.8）
Mono	0.4×10^9 个/L	（0.1 ~ 1.5）
白细胞形态：视野内有少量反应性淋巴细胞		
HCT	39 %	（39 ~ 55）
RBC	6.01×10^{12} 个/L	（5.8 ~ 8.5）
HGB	↓ 13.4 g/dL	（14.0 ~ 19.1）
MCV	65.8 fL	（60.0 ~ 75.0）
MCHC	34.4 g/dL	（33.0 ~ 36.0）
红细胞形态：未见明显异常		
血小板：轻度减少		

生化检查

GLU	↓ 43 mg/dL	（65.0 ～ 120.0）
BUN	33 mg/dL	（8 ～ 33）
CREA	0.9 mg/dL	（0.5 ～ 1.5）
P	6.0 mg/dL	（3.0 ～ 6.0）
Ca	10.4 mg/dL	（8.8 ～ 11.0）
Mg	2.6 mmol/L	（1.4 ～ 2.7）
TP	↑ 8.5 g/dL	（5.2 ～ 7.2）
ALB	↓ 2.2 g/dL	（2.8 ～ 4.2）
GLO	↑ 6.3 g/dL	（2.0 ～ 4.0）
A/G	↓ 0.3	（0.7 ～ 2.1）
Na^+	141 mmol/L	（140 ～ 151）
Cl^-	↓ 99 mmol/L	（105 ～ 20）
K^+	↓ 3.7 mmol/L	（3.8 ～ 5.4）
HCO_3^-	18 mmol/L	（16 ～ 25）
TBIL	↑ 0.90 mg/dL	（0.10 ～ 0.50）
ALP	↑ 417 IU/L	（20 ～ 320）
GGT	10 IU/L	（1 ～ 10）
ALT	↑ 1915 IU/L	（10 ～ 95）
AST	↑ 710 IU/L	（190 ～ 380）
CHOL	165 mg/dL	（110 ～ 314）
TG	70 mg/dL	（30 ～ 300）
AMY	575 IU/L	（400 ～ 1 200）
NH_3	↑ 144 μmol/L	（0 ～ 46）

凝血检查

PT	↑ 20 s	（5.9 ～ 9.1）
APTT	↑ >120 s	（12.2 ～ 18.6）

粒细胞减少症、血小板减少症以及凝血时间延长。如果未发现使全血细胞减少的髓外因素，则需要进行骨髓抽吸和活组织检查。

血清生化分析

低血糖症：出现低血糖首要考虑的是，样品是否处理不当，因为血样未及时离心时，细胞会消耗葡萄糖，从而导致检测值下降。同时，还有许多其他不常见的因素可以造成低血糖症。该病例中，肝脏衰竭可能是造成血糖降低的真正原因。与肝功能不全相关的多项实验室检查结果支持这一分析，包括低白蛋白血症、高胆红素血症、肝酶升高以及高血氨。由于Snoopy的中性粒细胞减少，同时出现了弥散性血管内凝血（伴有凝血时间延长的血小板减少症），提示可能存在败血症。若此病犬器官肿大或出现团块样病变，也应当考虑类肿瘤性低血糖症。

伴随低白蛋白血症和高球蛋白血症的高蛋白血症：能引起低白蛋白血症的机制包括：肝脏合成减少，经肠道、肾、第三间隙或皮肤损伤而丢失，或继发于营养不良/饥饿。维持正常的白蛋白水平只需要1/3的肝脏，但如果还伴随蛋白流失，那么肝功能受损将更易导致低白蛋白血症。在Snoopy（译者注：原文为Lucy，怀疑错误，故作此修正）这一病例中，肝功能受损使蛋白生成降低，而由于腹泻经胃肠道的丢失，使白蛋白降低的情况加重。如果存在高球蛋白血症，肝脏生成的白蛋白也可能会减少，这很可能是急性炎性反应阶段代偿性改变引起的。能引起高球蛋白血症的因素包括：急性期反应物的生成增加（炎症时肝脏生成增加），继发于抗原刺激的免疫球蛋白生成增加，肿瘤性的淋巴细胞或浆细胞产生的自体抗体。可以用血清蛋白质电泳技术来鉴别高球蛋白血症的原因，反应性高球蛋白血症通常是多克隆的，类肿瘤性高球蛋白血症通常是单克隆的。在患有慢性肝病的犬猫中，已有多克隆丙种球蛋白病的相关报道，可能与Kupffer细胞功能下降有关。这就导致机体与抗原接触的机会增加，这些抗原通常经门静脉血清除。自身抗体的生成也与慢性肝病有关。在Snoopy体内，白蛋白下降以及球蛋白显著升高使A：G

值降低。

轻微的低氯血症和低钾血症：钾离子和氯离子的变化是胃肠道丢失造成的，同时也可能与厌食继发的钾离子摄入减少有关。

高胆红素血症：在没有明显溶血的情况下，轻度高胆红素血症提示肝脏疾病。ALT和AST升高的程度比ALP更明显，提示肝细胞严重受损，而非原发性胆汁淤积。该病例中，高胆红素血症的原因可能是肝细胞肿胀后胆小管阻塞，也可能是肝细胞受损后清除和处理胆红素的能力下降；该病例中，可能是这两种机制共同作用的结果。肝细胞摄取胆红素的能力受内毒素的影响而下降，也可能有一定影响。

ALP升高（轻度升高，正常的1.25倍）：综合高胆红素血症和肝酶升高这两种变化，ALP升高提示存在胆汁淤积。

ALT和AST升高：这两种酶升高15 ~ 20倍，与肝细胞受损的程度一致，而且比ALP轻微升高更有意义。

血凝分析：PT和APTT时间都延长，提示次级凝血障碍。肝实质严重受损之后，凝血因子的生成减少。由于同时出现血小板减少症，所以应当考虑弥散性血管内凝血（DIC）。在进行活组织检查之前，需要先处理凝血障碍。

病例总结和结果

肝细胞损伤和肝功能下降。

使用新鲜冷冻血浆治疗Snoopy的凝血障碍，以恢复其凝血因子，针对发热和中性粒细胞减少症，使用抗生素治疗。进一步诊断包括肝脏和骨髓活检。肝脏抽吸细胞学检查结果显示，涂片中出现大淋巴母细胞，并混有许多成簇的空泡化的肝细胞（图2-8）。骨髓抽吸检查显示细胞数量显著增多，其中淋巴母细胞占66％，与肝脏活检的结果相似。Snoopy的粒细胞系、红细胞系以及巨核细胞系发育不全。根据肝脏和骨髓的细胞学检查结果，诊断为淋巴瘤。

针对淋巴瘤对Snoopy进行化疗，肝功能暂时得到改善，但一直表现为中性粒细胞减少症、间歇性血小板减少症和/或贫血。治疗2个月后，Snoopy出现腹部疼痛，并伴有渗出液、呼吸衰竭、厌食，最终被安乐。

这个病例中，肿瘤细胞的弥散性浸润导致肝功能下降。原发肿瘤或转移肿瘤的临床病理学变化多种多样，没有固定模式。一些病例的肝功能指标可能会出现异常，另外一些病例的血液学检查结果可能表现正常。由于血清生化检查不能对肝脏疾病进行分类，因此要建立肿瘤这一诊断，需要进行细胞学检查或活组织检查。

图2-8 病例21,Snoopy的肝脏抽吸的细胞学检查。该样本含有许多有空泡化的肝细胞和大量大淋巴母细胞（瑞氏染色，1 000×）（见彩图8）

回顾总结

第一步：许多病例中，一些和肝功能有关的指标在肝外疾病时也会出现异常，不管是原发的还是继发的。这些病例包括骨骼生长（病例1）、肿瘤（病例3）、肌肉损伤（病例2、4、15、17）、药物治疗（病例5）、内分泌疾病（病例6）、缺氧/低血压（病例2、13、15）以及其他肠胃疾病（病例19）。看到与肝胆管疾病有关的实验室检查指标出现异常时，往往还需要考虑肝外因素。

第二步：通过应用实验室检查指标，对患病动物的疾病进行分类，如肝细胞严重损伤（病例2、7、8、9、10、11、13、14、15、17、18、19、20、21），胆汁淤积（病例7、8、9、10、11、13、14、15、16、17、18、19、20、21），或肝功能下降（病例10、11、12、15、17、21）。请注意明显的多种疾病并发的情况；在肝脏疾病中，许多病例不止出现一种类型。

第三步：应用实验室指标相对升高来区分哪种类型是原发性因素：肝细胞损伤（病例7、21），胆汁淤积（病例8、16）以及肝功能下降（病例12），但并非所有病例都能做到（病

例9、10、11、13、19）。

第四步：对于所有这些病例，要进行特异性诊断和治疗不仅需要常规实验室检查，还要一些附加信息。在几乎所有的病例中，病史和一般检查就能提示病因（病例1、2、4、5、7、15、20），而另外一些病例则需要其他实验室检查（病例6、7、18）、影像学检查（病例3、9、12、19），和/或细胞学/活组织检查（病例3、8、11、14、16、21）结果。这些都强化了一个概念，即实验室数据的判读必须和临床信息相结合。

第三章

胃肠道疾病和碳水化合物代谢的检查

血清生化检查有助于胃肠道疾病的诊断，检查指标有很多种，例如胰酶、胆固醇、甘油三酯、葡萄糖等。正如评估肝酶指标的章节内所见，其他器官系统疾病也会导致这些指标出现异常。很多内分泌疾病和代谢疾病也会影响本章内所提到的检查指标。另外，出现明显胃肠道紊乱的动物，其实验室检查结果可能是正常的。具体胃肠道疾病的诊断还需要其他特异性的实验室检查，而这些检查并非常规生化检查项目（例如，胰蛋白酶样免疫反应性[TLI]，或者钴胺素/维生素B_{12}的水平）。依照惯例，确诊还需要进行影像学检查和细胞学检查/活组织检查。

血清淀粉酶和脂肪酶判读指南

1. 血清淀粉酶和脂肪酶升高的动物需排除胰腺炎，但是在诊断胰腺炎时，这些检查的敏感性和特异性并不理想。酶升高的程度和胰腺组织的变化程度也不相关。

2. 肾小球滤过率下降时，血清脂肪酶浓度会升高至参考范围上限的2~3倍。

3. 地塞米松治疗会引起血清脂肪酶浓度升高。与此相反，健康犬使用皮质类固醇时，淀粉酶的浓度会下降（Williams）。

4. 胰腺外分泌疾病也会引起血清淀粉酶和脂肪酶升高，包括肠道疾病和肝脏疾病。

5. 血清淀粉酶和脂肪酶都不是猫胰腺炎的

特异性检查指标（Gerhardt）。

6. 新大陆骆驼出现胰腺坏死时，血清和腹腔积液中的淀粉酶和脂肪酶往往会升高（Pearson）。

7. 马和牛的胰腺炎非常罕见，血清和腹腔积液中的淀粉酶和脂肪酶可能会升高，但是，继发于肠炎的疾病也会引起这些指标升高。

8. 正如评估血清肝酶水平章节所描述的，淀粉酶和脂肪酶的值下降到参考范围以下时不具有明显的参考意义，不能提示胰腺外分泌不足。

胆固醇、甘油三酯和葡萄糖的判读比胰酶更为复杂。

血清胆固醇的判读

1. 高脂血症的原因可能有很多种。

2. 一些药物可能会改变血清胆固醇的水平（L天门冬酰胺酶、硫唑嘌呤、皮质类固醇、甲硫咪唑及其他药物），因此需要小心给药。

3. 高胆固醇血症并不常见，可能会继发于肾上腺皮质机能亢进、蛋白丢失性肠病、长期严重肝功能衰竭或者营养不良。

血清甘油三酯的判读

1. 血清甘油三酯升高会引起血清或血浆呈乳糜状外观（脂血症）。血清胆固醇升高不会引起这种变化。

2. 餐后效应是高甘油三酯血症的最常见原

因，需要最先排除。

3. 高甘油三酯血症的原因和上述列举的高胆固醇血症的原因相似。

4. 报道显示很少药物会引起血清甘油三酯水平变化。

5. 曾有报道显示可能会出现伴随高脂血症的特发性综合征，不管是胆固醇升高还是甘油三酯升高引起的。

6. 血清甘油三酯下降通常没有明显的临床意义。

血清葡萄糖的判读

虽然这本书重在检查指标的判读，不重点讨论检查技术，但由于小型的便携式血糖仪的使用很广泛，因此这里需要提一下。市面上有很多种血糖分析仪，本章不做详细阐述；然而，最新研究发现，这些血糖仪的检测值比推荐仪器的测定值稍偏低。差异往往很小，临床差异不显著，但血糖浓度很高时差异比较显著。有兴趣的读者可以参考一些文章（Wess 和 Reusch，Wess 和 Cohn）。

低血糖症

1. 首先需要排除人工误差引起的低血糖，尤其是这些患病动物没有出现和低血糖有关的临床症状时。采样后半个小时内需将血清或血浆与细胞分离开，以免细胞消耗葡萄糖。血液中白细胞和血小板计数升高也会增加葡萄糖的消耗。

2. 败血症也常常会引起低血糖。

3. 很多肿瘤（间质型肿瘤、上皮类肿瘤或造血系统肿瘤，尤其是胸腔或腹腔内的大肿瘤）会产生过量异常的胰岛素样生长因子或胰岛素（β 细胞瘤），从而导致葡萄糖消耗过度。

4. 低血糖可能和肝功能不足引起的糖异生受阻和/或胰岛素清除失败有关。

5. 青年动物低血糖常见于猪和小型犬，是由于糖异生障碍引起的。

6. 低血糖很少见于饥饿、营养不良或者是糖原储存疾病。

高血糖症

1. 餐后效应可能会引起血糖轻度升高，同样会引起胆固醇和甘油三酯升高。

2. 应激（皮质类固醇效应）和兴奋（肾上腺素释放）也会使血糖浓度升高。应激引起的高血糖可能会和糖尿病时的高血糖重叠，尤其是猫（Rand），可能会引起尿糖。头部受损时交感肾上腺反应也会导致高血糖（Syring）。

3. 糖尿病是引起高血糖的一个重要因素，但必须和之前两个因素相区别。

4. 给予含皮质类固醇和葡萄糖的药物时都会引起血糖升高。

5. 一些内分泌疾病例如肾上腺皮质机能亢进和甲状腺机能亢进等也可能会引起高血糖。

6. 一些药物（例如塞拉嗪）也会引起高血糖。如果患病动物必须麻醉才能获取血液样本测量血糖时，需要重点考虑这一影响因素。

病例1 – 等级1

"Gilligan"，德国牧羊犬杂交种，4岁，去势公犬。因下颌犬齿碎裂入院治疗。除牙齿碎裂以外，Gilligan的其他体格检查未见异常，且近期未服用过药物。

解析

CBC：所有指标均正常。

血清生化分析

高甘油三酯血症：如果该动物无既往病史，且临床检查、实验室检查结果也正常，血清甘油三酯升高最有可能是餐后效应或特发性高脂血症引起的。

血常规检查

WBC	14.4×10^9 个 /L	（4.9 ～ 16.8）
Seg	10.3×10^9 个 /L	（2.8 ～ 11.5）
Band	0	（0 ～ 0.300）
Lym	3.1×10^9 个 /L	（1.0 ～ 4.8）
Mono	1.0×10^9 个 /L	（0.1 ～ 1.5）
Eos	0	（0 ～ 1.440）
白细胞形态：未见明显异常		
脂血		
HCT	50 %	（39 ～ 55）
RBC	7.27×10^{12} 个 /L	（5.8 ～ 8.5）
HGB	17.2 g/dL	（14.0 ～ 19.1）
MCV	70.8 fL	（60.0 ～ 75.0）
MCHC	34.5 g/dL	（33.0 ～ 36.0）
红细胞形态：未见明显异常		
血小板：数量充足		

生化检查

GLU	90 mg/dL	（67.0 ～ 135.0）
BUN	17 mg/dL	（8 ～ 29）
CREA	1.1 mg/dL	（0.6 ～ 2.0）
P	4.3 mg/dL	（2.6 ～ 7.2）
Ca	10.7 mg/dL	（9.4 ～ 11.6）
Mg	1.7 mmol/L	（1.7 ～ 2.5）
TP	7.0 g/dL	（5.5 ～ 7.8）
ALB	3.8 g/dL	（3.0 ～ 4.2）
GLO	3.2 g/dL	（2.3 ～ 4.2）
Na^+	147 mmol/L	（142 ～ 163）
Cl^-	113 mmol/L	（106 ～ 126）
K^+	4.5 mmol/L	（3.8 ～ 5.4）
HCO_3^-	26 mmol/L	（15 ～ 28）
AG	12.5 mmol/L	（8 ～ 19）
TBIL	0.1 mg/dL	（0.10 ～ 0.50）
ALP	158 IU/L	（20 ～ 320）
GGT	3 IU/L	（1 ～ 10）
ALT	72 IU/L	（18 ～ 86）
AST	43 IU/L	（16 ～ 54）
CHOL	314 mg/dL	（110 ～ 314）
TG	↑ 995 mg/dL	（30 ～ 321）
AMYL	1 003 IU/L	（409 ～ 1 203）

病例总结和结果

主人曾被叮嘱采血前Gillian需禁食一晚，但他6岁的儿子在预约就诊3h前给Gillian饲喂过大量犬粮。第2天禁食后的血清生化检查结果未发现异常。

高脂血症是一个常用术语，用来描述血液中脂类物质（甘油三酯和胆固醇）含量升高的现象。甘油三酯浓度升高会导致血清或血浆呈现乳糜状（图3-1）；高胆固醇血症可能导致血清或血浆较轻微混浊，但是高甘油三酯血症时混浊程度更加明显。注意高脂血症（hyperlipidemia）与高血脂（hyperlipemia）的区别，高血脂的病例都表现高脂血症，但并非所有高脂血症的病例都是高血脂。偶有高脂血症病例的血清胆固醇和/或甘油三酯的检测值升高，但眼观并无异常。

犬血脂升高最常见的原因是餐后效应。一般禁食8～10h即能充分清除血中的脂质。血清甘油三酯可能会在进食后显著升高，而胆固醇的升高则较轻微，而且通常接近参考值范围的上限。禁食后表现高脂血症的动物，需考虑可能诱发高脂血症的因素，如胰腺炎、糖尿病、甲状腺机能减退、胆汁淤积、肾上腺皮质机能减退以及肾脏疾病等。如果禁食后动物仍出现高脂血症，并且未伴发可能导致血脂升高的疾病，那么就应该考虑原发的特发性高脂血症。特发性高脂血症在迷你雪纳瑞和比格犬中最为常见，但偶尔有报道称也见于其他犬种，如杂种犬。

脂肪是以与蛋白质结合的方式在血液中运输的。这种方式会增加其可溶性。这些脂蛋白复合物的大小、密度、电荷数、组成、代谢功能各不相同。不同类型的复合物可以通过密度梯度离心、电泳迁移、色谱层析法或化学沉淀进行分离鉴别。这些方法暂时还不适用于实际工作，广泛用于临床之前还需要进行更多研究。

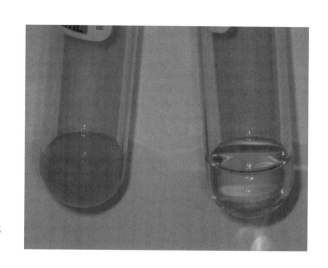

图 3-1　脂性血清呈混浊乳糜样（左管），而正常血清为澄清、淡黄色液体（右管）（见彩图9）

病例2 - 等级1

"Marmalade"，家养短毛猫，15岁，去势公猫。来医院做体检时发现，体重比2年前体检时略有下降。主诉Marmalade偶尔会表现出毛球问题，最近吃干粮时会出现吞咽困难。主人认为该猫牙齿有问题。检查之前，Marmalade在猫箱内不断尖叫，并拍打猫箱窗户。打开猫箱后，直接在检查台上排泄大小便，为了方便临床检查和采血，需要对其实行全身麻醉。麻醉后体格检查发现Marmalade的牙齿处确实有脓肿，但其他未见明显异常。

血常规检查

WBC	↑ 25.5×10⁹ 个/L	(4.5 ~ 15.7)
Seg	↑ 15.8×10⁹ 个/L	(2.1 ~ 10.1)
Lym	↑ 8.3×10⁹ 个/L	(1.5 ~ 7.0)
Mono	↑ 1.2×10⁹ 个/L	(0 ~ 0.85)
Eos	0.2×10⁹ 个/L	(0 ~ 1.9)
白细胞形态：正常		
HCT	32 %	(28 ~ 45)
RBC	7.44×10¹² 个/L	(5.0 ~ 10.0)
HGB	10.5 g/dL	(8.0 ~ 15.0)
MCV	40.6 fL	(39.0 ~ 55.0)
MCHC	32.8 g/dL	(31.0 ~ 35.0)
红细胞形态：正常		
血小板：凝集成簇，但数量正常		

生化检查

GLU	↑ 250 mg/dL	(70.0 ~ 120.0)
BUN	25 mg/dL	(15 ~ 32)
CREA	1.9 mg/dL	(0.9 ~ 2.1)
P	4.7 mg/dL	(3.0 ~ 6.0)
Ca	10.0 mg/dL	(8.9 ~ 11.6)
TP	7.8 mmol/L	(6.0 ~ 8.4)
ALB	3.5 g/dL	(2.4 ~ 4.0)
GLO	4.3 g/dL	(2.5 ~ 5.8)
Na⁺	155 mmol/L	(149 ~ 163)

续表

Cl⁻	122 mmol/L	（119 ~ 134）
K⁺	4.2 mmol/L	（3.6 ~ 5.4）
HCO₃⁻	22 mmol/L	（13 ~ 22）
AG	15.2 mmol/L	（9 ~ 21）
TBIL	0.2 mg/dL	（0.10 ~ 0.30）
ALP	65 IU/L	（10 ~ 72）
ALT	75 IU/L	（29 ~ 145）
AST	32 IU/L	（12 ~ 42）
CHOL	203 mg/dL	（77 ~ 258）
TG	25 mg/dL	（25 ~ 191）
AMYL	791 IU/L	（496 ~ 1 874）

尿液分析

外观：黄褐色，混浊	尿沉渣
相对密度：1.045	红细胞：每个高倍镜视野有 5 ~ 10 个红细胞
pH：7.0	白细胞：未见
蛋白质：阴性	管型：未见
葡萄糖 / 酮体：阴性	上皮细胞：未见
胆红素：阴性	细菌：未见
血红素：阴性	脂滴和碎片：痕迹

解析

CBC：该病例同时出现成熟中性粒细胞增多症、成熟淋巴细胞增多症，以及单核细胞增多症。中性粒细胞增多的原因可能有炎症、肾上腺素刺激、皮质类固醇的影响，而淋巴细胞增多可能是对皮质类固醇的反应，也可能是抗原刺激引起的。单核细胞增多症可能是牙齿脓肿释放出单核细胞引起的。淋巴细胞增多症可能继发于抗原刺激，结合该病例的临床症状，以及淋巴细胞无反应性变化的表现，提示淋巴细胞的变化也可能是肾上腺素引起的。

血清生化分析

高血糖：根据病史推测，应激反应可能是该病例血糖升高的原发因素。麻醉也可引起肾上腺素释放，导致血糖升高。赛拉嗪是一种常用的镇静/镇痛药，它会干扰胰岛素释放，从而引起暂时性高血糖，严重时还会出现糖尿。根据该病例上次进食的时间，近期未给予高蛋白低碳水化合物的猫粮等因素，可以排除餐后效应。糖尿病仍然是鉴别诊断之一（在病例1中，Gilligan进食后血糖水平仍旧保持在参考范围之内），但临床症状和实验室检查结果几乎不支持糖尿病这一诊断。也没有出现和糖尿病有关的实验室检查结果，例如糖尿、高胆固醇血症、肝酶升高等。

病例总结和结果

Marmalade的高血糖是由应激和麻醉引起的。在一些病例中，如果猫的应激反应没那么强烈，可以重复采样，或让主人在家采样，血糖水平值可能正常范围内（Casella, Reusch）。在Marmalade的例子中，不能进行任何出于医学目的的操作。尿检无糖尿具有一定参考意义，但长期焦虑的猫可能因应激导致高血糖，当血糖浓度超过肾糖阈（约200 mg/dL）时会出现糖尿。最近一项研究表明，一些健康猫在受到紧张性刺激后的90～120 min，血糖水平都在糖尿病血糖值范围内（Rand）。

血清果糖胺检查有助于鉴别应激所致的血糖升高和真正的糖尿病。血清果糖胺反映了血浆蛋白含量，这是在动物出现持续高血糖症时，血浆中物质与葡萄糖进行不可逆的、非酶糖化作用的情况下出现的。血清果糖胺浓度与血糖浓度正相关，因此可反应患病动物几周内的平均血糖水平。相比血糖浓度，果糖胺不易受各种因素的影响，且能反应阶段性血糖浓度水平，更具实际的临床意义。当病史和临床检查很难区分应激性高血糖和糖尿病时，测定血清果糖胺水平对诊断有一定作用（Crenshaw）。

→ 参考文献

Casella M, Wess G, Reusch CE. 2002. Measurement of capillary blood glucose concentrations by pet owners: a new tool in the management of diabetes mellitus. J Am Anim Hosp Assoc (38): 239-245.

Crenshaw KL, Peterson ME, Heeb LA, Moroff SD, Nichols R. 1996. Serum fructosamine concentration as an index of glycmia in cats with diabetes mellitus and stress hyperglycemia. J Vet Intern Med (10): 360-364.

Rand JS, Kinnaird E, Baglioni A, Blackshaw J, Priest J. 2002. Acute stress hyperglycemia in cats is associated with struggling and increased concentrations of lactate and norepinephrine. J Vet Intern Med (16); 123-132.

Reusch CE; Wess G, Casella M. 2001. Home monitoring of blood glucose concentration in the managemint of diabetes mellitus. Compendium (23): 544-555.

病例3 - 等级1

"Gretchen"，可卡犬，12岁，绝育母犬。由于摇头来医院就诊，体格检查发现该犬患有皮脂溢，耳发出发酵样异味，触诊敏感。Gretchen还患有严重牙病，其他临床检查结果正常。麻醉清洗牙齿和耳之前先进行血常规检查。

解析

CBC：成熟的中性粒细胞轻度增多、淋巴细胞减少、单核细胞增多。这种情况与皮质类固醇白细胞象一致。这可能与应激或皮肤病及

血常规检查

WBC	↑ 19.8×10^9 个 /L	（4.9 ~ 16.8）
Seg	↑ 16.2×10^9 个 /L	（2.8 ~ 11.5）
Band	0	（0 ~ 0.3）
Lym	↓ 0.8×10^9 个 /L	（1.0 ~ 4.8）
Mono	↑ 2.5×10^9 个 /L	（0.1 ~ 1.5）
Eos	0.3×10^9 个 /L	（0 ~ 1.44）
白细胞形态学：正常		
HCT	42 %	（39 ~ 55）
RBC	5.8×10^{12} 个 /L	（5.8 ~ 8.5）
HGB	14.0 g/dL	（14.0 ~ 19.1）
MCV	73.4 fL	（60.0 ~ 75.0）
MCHC	33.1 g/dL	（33.0 ~ 36.0）
红细胞形态学：正常		
血小板：凝集成簇，但数量正常		

生化检查

GLU	↓ 40 mg/mL	（67.0 ~ 135.0）
BUN	23 mg/mL	（8 ~ 29）
CREA	0.6 mg/mL	（0.6 ~ 2.0）
P	6.0 mg/mL	（2.6 ~ 7.2）
Ca	10.6 mg/mL	（9.4 ~ 11.6）
Mg	2.0 mmol/L	（1.7 ~ 2.5）
TP	5.5 g/dL	（5.5 ~ 7.8）
ALB	3.2 g/dL	（2.8 ~ 4.0）
GLO	2.3 g/dL	（2.3 ~ 4.2）
A/G	1.5	（0.7 ~ 2.1）
Na^+	147 mmol/L	（142 ~ 163）
Cl^-	108 mmol/L	（106 ~ 126）
K^+	↑ 5.5 mmol/L	（3.8 ~ 5.4）
HCO_3^-	26 mmol/L	（15 ~ 28）
AG	18.5 mmol/L	（8 ~ 19）
TBIL	< 0.10 mg/dL	（0.10 ~ 0.30）
ALP	260 IU/L	（20 ~ 320）
GGT	4 IU/L	（2 ~ 10）
ALT	20 IU/L	（18 ~ 86）
AST	39 IU/L	（16 ~ 54）
CHOL	279 mg/dL	（82 ~ 355）
TG	158 mg/dL	（30 ~ 321）
AMYL	541 IU/L	（409 ~ 1 203）

牙病有关。如果该犬曾经口服或局部用过皮质类固醇药物，则不难解释这一白细胞象。中性粒细胞增多症也可能是耳和口腔的炎性反应引起的。

血清生化分析

低血糖：这个病例并未表现出任何和低血糖有关的临床症状，因此在进行侵入性检查或一些昂贵检查之前，需要首先排除实验室检查的人为误差。建议采集新鲜血样，尤其注意需要尽快分离血清和红细胞。

高血钾症：该病例血钾轻度超出参考范围上限，意义尚不清楚。如果血清和细胞分离明显延迟，钾离子有可能会从细胞中漏出。在不表现临床症状的情况下，由于生物学上的多样性，某个个体的检查指标轻微超出参考值范围可能是"正常"的（见前言：参考范围的建立）。重复检测的结果可能在参考范围内。如果重复结果与参考值差异很大，并伴有其他异常，则应做进一步检查。

病例总结和结果

在询问该病例样品检测过程后发现，采集样品后未及时离心，明显延迟，导致样品中的细胞消耗了葡萄糖。该病例没有败血症、肝脏衰竭、肿瘤或营养不良等的临床症状或实验室证据。重复采样检查的血清葡萄糖正常。

病例4 － 等级1

"Kippy"，贵宾犬，12岁，绝育公犬。因连续2周嗜睡和进行性腹部膨胀前来就诊。近2 d食欲下降，并呕吐过1次。体格检查发现Kippy腹部极度膨胀，触诊有波动感。被毛稀疏，皮下有许多肿块。患犬低烧。腹部超声检查发现一很大的腹部团块，占据了腹腔的大部

血常规检查

WBC	↑ 35.5×10^9 个 /L	（4.9 ~ 16.8）
Seg	↑ 28.8×10^9 个 /L	（2.8 ~ 11.5）
Band	↑ 1.1×10^9 个 /L	（0 ~ 0.300）
Lym	2.8×10^9 个 /L	（1.0 ~ 4.8）
Mono	1.4×10^9 个 /L	（0.1 ~ 1.5）
Eos	1.4×10^9 个 /L	（0 ~ 1.4）
白细胞形态学：中性粒细胞出现中度中毒性变化		
HCT	↓ 17 %	（39 ~ 55）
RBC	↓ 2.4×10^{12} 个 /L	（5.8 ~ 8.5）
HGB	↓ 5.4 g/dL	（14.0 ~ 19.1）
MCV	↑ 76.1 fL	（60.0 ~ 75.0）
MCHC	↓ 28.8 g/dL	（33.0 ~ 36.0）
有核红细胞 /100WBC	↓ 4 个	
血小板	↓ 77.0×10^9 个 /L	（181 ~ 525）

生化检查

GLU	↓ 52 mg/dL	（67.0 ~ 135.0）
BUN	20 mg/dL	（8 ~ 29）
CREA	1.1 mg/dL	（0.6 ~ 2.0）
P	5.4 mg/dL	（2.6 ~ 7.2）
Ca	9.8 mg/dL	（9.4 ~ 11.6）
Mg	2.5 mmol/L	（1.7 ~ 2.5）
TP	5.5 g/dL	（5.5 ~ 7.8）
ALB	3.0 g/dL	（2.8 ~ 4.0）
GLO	2.5 g/dL	（2.3 ~ 4.2）
A/G	1.2	（0.7 ~ 2.1）
Na^+	146 mmol/L	（142 ~ 163）
Cl^-	117mmol/L	（106 ~ 126）
K^+	5.4 mmol/L	（3.8 ~ 5.4）
HCO_3^-	16 mmol/L	（15 ~ 28）
AG	18.4 mmol/L	（8 ~ 19）
TBIL	0.3 mg/dL	（0.10 ~ 0.30）
ALP	121 IU/L	（20 ~ 320）
GGT	4 IU/L	（2 ~ 10）
ALT	18 IU/L	（18 ~ 86）
AST	↑ 85 IU/L	（16 ~ 54）
CHOL	249 mg/dL	（82 ~ 355）
TG	107 mg/dL	（30 ~ 321）
AMYL	↑ 2 630 IU/L	（409 ~ 1 203）

分，并且对胃和膀胱造成压迫。该团块看上去起源于肝脏，和蒂部相连，并且包含许多囊状结构。

解析

CBC：Kippy出现了伴有核左移和中毒性变化的中性粒细胞增多症，提示机体出现严重的炎症。Kippy患有大红细胞性低色素性贫血，因此可能为再生性贫血，不过还需要进一步进行网织红细胞计数。外周血中有核红细胞增多一部分是由于再生反应，或者由内皮损伤所致（如低血糖症、组织缺氧、内毒素血症），再者是造血组织异常。中度血小板减少症可能是血小板消耗增加引起的，由于其他类型的造血细胞活性良好，因此血小板的变化不太可能是生成减少造成的。仅从血常规的检查结果不能确定引起消耗增加的原因，但是血小板可能聚集在内皮损伤处，也可能是DIC早期消耗引起的。凝血检查有助于确定患犬的凝血状况。

血清生化检查

低血糖症：该病例样品经适当处理重复检测可以排除人为因素造成的血糖检测值偏低。由于肝脏上有一个大的菜花样团块，应考虑为副肿瘤性低血糖症。由于该病例具有典型的炎性白细胞象和血小板减少症，提示低血糖可能是败血症引起的。血液、尿液的细菌培养及任何可疑的损伤均有助于评价这种可能性。饥饿引起的低血糖相对较少见，并且动物长期食欲废绝、体况很差，这些在本病例中都不存在。

AST升高：仅AST一项指标升高，诊断意义有限。由贫血导致的组织缺氧会造成AST升高。ALT正常的情况下，并不能说明该值的升高与肝脏肿块有关系。

淀粉酶升高：淀粉酶升高多数与胰腺、肠道疾病或者肾小球滤过率下降有关。该病例不能排除胰腺或肠道疾病。在未出现氮质血症的情况下，肾小球滤过率下降引起高淀粉酶血症的可能性很小。该病例中，肝脏肿瘤是一个不常见的潜在引起血清淀粉酶升高的原因，与其临床症状和病史也相符合（参见本章病例13、14）。

病例总结和结果

Kippy进行了静脉输液和抗生素治疗，并且经外科手术从腹腔取出一个约5.4kg的肿块。组织学检查发现为低分化肝细胞癌，伴有局灶性凝固性坏死和出血。皮下肿块为脂肪瘤（图3-2）。Kippy术后苏醒出院。术后5d重复进行血常规检查，其低血糖症消失，血液学异常得到恢复，排除了其他可能引起低血糖症的病因。考虑到Gretchen（病例3）和Kippy的临床生化检查结果完全相同，但是Gretchen的血糖降低是由于人为因素造成的，无诊断意义；而Kippy的低血糖症是由严重的潜在疾病造成的。对比这两个病例，提示我们在分析生化检查结果时，需要结合临床病史和其他实验室数据，在Kippy这个病例中，这些都指示Kippy可能患有严重的疾病。

癌症并发低血糖的现象在犬和人类中都已有报道，而且也可能发生于马属动物（Bagley, Baker, Beaudry）。间质肿瘤、上皮肿瘤和造血系统的肿瘤都会引起低血糖。间质肿瘤和上皮肿瘤通常体积较大，多发于胸腔和腹腔。尽管这些癌症会消耗大量的葡萄糖，另外一种机制是引起癌症低血糖症的关键因素。许多病例中，这些肿瘤会分泌胰岛素样生长因子 II（IGF-II），该激素可以激活胰岛素受体从而引起低血糖（Le Roth）。正常情况下，IGF-II产生于肝脏。分泌至循环之后，IGF-II与结合蛋白形成限制生物学活性的复合体。相比之下，由肿瘤产生的非正常的IGF-II不能与结合蛋白形成复合体，因此可以自由地与胰岛素受体结合，阻止肝脏的生糖作用，进而导致外周其他组织对糖的摄取增加。

一项关于巨块型肝细胞癌病例的回顾性研究显示，大多数患病动物会出现三种或三种以上的肝酶活性升高，并且血清ALT和AST升高是不利的预后因素（Liptak）。虽然这样，总体死亡率较低，即使手术不能完全切除肿瘤，术后一般都不会原位复发。在48例患犬中，仅有2例出现低血糖症。

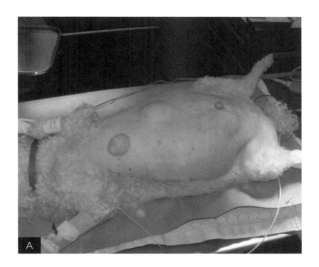

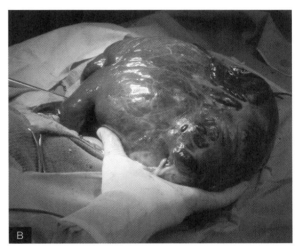

图 3-2 A 和 B（见彩图 10）

A. 该图显示了Kippy在手术前腹部膨胀，并且有许多皮下脂肪瘤

B. 术中，Kippy的巨块型肝细胞癌的大体照片

→ **参考文献**

Bagley RS, Levy JK, Malarkey DE. 1996. Hypoglycemia associated with intra-abdominal leiomyoma and leiomyosarcoma in six dogs. J Am Vet Med assoc (208); 69-71.

Baker JL, Aleman M, Madigan J. 2001. INtermittent hypoglycemia in a horse with anaplastic acrcinoma of the kidney. J Am Vet Med Assoc (218); 235-237.

Beaudry D, Knapp DW, Montgomery T, Sandusky GS, Morrison WB, Nelson RW. 1995. Hypoglycemia in four dogs with smooth muscle tumors. J Vet Intern Med (9):415-418.

Le Roth D. 1999. Tumor induced hypoglycemia. New England Journal of Medicine (341): 757-758.

Liptak JM, Dernell WS, Monnet E, Powers BE, Bachand AM, Kenney JG, Withrow SJ. 2004. Massive hepatocellular carcinoma in dogs: 48 cases (1992–2002). J Am Vet Med Assoc (225): 1225-1230.

病例5 - 等级1

"Ides"是一只4岁雪貂，雄性去势。主人感觉最近几个星期里Ides有点虚弱且很安静。

周末Ides曾出现过虚脱和抽搐，因再次虚脱急诊。脸上满是唾液，侧卧，对外界刺激几乎无反应。

转诊前的血常规检查结果都在正常参考范围内。

生化检查

GLU	↓ 30 mg/dL	（95 ~ 205）
BUN	27 mg/dL	（7 ~ 40）
CREA	0.4 mg/dL	（0.3 ~ 0.8）
P	6.1 mg/dL	（4.8 ~ 8.7）
Ca	9.6 mg/dL	（8.4 ~ 10.7）
TP	7.3 g/dL	（5.2 ~ 7.3）
ALB	3.5 g/dL	（2.8 ~ 4.0）
GLO	3.8 g/dL	（2.3 ~ 3.8）
Na^+	154 mmol/L	（105 ~ 120）
Cl^-	109 mmol/L	（106 ~ 126）
K^+	5.1 mmol/L	（4.3 ~ 6.0）
HCO_3^-	27 mmol/L	（16 ~ 28）
TBIL	0.2 mg/dL	（0.0 ~ 0.7）
ALP	115 IU/L	（30 ~ 120）
ALT	↑ 554 IU/L	（82 ~ 289）
AST	↑ 170 IU/L	（35 ~ 150）
CHOL	149 mg/dL	（85 ~ 204）
TG	25 mg/dL	（10 ~ 32）

解析

血清生化分析

低血糖症：由于样品处理适当，结合临床症状，该病例可能确实存在低血糖症。尽管引起低血糖的潜在原因很多，但由于胰岛素瘤在雪貂发病率较高，如果其血糖水平低于60 mg/dL，就极有可能是胰岛素瘤。

ALT和AST轻度升高：除了肝脏肿瘤，原发性肝脏疾病在雪貂中很罕见。雪貂反复发作低血糖会动员脂肪储存到肝脏，引起肝细胞肿胀和肝酶升高。还应考虑胰岛素瘤转移的可能性。

病例总结和结果

该病例从最初就采取保守药物治疗，包括

频繁饲喂和使用泼尼松。虽然这种方案通常能在一定时期内控制临床症状，Ides还是经常嗜睡、虚弱，没有更进一步出现虚脱。Ides最后接受了手术，发现并摘除了胰脏上3个坚实的结节，同时进行了肝脏活组织检查。组织学检查结果为良性胰岛素瘤和肝细胞糖原浸润，未发现转移性病变。Ides最后出院并恢复健康。与Kippy相似，虽然该病例患有肿瘤，但其临床生化检查结果并未出现明显异常。这可能与肿瘤的多样性有关。胰岛素瘤动物的胰岛素检测值正常或偏高，同时伴发低血糖症；而患其他导致低血糖的恶性肿瘤的动物中，循环胰岛素水平通常偏低。

胰岛素瘤是中年雪貂最常见的肿瘤疾病之一，并且可能同时伴发其他常见肿瘤，如肾上腺肿瘤。持续高胰岛素血症会引起显著低血糖，从而出现相应的临床症状。动物出现低血糖时，机体可通过反馈调节机制（胰高血糖素、皮质醇、肾上腺素和生长激素刺激糖异生和糖酵解）升高血糖，但患有胰岛素瘤的雪貂不能成功调节血糖。当血糖值＜60 mg/dL而动物无临床症状或其他实验室检查结果异常时，需考虑其他原因。血糖水平较低时，应该在全自动生化分析仪上检测血糖值，避免使用手持式血糖测试仪（检查结果波动太大）。也可检查胰岛素水平，在低血糖时通常正常或升高。由于一些患有胰岛素瘤的雪貂的胰岛素水平正常，因此有些作者提倡结合临床症状和间歇性低血糖做出诊断，而不需测定血清胰岛素水平。确诊需要进行胰腺结节的组织学检查，但这些需要通过手术完成。如上所述，最初仅通过药物治疗可控制临床症状。通常通过手术可

改善临床症状，术后2～6个月可提高药物治疗效果。然而，由于许多微小的胰岛素瘤很难被察觉和完全切除，因此，通过手术治疗通常不能完全治愈。

→ **参考文献**

Pilny AA, Chen S. 2004. Ferret insulinoma: diagnosis and treatment. Compendium (29):722-728.

Williams BH. 2002. Controversy and Confusion in Interpretation of Ferret Clinical Pathology. http://www.afip.org/ferrets.

病例6 - 等级 1

"Russell"，杰克罗素猎，10岁，去势公犬，因怀疑患有肝脏疾病前来就诊。在过去的几个月里可能因食物的原因发作过4次短暂的癫痫。癫痫一般持续5min，颤抖且无意识；无划水样动作，无大小便失禁的现象。其他体征正常，体格检查发现Russell机灵、警觉、反应无异常。腹部X线摄片显示肝脏偏小，超声检查也印证了此结果，但结构和组织上无明显异常。脾脏和肾脏也无明显异常，但在胰腺左叶可见一个结节。

解析

CBC：CBC检查结果除红细胞计数轻微下降外，其他无明显异常。由于血细胞比容处于参考范围的下限，提示该病例可能存在能导致

血常规检查

WBC	12.0×10^9 个 /L	（4.1 ～ 13.3）
Seg	10.0×10^9 个 /L	（2.1 ～ 11.2）
Band	0	（0 ～ 0.3）
Lym	1.5×10^9 个 /L	（1.0 ～ 5.1）
Mono	0.5×10^9 个 /L	（0.1 ～ 1.2）
Eos	0	（0 ～ 1.4）
白细胞形态：正常		
HCT	40 %	（39 ～ 55）
RBC	↓ 5.60×10^{12} 个 /L	（5.71 ～ 8.29）
HGB	14.5 g/dL	（14.0 ～ 19.1）
MCV	72.4 fL	（64.0 ～ 73.0）
MCHC	36.0 g/dL	（33.6 ～ 36.0）
血小板	420×10^9 个 /L	（160 ～ 425）

生化检查

GLU	↓ 41 mg/dL	（80.0 ～ 125.0）
BUN	20 mg/dL	（6 ～ 24）
CREA	1.1 mg/dL	（0.6 ～ 2.0）
P	5.4 mg/dL	（2.2 ～ 6.6）
Ca	9.8 mg/dL	（9.4 ～ 11.6）
Mg	2.1 mmol/L	（1.4 ～ 2.2）
TP	5.5 g/dL	（4.7 ～ 7.3）
ALB	3.0 g/dL	（2.5 ～ 3.7）
GLO	2.5 g/dL	（2.3 ～ 4.2）
A/G	1.2	（0.7 ～ 2.1）
Na^+	145 mmol/L	（142 ～ 151）
Cl^-	119 mmol/L	（108 ～ 121）
K^+	5.4 mmol/L	（3.2 ～ 5.6）
HCO_3^-	16 mmol/L	（15 ～ 26）
AG	15.4 mmol/L	（6 ～ 16）
TBIL	0.3 mg/dL	（0.10 ～ 0.30）
ALP	↑ 270 IU/L	（1 ～ 145）
GGT	4 IU/L	（0 ～ 7）
ALT	18 IU/L	（5 ～ 65）
AST	52 IU/L	（10 ～ 56）
CHOL	249 mg/dL	（115 ～ 300）
AMYL	630 IU/L	（409 ～ 1 203）

凝血检查

凝血酶原时间（PT）	6.4 s	（5.6～7.8）
活化部分凝血酶时间（APTT）	7.6 s	（8.9～13.7）
纤维蛋白原（FDPs）	<5μg/mL	（<5）

进行性贫血的慢性疾病。另外，由于生物学差异，该病例的这些检查结果也可能正常。重复检查才能确定红细胞值是否真的存在下降趋势。

血清生化分析

低血糖症：一旦排除了人为操作引起的假性低血糖，可怀疑该病例的确出现了低血糖，因为癫痫发作可能会引起低血糖症。胰腺结节提示有胰岛素瘤的可能。同时需要检查禁食葡萄糖和胰岛素水平。虽然不常见，肝脏受损引发的糖异生受阻也可导致低血糖症（见第二章，病例21）。肝功能显著下降时会引起其他实验室检查异常，包括低蛋白血症、低胆固醇血症、PT和APTT时间延长，偶发轻微高胆红素血症，但以上变化在该病例中均未出现。由于生化检查的每项指标都不是肝功能检查的特异性和敏感性指标，故针对患犬肝脏体积变小的情况，有必要检查血清胆汁酸度或血氨浓度。需要记住的是肝酶正常并不能完全排除肝脏疾病。临床症状和实验室检查结果可排除败血症。

碱性磷酸酶（ALP）轻度升高：犬ALP升高无特异性诊断价值（见第二章）。皮质类固醇类药物或其他药物都可能诱发ALP升高，但

Russell无类固醇白细胞象，也没有使用此类药物的病史。无其他支持肝脏疾病的体格检查和实验室检查依据，ALP升高意义不明。建议4～6周内复查，临床表现改变时应立即复查。

凝血检查：正常。

病例总结和结果

肝脏细针抽吸检查未见明显异常。同时测定禁食后血糖和胰岛素水平。禁食血糖浓度为56 mg/dL，胰岛素浓度为48.8 IU/mL，符合胰岛素瘤的判断标准。正常情况下，血糖水平达到70～100 mg/dL时，胰岛素的浓度应为2～25 IU/mL。先使用皮质类固醇药治疗，辅以多次喂食，并注意避免剧烈运动，然后手术切除肿瘤，组织学检查证实为胰岛素瘤。不幸的是，肿瘤切除不完全。Russell在家继续使用皮质类固醇治疗18个月，生活质量良好，直到它又被检测出低血糖而转诊，但主人并未注意到相关症状。重复检查确定为低血糖，并表现为类固醇白细胞象和ALP升高。虽然不能排除其他因素，但以上这些变化可能是类固醇药物治疗引起的。

胸腔X线摄片显示有转移，腹部超声显示肝脏上有多个结节。结节细胞学检查表明为少量正常肝细胞和片状或簇状的神经内分泌瘤细

胞，与胰岛素瘤细胞相符（图3-3）。血清生化检查显示18个月后该病例的空腹胰岛素水平是264 IU/ml，提示该病复发。此后，Russell出院，靠药物治疗维持，预后慎重。

该病例最初转诊来是为了评估肝脏疾病，最终也没有完全排除这方面的疾病，但根据已掌握的主要证据，可推测出肝脏疾病并不是这些临床症状的主要原因。肝脏偏小和神经症状可能与肝功能不全有关，但如上所述，还缺乏其他实验数据支持。临床症状和实验室检查结果与上一病例的雪貂Ides相似。值得注意的是，尽管证实肝脏已发生转移性病变，肝酶变化很小，且有可能与皮质类固醇的使用有关。这种现象和Kippy相似，Kippy有一个巨大的肝脏肿瘤，肝酶水平变化并不显著。

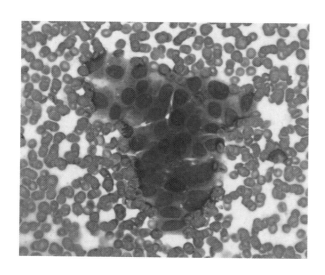

图 3-3 涂片上含有成簇的均一的卵圆形至多面体形细胞，含有中等至大量淡蓝色胞浆。细胞内有一到两个圆形或卵圆形细胞核。这些可能与转移性的胰岛素瘤有关（见彩图11）

病例7 – 等级1

"YapYap"是一只6月龄的西高地白㹴，有食入异物（随粪便排出一只过膝的尼龙袜）的病史。尼龙袜排出之后YapYap仍有间歇性呕吐，因此进行血检，结果如下。

解析

CBC：YapYap有轻度的正细胞正色素性非再生性贫血，符合慢性疾病的表现。

血清生化分析

低血糖：假设样品采集和处理符合规程，结合该动物的年龄，需考虑肝功能下降或潜在的先天性代谢缺陷。无败血症的证据，且该动物营养充足。基于患犬的年龄，肿瘤的可能性很小。

尿素氮下降：肝功能下降和日常蛋白质摄入不足会导致尿素氮低于参考范围。不过排尿增加也可导致此现象。

伴随低白蛋白血症的低蛋白血症：低白

血常规检查

WBC	14.0×10^9 个 /L	（4.0 ~ 15.5）
Seg	8.5×10^9 个 /L	（2.0 ~ 10.0）
Band	0	（0 ~ 0.3）
Lym	4.5×10^9 个 /L	（1.0 ~ 4.5）
Mono	0.6×10^9 个 /L	（0.2 ~ 1.4）
Eos	0.2×10^9 个 /L	（0 ~ 1.2）
Bas	↑ 0.2×10^9 个 /L	（0）
白细胞形态：正常		
HCT	↓ 30 %	（37 ~ 60）
RBC	↓ 4.36×10^{12} 个 /L	（5.5 ~ 8.5）
HGB	↓ 10.0 g/dL	（12.0 ~ 18.0）
MCV	70.0 fL	（60.0 ~ 77.0）
MCHC	32.9 g/dL	（31.0 ~ 34.0）
红细胞形态：正常		
血小板：数量充足		

生化检查

GLU	↓ 78 mg/dL	（90 ~ 140）
BUN	↓ 6 mg/dL	（8 ~ 33）
CREA	0.5 mg/dL	（0.5 ~ 1.5）
P	6.6 mg/dL	（5.0 ~ 9.0）
Ca	10.4 mg/dL	（8.8 ~ 11.0）
TP	↓ 3.9 g/dL	（4.8 ~ 7.2）
ALB	↓ 1.8 g/dL	（3.0 ~ 4.2）
GLO	2.0 g/dL	（2.0 ~ 4.0）
Na^+	145 mmol/L	（140 ~ 151）
Cl^-	115 mmol/L	（105 ~ 120）
K^+	4.0 mmol/L	（3.8 ~ 5.4）
TBIL	0.10 mg/dL	（0.10 ~ 0.50）
ALP	↑ 421 IU/L	（20 ~ 320）
ALT	↑ 1 320 IU/L	（10 ~ 95）
CHOL	↓ 90 mg/dL	（110 ~ 314）
AMYL	↓ 386 IU/L	（400 ~ 1 200）

尿液分析

> 性状：黄色，清澈
> 尿相对密度：1.010
> pH：7.5
> 尿沉渣：无
> 蛋白质、葡萄糖、酮体、胆红素、血红素：阴性

蛋白血症可能是由于生成下降/丢失增加，或者是二者共同造成的。根据病史推测，一部分蛋白可能经肠道丢失；肝功能衰竭导致的生成减少也是原因之一。尿素氮下降、低胆固醇血症、稀释尿等可以提供一定的依据。伴随尿素氮下降，饥饿会引发血清白蛋白的分解代谢，白蛋白生成也会减少，但在此病例中不大可能。在尿检结果中未见明显的肾性蛋白丢失，考虑到尿液的稀释，可检测尿蛋白/肌酐比值（检测蛋白尿的一项更敏感的指标）。

ALP非常轻微的升高：很多肝性或者肝外因素都可能会引起ALP轻微升高（见第二章）。对一只六月龄的犬来讲，需考虑来源于骨骼的同工酶。YapYap是小型犬，很少会在这个年龄因骨骼生长导致骨性ALP升高。ALT升高可能是肝脏损伤的反应，虽然胆红素仍在参考范围内，ALP升高可能是胆汁淤积造成的。食入异物引起的肠炎可直接影响肝脏，或通过门脉血流影响肝脏。可排除用药（如皮质类固醇和抗惊厥药）引起的肝酶升高。

ALT升高：ALT升高提示一定程度的肝细胞损伤，但对于何种原因引起的ALT升高并不具有特异性。肠道病变会继发肝细胞损伤，肠道受损会致使通过门脉循环的内毒素、细菌和炎症介质增多，肝脏暴露于此种环境中，也会引起肝细胞损伤。另外，也可能是原发性肝脏疾病。贫血造成的缺氧也可能会引起ALT升高，但很少见于轻度或慢性贫血。

低胆固醇血症：肝功能下降、蛋白丢失性肠病或严重营养不良都会使血清胆固醇水平下降。血糖、尿素氮、白蛋白和胆固醇水平同时下降高度提示肝功能下降。但是，根据病史和球蛋白下降的变化，也不能排除蛋白经胃肠道丢失的可能性。

淀粉酶下降：淀粉酶活性下降无明显临床意义。

尿液分析：YapYap的尿液是等渗尿，但它并无氮质血症。需要结合临床状况（如水合状态）从生理或病理的角度解释等渗尿。由于YapYap在出现氮质血症之前就出现了尿液浓缩功能下降，所以不能排除肾功能下降。肾脏没有病变时，肝脏衰竭也会影响肾脏的浓缩功能。

病例总结和结果

在非饥饿或严重营养不良的情况下，低血糖、低尿素氮、低白蛋白血症和低胆固醇血症同时出现提示肝功能下降。虽没有检查PT和APTT，但估计由于肝脏生成的凝血因子减

少，从而导致PT和APTT延长。ALP和ALT升高都说明肝脏有病变，但是并不能作为特异性诊断检查，肝功能检查指标也不能提供特异性诊断。检查血清胆汁酸后证实YapYap确实存在肝功能损伤，禁食胆汁酸浓度：62.9 μmol/L（参考范围：0~5.0），餐后胆汁酸浓度：197.7 μmol/L（参考范围：5.0~25.0）。

等渗尿可能与肝脏疾病有关。多饮多尿是犬肝脏疾病的常见症状，该病例的尿相对密度偏低可能是多饮多尿引起的。异常的神经递质过度刺激垂体，造成ATCH分泌增加和皮质醇增多症。因此，控制ADH释放的渗透压阈值升高，更高的血浆渗透压才能刺激抗利尿作用的产生。当患病动物严重脱水时，又会产生新的渗透压阈值，因此严重脱水并不常见。肝脏产生的尿素减少也可能会引起肾脏的尿液浓缩能力下降。也可能存在其他尚不明确的机制。

影像学检查显示肝脏缩小和门静脉-腔静脉短路，手术时采用缩窄环进行修复。手术中

还采集了楔形活组织检查样本，发现肝脏小静脉消失或萎缩，伴有微血管发育不良或门体分流的小动脉增生。YapYap 术前精神良好，健康状态良好，手术顺利，术后苏醒很快，平安无事。不幸的是，出院后第7天时，患犬因嗜睡、食欲减退和腹围高度膨胀前来就诊。临床检查发现YapYap 很安静但感觉灵敏，黏膜苍白。腹部X线摄片很难分辨腹腔的细节，超声检查显示在缩窄环附近有一处血栓，从此处通往肠系膜的血流速度明显下降。YapYap在此次检查不久后死亡，死后没有剖检。

病例8 - 等级1

"Freeze"是一只仅1日龄的早产幼年羊驼，前一天出现抽搐，呼吸急促，精神沉郁，双侧腕关节和跗关节处有磨损。Freeze转诊前发热，进行过皮下输液和抗生素治疗，饲喂初乳。体格检查发现Freeze萎靡、喜卧、发热

血常规检查

WBC	↓ 4.3×10⁹ 个/L	(7.1 ~ 19.4)
Seg	2.3×10⁹ 个/L	(1.1 ~ 14.6)
Band	0	(0 ~ 0.5)
Lym	↓ 1.6×10⁹ 个/L	(1.7 ~ 4.7)
Mono	0.3×10⁹ 个/L	(0 ~ 1.4)
Eos	0.1×10⁹ 个/L	(0 ~ 1.1)
白细胞形态：正常		
HCT	↓ 23 %	(24 ~ 35)
HGB	10.3 g/dL	(10.1 ~ 14.9)
MCHC	↑ 44.8 g/dL	(39.4 ~ 44.1)
红细胞形态：未见明显异常		
血浆黄疸		
血小板：数量充足		

生化检查

GLU	↓ 28 mg/dL	（94.0 ~ 170.0）
BUN	↑ 158 mg/dL	（10 ~ 21）
CREA	↑ 3.5 mg/dL	（1.1 ~ 2.9）
P	10.1mg/dL	（7.1 ~ 11.1）
Ca	10.0 mg/dL	（9.4 ~ 10.6）
TP	5.8 g/dL	（5.1 ~ 6.7）
ALB	3.3 g/dL	（3.1 ~ 4.1）
GLO	2.5 g/dL	（1.4 ~ 3.4）
A/G	1.3	（0.97 ~ 2.8）
Na$^+$	149 mmol/L	（148 ~ 155）
Cl$^-$	109 mmol/L	（101 ~ 116）
K$^+$	5.6 mmol/L	（4.6 ~ 5.9）
HCO$_3^-$	30 mmol/L	（24 ~ 32）
TBIL	↑ 1.50 mg/dL	（0 ~ 0.60）
ALP	532 IU/L	（342 ~ 975）
GGT	↑ 548 U/L	（8 ~ 29）
AST	↑ 2 113 IU/L	（168 ~ 482）
CK	↑ 6 6129 IU/L	（13 ~ 130）

（译者注：幼畜的参考范围是美洲驼的参考值；见Fowler）。

解析

CBC

白细胞象：Freeze患有白细胞减少症和轻微的淋巴细胞减少症，这与类固醇反应一致。如果一个非常幼小的动物有发热病史，伴有淋巴细胞溶解的急性病毒感染是一项鉴别诊断。

红细胞象：红细胞比容仅比参考范围低一点儿。因为该参考范围不是在检查该动物的实验室建立的，因此检查结果与参考范围仅有很小偏差时很难解释。但幼年羊驼出生后有"生理性贫血"，这可能是由于胎儿的红细胞寿命缩短、红细胞生成刺激减少、血氧亲和力升高

（Adams）造成的。此时很难解释红细胞比容的变化，但如果继续下降需要引起足够的重视。MCHC轻微升高也可能和生成的参考范围有关，但也不排除血管内或血管外溶血的可能。

血清生化分析

明显的低血糖症：由于该病例有抽搐的病史，因此这一检测值应该比较准确，但核实结果以排除实验室误差通常也是合理的。由于该病例发热，因此败血症是低血糖的主要的鉴别诊断。肝损伤可导致糖异生作用减弱，门静脉血管异常在幼年羊驼（Ivany）也已有报道。血清胆红素和GGT升高支持肝脏疾病的诊断。可以检查血清胆汁酸和血氨浓度来评估

肝脏功能。许多物种的新生儿在厌食时易发展成低血糖，可能跟能量储存不足或糖异生系统不成熟（Lawler）有关。这在骆驼科动物中较少见，它们在初生阶段常因应激出现高血糖（Cebra）。从机制上讲，成年美洲驼（llamas）和羊驼（alpacas）的胰岛素反应较弱、细胞吸收葡萄糖的速度较慢，这些都促进了高血糖的形成（Cebra等）。

尿素氮和肌酐升高：根据临床病史，该病例自出生后液体摄入减少，因此应怀疑是肾前性氮质血症。应该结合尿检结果来分析氮质血症；但以乳汁为食的动物的尿相对密度通常会偏低（Adams）。

高胆红素血症：溶血、肝脏疾病和败血症都可能引起这样的变化。考虑到该病例的临床症状和实验室检查结果，这三种原因都有可能，因此此时还不能确定是哪种因素引起的。

GGT升高：在成年反刍动物和骆驼中，血清GGT升高提示肝脏疾病。在一些初生动物中血清GGT含量可能会较高，因为初乳中含有大量GGT，它通过初生动物的肠道被吸收。在犊牛和犊羊中，血清GGT可作为被动转运状态的一项指标，但不适用于幼年羊驼（Johnston,Tessman）。在这个病例中，并存的高胆红素血症提示我们不能忽视肝病的可能。

AST和CK升高：AST和CK升高可能继发于抽搐引起的肌肉损伤。

病例总结和结果

用地西泮和苯巴比妥治疗Freeze的抽搐。随后用抗生素和输液治疗，并配合鼻饲。接下来几天内幼年羊驼的酶水平恢复正常，氮质血症缓解，血糖值正常。经检测血氨和血清胆汁酸水平均正常，表明肝功能正常。在入院时肝酶水平升高可能跟灌注不良/缺氧以及内毒素血症有关。不能确定引起低血糖症的具体原因，但败血症是最有可能的原因。虽然之前使用抗生素治疗可能抑制了细菌生长，但还是应该对血液和尿液进行细菌培养。Freeze得到很好的照料，体重增加，且出院时没再出现神经系统疾病方面的症状。

→ 参考文献

Adams MA and Garry F. 1994. LIama Neonatology. Vet Clin North Am-Food Animal (10): 209-227.

Cebra CK. 2000. Hyperglycemia,hypernatremia, and hyperosmolarity in six neonatal llamas and alpacas. J Am Vet Med Assoc (217): 1701-1704.

Cebra CK, Tornquist SJ, Van Saun Rj, and Smith BB. 2001. Glucose tolerance testing in llamas and alpaces. AmJ Vet Res (62): 682-686.

Fowler ME and Ainkl JG. 1989. Reference ranges for hematologic and serum biochemical values in llamas（Lama glama）. Am J Vet Res (50): 2049-2053.

Ivany Jm, Anderson DE, Birchard SJ, Matoon JR, Neubert BG. 2002. Portosystemic shunt in analpaca cria. J Am Vet Med assoc (220): 1696-1699.

Johnston NA,Parish SM, Tyler JW, Tillman CB. 1997. EValuation of serum r-glutamyltransferase activity as a predictor of passive transfer status in crial. J Am Vet Med Assoc (211): 1165-1166.

Lawler DF and Evans RH. 1995. Nutritional and environmental considerations in neonatal medicine. In: Kirk's Current Veterinary Therapy XII. JD Bonagura ed. W. B. Saunders Company,

Philadelphia PA. Pp37-40.

Tessman RK,Tyler JW, Parish Sm, Johnson DL, Gant RG, Grasseschi HA. 1997. Wse of ange and serum r-glutamtamyltransferase activity to assess passive transfer status in lambs,. J Am Vet Med assoc (211): 1163-1164.

病例 9 - 等级2

"Maya"是一只6月龄的家养短毛母猫，从朋友处带回饲养。1周前主人注意到Maya开始嗜睡，前一晚开始不吃不喝。第2天发现它躺在厨房地板上。Maya完全家养，但未进行免疫，与另一只已免疫猫一起生活。临床检查，Maya精神委顿、喜卧且黏膜干燥。肛门周围有黄色水样稀粪，吐出大量清亮、淡褐色液体。末梢血管脉搏微弱，且体温低。放置颈静脉留置针输液治疗，进针处的出血状况比预期严重。体况尚可，FeLV和FIV检查阴性。

解析

CBC：Maya呈现为严重的白细胞减少

血常规检查

WBC	↓ 0.2×10^9 个 /L	（4.5 ~ 15.7）
白细胞形态：整个血涂片上仅见 5 个淋巴细胞		
HCT	↓ 26 %	（28 ~ 45）
RBC	↓ 5.93×10^{12} 个 /L	（6.8 ~ 10.0）
HGB	↓ 8.7 g/dL	（10.5 ~ 14.9）
MCV	44.5 fL	（39.0 ~ 56.0）
MCHC	33.5 g/dL	（31.0 ~ 35.0）
血小板：凝集成簇		

生化检查

GLU	↓ 25 mg/dL	（70.0 ~ 120.0）
BUN	32 mg/dL	（15 ~ 32）
CREA	1.9 mg/dL	（0.9 ~ 2.1）
P	5.7 mg/dL	（3.0 ~ 6.0）
Ca	↓ 6.7 mg/dL	（8.9 ~ 11.6）
TP	↓ 1.7 g/dL	（6.0 ~ 8.4）
ALB	↓ 1.0 g/dL	（2.4 ~ 4.0）

GLO	↓ 0.7 g/dL	（2.5 ~ 5.8）
Na⁺	↓ 143 mmol/L	（149 ~ 163）
Cl⁻	120 mmol/L	（119 ~ 134）
K⁺	↓ 3.2 mmol/L	（3.6 ~ 5.4）
HCO₃⁻	15 mmol/L	（13 ~ 22）
TBIL	↑ 0.7 mg/dL	（0.10 ~ 0.30）
ALP	10 IU/L	（10 ~ 72）
ALT	45 IU/L	（29 ~ 145）
AST	35 IU/L	（12 ~ 42）
CHOL	77 mg/dL	（77 ~ 258）
TG	29 mg/dL	（25 ~ 191）
AMYL	590 IU/L	（496 ~ 1 874）

症（图3-4）。细胞分类计数几乎看不到淋巴细胞，但有严重的中性粒细胞减少症。Maya出现了正细胞性正色素性贫血，其贫血程度比实验室检查表现出来的严重，因为它严重脱水，血液浓缩使血细胞比容升高，掩盖了贫血的程度。血小板凝集，无法计数。

血清生化分析

显著的低血糖：样本采集和处理恰当，可基本排除人为因素导致的低血糖。患猫低血糖的严重程度足已导致精神萎顿或抽搐等临床症状。结合严重的白细胞减少症，造成该病例低血糖的重要鉴别诊断为败血症。Maya年龄太小故不考虑肿瘤，体况良好提示低血糖不是饥饿引起的。肝脏衰竭时糖异生障碍也会继发低血糖，并且Maya有低白蛋白血症、高胆红素血症，胆固醇处于正常范围的低限，留置针进针处异常出血，因此不能排除肝脏疾病的可

能，但未进行特殊的肝功能检查。异常出血可能是由伴随体温降低的血小板功能下降或弥散性血管内凝血（DIC）引起的。

低钙血症：因血钙大部分以与白蛋白结合的形式存在，因此该病例中低钙血症可能是低白蛋白血症引起的。已有用于犬的血钙校正公式，但不适用于猫。低蛋白血症引起总钙降低的临床症状与低血钙的不完全相同，如对此有疑问，还应确定钙离子的生物学活性。

泛蛋白减少症：白蛋白和球蛋白都偏低表明有血浆丢失。出血是血浆丢失的常见原因，但Maya没有外出血的病史。血浆也可通过抵抗力下降的肠壁和皮肤或寄生虫感染而漏出或渗出。该病例中，伴有毛细血管通透性升高的内毒素血症或胃肠道丢失的可能性最大（进一步了解蛋白质异常见第四章）。

轻度低钠血症：脱水病例的低钠血症通常

和钠离子丢失增加有关，特别是由于饮水产生低渗液置换。Maya的低钠血症可能是胃肠道受损后钠离子丢失引起的，但也不能排除其他因素，例如通过第三腔、肾脏、皮肤丢失。

轻度低钾血症：同血钠一样，低钾血症很可能是由胃肠道丢失所致。厌食病例的钾摄入减少也是可能因素之一。钾离子和钠离子一样可通过渗出或肾脏、皮肤丢失。酸碱失衡后的离子跨细胞转移也可影响血清钾离子水平，但目前Maya的碳酸氢盐还在参考范围内。若想全面评价病例应进行动脉血气分析。

轻度高胆红素血症：胆红素升高通常反映肝细胞摄取胆红素不足，经常伴发于肝脏疾病或溶血。尽管Maya有轻微贫血，但是血浆并未出现黄疸或溶血，不支持严重溶血。所有的肝酶指标都在参考范围内，但肝酶水平不能充分反映肝脏功能，如想进一步评价肝功需检查血清胆汁酸水平。判读低血糖时已经说明白蛋白和胆固醇下降可能与肝功能下降有关，而之前的临床检查和实验室数据表明内毒素血症可能是高胆红素血症的诱因。内毒素降低肝细胞对胆红素的吸收，可引发轻度到中度高胆红素血症。

病例总结和结果

结合Maya的临床症状、未免疫史，以及严重的白细胞减少症，怀疑为猫泛白细胞减少症。犬细小病毒检查阳性，已进行静脉输液，并补充离子，将其放入保育箱。使用多巴胺维持血压，并使用广谱抗生素治疗。但不幸的是，虽然积极治疗，Maya仍然在第2天死亡。

猫泛白血病减少症的特征性病变是肠绒毛损伤，导致吸收不良性腹泻和肠壁通透性增加。病毒在造血组织内复制导致白细胞减少，这种情况很明显且与临床症状的严重程度一致。肠道抵抗力下降及白细胞减少继发的菌血症和内毒素血症常是急性致死性的。弥散性血管内凝血可继发于败血症，虽然出现类似的检查结果时，猫并不像犬那样表现出可察觉到的异常出血。机体体温下降时可出现凝血障碍。因病例未做凝血检查，放置留置针处的出血原因不明。

Freeze（见第三章，病例8）和Maya都有发热史，低血糖和高胆红素血症，Maya的临床表现和实验室数据更倾向于败血症。而Freeze的临床表现没那么严重，疾病转归也比较好。败血症和肝脏疾病都可导致高胆红素血症。两种病都可出现于同一病例，故难以鉴别哪个是造成血液中胆红素水平升高的主要因素[见第二章病例9（犬），第二章病例14（美洲驼）和第二章病例21]。

病例10 – 等级1

"Bursley"是一只4岁雄性比特犬。2个月以来其行为出现渐进性改变，主要症状包括：攻击性、呆滞迟缓、食欲饮欲减退、体重减轻6.8kg。就诊时，Bursley精神沉郁，站立时表现出睡觉的样子。背中线被毛稀少，睾丸体积缩小。前、后双侧的本体感受缺失，脉搏48次/min、脉律正常、呼吸频率为16 次/min，毛细血管再充盈时间大于 3s。

解析

CBC：Bursley出现了轻度中性粒细胞减少症，并伴随中性粒细胞的中毒性变化，提示机

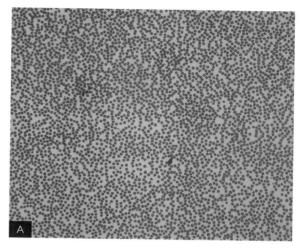

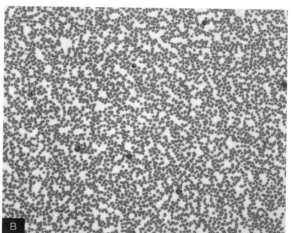

图3-4　A和B（见彩图 12）
A. Maya的血涂片，典型区域可见严重的白细胞减少症
B. 白细胞数量正常的猫的血涂片对照

血常规检查

WBC	↓ 4.4×10^9 个 /L	（6.0 ~ 17.0）
Seg	↓ 2.4×10^9 个 /L	（3.0 ~ 11.0）
Band	0	（0 ~ 0.3）
Lym	1.5×10^9 个 /L	（1.0 ~ 4.8）
Mono	0.2×10^9 个 /L	（0.2 ~ 1.4）
Eos	0.2×10^9 个 /L	（0 ~ 1.3）
Baso	0.1×10^9 个 /L	（0）
白细胞形态：中性粒细胞表现出轻度中毒性变化		
HCT	↓ 36 %	（37 ~ 55）
RBC	↓ 5.02×10^{12} 个 /L	（5.5 ~ 8.5）
HGB	↓ 11.7 g/dL	（12.0 ~ 18.0）
MCV	71.2 fL	（60.0 ~ 77.0）
MCHC	32.5 g/dL	（31.0 ~ 34.0）
血小板	222.0×10^9 个 /L	（200.0 ~ 450.0）

生化检查

GLU	105 mg/dL	（65.0 ~ 120.0）
BUN	9 mg/dL	（8 ~ 33）
CREA	0.7 mg/dL	（0.5 ~ 1.5）
P	3.9 mg/dL	（3.0 ~ 6.0）
Ca	10.6 mg/dL	（8.8 ~ 11.0）
Mg	1.7 mmol/L	（1.4 ~ 2.7）
TP	↑ 7.4 g/dL	（5.2 ~ 7.2）
ALB	↑ 4.5 g/dL	（3.0 ~ 4.2）
GLO	2.9 g/dL	（2.0 ~ 4.0）
A/G	1.6	（0.7 ~ 2.1）
Na^+	150 mmol/L	（140 ~ 151）
Cl^-	112 mmol/L	（105 ~ 120）
K^+	4.2 mmol/L	（3.8 ~ 5.4）
HCO_3^-	21 mmol/L	（16 ~ 25）
AG	21.2 mmol/L	（15 ~ 25）
TBIL	0.17 mg/dL	（0.10 ~ 0.50）
ALP	162 IU/L	（20 ~ 320）
ALT	31 IU/L	（10 ~ 95）
AST	27 IU/L	（15 ~ 52）
CHOL	↑ 363 mg/dL	（110 ~ 314）
TG	37 mg/dL	（30 ~ 300）
AMYL	486 IU/L	（400 ~ 1 200）

尿液分析（膀胱穿刺）

外观：黄色、清亮
尿相对密度：1.020
pH：7.0
蛋白、葡萄糖、酮体、胆红素、血红素：阴性

体有炎症反应。Bursley有轻度的正细胞性正色素性非再生性贫血，伴发慢性疾病或者甲状腺机能减退。轻度血液浓缩可能会掩盖红细胞比容降低。

血清生化分析

高蛋白血症和高白蛋白血症：高白蛋白血

症不是由肝脏生成增多引起的，而是反映存在血液浓缩。Bursley的主人说它最近饮水减少，临床检查时也发现脱水。这些都提示Bursley的高蛋白血症是由脱水引起的。

高胆固醇血症：高胆固醇血症可能是很多原因引起的，但基于病史和实验室检查数据可以排除一些原因。Bursley最近饮食很差，并且没有服用药物，可以排除引起这些异常的因素。根据Bursley的病史（无呕吐、腹泻或黄疸）和正常的肝脏转氨酶和胰酶检查结果，也可以排除胰腺炎或肝脏疾病。高胆固醇血症可能和一些内分泌疾病有关，例如糖尿病、肾上腺皮质机能亢进和甲状腺机能减退。没有出现高血糖和尿糖，可排除糖尿病。脱毛可能提示肾上腺皮质机能亢进，但是95%的犬患有该病时会出现碱性磷酸酶升高，而该病例无此情况。基于临床表现和实验室检查数据，初诊怀疑该病例患了甲状腺机能减退，但还需要进行进一步检查才能确诊。

病例总结和结果

Bursley的甲状腺功能检查包括：T4基础值下降（< 1.0 μg/dL，参考范围1.0～4.4），游离T4下降（0.44 ng/dL，参考范围0.8～2.0）。促甲状腺激素的水平也很低，提示为继发性甲状腺机能减退。CT扫描可见垂体处出现了一个大的肿物。治疗包括放疗和对症治疗（补充甲状腺素），但是由于经济条件和预后不良这两方面原因，主人选择放弃治疗，对患犬施行安乐死。在尸体剖检时，发现有一个直径2.2 cm的浅黄色肿物占据了垂体的位置，并且延伸至下丘脑。组织病理学检查证实这个肿物为一个垂体嫌色细胞腺瘤。

继发性甲状腺机能减退很少见，不到临床甲状腺机能减退病病例的5%。非再生性贫血是犬甲状腺机能减退的经典表现，但是，并非所有病例都表现出这一症状。贫血的原因可能是促红细胞生成素减少、外周组织对氧的需求减少和铁吸收降低等。白细胞计数的变化在这种病例中无特异性。超过75%的甲状腺机能减退的犬会出现禁食高胆固醇血症。也可能会出现禁食高脂血症，但是这个病例没有出现这样的变化。胆固醇生成和代谢都会受到甲状腺机能减退的破坏，但对分解的影响更大。甲状腺激素对脂蛋白脂肪酶的活化、低密度脂蛋白受体的表达是必不可少的，而且对循环中胆固醇经由肝脏的吸收过程也是必不可少的。

病例11 － 等级1

"Salvatore"，马尔济斯犬，10岁，去势公犬。因咯血、在躯干及腹部有广泛性出血点前来就诊。临床检查未发现异常，但在检查过程中，该犬出现干咳。胸部X线检查和腹部超声检查未见异常。

解析

CBC：Salvatore的血液学检查结果包括轻度成熟中性粒细胞增多、轻度正细胞性低色素性贫血、有核红细胞增多以及严重的血小板减少症。中性粒细胞增多可能是由炎症所致，贫血继发于慢性疾病。若能得到Salvatore健康状况下的血细胞比容作为基准来比较，则可以看出血细胞比容的下降程度。因患有严重的血小板减少症，并伴有凝血障碍的临床表现，故可能有失血性贫血。如果时间足够长，失血性贫

血常规检查

WBC	↑ 19.7×10^9 个 /L	(4.9 ~ 16.8)
Seg	↑ 16.1×10^9 个 /L	(2.8 ~ 11.5)
Band	0	(0 ~ 0.3)
Lym	1.8×10^9 个 /L	(1.0 ~ 4.8)
Mono	1.2×10^9 个 L	(0.1 ~ 1.5)
Eos	0.6×10^9 个 /L	(0 ~ 1.4)
有核红细胞 /100 个白细胞	↑ 7	
白细胞形态：正常		
HCT	↓ 35 %	(39 ~ 55)
RBC	无数据	(5.8 ~ 8.5)
HGB	↓ 11 g/dL	(14.0 ~ 19.1)
MCV	66.6 fL	(60.0 ~ 75.0)
MCHC	↓ 31.4 g/dL	(33.0 ~ 36.0)
红细胞形态：有轻微的多染现象及大小不一		
血小板	↓ 16×10^9 个 /L	(181 ~ 525)

生化检查

GLU	↑ 146 mg/dL	(67.0 ~ 135.0)
BUN	21 mg/dL	(8 ~ 29)
CREA	0.6 mg/dL	(0.6 ~ 2.0)
P	4.1 mg/dL	(2.6 ~ 7.2)
Ca	11.1 mg/dL	(9.4 ~ 11.6)
Mg	2.2 mmol/L	(1.7 ~ 2.5)
TP	6.6 g/dL	(5.5 ~ 7.8)
ALB	3.8 g/dL	(2.8 ~ 4.0)
GLO	2.8 g/dL	(2.3 ~ 4.2)
A/G	1.4	(0.7 ~ 2.1)
Na^+	157 mmol/L	(142 ~ 163)
Cl^-	122 mmol/L	(106 ~ 126)
K^+	3.8 mmol/L	(3.8 ~ 5.4)
HCO_3^-	21 mmol/L	(15 ~ 28)
AG	17.8 mmol/L	(12 ~ 23)
TBIL	0.10 mg/dL	(0.10 ~ 0.30)
ALP	300 IU/L	(20 ~ 320)
GGT	5 IU/L	(2 ~ 10)
ALT	58 IU/L	(18 ~ 86)
AST	44 IU/L	(16 ~ 54)
CHOL	234 mg/dL	(82 ~ 355)
TG	144 mg/dL	(30 ~ 321)
AMYL	1 200 IU/L	(409 ~ 1 203)

血往往有再生性的表现，所以这种出血可能是相对急性的（＜3~5 d）。虽然该犬表现出轻度红细胞再生的迹象（低MCHC，多染性红细胞增多和红细胞大小不一），但还需要网织红细胞计数来衡量再生性反应的程度。循环系统中有核红细胞数量增加可能是再生反应的一部分，或伴随着某些类型的内皮损伤或造血器官的损伤而发生的。若一只造血系统变化不大的相对健康的患病动物出现了严重的血小板减少症，则提示可能是免疫介导性血小板减少症，不过还应考虑传染性因素例如蜱传播性疾病。

血清生化分析

高血糖：在检查当天，Salvatore表现出的轻微高血糖可能是应激造成的。

病例总结和结果

由于该犬有显著的血小板减少症，并且找不到其他导致其血小板减少的原因，初步假设诊断为免疫介导性血小板减少症。蜱源性疾病如落基山斑疹热和埃利希体的血清学检测均呈阴性。给Salvatore 免疫抑制剂量的皮质类固醇药物后，其临床表现得以改善，并于开始治疗后第14d采集了新的血液样本。

以下为使用皮质类固醇药物治疗14 d后的实验室检查结果：

血常规检查

WBC	↑ 20.4×10^9 个 /L	（4.9 ~ 16.8）
Seg	↑ 16.5×10^9 个 /L	（2.8 ~ 11.5）
Band	0	（0 ~ 0.3）
Lym	↓ 0.5×10^9 个 /L	（1.0 ~ 4.8）
MONO	↑ 3.4×10^9 个 /L	（0.1 ~ 1.5）
Eos	0	（0 ~ 1.4）
有核红细胞 /100 白细胞	1	
白细胞形态：正常		
HCT	↓ 37 %	（39 ~ 55）
RBC	↓ 5.15×10^{12} 个 /L	（5.8 ~ 8.5）
HGB	↓ 12.9 g/dL	（14.0 ~ 19.1）
MCV	71.6 fL	（60.0 ~ 75.0）
MCHC	34.9 g/dL	（33.0 ~ 36.0）
红细胞形态：红细胞大小不一，有轻微多染现象		
血小板	↑ 644×10^9 个 /L	（181 ~ 525）

生化检查

GLU	98 mg/dL	(67.0 ～ 135.0)
BUN	22 mg/dL	(8 ～ 29)
CREA	0.6 mg/dL	(0.6 ～ 2.0)
P	4.3 mg/dL	(2.6 ～ 7.2)
Ca	11.0 mg/dL	(9.4 ～ 11.6)
Mg	2.5 mmol/L	(1.7 ～ 2.5)
TP	6.7 g/dL	(5.5 ～ 7.8)
ALB	3.8 g/dL	(2.8 ～ 4.0)
GLO	2.9 g/dL	(2.3 ～ 4.2)
A/G	1.3	(0.7 ～ 2.1)
Na^+	146 mmol/L	(142 ～ 163)
Cl^-	106 mmol/L	(106 ～ 126)
K^+	4.3 mmol/L	(3.8 ～ 5.4)
HCO_3^-	26 mmol/L	(15 ～ 28)
AG	18.3 mmol/L	(8 ～ 19)
TBIL	0.10 mg/dL	(0.10 ～ 0.30)
ALP	↑ 2 258 IU/L	(20 ～ 320)
GGT	↑ 46 IU/L	(2 ～ 10)
ALT	↑ 491 IU/L	(18 ～ 86)
AST	42 IU/L	(16 ～ 54)
CHOL	↑ 360 mg/dL	(82 ～ 355)
TG	↑ 1 291 mg/dL	(30 ～ 321)
AMYL	833 IU/L	(409 ～ 1 203)

CBC

第14天：此时，Salvatore出现了特征性类固醇性白细胞象，包括成熟的中性粒细胞增多、淋巴细胞减少和单核细胞增多。炎症也可解释中性粒细胞增多和单核细胞增多。Salvatore仍有轻度贫血，但血小板减少症已得到解决，其数量明显回升。

第14天的血清生化分析

ALP、GGT、ALT升高：虽然某种程度的胆汁淤积会伴随空泡化肝病，这种空泡化肝病与皮质类固醇的影响有关，但ALP和GGT升高可能主要是由于皮质类固醇对这些酶的诱导作用造成的（对这些参数的详细讨论请见第二章）。ALT升高可能是局部肝细胞坏死或皮质类固醇治疗继发胆汁淤积造成的。犬ALT半衰期较AST长，这可以解释这两个数值之间的差异。

高胆固醇血症和高甘油三酯血症：皮质类固醇能够加强脂肪分解作用，引起血液中胆固醇和甘油三酯水平升高。

Salvatore最后停止使用皮质类固醇药物治

疗并恢复良好。在停止使用波尼松之后，血清生化异常也得以解决。内源性皮质类固醇增加或使用药理学剂量的皮质类固醇进行治疗，可影响体内多种代谢路径，从而导致血清生化检测指标的异常。不同动物个体在给予相同剂量的激素治疗时，临床表现和实验室检查异常会有非常显著的差别。该病例所表现的肝酶升高、胆固醇和甘油三酯升高等，皮质醇增多症患病动物并不总会出现这些变化（见第二章，病例5）。尽管肝酶升高的现象很常见，但升高程度却不一致。皮质类固醇治疗也能使血清胆汁酸浓度升高。另外，皮质类固醇治疗还可能继发轻度胰岛素抵抗性高血糖，如果超过了肾脏对葡萄糖的重吸收阈值（犬大概为200 mg/dL），则有可能出现尿糖。偶见尿素氮下降，这是继发于糖皮质激素的利尿作用；在某些病例，利尿作用也会使尿相对密度下降。由于经尿液丢失的磷酸盐增加，将会导致血清磷下降，不过这种情况非常罕见。

病例12 - 等级2

"Kazoo"，黄色拉布拉多犬，7岁，去势公犬。该犬在四天前开始呕吐。腹部X线检查显示胃内异物，随后通过胃切开术取出一个网球。术后两天出院，早晨出现站立不稳，且对外界刺激无反应。体格检查发现Kazoo较瘦，明显脱水并且体温过低；黏膜充血，腹腔中含有液体。

解析

CBC

白细胞象：白细胞象表现为成熟中性粒细

血常规检查

WBC	↑ 48.1 × 10^9 个 /L	（4.9 ~ 16.8）
Seg	↑ 36.2 × 10^9 个 /L	（2.8 ~ 11.5）
Band	0	（0 ~ 0.3）
Lym	3.6 × 10^9 个 /L	（1.0 ~ 4.8）
Mono	↑ 2.1 × 10^9 个 /L	（0.1 ~ 1.5）
Eos	↑ 6.2 × 10^9 个 /L	（0.0 ~ 1.4）
白细胞形态：中性粒细胞表现出轻度中毒性变化，偶见反应性淋巴细胞		
PCV	↓ 34 %	（39 ~ 55）
RBC	↓ 4.89 × 10^{12} 个 /L	（5.8 ~ 8.5）
HGB	↓ 11.5 g/dL	（14.0 ~ 19.1）
MCV	69.3 fL	（60.0 ~ 75.0）
MCHC	33.8 g/dL	（33.0 ~ 36.0）
血小板	136 × 10^9 个 /L	（181.0 ~ 525.0）

生化检查

GLU	↓ 52 mg/dL	（67.0 ~ 135.0）
BUN	↑ 44 mg/dL	（8 ~ 29）
CREA	↑ 3.2 mg/dL	（0.6 ~ 2.0）
P	5.9 mg/dL	（2.6 ~ 7.2）
Ca	10.4 mg/dL	（9.4 ~ 11.6）
Mg	1.9 mmol/L	（1.7 ~ 2.5）
TP	↓ 3.8 g/dL	（5.5 ~ 7.8）
ALB	↓ 2.0 g/dL	（3.0 ~ 4.2）
GLO	↓ 1.8 g/dL	（2.3 ~ 4.2）
A/G	1.1	（0.7 ~ 2.1）
Na^+	148 mmol/L	（142 ~ 163）
Cl^-	117 mmol/L	（106 ~ 126）
K^+	4.5 mmol/L	（3.8 ~ 5.4）
HCO_3^-	20 mmol/L	（15 ~ 28）
AG	15.5 mmol/L	（8 ~ 19）
TBIL	0.20 mg/dL	（0.10 ~ 0.30）
ALP	67 IU/L	（12 ~ 121）
GGT	< 3 IU/L	（2 ~ 10）
ALT	72 IU/L	（18 ~ 86）
AST	↑ 336 IU/L	（16 ~ 54）
CHOL	↓ 32 mg/dL	（110 ~ 314）
TG	76 mg/dL	（30 ~ 321）
AMYL	1 044 IU/L	（409 ~ 1 203）

凝血检查

PT	↑ 14.6 s	（6.2 ~ 9.3）
APTT	↑ 33.4 s	（8.9 ~ 16.3）
FDP	↑ ≥ 20 μg/mL	（< 5）

腹腔积液分析

前段颜色：红色　　　　　　　　　　　总蛋白：3.7 mg/dL
前段浊度：不透明　　　　　　　　　　有核细胞计数：37 400 个 /μL
后段颜色：稻草黄
后段浊度：清澈

直接涂片含有86 %的非退行性中性粒细胞，3 %的成熟淋巴细胞，10 %的大型单核细胞，以及1 %的嗜酸性粒细胞。未见病原体。

胞增多、单核细胞增多及嗜酸性细胞增多。中性粒细胞中毒性变化，提示全身性炎症。偶见的反应性淋巴细胞与抗原刺激有关。有关嗜酸性粒细胞增高的鉴别诊断包括过敏性疾病及寄生虫疾病，还有肥大细胞瘤及淋巴瘤（有些病例中这两种肿瘤均可以刺激嗜酸性粒细胞的生成和聚集）。尽管患犬体况差，却未见以淋巴细胞减少和嗜酸性粒细胞减少为特征的应激性白细胞象出现。由于过度应激或患病导致嗜酸性粒细胞增多可能与肾上腺皮质机能减退有关。

红细胞象：轻度的正红细胞性正色素性贫血可能是非再生性贫血，表明贫血是由慢性疾病引起的。

血小板减少：血小板生成减少和消耗增加都会造成血小板计数减少。髓细胞系的活性不支持泛发性骨髓紊乱和生成减少，但非再生性贫血可以提示骨髓损伤。出血、血管异常、弥散性血管内凝血（DIC）及免疫介导性损伤都会加速血小板破坏。PT和APTT时间延长，FDPs增加支持DIC，而血小板减少症最有可能是DIC引起的。通常情况下，原发性免疫介导性血小板减小症的血小板数量会比这里记录的

更低（见本章病例11）。

血清生化分析

低血糖：所有样本都进行了适当的处理，所以可以排除实验室误差。临床信息、炎性白细胞象和DIC均提示败血症，因此败血症是造成低血糖的一个原因。考虑到白细胞象的数据，肾上腺皮质机能减退也可能是Kazoo低血糖的原因。肾上腺分泌的皮质类固醇可以增加肝脏的糖异生作用，减少葡萄糖的摄入和周围组织的利用。因此，由于肝脏糖异生异常及胰岛素敏感性增加而导致的类固醇生成异常可能是血糖降低的原因。低血糖、低白蛋白、低胆固醇及凝血时间延长提示肝功能下降，应检查禁食和餐后胆汁酸水平。患犬瘦弱，可能有一段时间未正常进食，所以营养缺乏也可能是血糖下降的原因之一，虽然非常罕见。

氮质血症：因为Kazoo有明显脱水，所以可能是肾前性氮质血症。由于没有检查尿相对密度，也无法排除肾性因素。

泛低蛋白血症：白蛋白和球蛋白成比例下降表明蛋白可能是通过出血、皮肤损伤、胃肠道或第三间隙丢失的。该患犬中，大量蛋白进入腹腔液，同时营养水平偏低及术后蛋白分解

增加，使Kazoo的蛋白代谢机制更加复杂。剧烈的液体灌注会加重低蛋白血症。正如在低血糖部分提到的那样，血糖、白蛋白和胆固醇下降及凝血时间延长提示肝功能下降。饥饿可导致白蛋白下降，而且对于这个病例，饥饿同时也是体况较差和厌食症的原因。

AST中度升高：因为AST存在于多种组织中，所以AST升高的原因不是很明确。而由于ALT在参考范围内，所以AST升高的最好解释是肌肉损伤。该犬肌肉损伤可能继发于灌注不良。AST升高也可能是医源性的，与侵入式的操作如手术有关，但这种情况下术后几天内血清AST水平将会降低到正常。检测肌酸激酶（CK）可以帮助确定肌源性AST，但是该病例的此项数据没有决定性意义。因为Kazoo的多项实验室数据异常支持肝功能下降，而肝细胞损伤也可以使AST升高。通常，肝细胞损伤会伴随ALT升高，但肝功能下降患犬的剩余肝细胞过少，无法释放足够的酶以使血清酶水平升高，或是可评估的肝细胞损伤不再发生（如门脉分流或肝硬化）。请参看第二章肝酶部分，有关于此话题的更多讨论。

低胆固醇血症：如上所述，胆固醇降低的原因中，可排除肝功能下降这一原因。另外一个鉴别诊断是肾上腺皮质机能减退。记住，不是所有的阿迪森综合征患犬都有经典的电解质指标异常。尤其糖皮质激素依赖性肾上腺皮质机能减退通常会导致胆固醇降低（Lifton）。循环中皮质醇含量不足时可以改变胆固醇的肠吸收，或者是不能适当地抑制代谢率从而抑制肝脏合成胆固醇，尤其是在患病时。

凝血检查：PT和APTT同时延长表明包括内源性和外源性或共同路径在内的继发性凝血过程出现异常。这种伴随中度血小板较少症和纤维蛋白降解产物异常的情况可诊断为DIC。肝功能下降可以引起PT和APTT延长，这是由于肝功下降导致凝血因子生成减少所致；也与FDPs增加有关，这是由于肝脏清除受损。相反，DIC与继发于多种机制的肝脏疾病有关，包括活化凝血因子的清除受损，凝血酶原及抗凝因子生成的改变，及血管窦状隙中内皮细胞的激活。败血症和伴随组织灌注不良的心血管性虚脱也会导致DIC。

腹腔液分析

Kazoo的腹腔液是以化脓性炎症为特征的渗出液。近期进行的腹腔手术可以解释部分或全部的炎症反应。而这里没有直接的细菌感染的证据（未见微生物同时中性粒细胞是非退行性的），由于患犬体况较弱及DIC应该怀疑败血症。强烈推荐进行腹腔液培养。

病例总结和结果

就诊时，Kazoo的临床指征提示败血症，同时胸部X线检查支持肺炎。在静脉注射抗生素和液体后，Kazoo的状况缓慢改善，但是它的恢复进程比预期要慢。由于临床治疗反应较差且伴随持续的嗜酸性粒细胞增多、低胆固醇血症及维持适当的血糖浓度较为困难，所以Kazoo初步诊断为肾上腺皮质机能减退。ACTH刺激实验显示基础皮质醇水平为0.21 μg/dL（参考范围2~6），同时促肾上腺皮质激素刺激后皮质醇水平< 0.2 μg/dL（参考范围6~18），支持肾上腺皮质机能减退的诊断。随后Kazoo出院，医生处方为口服抗生素和泼尼松，并建议主人要尝试把它喂胖一些。在治疗几周后复

诊时，患犬所有的生化检查异常均消失，所以不需进一步检查潜在的肝脏衰竭。

原发性肾上腺皮质机能减退是由于肾上腺皮质丧失了近85 %～90 %。由于下丘脑-垂体轴损伤而引起ACTH缺乏的继发性肾上腺皮质机能减退罕见。在许多病例，肾上腺的免疫介导性破坏可能是引发肾上腺皮质机能减退的原因，虽然其他因素如肉芽肿、梗死、创伤、转移性疾病以及医源性原因也有可能。患有肾上腺皮质机能减退的患犬通常表现出一些非特异性症状，如身体虚弱，通常会留下了患严重疾病的印象。同时会有一些不明确的胃肠道症状。即使大部分肾上腺皮质机能减退患犬的所有肾上腺皮质区都会被破坏，但是经典的实验室血清生化检查异常包括低血钠、低血氯和高血钾，这些指标反映了盐皮质激素不足。因为这些异常不是在所有的肾上腺皮质机能减退患犬中都持续出现，所有推荐进行ACTH刺激试验来评估出现可疑症状的患病动物（Peterson）。Kazoo的情况则较罕见，肾上腺皮质的破坏程度不均等，致使出现了有糖皮质激素不足的证据，而盐皮质激素却没有缺乏。虽然肾上腺皮质机能减退会时好时坏，但是一次应激就可导致明显的临床症状。对于这个病例来说，异物网球的摄入及手术引起的应激，可能最终导致了临床症状的爆发。同时，盐皮质激素不足的状况也会逐渐发展，所以要时刻监测Kazoo的状况。

和Bursley（病例10）和Salvatore（病例11）一样，内分泌疾病会导致葡萄糖和胆固醇失衡，就会使激素调节机制显得更加重要。正如我们看到的Maya（病例9）和Freeze（病例8）

一样，任何出现败血症症状的患病动物均应监测其血糖水平。这些患病动物似乎比那些由肿瘤并发低血糖（见病例4、5和病例6，Kippy，Ides，和Russell）的动物所表现出的症状要严重一些。严重疾病导致的抑郁与败血症引发低血糖所导致的临床症状不好区分。Kazoo所患的内分泌疾病使它在一段时间厌食后更易引发低血糖，抑或是增加了其葡萄糖的利用率，而血糖通过肝脏的糖异生作用来维持正常。由于没有做微生物培养，我们不可能知道Kazoo是否也患有败血症。一些败血症患病动物会出现高胆红素血症，但Kazoo没有这一症状。

→ 参考文献

Lifton SJ, King LG, Zerbe CA. 1996. Glucocorticoid deficient hypoadrenocorticism in dogs:18 cases(1986-1995). J Am Vet Med assoc (209): 2076-2081.

Peterson ME, Dintzer PP, Kass PH. 1996. Pretreatment and laboratory finding in dogs with hypoadrenocorticism: 225 cases (1979-1993). J Am Vet Med Assoc (208): 85-91.

病例13 － 等级1

"Shorty"，11岁的已绝育家养短毛猫。近几周食欲不振。过去1周内有厌食、呕吐和嗜睡的临床症状。之前的治疗措施包括改变饮食和使用泼尼松，但临床症状没有改善。临床检查发现，左侧胸骨旁第3～4肋间心脏听诊发现

血常规检查

WBC	↑ 17.7×10^9 个 /L	（4.5 ～ 5.7）
Seg	↑ 14.7×10^9 个 /L	（2.1 ～ 10.1）
Lym	↓ 1.1×10^9 个 /L	（1.5 ～ 7.0）
Mono	1.6×10^9 个 /L	（0 ～ 0.85）
Eos	0.3×10^9 个 /L	（0 ～ 1.9）
白细胞形态：无明显异常		
HCT	36 %	（28 ～ 45）
RBC	7.51×10^{12} 个 /L	（5.0 ～ 10.0）
HGB	11.5 g/L	（8.0 ～ 15.0）
MCV	48.4 fL	（39.0 ～ 55.0）
MCHC	31.9 g/dL	（31.0 ～ 35.0）
红细胞形态：无明显异常		
血小板：凝集，但数量充足		

生化检查

GLU	↑ 142 mg/dL	（70 ～ 120）
BUN	22 mg/dL	（15 ～ 32）
CREA	1.0 mg/dL	（0.9 ～ 2.1）
P	3.7 mg/dL	（3.0 ～ 6.0）
Ca	9.6 mg/dL	（8.9 ～ 11.6）
Mg	2.5 mmol/L	（1.9 ～ 2.6）
TP	7.3 g/dL	（6.0 ～ 8.4）
ALB	3.5 g/dL	（2.4 ～ 4.0）
GLO	3.8 g/dL	（2.5 ～ 5.8）
Na^+	155 mmol/L	（149 ～ 163）
Cl^-	122 mmol/L	（119 ～ 134）
K^+	5.3 mmol/L	（3.6 ～ 5.4）
HCO_3^-	18 mmol/L	（13 ～ 22）
TBIL	0.2 mg/dL	（0.10 ～ 0.30）
ALP	48 IU/L	（10 ～ 72）
ALT	71 IU/L	（29 ～ 145）
AST	41 IU/L	（12 ～ 42）
CHOL	123 mg/dL	（77 ～ 258）
TG	56 mg/dL	（25 ～ 191）
AMYL	↑ 17 535 IU/L	（496 ～ 1 874）
LIPA	↑ 22 239 IU/L	（17 ～ 179）

尿液分析：膀胱穿刺

外观：淡黄，微浊
尿相对密度：> 1.060
pH：6.0
尿蛋白：阴性
尿糖 / 酮体：阴性
胆红素：阴性
血红素：阴性

尿沉渣
每个高倍镜视野下有 0 ~ 5 个红细胞
无白细胞
无管型
无上皮细胞
无细菌
痕量脂滴和碎片

凝血检查

PT	12.0 s	（6.9 ~ 12.6）
APTT	11.5 s	（11.5 ~ 25.0）
FDP	< 5 μg/mL	（< 5）

有收缩期杂音，脱水，在前腹部可触及到一个坚实的肿块。其他身体检查未见异常。腹部X线检查发现其前腹部有一肿物，可能累及到肝脏、胰脏或脾脏。超声检查发现肝脏上有弥散性结节。肿物位于胰脏或者其附近。

解析

CBC：Shorty有轻度的成熟中性粒细胞增多症和淋巴细胞减少症，可能是糖皮质激素治疗或应激引起的。

血清生化分析

高血糖症：本病例出现轻度高血糖最可能的原因是应激，同时伴发的应激或者类固醇白细胞象可以证明。不能完全排除糖尿病的可能，但是基于血糖轻度升高、尿液正常且无临床症状等可以排除糖尿病。

淀粉酶和脂肪酶显著升高（分别是高出上限10倍和125倍）：肾小球滤过率下降和糖皮质激素治疗会导致血清淀粉酶和脂肪酶水平上升，达到参考范围上限的4倍左右。虽然shorty有糖皮质激素治疗史，但肾功能正常。Shorty虽然脱水但未出现氮质血症，且尿液浓缩程度很高。虽然大多数患有胰腺疾病的猫的胰酶正常，该病例中胰酶升高很可能是原发性胰腺疾病造成的。

尿液分析：无明显异常，相对密度升高是脱水引起的。

凝血检查：正常。

病例总结和结果

超声引导下进行胰腺细胞学检查和肝脏活组织检查。细胞涂片（图3-5）显示为上皮样肿瘤，肝脏活检结果证实为胰腺腺癌转移。尽管肝脏存在转移性肿瘤，但肝酶指标没有显著升高，和之前的Kippy（原发性肝细胞癌，病例4）和Russell（转移性胰岛素瘤，病例6）类似。胰蛋白酶样免疫反应性检测（TLI）证明为原发性胰腺疾病，TLI指标上升至305 μg/L（正常范围12～82）。Shorty预后非常差，出院几周后死亡。

　　该病例的实验室检查指标与胰腺炎或胰腺肿瘤的变化相符。患有胰腺炎或者肝脏肿瘤的犬常常出现血清脂肪酶升高（Quigley），但是相比于犬或人，猫的血清脂肪酶和淀粉酶指标对于诊断胰腺疾病帮助较小（Gerhardt）。一些作者甚至认为猫的血清淀粉酶和脂肪酶对猫胰腺炎没有诊断作用（Simpson，Williams）。TLI是诊断猫胰腺疾病的较好选择，该病例的TLI升高。并不是所有患有胰腺疾病的猫的TLI都会升高，而患有肠道感染或者肠道淋巴瘤的猫TLI可能会升高（Swift）。在这个病例中，细胞学检查显示肿块是肿瘤而不是炎症。超声检查已经被用来诊断猫的胰腺炎，但是很多报道称影像学诊断并不像预想中那么理想（Saunders）。

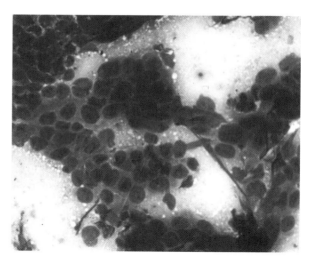

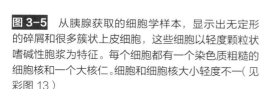

图 3-5 从胰腺获取的细胞学样本，显示出无定形的碎屑和很多簇状上皮细胞，这些细胞以轻度颗粒状嗜碱性胞浆为特征。每个细胞都有一个染色质粗糙的细胞核和一个大核仁。细胞和细胞核大小轻度不一（见彩图13）

→ 参考文献

Gerhardt A, Steiner JM, Williams DA, Kramer S, Fuchs C, Janthur M, Hewicker-Trautwein M, Nolte I. 2001. Comparison of the sensitivity of different diagnostic tests for pancreatitis in cats. J Vet Intern Med (15): 329-333.

Wuigley KA, Jackson ML, Haines DM. 2001. HYperlipasemia in 6 dogs with pancreatic or hepatic neoplasia: evidence for tumor lipase production. Vet clin Path (30): 114-120.

Sauders HM, VanWinkle TJ, Drobatz K, Kimmel SE, Wahabau RJ. 2002. Ultrasonagraphic findings in cats with clinical, gross pathologic, and histologic evidence of acute pancreatitic necrosis: 20 cases(1994–2001). J Am Vet Med Assoc (221): 1724-1730.

Simpson KW. 2003. Pancreatitis in cats. Proceedings 21st annual meeting American College of Veterinary Internal Medicine.June 4-8, Raleigh, NC. Pp: 29-31.

Swift NC, Marks SL, MacLachlan NJ, Norris CR. 2000. Evaluation of serum feline trypsin-like immunoreactivity for the diagnosis of pancreatitis in cats. J Am Vet Med Assoc (217): 37-42.

Williams DA. 2003. Diagnosis of canine and feline pancreatitis.Proceedings 54th annual meeting American College of Veterinary Pathologists. November 15-19, Banff, Alberta, Canada. Pp: 6-11.

病例14 – 等级1

"Muffy"，西施犬，10岁，绝育母犬。该患犬近几天来沉郁、呕吐且食欲下降；近一个月大便稀软。临床检查发现腹部触诊敏感。

解析

CBC：轻度淋巴细胞减少症可能继发于应激或皮质类固醇反应。

血清生化分析

ALP和GGT轻度升高：ALP和GGT升高提示该病例存在一定程度的胆汁淤积。由于胆红素仍在正常范围内，所以可能是轻度胆汁

血常规检查

WBC	8.1×10^9 个 /L	（6.0 ~ 16.3）
Seg	6.1×10^9 个 /L	（3.0 ~ 11.0）
Band	0	（0 ~ 0.300）
Lym	↓ 0.9×10^9 个 /L	（1.0 ~ 4.8）
Mono	0.9×10^9 个 /L	（0.2 ~ 1.4）
Eos	0.2×10^9 个 /L	（0 ~ 1.3）
白细胞形态：正常		
HCT	42 %	（37 ~ 55）
RBC	6.22×10^{12} 个 /L	（5.5 ~ 8.5）
HGB	14.8 g/dL	（12.0 ~ 18.0）
MCV	66.2 fL	（60.0 ~ 77.0）
MCHC	33.2 g/dL	（31.0 ~ 34.0）
红细胞形态：未见明显异常		
血小板：凝集成簇，但数量充足		

生化检查

GLU	68 mg/dL	（65.0 ~ 120.0）
BUN	9 mg/dL	（8 ~ 33）
CREA	0.6 mg/dL	（0.5 ~ 1.5）
P	4.1 mg/dL	（3.0 ~ 6.0）
Ca	11.0 mg/dL	（8.8 ~ 11.0）
Mg	1.7 mmol/L	（1.4 ~ 2.7）
TP	6.5 g/dL	（5.5 ~ 7.8）
ALB	3.3 g/dL	（2.8 ~ 4.0）
GLO	3.3 g/dL	（2.3 ~ 4.2）
A/G	1.0	（0.7 ~ 2.1）
Na^+	143 mmol/L	（140 ~ 151）
Cl^-	107 mmol/L	（105 ~ 120）
K^+	4.7 mmol/L	（3.8 ~ 5.4）
HCO_3^-	25 mmol/L	（16 ~ 28）
AG	15.7 mmol/L	（12 ~ 23）
TBIL	0.2 mg/dL	（0.10 ~ 0.30）
ALP	↑ 2 646 IU/L	（20 ~ 121）
GGT	↑ 108 IU/L	（2 ~ 10）
ALT	↑ 190 IU/L	（18 ~ 86）
AST	↑ 233 IU/L	（15 ~ 52）
CHOL	355 mg/dL	（82 ~ 355）
TG	118 mg/dL	（30 ~ 321）
AMYL	↑ 1 489 IU/L	（400 ~ 1 200）
LIP	↑ 31 731 IU/L	（20 ~ 189）

淤积。很多因素都可以造成ALP升高（见第二章），并且引起肝酶升高的一些可能机制并不会使胆红素升高。

ALT和AST轻微升高：肝细胞损伤会造成ALT和AST从肝细胞中溢出。

淀粉酶轻度升高，脂肪酶显著升高：肾小球过滤率下降时，会造成淀粉酶和脂肪酶轻微升高。在这个病例中，患犬并没有氮质血症的迹象，所以可以排除这个可能。肠道疾病会造成血液中这些酶浓度升高，而且Muffy的一些临床症状和肠道疾病的症状相符。当血清淀粉酶和脂肪酶升高时，胰腺炎是主要的鉴别诊断。Muffy的情况较少见，因其淀粉酶轻度升高而脂肪酶显著升高。据报道患有胰腺肿瘤或肝脏肿瘤的动物可能会出这种变化（Quigley）。

病例总结和结果

X线检查发现Muffy的肺脏里有弥散性小结节，腹腔内有一个钙化的团块。超声检查显示肝脏和脾脏结构正常。胰腺上可见多个钙化的小结节。细胞学检查发现，胰腺的团块和肠系膜的结节内含有很多簇紧密附着在一起的不规则的上皮细胞，与癌的特征相符，并且结晶与矿化作用相符。手术活组织检查诊断为低分化性癌，可能起源于内分泌系统或神经内分泌系统。使用抗生素、抗酸剂和胃复安对Muffy进行治疗，并且开始化疗。

在这个病例中，胰腺炎是一项非常重要的鉴别诊断。大多数胰腺炎患犬的血常规上都会出现有炎性反应，然而血常规检查正常也不能完全排除胰腺炎。通常胰腺炎会引起肝脏酶轻度升高，因为胰腺炎会引起局部炎症或胆管阻塞（部分或完全梗阻）。虽然Muffy的肿瘤有可能会转移到肝脏，但转移性肝脏肿瘤并不绝对会导致肝酶升高（Shorty-病例13，转移性胰脏癌；Russell-病例6，转移性胰岛素瘤）。胰蛋白酶样免疫反应性检查可以帮助诊断胰腺炎，但这个病例里并不需要，因为淀粉酶和脂肪酶

升高程度不同，而且细胞学和活组织检查都支持恶性肿瘤这一诊断。

→ **参考文献**

Quigley KA, Jackson ML, Haines DM. 2001. Hyperlipasemia in 6 dogs with pancreatic or hepatic neoplasia: evidence for tumor lipase production Vet Clin Path (30): 114-120.

病例15 – 等级2

"Quasi"，德国牧羊犬，1岁，去势公犬。因呕吐、嗜睡和食欲不振前来就诊。怀疑该患犬异物梗阻，但腹腔X线检查未显示有明显的异物存在。腹部超声检查显示胰腺上有一个

血常规检查

WBC	↑ 27.2×10^9 个 /L	(4.9 ~ 16.8)
Seg	↑ 22.9×10^9 个 /L	(2.8 ~ 11.5)
Band	0	(0 ~ 0.300)
Lym	2.7×10^9 个 /L	(1.0 ~ 4.8)
Mono	↑ 1.6×10^9 个 /L	(0.1 ~ 1.5)
Eos	0	(0 ~ 1.440)
白细胞形态：白细胞正常		
HCT	50 %	(39 ~ 55)
RBC	7.27×10^{12} 个 /L	(5.8 ~ 8.5)
HGB	↑ 21.7 g/dL	(14.0 ~ 19.1)
MCV	70.8 fL	(6.0 ~ 75.0)
MCHC	↑ 43.4 g/dL	(33.0 ~ 36.0)
红细胞形态：正常		
血小板：成簇，但数量充足		
血浆中度溶血，且显著脂血		

生化检查

GLU	90 mg/dL	（67.0 ~ 135.0）
BUN	13 mg/dL	（8 ~ 29）
CREA	0.7 mg/dL	（0.6 ~ 2.0）
P	4.0 mg/dL	（2.6 ~ 7.2）
Ca	10.1 mg/dL	（9.4 ~ 11.6）
Mg	1.7 mmol/L	（1.7 ~ 2.5）
TP	5.7 g/dL	（5.5 ~ 7.8）
ALB	↓ 2.8 g/dL	（3.0 ~ 4.2）
GLO	2.9 g/dL	（2.3 ~ 4.2）
A/G	1.0	（0.7 ~ 2.1）
Na^+	↓ 137 mmol/L	（142 ~ 163）
Cl^-	↓ 103 mmol/L	（106 ~ 126）
K^+	4.0 mmol/L	（3.8 ~ 5.4）
HCO_3^-	26 mmol/L	（15 ~ 28）
AG	12 mmol/L	（8 ~ 19）
TBIL		
ALP	因溶血未检测 TBIL、ALP、GGT	
GGT		
ALT	↑ 121 IU/L	（18 ~ 86）
AST	↑ 126 IU/L	（16 ~ 54）
CHOL	↑ 355 mg/dL	（110 ~ 314）
TG	↑ 1 910 g/dL	（30 ~ 321）
AMYL	↑ 3 383 IU/L	（409 ~ 1 203）
LIP	↑ 2 246 IU/L	（120 ~ 258）

腹腔积液分析：轻微

离心前颜色：淡红色	TP：5.0 mg/dL
离心前性状：不透明	有核细胞总数：73 800/μL
离心后颜色：粉红	PCV：6 %
离心后性状：混浊	胆固醇：186 mg/dL
	甘油三酯：319 mg/dL

　　直接涂片显示腹腔液中细胞量大。细胞形态正常，84 %的细胞为非退行性中性粒细胞，还有13 %的巨噬细胞和3 %的成熟淋巴细胞。巨噬细胞内含有大量的淡染胞浆，可见明显空泡，偶见细胞碎屑。还可见中等量的红细胞，由于腹腔液中蛋白含量高，背景中可见颗粒状沉淀物。未见微生物或异型细胞。

凝血检查

PLT	439.0×10^9 个 /L	（181 ~ 525）
PT	6.3 s	（5.9 ~ 9.1）
APTT	15.6 s	（12.2 ~ 18.6）

15 cm × 4 cm的团块，并有中量的腹腔积液。通过使用苯巴比妥控制特发性癫痫，效果良好。苯巴比妥用量没有超过治疗量。

解析

CBC：Quasi出现了以成熟中性粒细胞增多和单核细胞增多为特征的炎性白细胞象。由于红细胞比容在参考范围内，红细胞不会生成过量的血红蛋白，因此HGB和MCHC升高可能是溶血和/或脂血造成的伪像。

血清生化分析

轻度低白蛋白血症：肝脏生成减少或丢失增多可引起白蛋白下降。白蛋白是负急性期反应蛋白，炎症会抑制肝细胞生成白蛋白。本病例可能患有严重的肝功能衰竭，欲评估此种可能性还需要进一步进行特异性肝功能试验，如检查胆汁酸。白蛋白生成减少可能继发于营养不良，但本病例无此可能。必须考虑白蛋白丢失过多，就Quasi而言，蛋白质最有可能进入腹腔液而丢失。经肾脏丢失蛋白的可能性可以通过尿液分析和/或尿蛋白/肌酐比率进行评估。胃肠道丢失的蛋白很难定量。

轻度的低钠血症和低氯血症：电解质丢失增多和水潴留的稀释作用是引起电解质异常的常见原因。电解质的丢失途径与蛋白质类似，

本病例中电解质最可能通过腹腔液丢失。经胃肠道和肾脏丢失也有可能。当怀疑电解质经过肾脏丢失时，可以测量尿液排泄分数。家养动物很少会因为摄入不足而引起低钠血症和低氯血症。

ALT和AST轻度升高：ALT和AST升高反映了肝细胞损伤。由于肝脏和胰腺解剖位置接近，胰腺炎患病动物的肝细胞损伤可能与肝脏缺血、发炎的胰腺释放毒素和炎性介质有关。因为存在溶血，不能测定相关指标，所以无法评估潜在的胆汁淤积。此时还不能排除原发性肝脏病变。本病例中不能忽视苯巴比妥的用药史，因为该药其可引起肝脏微粒酶出现变化，造成ALP可逆性升高（正常值的2 ~ 12 倍）和ALT升高（正常值的2 ~ 5 倍）。另外，在一些动物中，苯巴比妥会引起一些动物出现真正的肝脏损伤，从而出现ALT和ALP升高，但ALT升高的程度大于ALP，也可能表现为肝功能不全如胆汁酸升高、低白蛋白血症和/或低胆固醇血症。

高胆固醇血症和高甘油三酯血症：胰腺炎常伴发禁食高脂血症。就像本病例一样，通常甘油三酯升高的程度比胆固醇更明显。甘油三酯浓度升高使血清呈乳白色，并且易造成体外

溶血，使血浆呈"番茄汤"样。有些病例中高脂血症使患病动物易发胰腺炎，而另一些病例中则会继发于胰腺炎引起的脂蛋白脂酶活性下降。另外，一些作者认为腹腔内游离胰酶的脂解作用引起了高脂血症。脂肪摄入过多、肝脏疾病、特发性因素或内分泌疾病（如肾上腺皮质机能亢进、甲状腺机能减退、糖尿病）等均可引起高脂血症。

淀粉酶和脂肪酶升高：临床上淀粉酶和脂肪酶同时升高，应考虑胰腺炎这一鉴别诊断。机体其他器官也含有这种酶，胃炎、小肠疾病和肝脏疾病时这两种酶也会高达正常值的2倍以上。肾小球滤过率降低也可使这两种酶高至参考范围上限的2～3倍。对于胰腺炎来讲，脂肪酶比淀粉酶特异性更高，虽然地塞米松会导致脂肪酶升高，但淀粉酶的升高程度与脂肪酶不一致。淀粉酶和脂肪酶正常不能排除胰腺炎。胰腺肿瘤也可引起淀粉酶和脂肪酶升高。

腹腔积液分析：积液为渗出液，有化脓性炎症的表现。未发现退行性中性粒细胞和细菌，提示是无菌性炎症，这在犬胰腺炎中很常见。

凝血检查：凝血指标处于参考范围内。当患病动物出现以严重的急性胰腺炎为特征的全身炎症时，可通过中性粒细胞的蛋白酶和氧化剂造成内皮细胞损伤。有些病例中，内皮细胞激活和基底膜胶原蛋白暴露等会激发凝血，导致弥散性血管内凝血。

病例总结和结果

腹腔探查发现胰腺增大、发炎，胰腺脂肪周围水肿。冲洗腹腔后进行空肠造口插管。活组织检查显示为严重的脂肪组织炎，但未见急性炎性胰腺组织。肝脏出现中度囊性炎症变化，肝实质未见明显异常。术后前几天Quasi有间歇性呕吐的症状，但最终开始进食并出院。

临床病理学数据显示Quasi有典型的胰腺炎，包括炎性血象和禁食高脂血症。当胰腺炎导致显著的腹腔积液时，蛋白质和电解质可能经第三间隙丢失而降低。无论有没有可辨认的团块性病变，都不能将炎症与肿瘤区别开。Muffy（病例14-胰腺癌）仅表现出脂肪酶明显升高，淀粉酶接近正常；而Quasi两项指标都升高。

没有理想的并可以广泛应用的胰腺炎检查方法（译者注：本书为2010年出版）。临床兽医进行诊断时，需将临床症状和实验室检查异常相结合。正如本病例，炎性白细胞象、肝酶升高和高脂血症（高胆固醇血症和高甘油三酯血症）都是常见的表现。根据病例的发病时间和严重性，可能会出现电解质紊乱、酸碱平衡、凝血异常，以及肾前性的氮质血症。有些病例出现低钙血症。除了检测淀粉酶和脂肪酶外，还应检测胰蛋白酶样免疫反应性（TLI），后者在发病后不久出现，而且比其他酶更能反映胰腺疾病的严重程度。血清中的TLI具有胰腺特异性，因此比淀粉酶和脂肪酶更具优势，然而与淀粉酶、脂肪酶一样，肾小球滤过率下降也会造成TLI升高。TLI是一种免疫测定，因特酶结构的不同使该项检查具有物种特异性。检测犬猫胰腺脂肪酶的新方法现在已经开始推广和应用。原始数据有一定意义，但还需进一步研究。

病例16 - 等级2

"Nutmeg"是一只11岁的混有拉布拉多血统的杂种犬，绝育母犬。两周前开始厌食，随后精神沉郁、体重减轻，曾因关节炎进行过营养支持治疗。

解析

CBC

血浆：黄疸性血浆可由溶血或胆汁淤积引起。通常溶血性贫为是再生性的，会出现黄疸，但同时PCV也会降低，且比本病例中的PCV更低。结合生化检查中肝酶的升高，本病例中黄疸的原因更可能是胆汁淤积，然而球形红细胞的出现提示了存活红细胞数量减少和溶血的可能性。

白细胞象：Nutmeg出现了中性粒细胞性白细胞增多症，并伴有轻度核左移，虽然有炎症但没有中毒性变化。单核细胞增多症也提示炎症或组织坏死。

红细胞象：Nutmeg有轻度正细胞性贫血。MCHC的升高是假性的，这是因为红细胞不可能使自己的血红蛋白含量升高到正常值以上。该病例中，黄疸性血浆可能会引起该变化，也可能是体外或体内溶血引起的。球形红细胞增多症提示一定程度的红细胞破坏。球形红细胞的出现表明红细胞出现了免疫介导性损伤，如果大量出现，常提示免疫介导性溶血性贫血。少量球形红细胞可能与其他疾病尤其是肝脏疾病有关。根据这一参数的变化，贫血可能是非再生性的。溶血往往存在再生性反应，但从红细胞受到严重破坏到产生显著的再生性

血常规检查

WBC	↑ 35.4×10^9 个/L	（6.0 ～ 17.6）
Seg	↑ 29.1×10^9 个/L	（2.8 ～ 11.5）
Band	↑ 0.7×10^9 个/L	（0 ～ 0.3）
Lym	2.1×10^9 个/L	（1.0 ～ 4.8）
Mono	↑ 3.5×10^9 个/L	（0.1 ～ 1.5）
嗜酸性粒细胞	0	（0 ～ 1.2）
白细胞形态：正常		
有核红细胞/100白细胞	↑ 2	
血浆黄疸		
HCT	↓ 31 %	（39 ～ 55）
RBC	↓ 4.98×10^{12} 个/L	（5.5 ～ 8.5）
HGB	↓ 11.0 g/dL	（12.0 ～ 18.0）
MCV	68.5 dL	（60.0 ～ 77.0）
MCHC	↑ 35.5 g/dL	（31.0 ～ 34.0）
红细胞形态：红细胞大小中度不等，少量球形红细胞		
血小板	↓ 56.0×10^9 个/L	（181 ～ 525）

生化检查

GLU	↓ 88 mg/dL	（90.0 ~ 140.0）
BUN	25 mg/dL	（8 ~ 33）
CREA	0.6 mg/dL	（0.5 ~ 2.0）
P	4.1 mg/dL	（2.6 ~ 6.2）
Ca	9.7 mg/dL	（8.8 ~ 11.0）
Mg	1.7 mmol/L	（1.7 ~ 2.5）
TP	6.3 g/dL	（4.8 ~ 7.2）
ALB	3.6 g/dL	（2.4 ~ 4.0）
GLO	2.7 g/dL	（2.0 ~ 4.0）
Na$^+$	146 mmol/L	（140 ~ 151）
Cl$^-$	107 mmol/L	（105 ~ 126）
K$^+$	4.2 mmol/L	（3.8 ~ 5.4）
HCO$_3^-$	17 mmol/L	（15 ~ 28）
TBIL	↑ 9.66 mg/dL	（0.10 ~ 0.50）
ALP	↑ 15 126 IU/L	（20 ~ 320）
GGT	↑ 479 IU/L	（1 ~ 10）
ALT	↑ 910 IU/L	（10 ~ 95）
AST	↑ 155 IU/L	（16 ~ 54）
CHOL	291 mg/dL	（110 ~ 314）
TG	258 mg/dL	（30 ~ 321）
AMYL	↑ 1 470 IU/L	（400 ~ 1 200）
LIP	↑ 2 223 IU/L	（120 ~ 258）

凝血检查

PT	7.6 s	（6.2 ~ 9.3）
APTT	11.6 s	（8.9 ~ 16.3）
纤维蛋白原	400 mg/dL	（200 ~ 500）
FDPs	< 5 μg/dL	（< 5）

反应需3~4d的时间。从慢性疾病、炎症反应以及迟钝的再生性反应来看，该病例还可能存在骨髓抑制。需要进行包含网织红细胞计数在内的血常规检查，以评价骨髓的反应性。少量有核红细胞是非特异性的发现，它可能伴随再生性反应。出现有核红细胞但无再生性反应，可能是某种类型的上皮细胞受损的信号，随后正在发育的未成熟红细胞逸出。

血小板减少症：血小板减少症的一般机制包括生成减少和破坏增多。结合血小板减少和非再生性贫血，提示骨髓发育障碍，但是白细胞增多症又说明至少有一些细胞系是可增殖的，在考虑进行骨髓穿刺检查之前还应评估其他可能。球形红细胞的出现可能与免疫介导性疾病有关，另外也可能存在血小板的免疫介导性破坏。血小板在凝血过程中会被消耗，所以通常在弥散性血管内凝血(DIC)时血小板会减少。但这个病例不太可能发生DIC，因为凝血检查结果正常，纤维蛋白分解产物（FDPs）也比较低，也缺乏由于该机制造成的出血和血小板消耗的临床表征。任何促使血管内皮细胞活化的因素都会触发血小板黏附，包括缺氧或严重的全身性炎症。肝脏是一个富含血管的器官，肝脏内皮细胞的活化足以导致较明显的血小板减少症。严重的急性胰腺炎可能造成全身性炎症，故经常伴发血小板减少症。

血清生化分析

轻度低血糖：这可能是由于样品处理延迟，也可能因为败血症、肝功能不全或肿瘤引起。低血糖的程度与临床体征不太一致，其临床意义不可靠，重复检查的结果可能在参考范围内。

胆红素升高：见黄疸性血浆的讨论。ALP和GGT显著升高表明胆汁淤积是导致高胆红素血症最重要的病因。在于小动物中，可将胆红素分为直接胆红素和间接胆红素，但不能以此辨别导致高胆红素血症的原因是溶血还是胆汁淤积。事实上，混合型高胆红素血症很常见。

ALP和GGT升高：患有黄疸的犬的这两种酶都升高，强烈支持胆汁淤积，但是其他因素也会引起ALP和GGT同时升高，如皮质类固醇类药物等。ALP升高是一个非特异性指标，因为它存在于多种组织中，并且会被激素和药物诱导产生。第二章有更多关于肝酶升高的肝外因素的讨论。

血清ALT和AST升高：这些酶轻度至中度升高可能发生于肝细胞损伤，但AST的组织特异性较差，肌肉损伤以及溶血也能使其升高。这些肝细胞酶升高的程度要比胆汁淤积酶升高的程度低，表明肝细胞损伤继发于胆汁淤积或胰腺疾病（见淀粉酶和脂肪酶）。请注意这些酶都不是评价肝功能的指标。由于贫血继发的肝细胞灌注不良或缺氧可以引起肝细胞损伤，导致泄漏进入循环的酶增多。

轻度高淀粉酶血症和高脂肪酶血症：这两种酶都被认为是胰腺损伤的指标，但它们并不仅仅由胰腺分泌，因此弱化了其对胰腺疾病诊断的特异性。淀粉酶和脂肪酶升高有时也见于肠道疾病或肝脏疾病。虽然肾小球滤过率降下降使循环中的淀粉酶和脂肪酶活性增强，但该患犬没有发生氮质血症。目前，我们根据有提示性的临床征象和实验室异常指标来诊断胰腺炎，也可进行一系列其他检查提高诊断的准确性（见病例22，Jimbo），在胰腺炎的诊断方面并不存在单个理想的诊断方法。

病例总结和结果

在评估了最初的实验室数据之后，对该病例进行腹部超声检查。肝脏显著变大，有广泛的低回声区，胆管扩张。可见被视为胆管的弯曲而扩张的管状结构穿过肝实质；胰腺的超声影像与慢性胰腺炎和纤维化一致。手术中发现胆囊扩张，胆囊内有泥沙样胆汁。对其施行了胆囊十二指肠吻合术，术后患犬情况改善，胆汁的流动也得到改善。术中取的肝脏和胰腺的活检样本显示患犬有中度慢性胆管肝炎、类固醇肝病，并伴有中度慢性淋巴细胞浆细胞性和中性粒细胞性胰腺炎。

尿素氮下降：体液疗法和多尿会导致尿素

术后支持治疗住院期间一系列血液生化检查结果

	术后 7d	术后 14d	
GLU	105 mg/dL	↓ 87 mg/dL	（90.0 ~ 140.0）
BUN	↓ 4 mg/dL	↓ 4 mg/dL	（8 ~ 33）
CREA	0.5 mg/dL	0.5 mg/dL	（0.5 ~ 2.0）
P	4.1 mg/dL	5.0 mg/dL	（2.6 ~ 6.2）
Ca	9.4 mg/dL	10.2 mg/dL	（8.8 ~ 11.0）
Mg	↓ 1.3 mmol/L	↓ 1.2 mmol/L	（1.7 ~ 2.5）
TP	5.0 g/dL	5.4 g/dL	（4.8 ~ 7.2）
ALB	↓ 2.3 g/dL	2.8 g/dL	（2.8 ~ 4.0）
GLO	2.7 g/dL	2.6 g/dL	（2.0 ~ 4.0）
Na^+	146 mmol/L	149 mmol/L	（140 ~ 151）
Cl^-	116 mmol/L	115 mmol/L	（105 ~ 126）
K^+	4.4 mmol/L	4.8 mmol/L	（3.8 ~ 5.4）
HCO_3^-	19 mmol/L	20 mmol/L	（15 ~ 28）
TBIL	↑ 5.62 mg/dL	↑ 1.50 mg/dL	（0.10 ~ 0.50）
ALP	↑ 6 332 IU/L	↑ 4 265 IU/L	（20 ~ 320）
GGT	↑ 68 IU/L	↑ 40 IU/L	（1 ~ 10）
ALT	49 IU/L	24 IU/L	（10 ~ 95）
AST	↑ 149 IU/L	↑ 68 IU/L	（16 ~ 54）
CHOL	↑ 375 mg/dL	↑ 432 mg/dL	（110 ~ 314）
TG	181 mg/dL	98 mg/dL	（30 ~ 321）
AMYL	↑ 1 491 IU/L	↑ 1 604 IU/L	（400 ~ 1 200）

尿液分析（术后 14d）

外观：黄色透明
尿相对密度：1.012
蛋白质、葡萄糖、血红素、酮体：阴性
胆红素：2+
尿沉渣：除少量碎片外，无其他沉渣

氮下降。尿素氮下降也可能是由于肝脏衰竭而使生成减少所致。严重的肝功能不全会破坏肝脏糖异生，导致低血糖，破坏白蛋白（现在为低值）和胆固醇（最终升高）的生成。由于肝酶提示一些肝脏疾病，所以应该进行肝功能试验如血氨和血清胆汁酸检查。

BIL、ALP和GGT：这些值随时间日趋正常，支持术后胆汁淤积的消退。

ALT和AST：ALT和AST都随胆汁淤积指标的变化而变化。因怀疑该病例的肝细胞损伤继发于胆汁淤积，所以预期这些值会随胆汁淤积的消除而降低。血清ALT在肝脏受损12 h内升高，通常在急性损伤的第5天达到峰值，之后一到两周下降。在急性肝脏疾病中，如果血清ALT水平在24～48 h内降低50％，可以作为良性的预后因素。虽然犬血清中ALT比AST的半衰期长（分别为2.5 d和5～12 h），Nutmeg的ALT比AST下降得更快，这可能是因为肝外组织损伤导致AST活性增强，也可能是肝脏进行性低水平释放所致。AST对于肝细胞损伤来说是一个敏感性高特异性低的指标。

低白蛋白血症而球蛋白正常：白蛋白下降而球蛋白正常通常考虑蛋白丢失性疾病、肝功能受损和饥饿等因素。从上面的讨论看，该病例可能是肝功能受损引起的，在一些情况下，肝脏生成白蛋白存在生理性限制，因为白蛋白是一种负急性期反应物。尿液分析的数据不支持白蛋白的肾性丢失，虽然尿液是稀释的，可以检查尿蛋白/肌酐比，对于评估蛋白经肾小球丢失量，这是一个更为敏感的指标。应根据患犬的临床指标，评估蛋白是否进入第三间隙，或经胃肠道、皮肤伤口流失。尽管白蛋白

是机体的蛋白储存库，单纯急性厌食并不足以引起低白蛋白血症，厌食且同时进行外科手术，出现发烧、酸中毒及其他引起机体蛋白需求增加的原因都会引起白蛋白减少。

高胆固醇血症：高胆固醇血症通常与胆汁淤积有关，可能继发于胆固醇合成增多和经胆道排泄减少。内分泌疾病如肾上腺皮质机能亢进、甲状腺机能减退和糖尿病也会导致血清胆固醇升高。

低镁血症：镁离子异常不像其他大多数检测项目那么有意义。低镁血症通常会在重症病患中监测到，可能与摄入减少和肾脏排泄增加或细胞交换有关。镁是机体大量酶系统发挥作用的关键离子，还能影响钙代谢，所以通常建议纠正低镁血症。

尿液分析：犬的尿相对密度可以有大幅度的变化，检查出1次等渗尿不能证明肾脏疾病。在没有氮质血症或出现脱水的情况下，Nutmeg的等渗尿可能并无异常，可能只是对体液疗法的反应。根据生化检测结果，多尿可能继发于肝病。可能的机制包括尿素生成减少和/或髓质冲洗引起低钾血症，对利尿激素如皮质醇的代谢减慢以及生理性多饮。因血液中过量的胆红素会经肾脏排泄，可能出现胆红素尿。健康犬也可能会出现轻度胆红素尿，这是因为肾小管上皮细胞能生成胆红素，且肾脏清除胆红素的阈值较低。在该病例中，相对稀释的尿液中胆红素为2+，同时出现高胆红素血症和肝酶升高，与肝脏疾病的变化相符。

就像在Nutmeg身上看到的那样，胰腺和肝脏疾病经常共存；一些肝脏的变化可能与内源性皮质类固醇水平升高有关。在Nutmeg这

一病例中，一项很吸引人的推测是慢性胰腺疾病导致胆管流通阻塞，随后发生了胆汁淤积并继发肝细胞损伤。相反，Quasi（病例15）的肝酶升高的程度更小，而且没有发生肝脏病变的组织学证据；肝酶升高可能与抗惊厥药治疗有关。与Nutmeg相比，Quasi的脂质变化更明显，尽管并不存在肝脏疾病。这可能是由于Quasi患有急性严重的胰腺炎所致，而Nutmeg的胰腺炎症则较轻，也没有伴有积液或显著的胰腺周围脂肪组织炎。在很多病例中，很难确定复杂的病例的病理生理学关系和诱发因素。在Nutmeg这个病例中，超声结果支持进行外科治疗，仅凭实验室检查不足以制定这类医疗方案。

病例 17 - 等级2

"Flame"，一只26岁的雌性奎特马（参加400m竞赛的赛马）。6d以来，Flame采食减少，出现急性腹痛，右前肢跛行（之前诊断为患肢的蹄骨扭转），可能有神经系统异常。曾出现打滚和停下时猛烈摔倒在地面上的表现，接受过Banamine治疗，接种过西尼罗河病毒疫苗。就诊时，Flame右前肢严重跛行，并且患肢对蹄检测器的压力表现敏感。体温正常，有出汗和脱水现象。当给予食物时有良好的食欲，但是腹部两侧都没有肠音。

血常规检查

WBC	↓ 4.3 × 10^9 个 /L	（5.9 ~ 11.2）
Seg	2.8 × 10^9 个 /L	（2.3 ~ 9.1）
Band	0.1 × 10^9 个 /L	（0 ~ 0.3）
Lym	↓ 1.2 × 10^9 个 /L	（1.6 ~ 5.2）
Mono	0.2 × 10^9 个 /L	（0 ~ 1.0）
白细胞形态：中性粒细胞出现轻度中毒性变化		
HCT	41 %	（30 ~ 51）
RBC	8.01 × 10^{12} 个 /L	（6.5 ~ 12.8）
HGB	15.2 g/dL	（10.9 ~ 18.1）
MCV	51.7 fL	（35.0 ~ 53.0）
MCHC	37.1 g/dL	（34.6 ~ 38.0）
红细胞形态：正常		
血小板：足量		
纤维蛋白原	200 mg/dL	（100 ~ 400）

生化检查

GLU	↑ 278 mg/dL	（6.0 ~ 128.0）
BUN	18 mg/dL	（11 ~ 26）
CREA	1.1 mg/dL	（0.9 ~ 1.9）
P	2.3 mg/dL	（1.9 ~ 6.0）
Ca	↓ 9.7 mg/dL	（11.0 ~ 13.5）
Mg	↓ 1.0 mmol/L	（1.7 ~ 2.4）
TP	6.9 g/dL	（5.6 ~ 7.0）
ALB	2.5 g/dL	（2.4 ~ 3.8）
GLO	4.4 g/dL	（2.5 ~ 4.9）
Na^+	↓ 123 mmol/L	（130 ~ 145）
Cl^-	↓ 81 mmol/L	（99 ~ 105）
K^+	3.2 mmol/L	（3.0 ~ 5.0）
HCO_3^-	30 mmol/L	（25 ~ 31）
AG	↑ 15.2 mmol/L	（10 ~ 14）
TBIL	2.2 mg/dL	（0.30 ~ 3.0）
DBIL	0.2 mg/dL	（0 ~ 0.5）
IBIL	2.00 mg/dL	（0.2 ~ 3.0）
ALP	229 IU/L	（109 ~ 352）
GGT	↑ 39 IU/L	（5 ~ 23）
AST	↑ 793 IU/L	（190 ~ 380）
CK	212 IU/L	（80 ~ 446）
TG	↑ 1 340 mg/dL	（9 ~ 52）

解析

CBC

白细胞象：Flame有轻度白细胞减少症和淋巴细胞减少症。引起淋巴细胞减少的原因很多，但是就本病例而言可能的原因有急性病毒病、内毒素血症、立克次氏体病以及皮质类固醇影响。中性粒细胞计数接近参考范围的下限，应继续监测。内毒素血症和立克次氏体病可能导致白细胞总数减少和中毒性变化，与此同时，皮质类固醇会导致轻度成熟中性粒细胞增多。纤维蛋白原的检查结果不支持炎症反应。其他血常规检查无明显异常。

血清生化分析

高血糖症：据报道，马的血糖升高通常是由于兴奋或应激伴发的内源性儿茶酚胺和糖皮质激素释放引起的。就本病例而言，可能是病史中所描述的急性腹痛引起了血糖升高。伴发的淋巴细胞减少证实了皮质类固醇的影响。非常严重的内毒素血症在出现低血糖之前会出现暂时性血糖升高。像Flame这样的老龄马，垂体中间部位增生或肿瘤（马的库兴氏综合征）导致的胰岛素抵抗会引起高血糖。胰岛素反应性糖尿病在大家畜中比较罕见。

低钙血症：血液中有相当一部分钙与蛋白结合成复合物，因此血浆中的白蛋白减少会导致检测的总钙下降。本病例中，白蛋白下降，但并未超出参考范围。伴随白蛋白减少的总钙下降并不影响离子钙的生理活性，因此与临床症状无关。近期一项对64匹患有小肠结肠炎马的研究表明：75％会出现血清总钙下降，80％离子钙下降（Toribio）。具体机制尚不清楚，由于结肠炎患马的钙排泄分数明显比健康对照组马低，因此低钙血症不像是肾脏排泄引起的。血清甲状旁腺激素（PTH）浓度正常至增加，这是对低钙血症的生理性应答。对人和实验动物的研究表明败血症和炎症相关激素能够通过降钙素和甲状旁腺激素来影响钙的激素调节。反之，低镁血症能够干扰甲状旁腺激素的分泌，并且改变靶组织对甲状旁腺激素作用的应答性。原发性甲状旁腺机能减退会引起低钙血症，但是在马罕见。厌食更有可能会引起马的低钙血症。

低镁血症：低镁血症可能是由于饮食摄取不足、肠道吸收受损或者肾排泄增加引起的。由于镁离子在钙调节中的作用，纠正血浆镁离子水平足以纠正低钙血症。

低钠血症和低氯血症，伴有轻度阴离子间隙升高：由于甘油三酯浓度升高，应确定使用离子选择性电极（ISE）检查电解质浓度。滴定法会使脂血症样本的电解质测量值偏低，而比色法可能使测量值偏高。即使是离子选择性电极检查也存在方法学问题，如果在分析过程中用水溶性稀释液稀释脂血症样本中的物质也会影响测量结果。在本病例中血清钠离子和氯

离子下降是由于疝痛所致胃肠道丢失增加引起的，尽管也可能是大量出汗造成的。血清氯离子与血清钠离子等比例变化时，无需进一步分析。当血清氯离子降低比血清钠离子严重时，应考虑单纯的胃内容物呕吐（不见于马）、含氯液体潴留（更常见于反刍动物）、或原发性呼吸性酸中毒引发的代偿性变化。由于碳酸氢盐和氯离子都是阴离子，它们的变化趋势相反，因此低氯血症通常伴发碱血症。就本病例而言，尽管有低氯血症，碳酸氢根（HCO_3^-）仍在参考范围内，这和混合性的酸紊乱相吻合。阴离子间隙升高通常伴随不可测定的阴离子增多，这些离子通常都是酸类。

GGT升高：成年马GGT升高是肝脏损伤和胆汁淤积的证据。这些变化通常伴发高胆红素血症，尽管胆红素能够在尿液中被有效地清除。ALP的肝脏特异性比GGT差，对马敏感性也比较低。

AST升高：该酶存在于许多组织，而且很难解释它升高的原因。就Flame而言，尽管CK半衰期较短会影响判读，但同时伴有GGT升高和CK正常说明AST升高的原因是肝脏损伤而不是肌肉损伤。

高甘油三酯血症：通常疝痛发病期限制饲喂或者厌食会引起高脂血症或高脂血症综合征，因此禁食的马出现高甘油三酯血症，应考虑高脂血症或高脂血症综合征的可能（Mogg）。饮食摄入减少引起脂肪动员，并且在血浆和肝脏中蓄积，从而引起高脂血症综合征。尽管甘油三酯浓度很高，血浆仍澄清，因此将Flame划分为高脂血性的更妥当些。高脂血症是一种更为严重的情况，伴有乳糜样血

清，肝脏功能受损及产生不正常的含有少量载脂蛋白B-100和较多载脂蛋白B-48的极低密度脂蛋白。该物质可能允许更大程度的甘油三酯蓄积（Pearson）。尽管本病例的甘油三酯水平超过了1 200 mg/dL，而且从最初的描述推知这种情况会预后不良（Mogg），但高脂血症并不伴有任何临床症状或肝功能异常的明显证据，说明预后尚可。

病例总结和结果

Flame的右前肢疼痛感极强并且对蹄部检查器施予的压力非常敏感。采取远端的神经传导阻滞止痛后，Flame的食欲增强，高脂血症得到纠正。通过静脉输注液体和葡萄糖酸钙纠正结肠炎所致的矿物质和电解质紊乱，效果良好。尚不能确定就诊时病史所记录的神经异常症状。由于马的高脂血症有潜在的破坏肝脏功能的危险，要确诊是否曾经发生过神经异常还需要检测血氨浓度或者血清胆汁酸浓度。

如果垂体中间部机能障碍，可能会持续出现淋巴细胞减少和高血糖，尽管这些病例的血液学检查正常，但基于相应的临床症状（多毛症，慢性或者反复发作的蹄叶炎、多尿多饮、出汗和肌肉萎缩）及内源性血浆促肾上腺皮质激素（ACTH）水平升高仍能得出诊断。

→ 参考文献

Couetil L, Patadis MR, Knoll J. 1996. Plasma adrenocorticotropin concentration in healthy horses and in horse with clinical signs of hyperadrenocorticism. J Vet Int Med (10): 1-6.

Mogg TD, Palmer JE. 1995. Hyperlipidemia, Hyperlipemia, and hepatic lipidosis in American Miniature Horses: 23 cases (1990–1994). J Am Med Assoc (207): 604-607.

Pearson EG, Mass J. 2002. Hepatic lipidosis. In: Large Animal Internal Medicine, 3rd ed. Ed P Smith. Mosby, Inc. St. Louis, MO, Pp: 810-817.

Toribio RE, Kohn CW, Chew DJ, Sams RA, Rosol TJ. 2001. Comparison of serum parathyroid hormone and ionized calcium and magnesium concentrations and fractional urinary clearance of calcium and phosphorus in healthy horses and horses with enterocolitis.Am J Vet Res (62): 938-947.

病例18 - 等级2

"Marion"，一只13 岁的比格犬，绝育母犬。尿道感染多次复发，抗生素治疗无效。主诉该犬饮水量比平时增多。虽然一直饮食不规律，但最近吃的确实比平时多。体格检查发现该犬偏瘦，但精神状态良好。

解析

CBC：成熟的中性粒细胞增多且出现中毒性变化，白细胞减少，单核细胞增多。中性粒细胞的中毒性变化与炎症有关，虽然白细胞的其他征象与激素反应相符。这种轻度正细胞正色素性非再生性贫血最有可能与慢性疾病有关。

血清生化分析

血糖明显升高：该病例血糖升高并发糖尿，再结合临床症状，提示糖尿病的可能性非常大。但是这需要排除其他引起高血糖的因

血常规检查

WBC	↑ 24.5×10^9 个 /L	（6.0 ~ 17.0）
Seg	↑ 19.5×10^9 个 /L	（3.0 ~ 11.0）
Band	0	（0 ~ 0.300）
Lym	↓ 0.7×10^9 个 /L	（1.0 ~ 4.8）
Mono	↑ 4.3×10^9 个 /L	（0.2 ~ 1.4）
Eos	0	（0 ~ 1.3）
白细胞形态：中性粒细胞出现轻度中毒性变化		
样品轻度脂血		
HCT	↓ 37 %	（39 ~ 55）
RBC	↓ 5.33×10^{12} 个 /L	（5.5 ~ 8.5）
HGB	↓ 12.9 g/dL	（14.0 ~ 19.0）
MCV	69.7 fL	（60.0 ~ 75.0）
MCHC	34.9 g/dL	（33.0 ~ 36.0）
红细胞形态：正常		
血小板	370×10^9 个 /L	（200 ~ 450）

生化检查

GLU	↑ 670 mg/dL	（65.0 ~ 135.0）
BUN	24 mg/dL	（8 ~ 33）
CREA	0.6 mg/dL	（0.5 ~ 1.5）
P	5.3 mg/dL	（3.0 ~ 6.0）
Ca	10.4 mg/dL	（8.8 ~ 11.0）
Mg	2.7 mmol/L	（1.4 ~ 2.7）
TP	5.8 g/dL	（5.2 ~ 7.2）
ALB	3.2 g/dL	（3.0 ~ 4.2）
GLO	2.6 g/dL	（2.0 ~ 4.0）
A/G	1.2	（0.7 ~ 2.1）
Na^+	↓ 137 mmol/L	（142 ~ 163）
Cl^-	↓ 99 mmol/L	（106 ~ 126）
K^+	↑ 5.8 mmol/L	（3.8 ~ 5.4）
HCO_3^-	23 mmol/L	（16 ~ 25）
AG	20.8 mmol/L	（10 ~ 23）
TBIL	0.10 mg/dL	（0.10 ~ 0.50）
ALP	↑ 1 079 IU/L	（20 ~ 320）
ALT	↑ 115 IU/L	（18 ~ 86）
AST	35 IU/L	（15 ~ 52）
CHOL	↑ 663 mg/dL	（110 ~ 314）
TG	↑ 406 mg/dL	（30 ~ 300）
AMYL	830 IU/L	（400 ~ 1 200）

尿液检查：膀胱穿刺采集

外观：黄色，混浊

尿相对密度：1.033

pH：5.0

蛋白：500 mg/dL

葡萄糖：4+

酮体：阴性

胆红素：阴性

血红素：1+

尿沉渣

每个高倍镜视野有 0～5 个红细胞

每个高倍镜视野有 20～30 个白细胞

偶见上皮细胞

未见结晶

细菌：3+

素。除了高血糖之外，该犬的胆固醇和甘油三酯也都升高。虽然进食后血糖升高是有可能的，但即使是在刚进食后采集的血液中，血糖如此之高也是不可能的。Marion的血液样本是禁食过夜后采集的。任何一种疾病都有可能通过干扰胰岛素对外周组织的作用而引起血糖轻度升高。内源性和外源性糖皮质激素升高都有可能引起血糖浓度升高。该犬在之前的6个月中未使用过任何皮质类固醇药物，但是还不能排除内源性皮质类固醇升高的可能。肾上腺皮质机能亢进会引起多饮、多尿、高血糖、碱性磷酸酶（ALP）、胆固醇和甘油三酯升高。肾上腺皮质机能亢进和糖尿病可并发，这会使实验室结果的判读和临床治疗更为复杂。

低钠血症和低氯血症：在许多病例中，低血钠反映的是水分相对过剩而不是机体总钠减少。像Marion这样的病例，血钠明显降低的原因是细胞外液中血糖浓度过高造成渗透压升高而导致游离水增多引起的。一般情况下，血糖浓度每高于参考范围上限100 mg/dL，血钠就会降低1.5 mmol/L。因此，对于这一病例，我们预测血钠大约会降低7.5 mmol/L，这一数值

似乎还是合理的。血钠的变化通常伴随着与之成比例的血氯的变化，正如本病例中的情况（详情请见第七章）。

高钾血症：血钾平衡的调节极其复杂而且与机体的整体调节以及细胞内外离子转换有关。对Marion而言，血钾轻度升高可能是由胰岛素缺乏造成的。胰岛素促进钾离子进入细胞内，而胰岛素缺乏会减弱这一进程。在一些糖尿病病例中，酸中毒会进一步使血钾水平升高。不过本病例中碳酸氢根浓度仍在参考范围以内（更多讨论请见第七章）。肾脏清除功能受损也不可忽视，但在这一病例中不可能是主导因素。高钾血症罕见由摄入过多所致，虽然通过补液过量输注钾离子会导致这种变化。

ALP和ALT轻度升高：引起犬ALP升高的原因很多，包括药物作用、皮质类固醇的影响、内分泌失调以及胆汁淤积（有关ALP和ALT升高更详细的鉴别诊断详见第二章）。在这一病例中，内分泌疾病是最可能的病因。因为当糖尿病引起体内血糖平衡紊乱时，脂质就会积聚在肝细胞内。这样会引起轻度胆汁淤积和ALP升高。同样，糖尿病也会伴发肝细胞

酶升高。虽然肝细胞的病理变化通常很轻，但少数糖尿病会引起胆汁酸升高，提示肝功能下降。

高胆固醇血症和高甘油三酯血症：胰岛素依赖型糖尿病控制不佳时，机体会快速动员甘油三酯来增加血浆中的游离脂肪酸水平，为大脑以外的其他组织提供能量。胰岛素缺乏导致脂蛋白酯酶活性降低，因此脂肪酸不能从循环系统进入脂肪组织储备起来。而且，胰岛素缺乏时低密度脂蛋白受体下调会引起高胆固醇血症。餐后高脂血症、胰腺或肝脏疾病、其他内分泌疾病如肾上腺皮质机能亢进或甲状腺机能减退也会引起胆固醇和甘油三酯异常。

尿液分析：除了明显的尿糖，尿液浓缩程度也比较高。血糖水平一旦超过肾小管重吸收的阈值（犬的阈值大约为200 mg/dL）就会引起糖尿。当然，如果肾小管功能紊乱，血糖水平正常也会出现糖尿。糖尿和蛋白尿会使尿相对密度轻度假性升高（尿蛋白每增加400 mg/dL，或尿糖每增加270 g/dL，尿相对密度就会升高0.001）。蛋白尿可能是出现沉渣和细菌的尿路感染所致。需要注意的是，并不是所有患尿路感染的糖尿病患者都会出现沉渣。就像在这些病例中所描述的那样，也可能是中性粒细胞功能受损所致。继发于糖尿病的肾小球损伤或糖尿病伴发的高血压均会引起蛋白尿。

病例总结和结果

根据临床症状和实验室数据异常，Marion被诊断为糖尿病。就诊时，未出现酮病，而且胰岛素治疗效果良好。同时使用抗生素治疗其尿路感染。

和Marmalade（病例2，一只应激引起高血糖的猫）相比，Marion是严重的高血糖而非中度高血糖，而且它的临床症状也与糖尿病相符。同时，Marion也出现了其他实验室数据比如糖尿、高胆固醇血症以及高甘油三酯血症，但Marmalade却没有出现这些异常。人类将糖尿病分为胰岛素依赖型和非胰岛素依赖型，这种分类方法已应用到家养动物身上。犬的糖尿病多数是胰岛素依赖型的，而猫的糖尿病可以是任何一种，并且会随着对胰岛素的需求量而波动。如果胰岛素极度缺乏，或者出现引起致糖尿病的激素（例如儿茶酚胺、皮质类固醇）升高的并发症，就会导致酮症酸中毒。

对Marion而言，其他鉴别诊断包括肾上腺皮质机能亢进，该病的临床症状和实验室指标与糖尿病有许多相似之处。对于刚确诊或控制不佳的糖尿病，肾上腺皮质机能亢进的筛选检查通常是异常的。因此这些检查应该用于表现出肾上腺皮质机能亢进经典临床症状（全身对称性脱毛、皮肤钙质沉着、肾上腺肿大）以及出现胰岛素抵抗的动物。由于Marion的病症容易治疗，而且没有其他通过糖尿病无法解释的临床症状，所以不可能并发肾上腺皮质机能亢进。

糖尿病患者需要长期监测。虽然血糖24h曲线曾是监测糖尿病患者病程的标准方法，但是价格昂贵，还会使患病动物产生应激反应。由于应激会使血糖水平升高，并且一些患病动物在医院不愿进食，会造成检测结果不准确，尤其是患糖尿病的猫。另一个不错的选择就是检测血清中果糖胺的含量。果糖胺可以反映出几周内的血糖控制水平，而且能够将应激诱导的高血糖和糖尿病区分开（详见Marmalade）。

糖化血红蛋白也有助于诊断，不过这种具有物种特异性的检查指标还未推广使用。

　　一旦确诊糖尿病，要在家中根据临床症状对血糖水平及控制情况进行各种监测或者直接进行血糖或尿糖的监测（Nelson，Briggs）。手持式即时检测仪器对糖尿病患犬特别有效。在兽医指导下，这种仪器可以使主人在更频繁的监测血糖，但花费却相对较低（Casella，Reusch）。最后，兽医要根据每个病例的不同情况平衡患病动物的花费和临床与实验室评估的作用。

→ 参考文献

Briggs CE, Nelson RW, Feldman ED, Elliott DA, Neal LA. 2000. Rliability of history and physical examination findings assessing control of glycemia in dogs with diabetes mellitus: 53 cases (1995–1998). J Am Vet Med assoc (217): 48-53.

Casella M, WEss G, Reusch CE. 2002. Measure ment of capillary blood glucose concentrations by pet owners: a new tool in the management of diabetes mellitus. J Am Anim Hosp Assoc (38): 239-345.

Nelson. R. 2002. Editorial: Stress hyperglycemia and diabetes mellitus in cats. J Vet Intern Med (16): 121-122.

Reusch CE, Wess G, GAsella M. 2001. Home monitoring of blood glucose concentration in the management of diabetes mellitus. Compendium (23): 544-444.

病例19 – 等级3

　　"Amaryllis"，一只混有杜宾血统的杂种犬，7岁，绝育母犬。该犬过去一年食欲下

血常规检查

WBC	13.1×10^9 个 /L	（4.9 ~ 17.0）
Seg	↑ 11.4×10^9 个 /L	（3.0 ~ 11.0）
Band	0.1×10^9 个 /L	（0 ~ 0.3）
Lym	↓ 0.7×10^9 个 /L	（1.0 ~ 4.8）
Mono	0.9×10^9 个 /L	（0.2 ~ 1.4）
Eos	0.1×10^9 个 /L	（0.0 ~ 1.2）
白细胞形态：可见少量轻度中毒性中性粒细胞		
黄疸性血浆		
PCV	42 %	（37 ~ 55）
RBC	6.13×10^{12} 个 /L	（5.5 ~ 8.5）
HGB	14.9 g/dL	（12.0 ~ 18.0）
MCV	69.3 fL	（60.0 ~ 77.0）
MCHC	34.0 g/dL	（31.0 ~ 34.0）
红细胞形态：正常		
血小板	397.0×10^9 个 /L	（181.0 ~ 525.0）

生化检查

GLU	↑ 272 mg/dL	（67.0 ~ 135.0）
BUN	13 mg/dL	（8 ~ 29）
CREA	0.6 mg/dL	（0.6 ~ 2.0）
P	↓ 2.3 mg/dL	（2.6 ~ 7.2）
Ca	↓ 9.2 mg/dL	（9.4 ~ 11.6）
Mg	2.0 mmol/L	（1.7 ~ 2.5）
TP	↓ 4.7 g/dL	（5.5 ~ 7.8）
ALB	↓ 2.3 g/dL	（2.8 ~ 4.0）
GLO	2.4 g/dL	（2.3 ~ 4.2）
A/G	1.0	（0.7 ~ 1.6）
Na^+	149 mmol/L	（142 ~ 163）
Cl^-	118 mmol/L	（111 ~ 129）
K^+	↓ 3.3 mmol/L	（3.8 ~ 5.4）
HCO_3^-	15 mmol/L	（15 ~ 28）
AG	19.3 mmol/L	（12 ~ 23）
TBIL	↑ 8.60 mg/dL	（0.10 ~ 0.50）
ALP	↑ 1 752 IU/L	（12 ~ 121）
ALT	78 IU/L	（18 ~ 86）
GGT	↑ 51 IU/L	（2 ~ 10）
AST	↑ 397 IU/L	（16 ~ 54）
CHOL	↑ 400 mg/dL	（82 ~ 355）
TG	↑ 441 mg/dL	（30 ~ 321）
AMYL	↑ 2 509 IU/L	（409 ~ 1 203）

尿液检查：膀胱穿刺

外观：黄色，清亮
尿相对密度：1.024
pH：6.5
蛋白：微量
葡萄糖：2+
酮体：1+
胆红素：3+
血红素：3+

尿沉渣
每个高倍镜视野下有 0 ~ 5 个红细胞
每个高倍镜视野下有 0 ~ 5 个白细胞
细菌：无
偶见上皮细胞和碎屑
脂滴：1+

降，体重减轻将近9kg。在过去几个月中，Amaryllis出现嗜睡和厌食的症状，并且伴有间歇性呕吐和腹泻。其病史包括亚临床症状的心杂音。体格检查发现Amaryllis消瘦并且精神沉郁，但是仍然很警觉，并且对外界有反应。左侧收缩期杂音。腹部紧张并且扩张，触诊无疼痛反应。腹部超声检查显示肝脏增大且呈高回声，胰腺区域的病变与胰腺炎相符。病犬还伴有少量腹腔积液。胸部X线检查提示该病例有患有肺炎。

解析

CBC

白细胞象：Amaryllis仅有极为轻度的中性粒细胞增多，并且有中毒性变化，表明有轻度炎症。炎症可能起源于肺炎、胰腺炎或者尿道感染。因为在糖尿病患者中常见尿路感染，并且不易查出（Forrester, McGuire）。尽管该病例只有少量白细胞，没有检查到细菌，但有必要进行细菌培养。可能由于Amaryllis长时间处于病态下，皮质类固醇分泌增多导致淋巴细胞降低。

红细胞象：红细胞检查正常，因此黄疸不是溶血引起的。肝酶升高可能与胆汁淤积有关，高胆红素血症也可能是胆汁淤积引起的。

血清生化分析

高血糖：许多原因可以引起高血糖。最初在排查可能的因素时，首先排除了餐后和暂时性皮质类固醇和肾上腺素引起血糖升高的可能。由于该病例有体重减轻的病史，且目前尿液中出现大量葡萄糖和酮体，首要鉴别诊断是糖尿病。无论是什么原因引起的高血糖症，血糖浓度超过200 mg/dL时，就会超过肾小管对

血糖的重吸收阈值，引起糖尿。糖尿不能排除应激性高血糖，但酮尿表明极有可能是糖尿病。可以考虑通过检测果糖胺水平来确诊糖尿病，但是Amaryllis不需要。同时还要考虑任何会引起胰岛素抵抗的因素如肾上腺皮质机能亢进。患犬有轻度中性粒细胞增多症和淋巴细胞减少症，这可能与皮质类固醇激素有关。胰腺炎也可引起血糖升高，这可能是继发于疼痛引起的应激或者糖尿病。胰腺炎引发的糖尿病可能是暂时性或者永久性的，这取决于胰腺的损害程度。

轻度低磷血症和低钙血症：这两项结果不像是生理活动引起的。低钙血症可能继发于血清白蛋白降低，不像是离子钙的生理活性降低。已有报道显示急性胰腺炎患犬会出现低钙血症，但不像人类那么常见（Hess 1998）。猫发生急性胰腺炎时，总钙和离子钙都有可能降低。胰腺炎动物离子钙降低的机制包括钙沉积于皂化的组织、胰高血糖岛素介导下降钙素增加、继发于低镁血症的甲状旁腺激素活性下降。低磷血症还可引起嗜睡、沉郁和腹泻。如果血磷降至1 mg/dL将会导致溶血性贫血。使用胰岛素治疗糖尿病时，胰岛素会加快磷进入细胞的速度，会有潜在的使血磷骤降的危险。酸血症可能与细胞内物质转运至细胞外的细胞转运有关。因此对于酮症患者，在调节酸碱紊乱时，有可能会导致血磷浓度降低。

低蛋白血症，同时伴有血清白蛋白下降，球蛋白在参考范围下限：引起低白蛋白血症的因素包括饥饿引起的合成不足，肝功能衰竭或负急性期反应。该病例体重显著降低。如果体况很差，饥饿就是一个很严重的问题。然

而短时间的厌食并不会引起血清白蛋白的显著降低。肝酶升高可能是肝脏疾病引起的。但是如果肝功能受损，其他一些指标也会降低，如血清尿素氮、血糖和胆固醇，但是该病例中这些指标正常或者升高。这些指标在评估肝功能时敏感性和特异性都比较差。如果要确定肝功能需要进一步检查。中毒性中性粒细胞提示炎症反应，感染的急性阶段血清球蛋白会出现升高，但是检查结果中却未出现。白蛋白丢失也会引起低白蛋白血症。肠道疾病、皮肤病和经第三间隙丢失都有可能引起白蛋白降低。腹腔积液也可能是蛋白丢失的原因之一。单纯的白蛋白丢失最可能见于肾小球病变。尿检中呈现轻度蛋白尿，尿蛋白/肌酐比可以帮助诊断蛋白尿的程度。由于尿沉渣中检查到了红细胞和白细胞，并且糖尿病患者极易发生泌尿道感染。因此蛋白尿可能继发于下泌尿道感染，从而排除先前推测的肾小球疾病。

低钾血症：厌食引起钾摄入不足进而造成低钾血症。但是通常只有损失增加时才会出现明显的临床症状。Amaryllis有过呕吐和腹泻的病史，所以钾离子可能是通过胃肠道丢失引起的，也可能是钾离子进入腹腔液导致血钾降低。糖尿和酮尿的渗透利尿作用会使钾离子从肾脏流失。同时，酸血症也常被认为是血钾降低的一个原因。酸血症会引起钾离子进入细胞，从而引起低血钾，一些作者认为这种转运是暂时性的，有机酸中毒如酮症酸中毒对血钾的影响不如无机酸中毒那么严重。尽管血钾不能很好地反映机体的储钾水平，但是由于该患犬多尿，并且有胃肠道反应，致使其有钾缺乏的危险。与我们上面讨论的胰岛素对血磷的

影响相似，它也会使钾离子进入细胞而使血钾降低。

高胆红素血症同时伴发ALP和GGT升高：这些指标同时升高提示胆汁淤积，尤其当红细胞比容正常时（表示无溶血发生）。多种内分泌疾病都可导致ALP升高，包括糖尿病，但是胆红素和GGT的升高表明，ALP升高不仅仅是由糖尿病引起的。从超声检查和血清淀粉酶升高我们可以推测，胆汁淤积是由胰腺炎引起的。尽管没有证据表明该犬有败血症，但是肝外细菌感染也可导致高胆红素血症和肝酶升高。这些临床症状恰巧与胆汁淤积相似（Meyer）。由于类固醇白细胞象和慢性病史，皮质类固醇也可使ALP和GGT升高。还可使AST和ALT升高（如下）。

AST升高同时ALT正常：ALT较AST更能特异性的表明肝细胞损伤。但AST敏感性更高。由于很多组织都含AST，这就限制了其在评估肝脏疾病方面的作用。但是胆汁淤积引起的胆汁毒性通常可以引起肝细胞损伤。肌酸激酶正常可以帮助我们排除肌肉中AST释放入血液的可能。正如我们之前讨论过的Quasi（病例15，胰腺炎）和Nutmeg（病例16，胰腺炎和肝炎），在患有胰腺炎的动物中，当炎症从胰腺向肝脏扩散时也会引起肝酶升高。

高胆固醇血症和高甘油三酯血症：一旦排除了进食的影响，内分泌疾病（甲状腺机能减退、肾上腺皮质机能亢进、糖尿病）、肝脏或者胰腺疾病都会引起高胆固醇血症和高甘油三酯血症。高脂血症可能会促使胰腺炎恶化，也可能是胰腺炎引起了高脂血症。有些情况下，多种因素可引起高脂血症。对221只糖尿病患

犬进行研究发现，23％的患犬伴发肾上腺皮质机能亢进，13％的患犬患有急性胰腺炎，4％的患犬患有甲状腺机能减退（Hess，2000）。曾经有特发性高脂血症的报道，但是继发性高脂血症更普遍。脂蛋白酯酶位于血管内皮上，它可以将甘油三酯水解为脂肪酸和甘油一脂。胰岛素可以促进脂蛋白酯酶的分解功能，因此胰岛素缺乏会造成循环血液中甘油三酯蓄积。胰岛素缺乏还会促进组织的脂解作用，导致游离脂肪酸释放入循环中，最后进入肝脏，合成更多的甘油三酯和酮体（Kerl）。通常情况下，酮体产生后通常是被当作能量物质利用的，除非应激激素如胰高血糖素、肾上腺皮质激素或者皮质醇进一步提高了肝线粒体的生酮作用。肾上腺皮质激素和皮质醇促进肌蛋白的分解，为酮体提供氨基酸从而促进酮体的生成。这是应激因素或者疾病会诱发糖尿病酮症酸中毒的机理之一。糖尿病患者中甘油三酯的升高幅度通常比胆固醇大。尽管病理过程会引发高胆固醇血症，但是很少出现生理性的升高，因为低密度脂蛋白的比例非常低（Bauer）。偶见暂时性的视力异常，并且很少发生动脉粥样硬化。

淀粉酶升高：在这个病例中，淀粉酶升高可能是肾小球率过滤降低的一个原因，但是患犬并未出现氮质血症。肠道疾病和胰腺疾病都可引发血清淀粉酶的升高。影像学检查和进一步的其他检查有助于诊断胰腺炎（见病例22 Jimbo和病例15 Quasi）。

尿液分析

由于未出现氮质血症，尿相对密度在这种水合状态下是正常的。尿糖和尿酮体会引起渗透性利尿。而尿糖和尿酮体浓度很高时，可能会轻微增加尿相对密度。检测结果表明，患犬所产生的酮体被利用或经尿液清除而不是蓄积在血液中，因为患犬的HCO_3^-、氯离子和阴离子间隙都是正常的。通过膀胱穿刺收集到的尿液可能含有血液成分，会产生少量蛋白、血红素、红细胞和白细胞。尽管没有发现细菌，也建议进行细菌培养，尤其是对表现出尿道感染的糖尿病患犬，因为糖尿病患犬隐性感染的可能性很大（McGuire）。

病例总结和结果

基于实验室检查结果，Amaryllis被确诊为糖尿病和酮病（还未出现酮症酸中毒）。影像学和实验室检查提示还有胰腺炎的可能。进行输液、抗生素和适量的胰岛素治疗。几天之后，给Amaryllis饲喂少量易消化的食物和水。但是它的食欲仍然很差。血清胆红素有所改善，这表明胰腺炎有所改善。但是再次超声检查显示胰腺区仍有持续病变。Amaryllis出院时仍在进行输液和胰岛素治疗，在家中定时检测尿糖和尿酮。肝脏指标的改变可能继发于糖尿病和胰腺炎，因此并未进行肝脏活组织检查。

如上所述，多种内分泌疾病、肝脏疾病、胰腺疾病和高脂血症之间有着复杂的联系。发生一种疾病时，不可以排除其他疾病的可能，事实上它们在某种概率上是同时发生的。肾上腺皮质机能亢进会同时引起皮质醇类固醇肝病和胰岛素抗性，或者使糖尿病恶化。急性坏死性胰腺炎会引起 β 细胞坏死，诱发暂时性或者持久性糖尿病。与此相反，高脂血症也可诱发胰腺炎。根据临床症状和实验室检查结果的异常应首先治疗严重的疾病（本病例是伴有酮症的糖尿病）。首要问题得到控制以后，重新分析患者的病情，看一看最初的治疗是否解决了继发症状，检查是否存在其他原发性问题。有时会是一个很长的过程。例如，治疗糖尿病时需要准确诊断肾上腺皮质机能亢进，然而肾上腺皮质机能亢进会引起胰岛素抵抗并且会干扰糖尿病的治疗。将Amaryllis与病例7相比对我们很有帮助，病例7只是单纯的糖尿病，并确诊无胰腺疾病和肝胆管疾病。两个病例的肝酶出现了类似的变化，但是Amaryllis有高胆红素血症，这就表明肝酶升高可能指示有潜在严重的肝脏病变，而不仅仅是继发于糖尿病或者皮质类固醇的影响。Quasi（病例15）患有胰腺炎，也伴有肝细胞酶的升高，但是，由于溶血的干扰，没必要检测胆汁淤积酶和胆红素。组织学检查确诊Nutmeg（病例16）为胰腺炎和胆管肝炎。几乎所有肝酶均升高，并且有与Amaryllis的程度相似的高胆红素血症，与Nutmeg相似，如果Amaryllis胰腺炎治愈，那么继发的胆汁淤积、肝酶异常和高胆红素血症都会得到解决。

→ 参考文献

Bauer JE. 1995. Evaluation and dietary consdirations in idiopathic hyperlipidemia in dogs. J Am Vet Med Assoc (206): 1684-1688.

Forrester SD, Troy Gc, Dalton MN, HUffman JW, HOltzman G. 1999. Retropective evaluation of urinary tract infection in 42 dogs witn hyperadrenocorticism or diabetes mellitus or both. J Vet Med (13): 557-560.

Hess RS, Saudners M, Van Winkle TJ, Shofer FS,Washabau RJ. 1988. Clinical, clinicopathologic, radiographic, and ultrasonographic abnormalities in dogs with fatal acute pancreatitis: 70 cases (1986–1995). J Am Vet Med Assoc (213): 665-670.

Hess, Saunder M, Van Winkle TJ, Ward CR. 2000. Concurrent disorders in dogs with diabetes mellitus: 221 cases (1993–1998). J Am Vet Med Assoc (217): 1166-1173.

Kerl ME. 2007. Diabetic Ketoacidosis: Pathophysiology and clinical and laboratory presentation. Compendium (23): 220-229.

McGuire NC, Schulman R, Ridgway MD, Bollero G. 2002. Dtecton of occult urinary tract infections in dogs with diabetes mellitus. J Am Assoc (38): 541-544.

Meyer DJ, Twedt DC. 2000. Effect of Extrahepatic Disease on the Liver. In:Kirk's Current Veterinary Therapy XIII. JD Bonagura, ed. W.B. Saunders Company. Philadelphia, PA: 668-671.

病例20 - 等级3

"Hooligan"，一只17岁的美国短毛猫，绝育母猫。过去2d饮水增多，食欲下降。2年前被诊断出患有糖尿病，使用格列吡嗪进行常规治疗。1年内都未再进行血检。偶尔会有尿道感染，出现尿频现象，通常使用抗生素治疗便可恢复。体格检查发现Hooligan出现脱水，同时皮肤松弛（译者注：原文为皮肤紧张）和黏膜有黏性。中度牙结石，肝脏肿大。

解析

无CBC数据。

高血糖：从病史看，造成血糖升高和糖尿最可能的原因是糖尿病，尽管应激会加剧血糖

生化检查

GLU	↑ 373 mg/dL	（70.0 ~ 120.0）
BUN	↑ 141 mg/dL	（15 ~ 32）
CREA	↑ 7.1 mg/dL	（0.9 ~ 2.1）
P	↑ 10.6 mg/dL	（3.0 ~ 6.0）
Ca	10.6 mg/dL	（8.9 ~ 11.6）
TP	↑ 9.0 g/dL	（6.0 ~ 8.4）
ALB	↑ 4.7 g/dL	（2.4 ~ 4.0）
GLO	4.3 g/dL	（2.5 ~ 5.8）
Na^+	149 mmol/L	（149 ~ 163）
Cl^-	119 mmol/L	（119 ~ 134）
K^+	4.9 mmol/L	（3.6 ~ 5.4）
HCO_3^-	↓ 11 mmol/L	（13 ~ 22）
TBIL	0.2 mg/dL	（0.10 ~ 0.30）
ALP	36 IU/L	（10 ~ 72）
ALT	↑ 155 IU/L	（29 ~ 145）
AST	↑ 45 IU/L	（12 ~ 42）
CHOL	223 mg/dL	（77 ~ 258）
TG	96 mg/dL	（25 ~ 191）
AMYL	↑ 2 207 IU/L	（496 ~ 1 874）

尿液检查：自然排尿

外观：稻草色，混浊	尿沉渣
尿相对密度：1.020	每个高倍镜视野下有 20 ~ 30 个红细胞
pH：6.0	每个高倍镜视野下有 0 ~ 5 个白细胞
蛋白：100 mg/dL	每个高倍镜视野下有 2 ~ 5 颗粒管型
葡萄糖：4+	
酮体：阴性	偶见鳞状上皮细胞和变移上皮细胞
胆红素：阴性	未见细菌
血红素：2+	痕量脂滴和碎片

升高。从这点看，临床症状表明高血糖症没有得到很好的控制，但是检查血清果糖胺（见Marmalade-病例 2）可以评价更长一段时期内的血糖水平。

氮质血症：氮质血症分为肾前性、肾性或肾后性。该病例没有尿路阻塞的临床指征，因此应考虑肾前性和肾性因素。临床检查发现Hooligan脱水，所以至少一部分氮质血症是肾前性的。由于该病例有一定程度的脱水，而且尿液浓缩不良，提示肾脏损伤。在糖尿病没有得到很好控制的病例中，很难确切检测肾功能。尿中的葡萄糖会造成一定程度的渗透性利尿，尿相对密度降低。同时，尿液中出现的葡萄糖又会增加尿相对密度，大约每270 mg/dL葡萄糖使尿相对密度增加0.001。

高磷血症：造成本病例高磷血症最有可能的原因是肾小球滤过率（GFR）下降，无论GFR下降是由于原发性肾功能不全还是肾前性原因造成的。

高蛋白血症和高白蛋白血症：白蛋白合成增加的因素并不常见，高蛋白血症是血液浓缩的结果。这点符合Hooligan脱水的症状。

HCO_3^-降低：HCO_3^-下降提示酸中毒。在这个病例中，乳酸酸中毒是由于脱水继发了组织灌注不足，尿毒症性酸中毒也是潜在的原因。尿中未见酮体说明酮症酸中毒不是该病例代谢性酸中毒的主要原因。（请参照第七章更完全的解释）。由于厌食和并发症（有可能是尿道感染，也可能是肾衰），Hooligan肯定也有发展为酮症酸中毒的危险。

ALT和AST轻度升高：参见第二章肝酶的解释，在没有原发性肝脏疾病时，许多肝外因素会造成血清肝脏酶类的升高。一些内分泌疾病（包括糖尿病）可能会造成猫的这些异常。这只猫患肝脏疾病的可能性不大，因为大多数猫的肝脏疾病除了存在肝酶活性升高之外，都以高胆红素血症为特点。老年猫表现为肝酶升高，高血糖和体重减轻，另一个重要的考虑是甲状腺机能亢进。此猫患有糖尿病，无法排除甲状腺机能亢进的可能性。

轻度高淀粉酶血症：淀粉酶对于猫胰腺炎的诊断意义不大。该病例中，虽然不能排除胰腺炎，但是肾小球滤过率下降是最可能导致高淀粉酶血症的原因。

尿液分析

任何病例的血糖浓度超过200 mg/dL时都会出现尿糖，这是肾脏重吸收的阈值。其他异常如出现尿沉渣、尿蛋白、血红素2+都与尿道炎症相符，特别是前面提到的Hooligan有尿路感染的病史。糖尿病动物易发生尿路感染，这是因为葡萄糖为细菌增殖提供了营养，以及敏感但相对持续性的免疫功能缺陷。为了制定治疗方案，需要进行细菌培养和药敏试验。由于怀疑存在肾病，在糖尿病和尿路感染得到改善后应重复做尿液检查。持续出现尿蛋白提示蛋白经肾小球丢失，需监测尿蛋白/肌酐比。反复尿路感染的病史说明肾盂肾炎是造成肾衰的一个潜在因素，即使不存在这样的病史，慢性肾病对于老年猫也是一个普遍的问题。

病例总结和结果

强烈推荐静脉输液治疗和进行尿道影像学检查，但是主人放弃治疗，把Hooligan带回了家。在家中给予阿莫西林和皮下补液。这个病例未继续追踪。

Hooligan的病例说明多个并发症和实验室数据异常会使得诊断更为复杂。在一些病例中，只有治疗开始以后才能对实验室数据做出正确解释。例如，与肾前性氮质血症相比，只有对动物适当补水，才能确定肾性氮质血症的程度。此外，除非纠正尿糖及其造成的渗透性利尿，否则也无法确定肾脏真正的浓缩能力。虽然之前两个糖尿病病例（Marion 病例18，

Amaryllis病例19）都没有出现氮质血症，即便没有出现不可逆的肾功能衰竭，患病动物也可能会出现肾前性的氮质血症和渗透利尿导致的尿液浓缩能力降低。

如上所述，相对于糖尿病，造成肝酶升高的原因不太可能是肝脏原发性疾病。肝脏疾病也不能被排除，在没有对可引起肝酶升高的肝外性因素进行评估之前，不推荐进行侵入性检查如肝脏活组织检查。需评价患病动物是否发生了甲状腺机能亢进。与此相似，不能排除胰腺疾病是造成临床症状或肝酶升高的原因，淀粉酶对胰腺炎的诊断来说意义不大。如果仍考虑胰腺炎的可能性，不妨做一个胰蛋白酶样免疫反应（TLI）试验，但是判读结果时需注意肾脏疾病和脱水，因为这个检查结果会受到肾小球滤过率降低的影响。血清胰脂肪酶免疫反应（fPLI）（译者注：原文为cPLI）也可能有助于猫胰腺炎的诊断（Forman）。

→ 参考文献

Forman MA, Marks SL, Cock HE V de, Hergesell EJ, Wisner ER, Baker TW, Kass PH, Steiner JM, Williams DA. 2004. Evaluation of serum feline pancreatic lipase immunoreactivity and helical computed tomography versus conventional testing for the diagnosis of feline pancreatitis. J Vet Int Med (18): 807-815.

病例21－等级3

"Kabob"，一只9岁的迷你贵宾犬，绝育母犬。一年前发现有嗜睡和厌食的症状。那时其肝酶升高，并且出现低血糖和低白蛋白血症。使用抗生素治疗后，临床症状改善，肝酶指标下降，但血清生化指标并没有完全恢复。

血常规检查：第1天

WBC	↑ 31.7×10⁹ 个/L	(4.9 ~ 17.0)
Seg	↑ 24.4×10⁹ 个/L	(3.0 ~ 11.0)
Band	↑ 1.3×10⁹ 个/L	(0 ~ 0.3)
Lym	2.5×10⁹ 个/L	(1.0 ~ 4.8)
Mono	↑ 2.9×10⁹ 个/L	(0.15 ~ 1.4)
Eos	0.6×10⁹ 个/L	(0 ~ 1.3)
白细胞形态：中性粒细胞出现轻度中毒性变化		
血浆黄疸		
HCT	↓ 24 %	(37 ~ 55)
RBC	↓ 3.89×10¹² 个/L	(5.5 ~ 8.5)
HGB	↓ 8.0 g/dL	(12.0 ~ 18.0)
MCV	62.5 fL	(60.0 ~ 77.0)
MCHC	33.3 g/dL	(31.0 ~ 34.0)
红细胞形态：红细胞轻度大小不一，少量大红细胞		
血小板	↓ 12.0×10⁹ 个/L	(181.0 ~ 525.0)

生化检查

GLU	↓ 42 mg/dL	（67.0 ~ 135.0）
BUN	↓ 7 mg/dL	（8 ~ 29）
CREA	↓ 0.3 mg/dL	（0.6 ~ 2.0）
P	3.3 mg/dL	（2.6 ~ 7.2）
Ca	↓ 7.9 mg/dL	（9.4 ~ 11.6）
Mg	↓ 1.5 mmol/L	（1.7 ~ 2.5）
TP	↓ 4.6 g/dL	（5.5 ~ 7.8）
ALB	↓ 1.5 g/dL	（2.8 ~ 4.0）
GLO	3.1 g/dL	（2.3 ~ 4.2）
A/G	↓ 0.5	（0.7 ~ 1.6）
Na^+	143 mmol/L	（142 ~ 163）
Cl^-	119 mmol/L	（111 ~ 129）
K^+	↓ 2.3 mmol/L	（3.8 ~ 5.4）
HCO_3^-	16 mmol/L	（15 ~ 28）
AG	↓ 10.3 mmol/L	（12 ~ 23）
TBIL	↑ 10.00 mg/dL	（0.10 ~ 0.50）
ALP	↑ 2 741 IU/L	（12 ~ 121）
GGT	↑ 55 IU/L	（2 ~ 10）
ALT	↑ 459 IU/L	（18 ~ 86）
AST	189 IU/L	（16 ~ 54）
CHOL	88 mg/dL	（82 ~ 355）
TG	214 mg/dL	（30 ~ 321）
AMYL	↑ 2 171 IU/L	（409 ~ 1 203）

尿液分析：膀胱穿刺

外观：深黄色，清亮
尿相对密度：1.008
pH：7.0
蛋白：阴性
葡萄糖：阴性
酮体：阴性
胆红素：3+
血红素：3+

尿沉渣
每个高倍镜视野下有 0 ~ 5 个红细胞
白细胞未见
细菌：痕量
偶见上皮细胞和碎屑

骨髓穿刺：多张骨髓涂片都被血液稀释，不过有一些涂片里散在大小不一且细胞量丰富的骨髓颗粒。巨核细胞增加。M：E比值为3.0（参考范围0.75~2.5）。两个细胞系都已经成熟。罕见淋巴细胞，在一些细胞聚集处能见到浆细胞，但不足有核细胞计数的5 %。巨噬细胞内偶见红细胞降解产物，罕见完整的幼红细胞造血岛。

诊断：粒细胞和巨核细胞增生。红细胞系也表现出一定的活性，但比预期的低。

凝血检查：第1天

PT	↑ 10.2 s	（6.2 ~ 9.3）
APTT	↑ 23.5 s	（8.9 ~ 16.3）
FIB	200 mg/dL	（200 ~ 400）
FDPs	↑ 5 ~ 20 μg/mL	（< 5）

在家表现良好，直到这次就诊时才又出现嗜睡、厌食和呕吐等临床症状。体格检查发现Kabob黄疸、前腹部器官肿大，并且黏膜有黏性。

解析

CBC

白细胞象：Kabob出现了炎性白细胞象，伴有中性粒细胞显著升高和核左移，也可见单核细胞增多及中性粒细胞的中毒性变化。

红细胞象：Kabob出现了正细胞正色素性贫血。骨髓应答不足，这种贫血是非再生性的。慢性疾病或者炎症常常会抑制红细胞的生成，出现轻度非再生性贫血。在这个病例中，这些检查并不能完全解释贫血的严重程度。骨髓中红细胞降解产物生成可能提示骨髓中红细胞前体破坏或凋亡增加，这种变化可能是免疫介导性的，也可能与一些非特异性潜在疾病有关。骨髓中没有可以引起红细胞生成抑制的肿瘤性征象。

血小板：由于骨髓中巨核细胞增生，血小板减少症可能是外周消耗增加引起的，而非生成减少引起的。出血可能会导致血小板减少症，但同时可能会出现贫血和泛蛋白减少症。然而，出血引起的血小板减少症往往是轻度至

中度的。检查时需要详细询问主人，以确定是否有胃肠出血的可能性。严重的血小板减少症可能跟免疫介导性机制有关，这种情况下病例有自发性出血的风险。免疫介导性血小板减少症可能继发于肿瘤，但是这时的检查并未发现肿瘤。凝血时间延长、纤维蛋白原降解产物增加和血小板减少症同时出现，提示该病例出现了弥散性血管内凝血。接种疫苗可能会暂时性地引起轻度至中度的血小板减少症，病毒感染也会有这种变化应详细地询问病史，以排除接触药物或毒素的可能性。

血清生化分析

低血糖：任何低血糖的测定结果都需要重复检测，因为样品在体外时细胞可能会消耗葡萄糖。白细胞计数升高的样品更要注意这一点，正如本病例所见。CBC数据显示Kabob有严重的炎症反应。一些败血症病例也可能出现低血糖。严重的肝功能损伤时，肝脏中糖异生受阻，从而导致患病动物出现低血糖。低白蛋白血症、尿素氮下降、高胆红素血症和凝血时间延长都是佐证，但是这些检查都不是肝功能下降的敏感性和特异性指标。低血糖的另外一个潜在病因是肿瘤。胰岛素瘤（见 Russell病例6）和能产生异常胰岛素样生长因子（见

Kippy病例5）的大的体腔内肿物，都能刺激细胞消耗葡萄糖。如果肝功能检查结果正常，建立肿瘤诊断需要辅以影像学检查及活组织检查，虽然这两项检查均是肝脏疾病进一步检查中的一部分。低白蛋白血症和低血糖可能是由长期饥饿引起的，然而这种现象并不常见，主要发生于那些体况评分很低的动物。

尿素氮和肌酐下降：过度水合会稀释血液中的尿素氮，多尿会导致尿素氮的排泄增加。该病例的尿相对密度很低，和多尿的症状相吻合。很难通过现有的数据评估这个病例的水合状态，因为其疾病过程可能会影响红细胞比容和血清总蛋白水平。尽管Kabob出现了尿液稀释，黏膜状态提示其有脱水的表现，提示可能不是过度水合。更多关于之前输液治疗的信息将有所帮助。肝功能严重损伤也会影响尿素氮的生成。在游离水未出现滞留的情况下，肌酐水平下降的主要鉴别诊断是肌肉量显著下降。正如前文讨论所示，饥饿与低白蛋白血症、低血糖之间存在直接的关联，该病例体况很差，其异常的实验室数据可能跟饥饿有关。同理，负氮平衡也会使尿素氮的生成减少。

低钙血症：低钙血症跟持续的低白蛋白血症有关，因此该病例的离子钙可能没有下降。如果患病动物同时出现磷酸盐异常或者其他和低钙血症相关的临床症状，推检查测离子钙水平。

轻度低镁血症：这种现象常见于一些危重病例中。在这个病例中，低镁血症可能是由吸收减少或肾脏丢失增加引起的。作为一个关键的辅因子，镁参与钙的调控及其他生化反应，因此推荐对这个病例补充镁元素。

和钙离子一样，镁离子也是一项具有重大生理意义的指标。

低蛋白血症和低白蛋白血症：白蛋白和球蛋白不成比例的减少可能是由肝功能降低导致白蛋白合成减少，也可能是流经肾小球时选择性丢失。还有许多途径造成白蛋白、球蛋白同时丢失，如胃肠道、皮肤和第三间隙丢失。正如前文提到的，肝脏合成白蛋白能力下降可能继发于摄入减少/饥饿，肝功能下降，或者急性期反应的一部分（因为白蛋白是负急性期反应产物）。应该在尿相对密度下降的前提下分析尿蛋白阴性这一检查结果，不能排除这个病例的蛋白从肾脏丢失的可能性。针对这样的病例，评估蛋白尿的更精确的方法是尿蛋白/肌酐比。通过以上分析，Kabob的低白蛋白血症可能是肝功能下降引起的，但是发烧、手术时患病动物对蛋白的消耗也会增加，可能加重白蛋白下降。

低钾血症：Kabob厌食并且钾摄入不足，因此易于出现低钾血症。生理学上的重度低钾血症最常见于胃肠道丢失、肾脏丢失（伴随多尿）和第三间隙丢失，对于这个病例来讲，这几种情况都有可能发生。大量补充低钾液体时可能会引起医源性低钾血症。

阴离子间隙轻度增加：这种轻度异常可能是由低白蛋白血症引起的。正常情况下，大多数未测定出的阴离子是带负电的血浆蛋白。

高胆红素血症：该病例中，溶血、败血症、胆汁淤积以及肝功能水平下降都可能导致高胆红素血症，并且以上因素都是不同程度的潜在病因。由于该病例出现了贫血的现象，因此其高胆红素血症可能是溶血引起的。溶血性贫血是再生性的，并且伴随红细胞形态的改变。炎性白细胞象和低血糖症可能是由败血症引起的，败血症会损坏肝细胞的吸收胆红素。碱性磷酸酶和谷酰胺转肽酶升高提示该病例出现了胆汁淤积。肝功能下降的风险已经讨论过了，要评估该病例是否已经出现了肝功能下降，需要进行更深入的检查。

ALP和GGT升高：尽管肝外性因素很重要，这个病例中，高胆红素血症和高胆红素尿支持胆汁淤积的推测。尽管没有操作上的失误，对于一个胆汁淤积的病例来讲，胆固醇的检测值有些低。这也可能是肝功能下降的一个指征。

ALT和AST升高：肝脏转氨酶升高提示肝细胞出现了损伤。由于肝细胞内酶升高的程度比胆汁淤积酶升高的程度低，肝细胞损伤可能继发于原发的胆汁淤积性疾病。

淀粉酶升高：淀粉酶升高往往被作为胰腺疾病的指征，然而小肠疾病、肝脏疾病以及肾小球滤过率下降等因素都会导致血清淀粉酶水平升高。由于Kabob的淀粉酶仅表现为轻度升高，而且是暂时性的，因此这种变化不大可能是胰腺疾病引起的，而更像是其他因素引起的。

尿液分析：尽管存在一些脱水的临床证据，Kabob却表现出尿相对密度下降。由于Kabob没出现氮质血症，因此排除肾功能衰竭。这种变化可能是由肾髓质冲洗或者肝功能下降引起的。由于检查数据显示Kabob出现了轻度的电解质紊乱，因此怀疑它发生了肝功能衰竭。肝功能衰竭时能引起多尿和尿液稀释的原因包括：促肾上腺皮质激素的过度刺激、慢性皮质醇增多症以及由渗透刺激引起抗利尿

激素释放机制受损。在一些犬中，恶心可能会导致烦渴，尿素氮下降会损害肾脏的渗透梯度（Rothuizen）。

高胆红素尿反映出了血液中胆红素经肾排泄的过程。血液污染的样品可能会出现血红素和红细胞，继而在稀释的尿液中出现红细胞溶解。尿液检查发现细菌，提示需要进行细菌培养，尤其是那些临床症状和实验室结果提示有炎症和潜在败血症的病例。

骨髓抽吸：炎症源自于骨髓粒细胞系的增生。巨核细胞增生是外周血小板破坏的一种反应。贫血的反应之前已经讨论过了。

凝血检查：严重肝功能受损时，凝血因子合成不足，从而导致凝血酶原时间（PT）和活化部分凝血活酶时间（APTT）延长。由于纤维蛋白原降解产物是通过肝脏清除的，因此肝功能衰竭时纤维蛋白原降解产物可能会升高。血小板减少症和肝功能下降之间没有相关性，但是结合其他变化，怀疑该病例出现了弥散性血管内凝血（DIC）。败血症可能会引发DIC。由于肝脏对凝血过程的调控是至关重要的，而Kabob出现肝功能下降，这一原因使其易于发生DIC。

病例总结和结果

腹部超声检查显示Kabob胆囊增大，囊壁增厚，并且有胆结石。由于已经观察到胆管阻塞，胆囊不能排出胆汁，因此在治疗第1天，给Kabob输注一单位富含血小板的血浆，而没有立即进行手术。然后对Kabob施以胆囊切除术以去除结石，并进行肝脏的活组织检查。肝脏细菌培养的结果为阴性，胆囊细菌培养出现了α链球菌和大肠杆菌。活组织检查结

果显示该病例出现了化脓性胆管炎，并伴有广泛性髓外造血的局部化脓性肝炎。肝脏疾病可能是由细菌经胆管逆行性感染引起的。

使用Actigal（熊去氧胆酸）和抗生素治疗，并进行静脉输液。

血常规检查

	第3天	第7天	
WBC	↑ 64.0×10^9 个 /L	↑ 18.4×10^9 个 /L	（4.9 ~ 17.0）
Seg	↑ 58.8×10^9 个 /L	↑ 14.9×10^9 个 /L	（3.0 ~ 11.0）
Band	↑ 2.6×10^9 个 /L	0.2×10^9 个 /L	（0 ~ 0.3）
Lym	1.3×10^9 个 /L	2.2×10^9 个 /L	（1.0 ~ 4.8）
Mono	1.3×10^9 个 /L	0.9×10^9 个 /L	（0.15 ~ 1.4）
Eos	0	0.2×10^9 个 /L	（0 ~ 1.3）
白细胞形态：2d 都见到轻度中毒性中性粒细胞			
血浆均呈黄疸			
PCV	↓ 25 %	↓ 23 %	（37 ~ 55）
RBC	↓ 3.74×10^{12} 个 /L	↓ 3.48×10^{12} 个 /L	（5.5 ~ 8.5）
HGB	↓ 8.4 g/dL	↓ 7.9 g/d	（12.0 ~ 18.0）
MCV	65.8 fL	65.9 fL	（60.0 ~ 77.0）
MCHC	33.6 g/dL	34.0 g/dL	（31.0 ~ 34.0）
红细胞形态：2d 均可见轻度红细胞大小不等，少量大红细胞			
血小板	24.0×10^9 个 /L	39.0×10^9 个 /L	（181.0 ~ 525.0）

生化检查

	第3天	第7天	
GLU	↓ 60 mg/dL	↓ 36 mg/dL	（67.0 ~ 135.0）
BUN	↓ 7 mg/dL	↓ 7 mg/dL	（8 ~ 29）
Crea	↓ 0.3 mg/dL	↓ 0.2 mg/dL	（0.6 ~ 2.0）
P	4.9 mg/dL	4.6 mg/dL	（2.6 ~ 7.2）
Ca	↓ 8.2 mg/dL	↓ 8.5 mg/dL	（9.4 ~ 11.6）
Mg	1.7 mmol/L	↓ 1.5 mmol/L	（1.7 ~ 2.5）
TP	↓ 4.0 g/dL	↓ 5.3 g/dL	（5.5 ~ 7.8）
ALB	↓ 1.9 g/dL	↓ 1.9 g/dL	（2.8 ~ 4.0）
GLO	↓ 2.1 g/dL	3.4 g/dL	（2.3 ~ 4.2）

续表

	第 3 天	第 7 天	
A/G	0.9	↓ 0.6	（0.7 ~ 1.6）
Na+	142 mmol/L	142 mmol/L	（142 ~ 163）
Cl−	↓ 109 mmol/L	113 mmol/L	（111 ~ 129）
K+	↓ 2.3 mmol/L	4.0 mmol/L	（3.8 ~ 5.4）
HCO3−	27 mmol/L	22 mmol/L	（15 ~ 28）
AG	↓ 8.3 mmol/L	↓ 11 mmol/L	（12 ~ 23）
TBIL	↑ 7.2 mg/dL	↑ 4.2 mg/dL	（0.10 ~ 0.50）
ALP	↑ 720 IU/L	↑ 618 IU/L	（12 ~ 121）
GGT	↑ 11 IU/L	↑ 19 IU/L	（2 ~ 10）
ALT	↑ 160 IU/L	↑ 87 IU/L	（18 ~ 86）
AST	↑ 146 IU/L	↑ 71 IU/L	（16 ~ 54）
CHOL	113 mg/dL	154 mg/dL	（82 ~ 355）
TG	108 mg/dL	88 mg/dL	（30 ~ 321）
AMYL	647 IU/L	605 IU/L	（409 ~ 1 203）

第 3 天腹腔液分析

离心前颜色：红　　　　　　　　离心后颜色：黄
离心前混浊度：云雾状　　　　　离心后混浊度：清澈
尿相对密度：1.021　　　　　　　总蛋白：3.0 g/dL
总有核细胞计数：46 600 个 /μL
胆红素：3.2 mg/dL

　　腹腔液包含中量的红细胞，主要是非退行性中性粒细胞和少量巨噬细胞。未见到病原体。未见胆色素。

凝血检查：第 7 天

PT	8.5 s	（6.2 ~ 9.3）
APTT	↑ 16.7 s	（8.9 ~ 16.3）

CBC

白细胞象：和第1天相比，第3天时，Kabob出现更显著的中性粒细胞性白细胞增多症、核左移、单核细胞增多症，以及中性粒细胞出现中毒性变化。第7天时，核左移和单核细胞增多症的程度减轻，中性粒细胞轻度增多。第7天时，炎症程度似乎降低。

红细胞象：Kabob出现了正细胞正色素性贫血，住院期间变化很小。

血小板：治疗期间血小板升高。

血清生化分析：

低血糖：在这个病例中，低血糖和持续的炎性白细胞象更像是肝功能异常引起的，而不是败血症的表现。由于Kabob出现持续的低血糖，需要进行ACTH刺激试验以排除肾上腺皮质机能减退，结果是正常的。一些肾上腺皮质机能减退患病动物的临床生化检查结果类似肝功能下降，例如低血糖和低胆固醇血症（见Kazoo病例12）。

BUN及CREA下降：正如前文所阐述的，Kabob的肌酐和尿素氮下降可能是由其水合过度、多饮多尿、肝功能下降以及肌肉量下降等多种因素共同造成的。

低钙血症：Kabob的检查结果已经接近参考范围了，可能和白蛋白的变化有关。

血镁浓度轻微下降（第7天）：血镁浓度在第3天回升到参考范围的下限，在第7天又下降。见上文讨论。

低蛋白血症伴发低白蛋白血症，一过性的轻度低球蛋白血症：蛋白质结果随动物每天的水合状态的变化而变化。

血钾浓度（第3天下降，第7天恢复）：血钾浓度改善可能是由于静脉输液补充，动物开始进食以及控制蛋白的流失等。

阴离子间隙轻度下降（第7天）：阴离子间隙的轻度异常可能是由白蛋白下降导致的。

高胆红素血症（逐渐减轻）：炎性白细胞象、胆汁淤积酶的变化趋势和胆红素的变化趋势平行，这一趋势表明高胆红素血症是胆汁淤积引起的，而不是溶血引起的。

ALP和GGT升高：在手术纠正引起胆汁淤积的原因之后，ALP和GGT均下降。

ALT和AST升高：正如预期，解决了胆汁淤积问题并对感染性肝脏疾病进行药物治疗时，ALT和AST都出现下降。短时间内ALT下降超过50％往往提示预后良好，不过肝细胞死亡也会表现出这种变化。肝脏转氨酶水平在第7天回到正常范围。

腹腔积液：由于积液是炎性的，尽管细胞学检查时没有发现病原，仍然推荐进行细菌培养。由于积液无胆色素，而且它的胆红素浓度和血浆很接近，因此Kabob的胆管树可能是完整的。

凝血检查：随着炎症的控制及肝脏转氨酶和胆红素的下降，凝血检查的各项检测值也得到改善，这一变化进一步支持DIC的推测。肝功能损伤时，凝血因子合成受阻，凝血酶原时间和活化部分凝血活酶时间延长证明肝功能严重损伤。但是不能把这两者改善理解为肝功能已经恢复。

尽管没有对Kabob进行特殊的肝功能检查，生化检查结果提示它很有可能出现了胆汁淤积以及肝细胞损伤。Kabob于手术后10d出院，并继续进行药物治疗。

可以把Kabob的血液学检查结果和YapYap（病例7）进行对比，YapYap患有门静脉短路，并伴有肝功能下降。YapYap也出现了低血糖，低白蛋白血症（尽管球蛋白正常，使得鉴别诊断时很容易排除出血）以及等渗尿。同时YapYap它也出现了低胆固醇血症，与其他异常指标相比，这和严重肝功能受损不符。伴发的胆汁淤积可能升高了Kabob的胆固醇，使其达到正常范围。尽管肝功能下降，但YapYap的胆红素正常，而Kabob的胆红素升高，除肝功能衰竭外，Kabob的高胆红素血症可能是多种因素共同作用的结果。没有对Kabob和YapYap的凝血检查进行对比。Nutmeg（病例16）也患了肝病，但是临床生化检查结果中肝脏指标正常。即使肝脏出现了显著的病理变化，肝功能检查结果也可能是正常的。因此，这些检查结果正常并不能作为肝功能正常的判断依据。

→ 参考文献

Rothuizen J, Meyer HP. 2000. History, physical examination, and signs of liver disease. In:In: Text Book of Veterinary Internal Medicine 5th ed. Ettinger and Feldman eds. W.B.Saunders Company, Philadelphia, PA: 1272-1277.

病例22 - 等级3

"Jimbo"，一只8月龄的雄性拉布拉多犬。嗜睡，精神沉郁。主诉Jimbo在过去3d内共呕吐5次，并且在其中一滩呕吐物里发现了几枚硬币。现在Jimbo黏膜苍白、黄染，并且腹部疼痛；Jimbo发热，心电图检测发现其有室性早搏。该病例有癫痫病史，现正在使用苯

血常规检查

WBC	↑ 32.6×10^9 个/L	（4.9 ~ 17.0）
Seg	↑ 29.3×10^9 个/L	（3.0 ~ 11.5）
Band	0	（0 ~ 0.3）
Lym	1.3×10^9 个/L	（1.0 ~ 4.8）
Mono	↑ 2.0×10^9 个/L	（0.2 ~ 1.5）
Eos	0	（0 ~ 1.3）
有核红细胞/100白细胞	↑ 20	
血浆外观：显著溶血		
HCT	↓ 17 %	（39 ~ 55）
RBC	↓ 2.11×10^{12} 个/L	（5.5 ~ 8.5）
HGB	↓ 5.0 g/dL	（12.0 ~ 18.0）
MCV	↑ 79.0 fL	（60.0 ~ 77.0）
MCHC	↓ 29.4 g/dL	（31.0 ~ 34.0）
红细胞形态：新亚甲蓝染色显示有海因茨小体。有少量球形红细胞。轻度多染性		
血小板	495.0×10^9 个/L	（181.0 ~ 525.0）

生化检查

GLU	↑ 417 mg/dL	（90.0 ～ 140.0）
BUN	↑ 67 mg/dL	（8 ～ 33）
CREA	1.3 mg/dL	（0.6 ～ 2.0）
P	↑ 8.2 mg/dL	（2.6 ～ 7.2）
Ca	10.0 mg/dL	（8.8 ～ 11.0）
Mg	2.5 mmol/L	（1.7 ～ 2.5）
TP	5.8 g/dL	（4.8 ～ 7.2）
ALB	↓ 2.6 g/dL	（2.8 ～ 4.0）
GLO	3.2 g/dL	（2.0 ～ 4.0）
Na^+	143 mmol/L	（140 ～ 151）
Cl^-	↓ 102 mmol/L	（105 ～ 126）
K^+	↓ 3.7 mmol/L	（3.8 ～ 5.4）
HCO_3^-	17 mmol/L	（15 ～ 28）
TBIL	无效	（0.10 ～ 0.50）
ALP	无效	（20 ～ 320）
ALT	↑ 351 IU/L	（10 ～ 95）
AST	↑ 239 IU/L	（16 ～ 54）
CHOL	131 mg/dL	（110 ～ 314）
TG	36 mg/dL	（30 ～ 321）
AMYL	↑ 2 094 IU/L	（400 ～ 1 200）
LIP	143 IU/L	（53 ～ 770）

注意：由于样本显著溶血，总蛋白和白蛋白可能假性升高；而GGT、总胆红素和ALP的检查结果无效。

凝血检查

凝血酶原时间（PT）	↑ 2.0s	（6.2 ～ 9.3）
部分活化凝血酶原时间（APTT）	↑ 64.9s	（8.9 ～ 16.3）
纤维蛋白降解产物（FDP）	↑ > 20μg/mL	（< 5）

巴比妥和溴化钾治疗。

解析

CBC

白细胞象：Jimbo有成熟中性粒细胞增多症和单核细胞增多症，提示可能存在炎症。尽管根据现有的数据，还不能准确确定炎症的来源，但病史和临床生化检测，提示首先要评估胃肠道、肝脏、胰腺。

红细胞象：Jimbo有明显的大红细胞低色素性贫血，应该为再生性，并伴随循环中有核红细胞前体释放增加，作为再生性反应的一部分。需要靠网织红细胞计数来定量该反应。海因茨小体的出现说明红细胞存在氧化损伤，可能是引起溶血的原因。犬摄入洋葱（生的或熟的）、维生素K、亚甲蓝、铜和锌都可能引起红细胞氧化损伤形成海因茨小体。球形红细胞增多症最常见于红细胞的免疫介导性损伤，然而也有报道某些毒素例如某些蛇的毒液和锌也能够引起球形红细胞增多。

血浆：血浆呈现明显的溶血。这可能是由于人为原因产生，或是血管内溶血。在该病例，海因茨小体和球形红细胞提示是氧化损伤或免疫介导作用导致的血管内溶血。球形红细胞和海因茨小体同时出现提示锌中毒。尽管由于血清胆红素不可测而无法证实，但黏膜黄染提示该犬有高胆红素血症。一些血管外溶血成分或血管内溶血的血红素释放过程都会使血清胆红素升高。肝细胞酶升高提示肝功能下降或胆汁淤积，然而本次检查未测出胆汁淤积酶的活性，也没有进行特殊的肝功能试验，例如血氨或血清胆汁酸。由于胆色素对结缔组织的亲和力比较强，所以临床上出现的黄疸，可能会一直持续到能够通过血清生化检测到高胆红素血症为止。

血清生化分析

高血糖：皮质类固醇或肾上腺素可能会导致高血糖，但对犬来说，这种程度的高血糖不可能是单独由应激引起的。胰岛素抵抗可能加重高血糖症状，所以需要考虑肾上腺皮质机能亢进等原因。ALP可能有助于评估这种可能性，因为大多数肾上腺皮质机能亢进患犬的ALP水平都会升高。但这种情况容易和幼犬继

发于骨生长的ALP升高及患病动物内源性皮质类固醇的诱导作用相混淆。在判断该病例是否患有糖尿病时，重复检查血糖或控制血糖的长期指标（如果糖胺或糖基化血红蛋白）是非常必要的。糖尿病通常伴随有高胆固醇血症，并且血清甘油三酯会升高，但在这个病例的检查中，并没有出现这种情况。

BUN升高、血清肌酐正常：要想解释这些数值，需要尿液分析的结果，在这个病例中无法做到。在有些病例，明显的血红蛋白尿会诱发肾病。在肾前性氮质血症早期，BUN可能先于肌酐升高，因为肾小管流量对尿素清除的影响比肌酐更大一些。当BUN升高但血清肌酐还处于参考范围时，还需要考虑肾外因素。高蛋白饮食、胃肠道出血、发烧和组织坏死都是引起BUN升高的其他肾外性因素，在这个病例中应该排除。

轻度高磷血症，血钙正常：这个病例中引起高磷血症的主要鉴别诊断是幼年犬骨生长和/或溶血。大型犬幼犬在骨生长期出现血磷升高，也可能存在溶解性骨损伤，所以该病例应该评估跛行或骨痛。血清ALP水平有助于评估这种可能性，但是由于样品溶血，这个数据无法测得。成年犬的肾小球滤过率降低是一个造成高血磷的常见原因。特别是当病患出现氮质血症时，血磷会升高，此时BUN升高和肾小球滤过率降低的程度一致。但是，BUN和血磷升高都可能是由于组织创伤或坏死引起的。溶血本身可以增加血清磷浓度，因为红细胞中磷的含量很高。在肿瘤溶解综合征伴发的高血磷中也存在相似的机制，磷会从淋巴母细胞或髓母细胞中会释放出来，但这在一个8个月的犬来

说非常不可能，即使在成年犬也非常少见。同样，维生素D中毒和甲状旁腺机能减退也不是引起高血磷的常见原因，在这个病例也不太可能，因为它们通常伴有低血钙。医源性高血磷的原因包括静脉注射磷酸盐或使用磷酸盐制剂灌肠，但这与用药史不一致。更多关于钙磷异常的讨论见第六章。

低白蛋白血症：低血清白蛋白可能由蛋白产生减少或丢失增加引起。炎性白细胞象提示急性期反应，期间可能会出现肝脏生成白蛋白减少。白蛋白生成减少也可能继发于肝衰竭，但肝功能检测显示肝脏糖异生和产生胆固醇的功能正常（需要记住的是，这些并不是检测肝功能的好方法）。凝血时间延长也可能是因为继发于肝功能降低的凝血因子生成障碍。可进行肝功能检查比如血清胆汁酸或血氨水平检查。蛋白生成减少可能是由于饥饿引起的，但这与其病史不一致。白蛋白丢失增加包括有第三间隙、皮肤、组织间隙、胃肠道和肾脏。检查病患是否有腹水和水肿，并检查尿蛋白可以排除很多蛋白丢失的原因。胃肠道蛋白丢失较难定量，但粪便中 α_1 蛋白酶抑制物的含量，也能作为肠道蛋白丢失的潜在标志。由于黏膜通透性增加，蛋白进入肠管引起丢失。但与其他蛋白不同，α_1 蛋白酶抑制物能充分抵抗肠道酶类的分解作用，所以能在粪便中检测到。

轻微的低氯血症：低氯血症的同时血清钠离子浓度正常，说明呕吐物为胃内容物，这与Jimbo的病史相符。血氯异常可能伴发于酸碱紊乱，但是在该病例的 HCO_3^- 处于正常值范围。一般来说，血氯的变化与 HCO_3^- 相反，但是混合性酸碱紊乱中不一定出现这种变化。需要做血气分析来准确判断酸碱平衡情况，但这项检测并不是本病例的治疗中必须进行的。利尿药例如呋塞米或噻嗪类的使用会引起氯消耗，但Jimbo的病史中无相关记录。

轻微低钾血症：胃肠道丢失增加和由厌食造成的摄入减少，导致了这项电解质紊乱。由糖尿病导致的利尿作用会增加肾脏的钾离子丢失。伴发高胰岛素血症的高血糖会导致细胞内钾离子转运，所以Jimbo的高血糖可能是造成这项异常的原因。同样的，在碱中毒时钾离子会进入细胞。体内大多数钾存在于细胞内，血清钾离子下降不一定能准确反应机体内钾的总含量。与氯相似，使用利尿剂也会使钾经肾脏丢失增多。

血清ALT和AST升高：这些酶中度升高可能发生于肝细胞损伤，然而AST组织特异性较低，肌肉损伤和溶血也会使其数值升高。对Jimbo来说，有数个可能造成肝细胞损伤的病因：缺氧、继发于贫血和脱水的肝细胞灌注不足、血液灌流的局部变化、毒素、肠道疾病（呕吐）所释放的炎性细胞因子、胰腺疾病（淀粉酶升高）、外源性毒素或药物（包括苯巴比妥或皮质类固醇）。由于溶血导致ALP、GGT和总胆红素不可测量，因此不能评估由胆汁淤积导致肝细胞损伤的可能性。肝外代谢过程例如糖尿病和肾上腺皮质机能亢进也可能升高血清肝脏酶类活性。通常，犬血液中的非特异性肝脏酶类活性必须与其他临床和病理学数据相结合来判断；可能需要做细胞学或活组织检查来帮助进行特异性诊断。溶血可能引起红细胞中的这些酶的释放。更多详细讨论请见第二章有关肝脏酶类的说明。

轻度高淀粉酶血症，脂肪酶正常：这两种酶被认为是判断胰腺损伤的指标，但它们不是仅仅由胰腺产生。肾小球滤过率下降时，血液中这两种酶的活性可能升高到参考范围上限的2~4倍，加上BUN和血磷升高，该病例出现这种变化的原因可能是肾小球滤过率下降。呕吐和脱水可能是导致肾小球滤过率下降的肾前性因素，但这也与其他能升高血清淀粉酶的胰腺或肠道疾病相一致。尽管在理论上，淀粉酶和脂肪酶的变化与胰腺损伤反应相一致，但实际上在临床病例上它们之间通常不一致。有些作者说脂肪酶是检测胰腺炎的优良指标（Brobst），但是有些确诊为胰腺炎的犬没有表现出血清脂肪酶升高（Strombeck）。基于最近的多项研究，很多作者支持检测犬胰蛋白酶样免疫反应性和犬胰脂肪酶样免疫反应性（Steiner）以及血浆胰蛋白酶原活性肽浓度（Mansfield），用于诊断胰酶升高和临床出现胃肠道疾病症状的犬胰腺炎。但这些检查的敏感性和特异性都不是非常理想，要结合临床症状、实验室检测数据异常和影像数据来做出诊断，给出令人信服的判断。

凝血检查：PT和APTT延长提示继发性凝血异常涉及内源性途径及外源性途径和/或者共同途径作用。尽管血小板计数正常，但结合纤维蛋白降解产物来看（FDP > 20μg/mL），有可能是混合性凝血紊乱例如DIC。肝功能下降也可能会导致凝血因子的产生减少，并减缓纤维蛋白降解物的消除，但本病例中未进行特异性肝功能试验。

病例总结和结果

住院后不久Jimbo出现了心肺停搏。复苏后用呼吸机维持生命，但0.5 h之后死亡。虽然没有做尸体剖检，但根据实验室检查，还有病史中呕吐硬币这点来看，锌中毒可能是导致死亡的原因。

动物可能在电池、颜料、化妆品、木材防腐剂、拉链、桌游卡片、硬件以及1983年或以后出厂的硬币中接触到锌。金属锌活性不高，在胃中溶解于酸，从而被吸收产生毒性。毒性作用包括直接刺激胃黏膜（在有异物存在的情况下可能恶化），干扰其他元素比如镉、钙、铜、铁的代谢，并造成继发于红细胞生成障碍和溶血的贫血。溶血的具体机制还未阐明，但是锌能够抑制红细胞酶（特别是那些保护细胞不受氧化损伤的酶类）活性，引起细胞膜损伤，引起半抗原诱导的免疫破坏（Cahill-Morasco）。并且，海因茨小体和球形红细胞都可以在锌中毒病例中见到。由于存在球形红细胞、溶血、再生性贫血的现象，所以应鉴别诊断免疫介导性溶血性贫血。在没有原发性免疫介导疾病的前提下，锌中毒病例的库姆斯试验可能呈阳性，因为蛋白会非特异性吸附到被锌破坏的红细胞膜上，或是红细胞表面存在锌。

锌可能引起肝细胞和胰腺损伤，导致ALP、ALT、AST、AMYL和脂肪酶升高。毒素损伤可能混有严重贫血导致的轻微组织氧化、由于脱水导致的血流灌注不足，和由于心律失常导致的心输出量下降。BUN和血磷、淀粉酶升高，可能是因为重金属中毒导致肾脏损伤，或是对血红蛋白的毒性作用。根据其有呕吐的病史来看，也有可能是由脱水引起的肾前性氮质血症；因为病患贫血，并可能有肝脏疾病，红细胞比容和白蛋白不能准确反映机体水合情况，必须结合临床症状来判断。评估尿浓缩能力需要检查尿相对密度，病史中提到的红尿可能是由于溶血导致的血红蛋白尿。在锌中毒病患的尿液样本中偶尔见到颗粒管型，是因为肾小管发生坏死。因为超过了肾小管糖重吸收阈值，Jimbo很可能有糖尿的情况，但肾小管功能障碍会导致血糖值正常的病患也出现尿糖（这点已经在中毒病例中观察到了）。不论什么原因引起的高血糖，都将引起尿糖，继而出现渗透性利尿干扰尿液的浓缩能力，因此应谨慎判读等渗尿的原因。

锌中毒时会出现PT和APTT时间延长；锌可以直接或间接影响凝血蛋白酶的功能。

→ 参考文献

Brobst DF. 1997. Pancreatic Function. In JJ Daneko, JW Harvey, and ML Bruss(eds): Clinical Biochemitry of Domestic Animals,5th ed. San Diego, CA. Academic Press: 353-366.

Cahil-Morasco R and DePasquale MA. 2002. Zinc toxicosis in small animals. Compend Contin Educ Pract Vet (24): 712-719.

Mansfield CS, Jones BR. 2000. Trypsinogen activation peptide in the diagnosis of canine pancreatitis. J Vet Int Med (14): 346.

Steiner JM. Broussard J, Mansfield CS, GHumminger SR, Williams, DA. 2001. Serum canine pancreatic lipase immunoreactivity (cPLI) concentrations in dogs with spontaneous pancreatitis. J Vet Int Med (15): 274.

Steiner JM, Williams DA. 2003. Development and validation of a radioimmunoassay for the measurement of canine pancreatic lipase immunoreactivity in serum of dogs.Am JVet Res (64): 1237-1241.

Strombreck DR, Farver T, Kaneko JJ. 1981. Serum amylase activities in the diagnosis of pancreatitis in dogs. AM J Vet Res (42): 1966-1971.

回顾

第1步：排除任何可能影响数据准确性的人为操作，例如在体外血清和细胞接触时间延长（病例3）。

第2步：考虑可能会影响结果分析的暂时性生理情况，比如餐后（病例1的高甘油三酯血症）、应激（病例2的高血糖）或脱水（高淀粉酶血症）。CBC能提供数据支持，例如由应激或红细胞增多症引起的皮质类固醇或肾上腺素白细胞象，或脱水造成的高白蛋白血症和肾前性氮质血症。

第3步：内分泌病是引起血糖、胆固醇和甘油三酯异常的重要原因。这在肝脏酶类异常也是一样的。仔细监测CBC和血清生化数据，寻找其他可能提示内分泌病的异常情况，如甲状腺机能减退（病例10）、甲状腺机能亢进、肾上腺皮质机能减退（病例12）、肾上腺皮质机能亢进（病例17）或糖尿病（病例18、19、20）。通常需要做进一步监测来确认存在内分泌疾病。

第4步：评估已知的影响这些具有病理学意义的分析的器官。特别是肝脏疾病会导致血糖、胆固醇和甘油三酯异常（病例7、21）。胰腺疾病也会影响这些分析，并且还会引起血清淀粉酶和脂肪酶升高（病例13、14、15）。我们要记住胰腺和肝脏的关系很紧密，在病理学检查中这两个器官都可能出现变化（病例16）。肾脏疾病可以引起淀粉酶和脂肪酶的升高（病例20、21），并伴有脂肪代谢的改变（见第五章）。正如第3步中提到的，我们通常需要在CBC、血清生化和尿检之外，进行进一步检测来做出特异性诊断。

第5步：某些类型的肿瘤（病例4、5、6、13、14），全身感染（病例8、9）或用药和毒素（病例11，可能的病例21）都会影响分析。

第四章

血清蛋白

蛋白质

大多数家养动物中，白蛋白占总血清蛋白含量的35 % ～50 %，肝脏合成并储存蛋白质、转运氨基酸。除此之外，白蛋白还是一种基本的结合和转运蛋白，可以防止肾脏过滤时蛋白质有效成分的流失。由于白蛋白分子量小、含量大，因此其大约构成血浆渗透活性的75 %。

除白蛋白外，球蛋白占血液可测量蛋白质的大部分。通过电泳分离后，α 球蛋白含有脂蛋白和一些急性期反应蛋白；β 球蛋白则含有另外的急性期反应蛋白和一些免疫球蛋白；而 γ 球蛋白则主要是免疫球蛋白。

血清蛋白的测量

血清蛋白的测量方法有很多种。临床上常用的是折射法。该方法的原理是光通过不同密度的物质时折射度不同，且测量的是全部溶质，包括总蛋白（溶质的主要组成成分）、电解质、葡萄糖、尿素和脂肪。对健康机体而言，溶质的含量要比血清或血浆总蛋白含量稍高一些，但是折射法中的转换系数可说明这种差异在正常范围内。这些修正方法在机体疾病状态下是不准确的，且方法学可以解释应用折射法和自动化学分析法测量总蛋白水平时的差异。因此，我们考虑用折射法进行总蛋白的评估。

自动化学分析法一般可以测量总蛋白和白蛋白，并据两者之差计算球蛋白含量，这些分析方法测量的是蛋白质和试剂组成的带颜色的复合物。总蛋白检查通过测定蛋白质-铜复合物颜色而完成；而白蛋白检查是通过测定白蛋白和染料【例如溴甲酚绿（BCG）】结合后的颜色而决定。结合亲和力的改变与蛋白质种类和动物品种有关，因此这种检测方法在方法学上也会有一定程度的不稳定性，但是它比折射法准确，且可以区分白蛋白和球蛋白。

血清蛋白电泳法可以分离出许多不同大小、电荷的蛋白质，并且确定蛋白质种类的功能要优于折射法和自动化学分析法。但由于费用较多，耗时较长，血清蛋白电泳法较少用于实际临床中，而多用于在患淋巴瘤的动物中区分多克隆和单克隆丙种球蛋白病。

血清蛋白的判读

如同很多分析方法，蛋白质的测量反映的是蛋白质在水合状态下生成、丢失、稀释，或浓缩后的总量，因此，在临床病例中蛋白质异常时，需考虑影响蛋白质合成的因素、可能的潜在丢失源，且必须考虑机体的水合作用。举例来讲，尽管合成、丢失和/或水合作用发生了明显变化，但这些异常结果结合在一起可能使白蛋白或球蛋白的测量值在正常范围内。应分别考虑白蛋白和球蛋白，因为不同的因素可能会影响机体对每种蛋白的作用。

高白蛋白血症：反映了相对于蛋白质的丢失，机体的液体丢失更多，并且应解释为机体脱水和血液浓缩，因为肝脏并没有合成过量的白蛋白。

低白蛋白血症：血液稀释是由体液潴留引起的，例如妊娠、心脏病或医源性体液过量。

生成减少

肝脏衰竭

免疫反应等抑制白蛋白合成，因为白蛋白是一种负急性期反应蛋白

长期严重饥饿与较差的体况结合在一起会导致低白蛋白血症（因为机体储存的白蛋白将会成为机体需求的能量来源）

丢失增加

通过肾小球的滤过作用而选择性丢失白蛋白（球蛋白可能正常或增加）

白蛋白与球蛋白同时丢失（球蛋白可能降低、正常或升高，取决于是否有导致合成增加的因素，例如失血、胃肠丢失、第三间隙流失入体腔、第三间隙流失入间质、真皮损伤而致的渗出性丢失）

分解/利用增加

继发于手术、损伤、发热、饥饿和其他分解代谢作用

高球蛋白血症：脱水（血液浓缩）

生成增多

炎症反应可以使急性期反应物和/或免疫球蛋白生成增多，这是典型的多克隆性增生，但是传染性疾病，例如猫传染性腹膜炎、蜱传播疾病或利什曼原虫，极少会引起单克隆丙种球蛋白病

肿瘤（例如淋巴瘤或多发性骨髓瘤）也会导致免疫球蛋白生成过多，引起单克隆性或较少出现的双克隆性丙种球蛋白病

产初乳前球蛋白水平也会升高

低球蛋白血症：血液稀释

生成减少

少数情况下与饥饿有关

少数情况下与免疫系统紊乱有关

被动免疫失败（"获得性免疫"，真性下降）

非选择性蛋白丢失

失血

胃肠道丢失

第三间隙液流入体腔

第三间隙液流入间质

真皮损伤导致渗出性丢失

病例1 - 等级1

"Belinda"，德国牧羊犬，6岁，绝育母犬，曾因髋关节发育不良而进行过单侧髋关节置换术。Belinda在去年一年内曾因饮食问题引起的呕吐和腹泻就诊3次。前一晚又食入垃圾，第2天出现呕吐症状，因此前来就诊。体格检查发现Belinda安静而反应灵敏，消瘦、毛发暗淡。腹部触诊检查时未出现疼痛等异常反应，黏膜有黏性，粉红色。

解析

CBC：未见明显异常。

血清生化分析

肌酐下降：肌酐水平下降表明Belinda身体状况较差，且肌肉量减少。

低钙血症：血钙轻微下降可能与低白蛋白

血常规检查

WBC	9.0×10^9 个 /L	（6.0 ~ 17.0）
Seg	6.1×10^9 个 /L	（3.0 ~ 11.0）
Band	0	（0.0 ~ 0.3）
Lym	2.0×10^9 个 /L	（1.0 ~ 4.8）
Mon	0.6×10^9 个 /L	（0.2 ~ 1.4）
Eos	0.3×10^9 个 /L	（0.0 ~ 1.3）
白细胞形态：未见异常		
HCT	38 %	（37 ~ 55）
红细胞形态：正常		
血小板	250.0×10^9 个 /L	（200 ~ 450）

生化检查

GLU	85 mg/dL	（65.0 ~ 120.0）
BUN	9 mg/dL	（8 ~ 33）
CREA	↓ 0.4 mg/dL	（0.5 ~ 1.5）
P	5.0 mg/dL	（3.0 ~ 6.0）
Ca	↓ 8.5 mg/dL	（8.8 ~ 11.0）
Mg	1.6 mmol/L	（1.4 ~ 2.2）
TP	6.0 g/dL	（4.7 ~ 7.3）

续表

ALB	↓ 2.5 g/dL	（3.0 ~ 4.2）
GLO	3.5 g/dL	（2.0 ~ 4.0）
A/G	0.7	（0.7 ~ 2.1）
Na⁺	150 mmol/L	（140 ~ 163）
Cl⁻	120 mmol/L	（105 ~ 126）
K⁺	4.0 mmol/L	（3.8 ~ 5.4）
HCO₃⁻	26.0 mmol/L	（16 ~ 28）
TB	0.1 mg/dL	（0.10 ~ 0.50）
ALP	103 IU/L	（20 ~ 320）
GGT	5 IU/L	（2 ~ 10）
ALT	51 IU/L	（10 ~ 86）
AST	30 IU/L	（15 ~ 52）
CHOL	115 mg/dL	（110 ~ 314）
AMY	738 IU/L	（400 ~ 1 200）

血症有关。

低白蛋白血症：白蛋白生成减少和丢失增加导致血清白蛋白水平下降。结合Belinda的身体状况，这个病例中，生成减少可能与营养因素有关，也有可能是肝功能下降引起的，且需要检查血清胆汁酸水平；不过，目前没有其他血清生化指标提示肝脏疾病。结合Belinda胃肠道疾病的病史，白蛋白丢失增多也应该跟蛋白质经肠道丢失有关。体格检查没有发现体液渗出或是表皮损伤。此外，由于球蛋白水平在参考范围内，因此应该进行尿液检查，以排除蛋白质经肾小球丢失的可能。

病例总结和结果

经过进一步询问病史，兽医了解到Belinda的主人在它接受髋关节置换术后，为保证它体重不超标而严格控制它的饮食。在这个病例中，低白蛋白血症与营养摄入不足有关，而频发的异嗜问题也是由于Belinda想得到更多的食物而引起的。建议Belinda的主人逐步增加它的饮食量直至充足。实际上，Belinda的体重回升到健康水平的同时，其毛发质量和实验室检查指标也都恢复正常。第2年，当Belinda再次就诊进行心丝虫检查和常规免疫时，它已经超重了，而且很有精神，1年内再也没有吃过垃圾。

一般来说，家养动物可以获取足够量食物的情况下，极少发生营养性低白蛋白血症。作者一般很少考虑营养性低白蛋白血症，除非是流浪动物或是被抛弃的动物，当然，其他一些原因导致的严重或长期厌食也可能会发展为低白蛋白血症，尤其是蛋白丢失或蛋白需求很大的情况下。饥饿动物的低白蛋白血症通常伴发尿素氮或/和肌酐水平下降，而血糖水平正常（肝功能正常）。Belinda的情况可以和第五章病例3（Marsali）的情况对比讨论。Marsali

是一只流浪马，由于营养问题而出现低白蛋白血症。而该马还出现了高球蛋白血症，除饥饿影响外，提示可能有针对炎症反应而出现白蛋白生成抑制的可能。第六章病例16（Diva）是一只丢失的猫，该猫被找到时体重大约只有最初的一半，虽然其营养状况非常糟糕，就诊时Diva的血糖和白蛋白水平仍在参考范围内。纠正了严重脱水状况后，Diva的白蛋白水平下降，但略低于参考范围的下限。

病例2 – 等级1

"Dylan"，约克夏㹴，2岁，雄性去势。大约8个月以前，Dylan开始变得虚弱、嗜睡，且偶尔呕吐腹泻，呕吐物是已消化的或是未消化的食物，抗生素治疗有效。上个月Dylan接受了膀胱尿酸铵结石移除手术。主人发现其有多饮多尿的症状。但兽医在体格检查过程中没有发现Dylan有任何异常。

解析

CBC：白细胞轻微升高不具有明显的临床意义，因为各种类型白细胞的检测值都在参考范围内，并且没有出现任何提示炎症或抗原刺激的异常细胞形态。Dylan并没有发生贫血，但其红细胞是小红细胞性的，且轻度着色不足。小红细胞症最常与门静脉短路或缺铁有关。MCHC下降可能与网织红细胞血红蛋白化不全有关，也可能与铁离子缺乏导致血红蛋白生成不足有关。由于该病例出现了靶形红细胞而未见红细胞碎片，因而更符合肝脏疾病，血

血常规检查

WBC	↑ 14.8 × 10⁹ 个 /L	（4.0 ~ 13.3）
Seg	10.2 × 10⁹ 个 /L	（2.1 ~ 11.2）
Band	0	（0.0 ~ 0.3）
Lym	3.3 × 10⁹ 个 /L	（1.0 ~ 4.5）
Mon	0.3 × 10⁹ 个 /L	（0.2 ~ 1.4）
Eos	1.0 × 10⁹ 个 /L	（0.0 ~ 1.2）
Bas	0	
白细胞形态：正常范围内		
HCT	40 %	（37 ~ 60）
RBC	6.83 × 10¹² 个 /L	（5.5 ~ 8.5）
HGB	13.0 g/dL	（12.0 ~ 18.0）
MCV	↓ 58.5 fL	（64.0 ~ 73.0）
MCHC	↓ 32.4 g/dL	（33.6 ~ 36.6）
红细胞形态：红细胞大小不一（++），多染性红细胞（+），靶形红细胞（+++）		
血小板	227 × 10⁹ 个 /L	（200 ~ 450）

生化检查

GLU	↓ 64 mg/dL	（80.0 ~ 125.0）
BUN	10 mg/dL	（8 ~ 33）
CREA	0.7 mg/dL	（0.6 ~ 1.5）
P	5.4 mg/dL	（5.0 ~ 9.0）
Ca	10.3 mg/dL	（8.8 ~ 11.0）
TP	5.1 g/dL	（4.8 ~ 7.2）
ALB	↓ 2.3 g/dL	（2.5 ~ 3.7）
GLO	2.8 g/dL	（2.0 ~ 4.0）
Na^+	151 mmol/L	（140 ~ 151）
Cl^-	120 mmol/L	（105 ~ 120）
K^+	4.4 mmol/L	（3.8 ~ 5.4）
HCO_3^-	25.0 mmol/L	（16 ~ 28）
AG	10.4 mmol/L	（6.0 ~ 16）
TB	0.4 mg/dL	（0.10 ~ 0.50）
ALP	91 IU/L	（20 ~ 320）
GGT	7 IU/L	（0 ~ 7）
ALT	↑ 186 IU/L	（10 ~ 86）
AST	↑ 96 IU/L	（16 ~ 54）
CHOL	162 mg/dL	（110 ~ 314）
AMY	502 IU/L	（400 ~ 1 200）

小板偏低也符合肝脏疾病，这些都不是缺铁的表现。但是，这些也不足以证明Dylan患有肝脏疾病，还需要进行进一步检查以确定小红细胞症和低色素血症发生的原因。

血清生化分析

低血糖症：无任何临床症状的低血糖病例，需重新采集新鲜血样并快速将血清与血细胞分离，然后测量血糖水平，以排除由操作错误导致的人为性低血糖症。排除操作误差后，在该病例中，最有可能引起血糖水平下降的原因是肝功能下降，可能与门静脉短路有关。由于的身体状况非常好，营养因素应该不是导致

低血糖的主要原因。而且它还很年轻，不可能是副肿瘤综合征性低血糖。身体状况良好且CBC参数基本正常的犬不太可能发生败血症，因此血糖降低的原因也不是败血症。

伴有低白蛋白血症的低蛋白血症：低白蛋白血症可能跟生成减少或丢失增加有关。白蛋白经肝脏生成，因此肝功能下降（例如门静脉短路），可能会引起低白蛋白血症。选择性白蛋白丢失可能发生于肾小球疾病，应予以考虑，因为动物主人确实提到该犬有多饮多尿的症状。此外，多饮多尿也可能与肝功能下降有关（参见YapYap，第三章，病例7的讨论）。

如果发生蛋白经肾脏的丢失，尿液检查时应该会发现蛋白尿，然而如果尿液是稀释的，尿蛋白/肌酐比的指示作用会更加敏感。肌酐和尿素氮正常并不能敏感的指示肾脏的病理变化，并且蛋白丢失性肾病可能仅引起这两项指标轻微升高，甚至不升高。（参见Denver，本章病例5）。

ALT和AST轻微升高：这两项指标轻微升高，且提示肝细胞损伤。由于解剖位置相近，肠道疾病也可导致继发性肝脏疾病。

病例总结和结果

该病例并发低血糖症、低白蛋白血症和尿酸铵结石，这些变化与肝功能下降的表现一致；建议进行血清胆汁酸检查和影像学检查，以更好地评估潜在的肝脏疾病。需同时检查禁食胆汁酸和餐后胆汁酸水平。兽医于术中发现一处肝外门静脉短路，放置一缩窄环控制治疗。术中采集了活组织检查样本，病理结果与短路的表现一致，但也提示门静脉周区域有轻微的混合性炎症，而肝酶升高可能跟炎症有关。Dylan术后表现良好，但在出院后几天又因虚弱、厌食、抽搐被送诊。就诊时Dylan轻微脱水，实验室检查结果中除轻微贫血外，没有其他异常，血清胆汁酸浓度也在参考范围内。对Dylan进行输液治疗和抗生素治疗，并用药物控制癫痫（极少发生，且在修复门静脉短路术后不明原因引起）。Dylan病情稳定后出院，且在最后一次送诊后几周内除偶尔排稀粪外，状态良好。

年轻犬如果出现小红细胞症伴发肝功能不全（有时还会伴发血糖、尿素氮、白蛋白和胆固醇降低、凝血时间延长）和肝酶轻微升高，应马上考虑门静脉短路的可能，尤其是高发品种。应该把Dylan与其他一些门静脉短路病例进行比较，来比较实验室检查异常的不同。Dylan和Pugsley（第二章，病例12，一只猫）出现了小红细胞症，而YapYap（第三章，病例7）和Binar（第二章，病例12，一只猫）的MCV正常。所有这些病例的共同点是都出现了低白蛋白血症，而只有Dylan、YapYap和Pugsley出现低血糖。除了YapYap外，所有病例都至少有一种肝酶升高，而所有病例的额血清胆汁酸浓度都是正常的。只有YapYap出现了低胆固醇血症。所有上述病例中，除了Dylan的尿素氮在参考范围内，其他病例的尿素氮都有所下降。

病例3 - 等级1

"Princess"，德国牧羊犬，6岁，雌性。Princess被汽车撞伤，体检时从其侧卧位可听见微弱的脉搏，其肋骨至少断了8根，极度疼痛。快速PCV和总蛋白检查结果均在参考范围以内，对患犬紧急补充液体和给予止疼药后，采集血样进行血常规检查和血清生化检查。

解析

CBC：Princess有中等成熟中性粒细胞增多症，并伴有淋巴细胞减少和单核细胞增加。虽然炎症反应取决于创伤的程度，但这一结果可能仅为皮质类固醇激素作用引起的。此时的贫血为正细胞性、正血色素性贫血，无再生性反应，但几天后骨髓对急性失血会产生相应的反应。网织红细胞计数可解决这一问题。血小板降低可能是失血造成的。

血常规检查

WBC	↑ 34.2×10^9 个 /L	（6.0 ～ 16.3）
Seg	↑ 32.1×10^9 个 /L	（3.0 ～ 11.0）
Band	0	（0 ～ 0.3）
Lym	↓ 0.7×10^9 个 /L	（1.0 ～ 4.8）
Mon	↑ 1.4×10^9 个 /L	（0.2 ～ 1.4）
Eos	0	（0 ～ 1.3）

每 100 个白细胞中含有 1 个有核红细胞数

白细胞形态：正常

HCT	↓ 26 %	（37 ～ 55）
RBC	↓ 3.88×10^{12} 个 /L	（5.5 ～ 8.5）
HGB	↓ 8.7 g/dL	（12.0 ～ 18.0）
MCV	66.8 fL	（60.0 ～ 77.0）
MCHC	33.5 g/dL	（31.0 ～ 34.0）

红细胞形态：未见异常

血小板：轻微减少

生化检查

GLU	75 mg/dL	（65.0 ～ 120.0）
BUN	26 mg/dL	（8 ～ 33）
CRE	1.9 mg/dL	（0.5 ～ 2.0）
P	↑ 8.6 mg/dL	（3.0 ～ 6.0）
Ca	↓ 8.6 mg/dL	（8.8 ～ 11.0）
Mg	2.2 mmol/L	（1.4 ～ 2.7）
TP	↓ 3.2 g/dL	（5.5 ～ 7.8）
ALB	↓ 1.7 g/dL	（2.8 ～ 4.0）
GLO	↓ 1.5 g/dL	（2.3 ～ 4.2）
A/G	1.1	（0.7 ～ 2.1）
Na^+	147 mmol/L	（140 ～ 151）
Cl^-	109 mmol/L	（105 ～ 120）
K^+	4.7 mmol/L	（3.8 ～ 5.4）
HCO_3^-	27 mmol/L	（16 ～ 28）
AG	15.2 mmol/L	（15 ～ 25）
TBIL	0.2 mg/dL	（0.10 ～ 0.30）
ALP	55 U/L	（20 ～ 121）
GGT	10 IU/L	（2 ～ 10）
ALT	↑ 1 943 IU/L	（18 ～ 86）
AST	↑ 2 135 IU/L	（15 ～ 52）
CHOL	83 mg/dL	（82 ～ 355）
TG	50 mg/dL	（30 ～ 321）
AMYL	967 IU/L	（400 ～ 1 200）

血清生化分析

高磷血症和低钙血症：组织损伤或坏死是血磷升高的常见原因（从细胞中渗漏出来）；也可能引起AST升高。血钙降低通常与低白蛋白血症有关。其他鉴别诊断包括肾脏疾病（目前患犬并无氮质血症）或甲状旁腺机能减退。这些只是推测，并不急于进一步检查，只有当目前的问题解决之后这种异常继续存在时才有必要进一步检查。

泛蛋白减少症：白蛋白和球蛋白同时减少提示蛋白并非选择性丢失。由此，在众多可能引起蛋白丢失的原因中，Princess的低蛋白血症很有可能继发于组织创伤伴发出血。如果发病非常急，患病动物失血明显，最初其血清总蛋白值可能是正常的，因为这么短时间内液体无法转移，不能补充低血容量。损伤或外科手术后的组织修复也需要大量蛋白质，血清白蛋白也作为贮藏蛋白被耗竭。组织大面积损伤通透性增加，蛋白都可能从血液循环进入组织间隙，引发血清白蛋白进一步下降。

ALT和AST升高：肝细胞损伤与肝脏的直接破坏有关，但休克和失血引起的灌注不良也会引起酶升高。然而，ALT升高提示AST明显升高是由肝细胞破裂引起的，由于该病例有损伤和休克的病史，AST升高也可能是由于肌肉损伤引起的，也可能是其他含有并能释放AST的组织的损伤引起的。应该检查CK以评价肌肉是否出现损伤。

病例总结和结果

接下来的几天里，Princess开始呕吐并且发展为高胆红素血症，ALP和GGT升高，这些均提示胆汁淤积性疾病，而这一病变可能是最初的肝细胞损伤引起的（参考第二章关于这两种疾病的进一步讨论）。就诊后一周，ALT和AST都下降至参考范围内，但ALP和GGT仍然居高不下。血涂片中出现有裂红细胞，基于组织损伤和坏死可能会引起血液凝固，甚至引起弥散性血管内凝血，怀疑有微血管溶血的可能。外渗红细胞分解导致高胆红素血症。凝血检查正常，但是为防止形成血栓，兽医对Princess使用了抗凝血药。就诊后10d，Princess的临床症状减轻，并且血清胆红素、ALP和GGT水平开始下降。随后Princess出院，并在家中恢复良好。

病例4 - 等级1

"Red Molly"，凯恩㹴犬，12岁，绝育母犬，因体重减轻和胃肠胀气前来就诊。体格检查发现Red Molly无脱水现象，有轻微窦性心律失常。触诊腹部轻度柔软，无痛感。此外，其右后肢患有 I /IV级髌骨脱位。

解析

CBC：未见异常

血清生化分析

伴有血磷正常的低钙血症：低钙血症可能继发于低白蛋白血症，肠道内形成钙脂肪酸复合物、VD吸收减少导致的吸收不良性肠病等也会出现低钙血症（Kull）。

泛蛋白减少症：蛋白生成减少和丢失增多都会导致血清总蛋白下降，泛蛋白减少症通常为非选择性蛋白丢失增加。Red Molly无出血、严重皮肤疾病或者体腔液渗出的现象，但是它有胃肠道疾病。肝脏机能障碍会使白蛋白

血常规检查

WBC	7.0×10^9 个 /L	（6.0 ～ 17.0）
Seg	4.1×10^9 个 /L	（3.0 ～ 11.0）
Band	0	（0.0 ～ 0.3）
Lym	2.0×10^9 个 /L	（1.0 ～ 4.8）
Mon	0.6×10^9 个 /L	（0.2 ～ 1.4）
Eos	0.3×10^9 个 /L	（0.0 ～ 1.3）
白细胞形态：未见异常		
HCT	45.2 %	（37 ～ 55）
MCV	70.9 fL	（64.0 ～ 73.0）
MCHC	34.8 g/dL	（33.6 ～ 36.6）
红细胞形态：正常		
血小板	450×10^9 个 /L	（200 ～ 450）

生化检查

GLU	101 mg/dL	（65.0 ～ 120.0）
BUN	9 mg/dL	（8 ～ 33）
CRE	0.6 mg/dL	（0.5 ～ 1.5）
P	4.0 mg/dL	（3.0 ～ 6.0）
Ca	↓ 8.4 mg/dL	（8.8 ～ 11.0）
Mg	1.9 mmol/L	（1.4 ～ 2.2）
TP	↓ 3.0 g/dL	（4.7 ～ 7.3）
ALB	↓ 1.5 g/dL	（3.0 ～ 4.2）
GLO	↓ 1.5 g/dL	（2.0 ～ 4.0）
A/G	1.0	（0.7 ～ 2.1）
Na^+	148 mmol/L	（140 ～ 163）
Cl^-	115 mmol/L	（105 ～ 126）
K^+	5.1 mmol/L	（3.8 ～ 5.4）
HCO_3^-	26.0 mmol/L	（16 ～ 28）
AG	12.1 mmol/L	（10 ～ 20）
TB	0.1 mg/dL	（0.10 ～ 0.50）
ALP	63 IU/L	（20 ～ 320）
GGT	2 IU/L	（2 ～ 10）
ALT	15 IU/L	（10 ～ 86）
AST	25 IU/L	（15 ～ 52）
CHOL	↓ 95 mg/dL	（110 ～ 314）
AMY	873 IU/L	（400 ～ 1 200）

尿液检查：膀胱穿刺采尿

外观：黄色透明
SG：1.013
胆红素、葡萄糖、酮体、血液、蛋白：阴性
尿沉渣：无活性

丢失增加，这也是低胆固醇血症的原因。

低胆固醇血症：低胆固醇血症的临床意义有限，但是可见于严重的蛋白丢失性肠病、肝功能下降或营养不良。

病例总结与结果

为了确诊肠道是否丢失蛋白，采集了三份粪便检测 α_1 蛋白酶抑制剂。这类蛋白一般不会出现在犬肠道中，一旦出现，就不会被肠道细菌降解。Red Molly 粪便中的 α_1 蛋白酶活性水平一直很高（平均 $19.5\mu g/g$，参考范围为 $0\sim5.0$），说明肠道的通透性增强。然而，这种检查方法不能鉴别不同类型的能造成蛋白丢失性肠病的肠道损伤。蛋白丢失性肠病可能继发于先天性或后天性疾病。犬的后天性疾病通常由感染和肿瘤引起（Germen）。确诊要求进行侵入性检查，如内镜或开腹术获取活组织样本进行组织学检查（Melzer）。即使做了活组织检查，不同观察者对样本的病理判读差异也可能导致肠道疾病误诊（Willard），这些动物有出现并发症的风险，如低蛋白导致延迟愈合（Melzer）。Red Molly 的主人选择先使用低敏食物来控制饮食，而不进行侵入性检查和药物治疗。

Red Molly 和前一个病例（Princess）相似，均出现非选择性蛋白丢失，从而造成白蛋白和球蛋白同时下降。临床病史调查为非选择性蛋白丢失疾病的可能原因提供了重要信息，而且得到一些实验室数据的支持（Princess 失血性贫血和 Red Molly 的低胆固醇血症）。

→ **参考文献**

German AJ, Hall EJ, Day MJ, 2003. Chronic intestinal inflammation and intestinal disease in dogs. J Vet Intern Med (17): 8-20.

Kull PA, Hess RS, Craig LE,Saunders HM, Washabau RJ. 2001. Clinical, clinicopathologic, radiographic, and ultrasonagraphic characteristics of intestinal lymphangiectasia in dogs: 17 cases (1996-1998). J Am Vet Med Assoc (219):197-202.

Melzer KJ, Sellon RK, 2002. Canine intestinal lymphangiectasia. Compend Contin Educ (24): 953-960.

Willard MD, Jergens AE, Duncan RB, Leib MS, McCracken MD, DeNovo RC, Helman RG, Slater MR, Harbison JL. 2002. Interobserver variation among histopathologic of intestinal tissues from dogs and cats. J Am Vet Med Assoc (220): 1177-1182.

病例5 – 等级2

"Denver"，金毛寻回猎犬，3岁，绝育母犬，因最近出现跛行发热来就诊。体格检查发现Denver表现聪明而反应灵敏、中度脱水、轻微发热、四肢水肿、全身体表淋巴结肿大。

淋巴结抽出液（图4-1）：在收到的数张涂片中，只有两张有足够完整的细胞可供参考。80%以上的细胞是小的、分化完全的淋巴细

血常规检查

WBC	14.2×10^9 个 /L	（6.0 ~ 17.0）
Seg	11.5×10^9 个 /L	（3.0 ~ 11.5）
Band	0	（0 ~ 0.3）
Lym	2.3×10^9 个 /L	（1.0 ~ 4.8）
Mon	0.3×10^9 个 /L	（0.2 ~ 1.4）
Eos	0.1×10^9 个 /L	（0 ~ 1.3）
白细胞形态：未见异常		
HCT	↓ 30 %	（39 ~ 55）
RBC	↓ 4.48×10^{12} 个 /L	（5.5 ~ 8.5）
HGB	↓ 11.1 g/dL	（14.0 ~ 19.0）
MCV	71.3 fL	（60.0 ~ 75.0）
MCHC	36.0 g/dL	（33.0 ~ 36.0）
红细胞形态学：正常		
血小板：中度减少		
血浆：正常		

生化检查

GLU	90 mg/mL	（65.0 ~ 135.0）
BUN	↑ 51 mg/mL	（8 ~ 33）
CREA	1.6 mg/mL	（0.6 ~ 2.0）
P	7.0 mg/mL	（3.0 ~ 6.0）
Ca	9.2 mg/mL	（8.8 ~ 11.0）
Mg	2.7 mmol/L	（1.4 ~ 2.7）
TP	↓ 4.8 g/dL	（5.2 ~ 7.2）
ALB	↓ 1.7 g/dL	（3.0 ~ 4.2）
GLO	3.1 g/dL	（2.0 ~ 4.0）
A/G	↓ 0.5	（0.7 ~ 2.1）
Na^+	151 mmol/L	（142 ~ 163）
Cl^-	119 mmol/L	（106 ~ 126）
K^+	4.5 mmol/L	（3.8 ~ 5.4）

续表

HCO$_3^-$	24 mmol/L	（16 ~ 25）
AG	12.5 mmol/L	（10 ~ 20）
TBIL	0.1 mg/dL	（0.1 ~ 0.5）
ALP	66 IU/L	（11 ~ 121）
GGT	3 IU/L	（1 ~ 10）
ALT	9 IU/L	（10 ~ 95）
AST	↑ 82 IU/L	（15 ~ 52）
CHOL	274 mg/dL	（110 ~ 314）
TG	72 mg/dL	（30 ~ 300）
AMYL	↑ 1 822 IU/L	（400 ~ 1 200）

凝血检查

PT	7.1 s	（6.2 ~ 9.3）
APTT	↑ 16.7 s	（8.9 ~ 16.3）

尿液分析：膀胱镜穿刺采样

外观：黄色，清亮
SG：1.013
葡萄糖、酮体、胆红素、血红素：阴性
尿沉渣：无活性成分
尿蛋白肌酐比：10.3

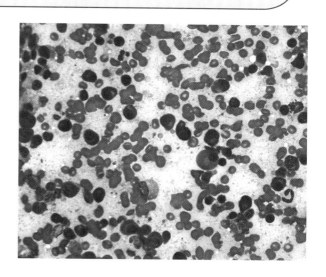

图 4-1 细胞学显示犬淋巴结中浆细胞增生
（见彩图 14）

胞，混有成熟浆细胞、非退行性中性粒细胞，散在一些嗜酸性粒细胞。未见病原体。

解析

CBC：Denver有血小板减少症和轻微正细胞正色素性非再生性贫血。由于Denver血小板减少，因此，贫血和低蛋白血症可能是失血引起的，但仔细考虑后发现这种可能性较小，因为失血性贫血一般是再生性的，而且Denver无失血相关病史。血小板减少症提示可能是由于骨髓功能紊乱导致EPO和血小板生成减少，但贫血也有可能是慢性疾病引起的。外周淋巴结病变提示可能有潜在的造血干细胞瘤，从而影响骨髓的造血功能，但淋巴结抽吸检查结果更倾向于反应性淋巴结病。蜱传播疾病也可能会引起贫血、血小板减少和反应性淋巴样增生，该病例应排除以上几种疾病。蜱传播疾病能通过抑制血小板生成或/和引发血管损伤或免疫介导性反应，从而导致血小板减少。免疫介导性血小板减少症（ITP）可能继发于传染病，也可能是原发的。排除了传染病这一因素外，还要考虑ITP的可能。由于PT和APTT检查基本正常，所以不可能是弥散性血管内凝血引起外周血小板消耗。此时APTT轻微升高的临床意义不大。

血清生化分析

尿素氮轻微升高，肌酐正常：该病例中尿素氮不成比例升高的可能原因包括：肾前性氮质血症、早期肾衰、高蛋白饮食或胃肠出血。Denver呈脱水状态，但是仍有浓缩不良的尿液，这与肾前性氮质血症及早期肾衰的症状相符。此时没发现任何非肾性因素能妨碍其尿浓缩能力（比如渗透性利尿、髓质冲洗、肝脏衰竭等，见第五章）。贫血、血小板减少症和低蛋白血症可能与胃肠道出血有关，所以应仔细检查是否有黑粪症、便血和呕血等症状。

伴有球蛋白正常和白蛋白下降的低蛋白血症：血清白蛋白下降是由于蛋白生成减少、丢失增多或这两者共同作用引起的。白蛋白生成下降有以下几种情况：长期严重饥饿、肝功能异常或者炎性疾病（白蛋白是一种负急性期反应蛋白）。据临床检查可以排除饥饿；而考虑到胆固醇正常、肝酶正常、尿素氮轻微升高、凝血时间正常等，也可以排除肝功能异常，但是并没有进行特异性肝功能检查。淋巴反应性增生提示可能是抗原刺激作用导致白蛋白生成减少而球蛋白生成增多。蛋白丢失可分为选择性白蛋白丢失（肾小球丢失）和非选择性蛋白丢失（常见于失血、胃肠疾病、真皮损伤、组织间隙水肿等）。该病例中，白蛋白下降而球蛋白正常，表明是选择性肾小球蛋白丢失。另外，由于该病例未出现和尿道炎有关的变化（尿沉渣无病原菌），但尿蛋白/肌酐比升高，也提示蛋白经肾脏丢失。本病例并不能完全排除非选择性蛋白丢失，急性期反应产物或炎症会引起免疫球蛋白升高，从而使球蛋白水平归于正常。Denver四肢水肿，可能是低蛋白血症引起的，或者因为血管炎增加了毛细血管通透性，导致组织间隙蛋白丢失。

AST轻度增加：在其他酶正常的情况下，AST升高的临床意义不明确，因为该病例的ALT正常，所以不可能是肝细胞损伤，因此AST升高可能反映了轻微溶血或肌肉损伤。

血清淀粉酶升高：血清淀粉酶升高可能是肾小球滤过率下降的反映。不能排除胰腺炎的可能，但此时并没有出现和胰腺炎有关的其他症状。

病例总结和结果

对Denver进行静脉输液治疗，并给予血管紧张素转换酶抑制剂。虽然莱姆病、埃里希体病、洛杉矶斑疹热、恶心丝虫病、钩端螺旋体病的血清学检查均为阴性，仍给予针对蜱传播疾病的抗生素。不幸的是，肾脏活组织检查样本只发现肾髓质碎片，未见肾小球，无法在组织学上对肾脏病变进行分类。另外，饲喂肾脏处方粮，以长期辅助肾脏疾病的治疗。骨关节医生评估了Denver的关节疼痛，结果显示疼痛可能是由关节外软组织肿胀引起的，排除了右膝关节十字韧带撕裂。此外，还检测了血清抗凝血酶Ⅲ（ATⅢ）的水平，发现其低于正常（47％，犬的正常参考范围是75％～120％）。

抗凝血酶Ⅲ是一种内源性抗凝血蛋白，其大小类似于白蛋白，可能是蛋白丢失性肾病导致其经过肾小球丢失。抗凝血酶Ⅲ低的患者容易形成血栓，所以还对Denver使用抗凝血药治疗。

病例6－等级2

"Snickers"，拉布拉多幼犬，10周龄，公犬，因3d以来连续出现厌食、间歇性呕吐和黏液性血便前来就诊。3周前和它姐姐一同被收养，其姐姐表现正常。据主人讲，Snickers已经进行一次免疫。体格检查发现snickers黏膜颜色苍白，检查过程中出现一次严重血便。

解析

CBC：Snickers存在中性粒细胞减少症和轻度正红细胞正色素性非再生性贫血。贫血可

血常规检查

WBC	↓ 1.5×10^9 个 /L	（6.0 ～ 17.0）	
Seg	↓ 0.4×10^9 个 /L	（3.0 ～ 11.0）	
Band	0	（0 ～ 0.3）	
Lym	1.1×10^9 个 /L	（1.0 ～ 4.8）	
Mon	0	（0.2 ～ 1.4）	
Eos	0	（0.0 ～ 1.3）	
白细胞形态：未见异常			
HCT	↓ 31 %	（39 ～ 55）	
RBC	↓ 4.6×10^{12} 个 /L	（5.5 ～ 8.5）	
HGB	↓ 10.2 g/dL	（14.0 ～ 19.0）	
MCV	63.6 fL	（60.0 ～ 87.0）	
MCHC	33.0 g/dL	（33.0 ～ 36.0）	
红细胞形态：少量异形红细胞			
血小板：数量充足			
血浆：正常			

生化检查

GLU	122 mg/dL	（65.0 ~ 135.0）
BUN	9 mg/dL	（8 ~ 33）
CREA	↓ 0.2 mg/dL	（0.5 ~ 1.5）
P	↑ 7.2 mg/dL	（3.0 ~ 6.0）
Ca	9.4 mg/dL	（8.8 ~ 11.0）
Mg	1.8 mmol/L	（1.4 ~ 2.7）
TP	↓ 3.7 g/dL	（5.2 ~ 7.2）
ALB	↓ 2.0 g/dL	（3.0 ~ 4.2）
GLO	↓ 1.7 g/dL	（2.0 ~ 4.0）
A/G	1.2	（0.7 ~ 2.1）
Na^+	↓ 136 mmol/L	（142 ~ 163）
Cl^-	↓ 100 mmol/L	（106 ~ 126）
K^+	3.8 mmol/L	（3.8 ~ 5.4）
HCO_3^-	↑ 26 mmol/L	（16 ~ 25）
AG	13.8 mmol/L	（10 ~ 20）
TB	0.1 mg/dL	（0.10 ~ 0.50）
ALP	↑ 131 IU/L	（12 ~ 121）
GGT	3 IU/L	（1 ~ 10）
ALT	46 IU/L	（10 ~ 95）
AST	16 IU/L	（15 ~ 52）
CHOL	181 mg/dL	（110 ~ 314）
TG	89 mg/dL	（30 ~ 300）
AMY	378 IU/L	（400 ~ 1 200）

能是跟急性胃肠道出血有关。虽然未出现中毒性白细胞和核左移，中性粒细胞减少的原因有可能是败血症或严重的急性肠炎。由于红细胞系和白细胞系细胞均下降，所以也应当考虑骨髓功能异常。幼犬还应当排除毒素损伤（包括药物在内）。而引起幼犬中性粒细胞减少的常见原因是病毒感染，例如细小病毒感染。因此，强烈建议进行细小病毒检测，而此时并不适合进行骨髓检查。

血清生化分析

血清肌酐下降：这可能与幼犬的肌肉组织较少有关。

泛蛋白减少症：该犬低蛋白血症最有可能的原因是经胃肠道非选择性丢失，也可能是饥饿或肝功能障碍导致白蛋白合成减少。由于该病例有严重的胃肠道症状，因此饥饿或肝功能下降的可能性不大。和成年动物相比，幼年动物接触的抗原数量较少，故其球蛋白水平可能偏低。

低钠血症和低氯血症：这些离子不足是由胃肠道丢失引起的，钾离子位于正常值的下限也是胃肠道丢失引起的。因持续丢失和摄入不足，离子水平将继续下降。

HCO₃轻微升高：轻微碱中毒可能继发于呕吐和胃酸丢失。为充分评估酸碱紊乱的情况，该病例需要进行血气检查，但此刻不一定需要。

ALP和血磷轻微升高：如第二章所述，很多原因能引起犬的ALP非特异性升高。其他肝酶指标正常的前提下，也要考虑非特异性诱导升高；另外，大型犬幼犬骨同工酶随骨骼的生长也可能会升高。幼龄生长期犬的血磷水平也可能会升高；而因血液流失继发的组织灌流不良也可能会引起血磷升高。

病例总结和结果

该犬细小病毒阳性，因中性粒细胞减少和肠道感染而进行静脉输液，并给予抗生素治疗。住院治疗4d后其电解质水平已经恢复正

常，且白细胞数量开始上升。Snickers于第5天出院，回家后恢复正常，而和它同窝的另一只母犬一直没有患病。

Snicker的情况可与Red Molly（病例4）进行对比，两者均出现了经肠道的非选择性蛋白丢失。不同的胃肠道疾病中，肠道内可能会出现各种各样病理变化，而仅靠这些症状并不能做出诊断。比较这两个病例，蛋白质丢失的同时，可能会伴发红细胞、电解质和体液（水）丢失。

病例7 – 等级2

"Susannah"，家养短毛猫，2岁，绝育母猫。Susannah以前是只流浪猫，后来被一家动物诊所收留，3个月前被领养。领养前其体格

血常规检查

WBC	↑ 17.3 × 10⁹ 个 /L	（4.5 ～ 15.7）
Seg	↑ 15.7 × 10⁹ 个 /L	（2.1 ～ 13.1）
Band	↑ 0.5 × 10⁹ 个 /L	（0.0 ～ 0.3）
Lym	↓ 0.9 × 10⁹ 个 /L	（1.5 ～ 7.0）
Mon	0.2 × 10⁹ 个 /L	（0 ～ 0.9）
Eos	0	（0.0 ～ 1.9）
白细胞形态：中性粒细胞有轻微中毒性变化		
HCT	↓ 20 %	（28 ～ 45）
RBC	↓ 4.60 × 10¹² 个 /L	（5.0 ～ 10.0）
HGB	↓ 6.4 g/dL	（8.0 ～ 15.0）
MCV	42.4 fL	（39.0 ～ 55.0）
MCHC	32.0 g/dL	（31.0 ～ 35.0）
血小板	↓ 73 × 10⁹ 个 /L	（183 ～ 643）
血浆呈黄色		

生化检查

GLU	↑ 132 mg/dL	（70.0 ~ 120.0）
BUN	20 mg/dL	（15 ~ 32）
CREA	1.0 mg/dL	（0.9 ~ 2.1）
P	6.0 mg/dL	（3.0 ~ 6.0）
Ca	↓ 8.1 mg/dL	（8.9 ~ 11.6）
Mg	2.4 mmol/L	（1.9 ~ 2.6）
TP	7.5 g/dL	（6.0 ~ 8.4）
ALB	↓ 1.8 g/dL	（2.2 ~ 3.4）
GLO	5.7 g/dL	（2.5 ~ 5.8）
Na^+	154 mmol/L	（149 ~ 163）
Cl^-	119 mmol/L	（119 ~ 134）
K^+	↓ 3.3 mmol/L	（3.6 ~ 5.4）
HCO_3^-	22 mmol/L	（13 ~ 22）
AG	16.3 mmol/L	（13 ~ 27）
TBIL	↑ 3.1 mg/dL	（0.10 ~ 0.30）
ALP	59 IU/L	（10 ~ 72）
GGT	< 3 IU/L	（0 ~ 4）
ALT	29 IU/L	（29 ~ 145）
AST	↑ 101 IU/L	（12 ~ 42）
CHOL	77 mg/dL	（50 ~ 150）
AMY	1 386 IU/L	（362 ~ 1 410）

凝血检查

PT	↑ 14.0 s	（6.9 ~ 12.6）
APTT	↑ 67.2 s	（11.5 ~ 25.0）

尿液分析：膀胱穿刺

外观：琥珀色，清亮

SG：1.021

pH：6.5

蛋白质：阴性

葡萄糖：阴性

酮体：阴性

尿胆红素：3+

红细胞：+

尿沉渣

每个高倍视野下有 0 个红细胞

每个高倍视野下有 0 ~ 5 个白细胞

未见管型，罕见胆红素结晶

未见上皮细胞

未见细菌

痕迹脂滴和细胞碎片

腹水分析（图 4-2）

> 离心前：暗黄色，混浊
> 离心后：暗黄色，清亮
> 总蛋白：6.7 g/dL
> 总有核细胞数：2300 /μL
> 腹水直接涂片：非退行性中性粒细胞占 75 %，小淋巴细胞占 14 %，大单核细胞占 11 %。未见病原体。
> 涂片背景较厚、呈嗜酸性，与高蛋白含量液体的特征相符

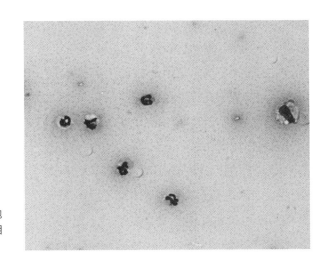

图 4-2 猫腹水细胞学检查，涂片中可见中性粒细胞和一个大单核细胞。涂片背景与含蛋白液体的特征相符（见彩图 15）

检查和血液检查均未见异常，而从上周开始，大便颜色较深，食欲减退。前3d逐渐嗜睡，饮水多于往常。体格检查发现有些消瘦、被毛粗糙；体重下降约453.6g，黏膜发黄并且发热。腹部膨胀，触诊发现肾脏增大。猫白血病病毒检查结果为阴性。

解析

CBC：Susannah的中性粒细胞增多，并有轻微核左移和中毒性变化，指示机体有炎症反应。淋巴细胞减少可能与皮质类固醇效应有关。Susannah还有正细胞正色素性非再生性贫血，最有可能是炎症的表现。由于该病例还出现了血小板减少症，还要考虑原发性骨髓疾病造成的造血抑制。但考虑到粒细胞系的活性，骨髓疾病的可能性不大。血小板消耗增多可能是免疫介导性的，也可能跟内皮细胞激活或损伤后的黏附作用有关。出血可以同时导致贫血和血小板减少，而带有焦油味的黑色粪便是黑粪症的直接证据。通常来说失血性贫血是可再生的，但并发的感染性疾病可能会抑制骨髓的

造血功能。凝血时间延长提示出血和/或弥散性血管内凝血（DIC），这些都可能会引起血小板消耗增多。纤维蛋白降解产物增多可进一步支持DIC这一诊断。肝功能障碍也可能使凝血时间延长。

血清生化分析

高血糖症：血糖轻度升高很可能是应激引起的。

伴有血磷正常的低钙血症：血清白蛋白下降造成血钙轻度下降，这是血液中可结合蛋白质减少的缘故。但这种变化不太可能影响有生物活性的离子钙水平，因此不会引起缺钙的临床症状。如果临床症状提示低钙血症，建议检查离子钙水平。

总蛋白正常，而白蛋白下降，球蛋白处于参考范围的上限：低白蛋白血症可归因于生成减少和/或丢失增多。该病例体况很差，提示营养因素可能会影响白蛋白的生成。肝功能下降也可能是一个原因。虽然没有进行特异性肝功能试验，但血清胆固醇偏低、尿液浓缩不全、高胆红素血症和凝血时间延长都提示肝功能不全。此外，机体出现炎症（白蛋白是一种负急性期反应蛋白）或高球蛋白血症时（为了维持恒定胶体渗透压），白蛋白生成也可能会减少。该病例中，白蛋白丢失过度可能是腹腔内蛋白渗出和胃肠道出血引起的。这两种蛋白质的丢失方式都是非特异性的，而且会使原来偏高的球蛋白水平降到参考范围以内。考虑到Susannah的年龄和白细胞象，炎症极可能会导致多克隆免疫球蛋白增多症，而单克隆免疫球蛋白几乎跟炎症疾病无关，且必须和淋巴瘤或多发性骨髓瘤引起的副肿瘤综合征区分开来。

低钾血症：摄入减少伴发营养水平低下、胃肠道或腹水流失增多等因素共同作用，导致血清钾离子水平下降。如果Susannah出现多饮多尿，肾小管流速升高会导致通过肾脏排泄的钾离子增多。

高胆红素血症：败血症、肝脏疾病和溶血都可能使血清胆红素水平升高。结合该病例的白细胞象、发热和疑似DIC的凝血数据，提示有败血症的可能。正常水平的ALP和GGT使胆汁淤积性肝病的可能性下降，但是肝功能下降并不都表现出肝脏酶升高（见第二章）。贫血可能是由溶血造成的，但是并没有出现可以提示溶血的形态变化，如凝集、海因茨小体、球形红细胞和裂红细胞等。另外，从长远来看，溶血性贫血一般是再生性的，而Susannah现在表现的是正细胞正色素性贫血。血清胆红素升高引起尿胆红素升高，并出现胆红素结晶。

AST升高：其他肝脏酶正常的情况下，AST轻微升高提示可能有不明原因引起的轻微肌肉损伤。凝血时间延长和血小板减少提示DIC。肝功能不全也可以引起继发性凝血异常。

尿检：因为该病例无氮质血症，体格检查也未见脱水，所以尿相对密度提示泌尿功能可能是正常的。病史显示该病例有多饮的现象，这可能是稀释尿引发的反应；与此相反，多饮也可能会引起稀释尿增多。肾脏疾病中，尿液浓缩能力丧失通常先于氮质血症出现，但该规律也不总适用于猫。

腹水检查：腹水检查结果表明腹水是非败血症性渗出导致的。一份对65例患腹水渗出的猫的研究发现，引起猫腹水（由主要到次要）

的病因主要有：心血管疾病、肿瘤、肝脏疾病、肾脏疾病、猫传染性腹膜炎、其他腹膜疾病和尿道损伤（Wright）。而非败血症性渗出常和肿瘤或猫传染性腹膜炎有关。

病例总结和结果

该病例同时出现中性粒细胞增多伴发核左移、非再生性贫血、腹部非败血症性渗出液，提示这只年轻猫患有猫传染性腹膜炎（FIP）。血常规检查结果也提示FIP，但还需进一步检查才能确诊（Hartmann）。该猫冠状病毒的滴度为1 : 1 600，为阳性。需慎重判读这一结果，因为许多滴度阳性的猫并未发生FIP。一些患有渗出性FIP的猫中，冠状病毒检查结果可能为阴性，也可能滴度较低，因为此时机体产生的抗体与抗原结合，形成抗原-抗体复合物，从而导致抗原无法测出（Addie）。患有FIP的猫也会出现高胆红素血症，且肝酶正常，而其他类型的猫肝胆疾病不会出现这种现象。由于Susannah生活质量很差，且预后较差，所以主人选择安乐死。剖检发现腹腔和胸腔都有凝胶状液体积聚。肝脏、小肠和肾脏有多处黄色结节状病灶，符合FIP血管周围形成肉芽肿的特点。

需要注意的是，该病例的多种因素都会影响到Susannah的蛋白质水平，而且这些异常加权后使血清总蛋白值归于正常。这是一个很好的例子，提示检查结果正常并不能排除疾病，而且将总蛋白分解为白蛋白和球蛋白来分析的话，比单独分析总蛋白能获得更多的信息。在前面的病例中，总蛋白正常，无法反映出由饥饿造成的血清白蛋白值偏低（Belinda，病例1）；也不能提示门静脉短路继发的肝功能不全（Dylan，病例2）。

→ 参考文献

Hartmann K. 2005. Feline infectious peritonitis. Vet. Clin North Amer Sm An Prac (35): 39-79.

Wright KN, Gompf RE, DeNovo RC. 1999. Peritoneal effusions in cats: 65 cases (1981–1997). J Am Vet Med Assoc (214): 375-381.

病例8 – 等级2

"Slurpee"，金毛寻回猎犬，9岁，绝育母犬。厌食、嗜睡，且尿量增加。就诊时其精神状态良好，反应灵敏；体况良好，但有轻度脱水。

解析

CBC：Slurpee的中性粒细胞和单核细胞减少，还有轻微正细胞正色素性贫血和血小板减少症。建议进行血小板计数以确认是否为真性血小板减少症。如果该病例没有出现可以解释细胞减少的外周疾病，那么全血细胞减少则提示需要进行骨髓功能评估。虽然缗钱样红细胞在正常犬中并不常见，这个病例出现这种变化可能与高水平的球蛋白有关。

血清生化分析

伴有磷正常的高钙血症：高钙血症患犬常考虑肿瘤疾病，尤其是中老年动物。高钙血症最常见于肛门腺癌、淋巴瘤或多发性骨髓瘤，在家养动物的其他许多恶性肿瘤中也有报道。

血常规检查

WBC	↓ 3.3×10^9 个/L	（6.0 ~ 17.0）
Seg	↓ 2.2×10^9 个/L	（3.0 ~ 11.0）
Band	0	（0.0 ~ 0.3）
Lym	1.0×10^9 个/L	（1.0 ~ 4.8）
Mon	↓ 0.1×10^9 个/L	（0.2 ~ 1.4）
Eos	0	（0.0 ~ 1.3）
白细胞形态：正常		
HCT	↓ 31 %	（39 ~ 55）
RBC	↓ 4.72×10^{12} 个/L	（5.5 ~ 8.5）
HGB	↓ 11.0 g/dL	（14.0 ~ 19.0）
MCV	71.8 fL	（60.0 ~ 75.0）
MCHC	35.5 g/dL	（33.0 ~ 36.0）
红细胞形态：出现缗钱样红细胞		
血小板：中度下降		
血浆：外观正常		

生化检查

GLU	88 mg/dL	（65.0 ~ 135.0）
BUN	18 mg/dL	（8 ~ 33）
CREA	1.1 mg/dL	（0.5 ~ 1.5）
P	4.9 mg/dL	（3.0 ~ 6.0）
Ca	↑ 13.7 mg/dL	（8.8 ~ 11.0）
Mg	2.1 mmol/L	（1.4 ~ 2.7）
TP	↑ 12.5 g/dL	（5.2 ~ 7.2）
ALB	↓ 1.6 g/dL	（3.0 ~ 4.2）
GLO	↑ 10.9 g/dL	（2.0 ~ 4.0）
A/G	↓ 0.1	（0.7 ~ 2.1）
Na^+	154 mmol/L	（142 ~ 163）
Cl^-	115 mmol/L	（106 ~ 126）
K^+	4.1 mmol/L	（3.8 ~ 5.4）
HCO_3^-	19 mmol/L	（16 ~ 25）
AG	24.1 mmol/L	（15 ~ 25）
TBIL	0.21 mg/dL	（0.10 ~ 0.50）
ALP	↓ 19 IU/L	（20 ~ 320）
GGT	2 IU/L	（1 ~ 10）
ALT	↓ 6 IU/L	（10 ~ 95）
AST	25 IU/L	（15 ~ 52）
CHOL	132 mg/dL	（110 ~ 314）
TG	30 mg/dL	（30 ~ 300）
AMY	1 020 IU/L	（400 ~ 1 200）

尿液检查：自然排尿

外观：黄色，混浊
SG：1.020
pH：6.0
蛋白质：500 mg/dL
葡萄糖：阴性
酮体：阴性
尿胆红素：阴性
红细胞：痕迹

尿沉渣
每个高倍视野下偶见红细胞
每个高倍视野下偶见白细胞
偶见上皮细胞
无结晶、管型、或细菌

该病例中，病史和体格检查中没有特别的异常可提示导致高钙血症的原因。由于该病例出现了全血细胞减少症，需要考虑骨髓被肿瘤浸润的可能。高球蛋白血症还提示高钙血症可能是恶性淋巴瘤引起的。恶性肿瘤导致的高钙血症常伴发低磷血症（血磷水平也可能正常），而继发于高钙血症性肾病的肾小球滤过率降低和/或脱水也可能造成血磷趋向正常或升高。

伴有低白蛋白血症及高球蛋白血症的高蛋白血症：虽然白蛋白水平下降，但由于血清球蛋白显著升高，血清总蛋白水平仍然偏高。低白蛋白血症可能归因于生成减少或丢失增加，而高球蛋白血症则提示球蛋白生成增加。白蛋白生成减少可能与多种因素有关，包括营养不良（但该病例体况良好，所以不太可能）、肝功能下降（在未做血氨浓度或血清胆汁酸检查之前不能排除，但尿素氮、胆固醇及胆红素水平均在参考范围内）、炎症的代偿反应（白蛋白为负急性期反应产物），或对球蛋白水平过高造成胶体渗透压升高的反应。丢失增加可能伴发生成减少。白蛋白选择性丢失最常见于肾小球损伤，在尿液分析时可见蛋白尿。该病例

还需检查尿液中蛋白/肌酐比，进行进一步评估，但必须通过膀胱穿刺采集尿液，以避免下泌尿道蛋白污染。无炎性疾病的情况下，尿蛋白/肌酐比升高与肾小球性蛋白丢失有关。尿常规试纸条通常对白蛋白更敏感，且在少数病例中，当尿蛋白主要为球蛋白时，这项检查可能会出现假阴性结果。其他类型的蛋白丢失（消化道、皮肤、第三间隙、间质）大多为非选择性，白蛋白和球蛋白共同减少。该病例中的球蛋白丢失可能会被明显的高球蛋白血症掩盖。球蛋白过度生成多为炎性疾病造成的，因为炎性疾病会造成急性期反应产物和免疫球蛋白生成过度。免疫球蛋白增加多为多克隆的，但少数病例中，炎性疾病可导致单克隆 γ 球蛋白症，例如猫传染性腹膜炎、立克次氏体病和利什曼原虫病。球蛋白过度生成也可能是副肿瘤综合征的一种，淋巴细胞或浆细胞的恶性克隆会产生单一球蛋白，从而导致单克隆性 γ 球蛋白症。可进行血清蛋白质电泳，区分单克隆 γ 球蛋白症和多克隆 γ 球蛋白症。

ALP及ALT轻度降低：ALP和ALT下降不具有明显的诊断意义（见第二章）。不能将它

们作为肝功能减退的证据来解释低白蛋白血症。

尿液分析：对于一个脱水病例来讲，Slurpee的尿液浓缩能力不佳，但它既未出现氮质血症，也无等渗尿。尿液浓缩异常可能与高钙血症有关（见第五章，病例4）。该病例中，已证实出现蛋白尿，且已检查出尿蛋白/肌酐比值（见上文）。尿蛋白电泳可分辨出轻链蛋白质，从而提示副肿瘤综合征性γ球蛋白症。偶见的白细胞和红细胞可能是尿液样本（自然排尿）中污染到的。

病例总结和结果

基于该病例出现全血细胞减少、高钙血症以及高球蛋白血症，兽医怀疑它患有恶性淋巴瘤。骨髓抽吸检查显示骨髓中75%的有核细胞为浆细胞；成熟和未成熟的细胞与少量正常造血前体细胞混在一起（图4-3）。血清蛋白电泳证实存在单克隆γ球蛋白症。兽医进行X线检查以寻找溶解性损伤，但主人由于经济原因未做尿蛋白电泳。基于现有数据建立了多发性骨髓瘤的治疗方案。

Slurpee的情况可与Cleopatra（第六章，病

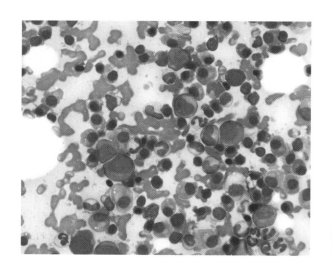

图 4-3 骨髓穿刺物的细胞学检查显示大量肿瘤性浆细胞（见彩图 16）

例7）进行对比，后者为一只患多发性骨髓瘤的猫。这两个病例均出现高钙血症，使人更加怀疑高球蛋白血症跟免疫球蛋白恶性生成有关。与Susannah（病例7）相比，Slurpee和Cleopatra均未出现炎性白细胞象，而Susannah有与传染病有关的低白蛋白血症，其球蛋白水平处于参考范围的上限。

当动物出现和炎症有关的临床证据，或患病动物患肿瘤的风险较小时（Susannah为年轻猫），出现高球蛋白血症的动物没必要进行血清蛋白电泳。在其他病例中，如Popcorn（第五章，病例24），患病动物可能患有炎性疾病，但在子宫积脓病例中，考虑到动物年龄和其他实验室异常检查，应进行更全面的诊断。

在Popcorn这一病例中，高球蛋白血症和高钙血症同时出现，因此在手术治疗子宫积脓之前，应优先进行血清蛋白电泳，以排除肿瘤的可能。

病例9 – 等级2

"Salty"，是一只11岁的夸特马。过去12 h内出现进行性急性腹痛。体格检查发现Salty抑郁、疼痛，并且很想卧倒。皮毛被汗液浸透，心动过速；双侧鼻孔出现血凝块，可能跟在运输过程中几次卧倒时未移除鼻饲管有关。Salty轻度脱水，毛细血管再充盈时间延长，黏膜上附着有混浊的黏液。兽医立即进行止痛治疗，其鼻饲管堵塞。直肠检查显示大肠严重扩张。PCV为60 %，总蛋白为6.6 g/dL。为防止其卧倒，只能迫使它不停地走动，因此未进行进一步检查。最后，在采样进行实验室检查前对其采取输液治疗。

血常规检查

HCT	↑ 55 %	（30 ~ 51）

生化检查

GLU	↑ 226 mg/dL	（6.0 ~ 128.0）
BUN	↑ 46 mg/dL	（11 ~ 26）
CREA	↑ 3.6 mg/dL	（0.9 ~ 1.9）
P	3.1 mg/dL	（1.9 ~ 6.0）
Ca	11.9 mg/dL	（11.0 ~ 13.5）
Mg	↑ 2.5 mmol/L	（1.4 ~ 2.3）
TP	6.5 g/dL	（5.6 ~ 7.0）
ALB	↑ 4.0 g/dL	（2.4 ~ 3.8）
GLO	2.5 g/dL	（2.5 ~ 4.9）
Na^+	136 mmol/L	（130 ~ 145）
Cl^-	↓ 93 mmol/L	（97 ~ 105）
K^+	3.9 mmol/L	（3.0 ~ 5.0）
HCO_3^-	28 mmol/L	（25 ~ 31）
AG	↑ 18.9 mmol/L	（7 ~ 15）
TBIL	↑ 2.6 mg/dL	（0.6 ~ 1.8）
ALP	↓ 87 IU/L	（109 ~ 352）
GGT	21 IU/L	（5 ~ 23）
AST	↑ 562 IU/L	（190 ~ 380）
CK	↑ 3 640 IU/L	（80 ~ 446）

解析

红细胞比容升高：可能是脱水引起的，也可能继发于应激引起的脾脏收缩。

血清生化分析

高血糖：血糖升高可能与疼痛和应激有关。

尿素氮和肌酐升高：Salty 在就诊时表现出明显脱水和红细胞增多，因此氮质血症是肾前性的。由于未采集到尿液样本，所以无法检查尿相对密度以评估尿浓缩能力和潜在的肾脏疾病。

高镁血症：血镁升高可能与继发于脱水引起的肾小球滤过率下降。

高白蛋白血症：脱水/血液浓缩造成血清白蛋白升高。

伴有血钠正常的低氯血症：此时血钠水平在参考范围内，但氯离子出现不成比例的变化，由于采样前已进行输液治疗，离子水平可能会受到干扰，因此这种变化没有明显的临床意义。另外，低氯血症可能是胃肠道丢失或出汗过多所致。

阴离子间隙轻度升高：血液浓缩引起的蛋白质增多或组织灌注不良引起的乳酸增多，都可能会导致不可测量的阴离子蓄积。此时HCO_3^-并未降低，不可测量的有机酸增多（如乳酸增多）常伴随HCO_3^-降低。虽然Salty的血糖升高，但临床症状表明它并未发生酮症酸中毒。同样的，虽然它有氮质血症，但肾小球滤过率下降可能主要是肾脏灌注不良这一肾前性因素引起的，不太可能是尿毒症。理想状态下，若要证实这些推测，需重新检查血糖、尿素氮、肌酐和尿相对密度等几个指标。

高胆红素血症：马属动物厌食通常会出现高胆红素血症。肠道疾病并发败血症在临床上也可能会引发高胆红素血症。由于GGT在参考范围内，因此不太可能是肝脏疾病，但也不能完全排除。严重肠道疾病也可造成肝脏出现继发性损伤。

AST和CK升高：这两种酶同时升高提示肌肉损伤，Salty有被运输的记录，且有喜卧的症状，这些可能会引起肌肉损伤。

病例总结和结果

准备术前诱导麻醉时Salty出现呼吸骤停，对外界刺激无反应，因此被施以安乐死。剖检显示它有严重的胃肠鼓气，且结肠围绕盲肠扭转360°。动脉和静脉均出现供血不足，黏膜发黑，与缺血性坏死的特征相符。

马属动物肠道疾病时，血清白蛋白可能是正常的，也可能会升高或降低。该病例中，影响血清白蛋白水平的因素有很多种，包括经肠道或腹腔丢失液体和蛋白质、输液治疗等。同时还可能会伴发电解质丢失，而出汗可能会影响电解质浓度和动物的水合状态。

病例10 – 等级3

"Twister"，布列塔尼猎犬，9岁，绝育母犬，曾经组织学检查确诊出慢性肠道淋巴管扩张，使用低剂量皮质类固醇治疗，控制良好。2年前的检查显示Twister有泛蛋白减少症，ALP（442 IU/L）和ALT（174 IU/L）均轻度升高，同时还有低镁血症（0.7 mg/dL）。这次就诊前2个月Twister体重持续减轻，上周开始食欲不振，并出现2次呕吐。

血常规检查

WBC	10.6×10^9 个 /L	（ 6.0 ～ 17.0 ）
Seg	9.8×10^9 个 /L	（ 3.0 ～ 11.0 ）
Band	0	（ 0 ～ 0.3 ）
Lym	↓ 0.2×10^9 个 /L	（ 1.0 ～ 4.8 ）
Mon	0.6×10^9 个 /L	（ 0.2 ～ 1.4 ）
Eos	0	（ 0 ～ 1.3 ）
白细胞形态：未见明显异常		
HCT	54 %	（ 37 ～ 55 ）
血小板	450×10^9 个 /L	（ 200 ～ 450 ）
血浆黄疸型		

生化检查

GLU	93 mg/dL	（ 65.0 ～ 120.0 ）
BUN	8 mg/dL	（ 8 ～ 33 ）
CREA	0.6 mg/dL	（ 0.5 ～ 1.5 ）
P	5.0 mg/dL	（ 3.0 ～ 6.0 ）
Ca	↓ 8.2 mg/dL	（ 8.8 ～ 11.0 ）
Mg	1.8 mmol/L	（ 1.4 ～ 2.7 ）
TP	↓ 4.2 g/dL	（ 5.2 ～ 7.2 ）
ALB	↓ 2.0 g/dL	（ 3.0 ～ 4.2 ）
GLO	↓ 2.2 g/dL	（ 2.3 ～ 4.2 ）
Na^+	148 mmol/L	（ 140 ～ 151 ）
Cl^-	114 mmol/L	（ 105 ～ 120 ）
K^+	5.4 mmol/L	（ 3.8 ～ 5.4 ）
HCO_3^-	23 mmol/L	（ 16 ～ 25 ）
AG	16.4 mmol/L	（ 15 ～ 25 ）
TBIL	↑ 2.5 mg/dL	（ 0.10 ～ 0.50 ）
ALP	↑ 1044 IU/L	（ 20 ～ 320 ）
GGT	↑ 144 IU/L	（ 3 ～ 10 ）
ALT	↑ 2 088 IU/L	（ 10 ～ 95 ）
AST	↑ 195 IU/L	（ 15 ～ 52 ）
CHOL	264 mg/dL	（ 110 ～ 314 ）
TG	88 mg/dL	（ 30 ～ 300 ）
AMYL	778 IU/L	（ 400 ～ 1 200 ）
LIP	↑ 8 001 IU/L	（ 53 ～ 770 ）
FBC	8 μmol/L	（ 5 ～ 20 ）

（ FBC：禁食胆汁酸 ）

解析

CBC：淋巴细胞减少症可能是皮质类固醇治疗引起的，也可能跟细胞经受损肠道丢失有关。

血清生化分析

伴有血磷正常的低钙血症：低白蛋白血症使血清总钙下降，而离子钙下降与吸收不良性肠道疾病有关（参见病例4，Red Molly）。皮质类固醇的使用也可能使血钙浓度下降。

泛蛋白减少症：结合Twister的临床病史，淋巴管扩张的急慢性恶化都可能是泛蛋白减少症的主要病因。如果病例严重或长期饥饿，同时体况很差，也会出现营养性泛蛋白减少症。肝功能下降可使Twister生成白蛋白的能力下降，而不能及时补偿机体正在丢失的白蛋白。BUN处于参考范围下限、胆红素轻度升高也可能是肝细胞功能受损导致的。它的肝酶比两年前高，提示肝脏病变。肝酶的变化也可能与皮质类固醇治疗诱发的肝脏疾病有关。

高胆红素血症：HCT值接近正常范围的上限，且白细胞象正常，表明高胆红素血症不可能是溶血和败血症引起的。ALP和GGT升高提示胆汁淤积，但同样可能是由皮质类固醇性肝病导致的。仅凭皮质类固醇效应并不能解释高胆红素血症，需评估胆汁淤积的病因。

ALP和GGT升高：如上所述，胆汁淤积及皮质类固醇效应均会引起循环中这些酶的活性升高。

ALT和AST升高：ALT和AST升高指示存在肝细胞损伤，但不能指示原因。患有胆汁淤积的病例中，肝细胞受损可能继发于胆汁对肝细胞的毒性作用（见第二章）。肝酶升高可能

与肠道疾病有关，肠道与肝脏的解剖位置关系使肝细胞容易接触到损伤肠道产生的细菌、毒素和炎性细胞因子等。Twister最初也出现ALP和ALT升高，但这些指标比之前更高，可能是原发病恶化，但也可能出现了其他病理变化。脂肪酶显著升高提示可能有胰腺疾病，这亦会导致肝脏出现继发损伤。

伴有淀粉酶正常的高脂肪酶血症：当肾小球滤过率下降时，血液中淀粉酶和脂肪酶的水平都可能会升高至正常值的3~4倍，然而这个病例并未出现氮质血症，不可能是这种情况。曾有报道，犬因使用皮质类固醇导致血清脂肪酶升高至参考范围上限值的3~4倍，同时淀粉酶并无显著变化。该病例可能会出现这种情况，但仅仅是类固醇还不能导致脂肪酶升高到这种程度。另有报道称6只患有胰腺或肝脏肿瘤的犬，其脂肪酶升高至参考范围上限值的11~93倍（Quigley），这种现象也可以解释本病例其他酶升高的原因。

病例总结和结果

腹部超声检查显示Twister的肝脏有多处团块，同时肠系膜淋巴结肿大，胃肠道壁增厚。其中一处肝肿块抽吸细胞学检查显示为上皮细胞样肿瘤，可能起源于胆管（图4-4），但没有进行组织学检查来进一步确诊。由于Twister的生活质量不断下降，并且预后不良，主人选择对其施行了安乐死。

Twister之前的诊断和治疗对现在的生化检查都有一定影响，分析现在的结果须结合之前的资料。第二次的检查数据与第一次显著不同，这可能是由于长期使用皮质类固醇治疗或病程发展造成的。然而临床症状的发展或缓解

182

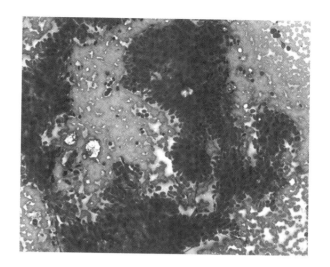

图4-4 肝脏肿块抹片，可见立方上皮细胞聚集成簇，细胞质呈轻度至中度嗜碱性，圆形或椭圆形细胞核内有粗糙的点状染色质。细胞发生乳头状分支，失去极性，无规则地堆积在一起。这些表现与上皮细胞样肿瘤的特征相符，可能起源于胆管（见彩图 17）

不一定与实验室检查的变化一致。一些治疗反应良好的病例，其实验室检查变化可能很小，而一些临床症状未改善的病例在接受治疗后，其实验室检查可能会出现改善。众所周知，"治疗对象是病人（患病动物），而非实验室数据"。

　　Twister出现高胆红素血症和显著的高脂肪酶血症，但淀粉酶正常，提示它出现了新的疾病，而之前的诊断和治疗都不能解释这些变化。在这里有一点需要注意，血清胆固醇正常可能跟胆汁淤积和淋巴管扩张改善有关。胆汁淤积引起胆固醇生成增加，但淋巴管扩张改善后，肠道丢失相对减少。两种疾病的效应相反，导致实验室检查结果正常，但实际上病理变化很显著。这种现象同样也出现在患低白蛋白血症但同时脱水的病例中，其白蛋白检查值可能落在参考范围内；若患高球蛋白血症的动物同时有非选择性蛋白丢失，使球蛋白水平下降至参考范围内。

　　Twister可与本章病例4Red Molly进行对比。两者均患有蛋白丢失性肠病，泛蛋白减少

症、低钙血症和低胆固醇血症，然而由于肠道疾病的缘故，Molly并未出现肝酶升高。第三章有两个病例和Twister相似，患有伴随高脂肪酶血症的胰腺肿瘤或肝脏肿瘤。（第三章病例13）一只叫Shorty的猫患有胰腺肿瘤，且转移至肝脏，然而Shorty的肝酶指标尚在参考范围内，生化检查正常并不能排除肝脏疾病。（第三章病例14）一只叫Muffy的犬患有胰腺癌，但肝酶升高；超声检查未见其肝脏有异常征象，但并未进行活组织检查，因此不能确定其肝酶升高是否由转移性疾病或其他疾病引起的。Shorty和Muffy都未用过可能导致肝酶升高的药物。

→ 参考文献

Quigley KA, Jackson ML, Haines DM. 2001. Hyperlipasemia in 6 dogs with pancreatic or hepatic neoplasia: evidence for tumor lipase production. Vet Clin Path (30): 114-120.

病例11 - 等级 3

"June"，家养短毛猫，1岁，绝育母猫，有慢性呼吸道感染（包括鼻窦感染）病史。体格检查发现June消瘦、安静、敏感。体温轻微下降，黏膜苍白；呼吸困难、急促，右侧胸壁听诊几乎听不到心音，穿刺抽出200 mL脓性液体。采集血样进行实验室检查。June被放入吸氧箱接受静脉输液治疗，并给予抗生素。放置胸导管时出现心搏和呼吸骤停的症状，经抢救脱离生命危险。

血常规检查

WBC	↑ 42.7×10^9 个 /L	（4.5 ~ 15.7）
Seg	↑ 24.3×10^9 个 /L	（2.1 ~ 13.1）
Band	↑ 7.4×10^9 个 /L	（0.0 ~ 0.3）
Meta（晚幼粒细胞）	↑ 1.3×10^9 个 /L	（0）
Lym	↑ 9.5×10^9 个 /L	（1.5 ~ 7.0）
Mon	0.2×10^9 个 /L	（0 ~ 0.9）
Eos	0	（0.0 ~ 1.9）

有核红细胞 /100 白细胞
白细胞形态：淋巴细胞已成熟；中性粒细胞出现中毒性变化，以中度到重度嗜碱性颗粒增多和空泡化为特征；可见巨型杆状晚幼粒细胞，偶见形态成熟但核分叶不全的叶状中性粒细胞，类似于佩尔杰异常症血象

HCT	↓ 17 %	（28 ~ 45）
RBC	↓ 3.45×10^{12} 个 /L	（5.0 ~ 10.0）
HGB	↓ 5.3 g/dL	（8.0 ~ 15.0）
MCV	52.9 fL	（39.0 ~ 55.0）
MCHC	31.2 g/dL	（31.0 ~ 35.0）
RET（网织红细胞）	1.5 % 或 51.8×10^9 个 /L	

血小板：数量正常，偶见巨型血小板
血浆黄染

生化检查

GLU	↓ 60 mg/dL	（70.0 ~ 120.0）
BUN	↑ 48 mg/dL	（15 ~ 32）
CREA	↓ 0.7 mg/dL	（0.9 ~ 2.1）
P	↑ 7.8 mg/dL	（3.0 ~ 6.0）
Ca	↓ 7.2 mg/dL	（8.9 ~ 11.6）
Mg	↑ 3.1 mmol/L	（1.9 ~ 2.6）

续表

TP	↓ 5.6 g/dL	（6.0 ~ 8.4）
ALB	↓ 2.2 g/dL	（2.5 ~ 4.0）
GLO	3.4 g/dL	（2.5 ~ 5.8）
Na$^+$	↓ 141 mmol/L	（143 ~ 153）
Cl$^-$	↓ 106 mmol/L	（119 ~ 134）
K$^+$	3.8 mmol/L	（3.6 ~ 5.4）
HCO$_3^-$	17 mmol/L	（13 ~ 22）
AG	21.8 mmol/L	（13 ~ 27）
CHOL	105 mg/dL	（50 ~ 150）
TBIL	↑ 0.95 mg/dL	（0.10 ~ 0.30）
ALP	8 IU/L	（10 ~ 72）
GGT	1 IU/L	（0 ~ 4）
ALT	↑ 190 IU/L	（29 ~ 145）
AST	↑ 557 IU/L	（12 ~ 42）
AMY	743 IU/L	（362 ~ 1 410）

胸腔积液检查

离心前外观：黄色，云雾状
离心后外观：黄色清亮
总蛋白：3.4 g/dL
有核细胞总数：63 700 /μL
描述：大量退行性中性粒细胞和少量巨噬细胞。细胞内外均有大量细菌。主要为杆菌，有长杆菌、短杆菌，也有链状细菌。既有革兰氏阴性菌，也有革兰氏阳性菌

解析

血常规检查：June的中性粒细胞升高，并且有严重核左移和中毒性变化，与严重炎症的特征相符，通过初步评估胸腔积液（穿刺获取），兽医推测病灶源自于胸腔。成熟淋巴细胞增多可能是肾上腺素作用或抗原刺激的结果，但目前还没有哪种反应性细胞可鉴别这两种机制。June出现了正细胞正血色素性非再生性贫血。最有可能是炎性贫血，但红细胞比容较低，不是典型的炎症性贫血。有核红细胞增多可能是对贫血的再生性反应，或继发于造血组织内皮损伤。内皮损伤可能会加重炎症和胸腔败血症。

血清生化分析

低血糖症：如果排除了其他因素的干扰，低血糖可能是由败血症引起的。

尿素氮升高同时肌酐降低：肾小球滤过率下降或肾小管流速减慢使原尿的重吸收时间延

长，导致尿素氮升高。因June膀胱充盈不良，无法采集足够量的尿样来检查尿相对密度，故无法用尿相对密度来评价肾脏功能。败血症引发的蛋白转化增强也会引起尿素氮升高。肌酐下降也可能是由于肌肉量较低引起的。

伴有高磷血症及高镁血症的低钙血症：血清白蛋白下降，血液中结合蛋白质成分减少，导致血钙轻微下降。但这不可能影响具有生物学活性的离子钙，因此不会引起临床症状。如果动物出现低钙血症的临床症状，那么需要检查离子钙水平。鉴于该病例的临床表现，而且其尿素氮升高，应该是肾小球滤过率下降引起了高磷血症和高镁血症。

伴有白蛋白降低、球蛋白正常的低蛋白血症：低白蛋白血症可能是由机体生成减少和/或丢失增多所致。该病例体况较差，表明营养性因素可能会影响白蛋白的生成。肝功下降也可能是因素之一，但未进行特异性肝功能试验。肝功能下降可导致低血糖症和高胆红素血症，但败血症也可能会出现这种变化。由于白蛋白是一种负急性期反应蛋白，肝功能正常的犬炎症状态时白蛋白水平也会下降。蛋白质渗

到第三间隙的积液中时是非选择性的，既可引起白蛋白下降，也可引起球蛋白下降。未进行尿液检查的情况下，不能对蛋白质经肾脏丢失的情况予以评价。在非选择性蛋白质丢失的过程中，因继发于抗原刺激的球蛋白生成增多，球蛋白也可能在参考范围内。

低氯血症和低钠血症：这些轻微改变的临床意义不大，但也可能是由于电解质从胸腔渗出丢失引起的。

高胆红素血症：败血症、肝脏疾病和溶血等因素都可引起高胆红素血症。另外，由于June的ALP和GGT均正常，可以排除严重的胆汁淤积性肝病。如果时间足够长，溶血性贫血是典型的再生性贫血，而目前June的贫血是非再生性的，因此相对于败血症和肝脏疾病，这些异常又不太可能是溶血性疾病导致的。

ALT和AST升高：ALT升高表明肝细胞损伤，可能与组织缺氧（贫血和呼吸困难）、败血症或休克引起的灌注不良等有关。AST升高的程度大于ALT，可能继发于上述原因引起的肌肉损伤。未检查CK值，因此无法确诊。

胸腔穿刺液分析（图4-5）：脓性渗出液

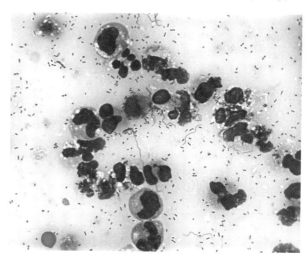

图 4-5 细胞学检查显示有退行性中性粒细胞和大量细菌（见彩图 18）

病例总结和结果

June住院期间进行了进一步检查，猫白血病（FeLV）抗原检查为阳性，猫艾滋病（FIV）检查阴性。虽然June当时的临床表现较差，且患有FeLV，但治疗后反应很好，并于6d后出院，之后口服抗生素维持。6周后复查时，其肺部感染已减轻，体重也有所增加，但听诊还能听见上呼吸道喘鸣音；除持续的不可再生性贫血外，其他实验室异常指标均已恢复正常。骨髓检查发现其红细胞系细胞减少，而骨髓和巨核细胞发育正常，无证据表明红细胞系发育异常。红细胞生成抑制可能与June患有FeLV有关。该病例和Susannah（病例7）相似，同样表现为体况较差、出现严重的炎症疾病、有

影响血清蛋白水平的体腔液渗出。两个病例的球蛋白水平都在参考范围内，未出现预期中的急性期反应产物和/或免疫球蛋白水平升高的现象。这可反映并发的蛋白丢失，但应注意的是，白蛋白的参考范围要明显高于球蛋白，因此，表面"正常"的生化数据实际上可能是异常的。

病例12 - 等级3

"Ellis"，拉布拉多寻回猎犬，11月龄，去势公犬，因奔跑后突然瘫倒前来就诊。来医院的路上，在车上剧烈腹泻。体格检查发现Ellis精神沉郁、反应迟钝，黏膜鲜红。

血常规检查

	第1天	第2天	参考范围
WBC	↓ 4.8×10^9 个/L	10.7 个/L	（6.0 ~ 17.0）
Seg	↓ 2.1×10^9 个/L	9.0 个/L	（3.0 ~ 11.0）
Band	0	↑ 0.4 个/L	（0 ~ 0.3）
Lym	2.5×10^9 个/L	1.1 个/L	（1.0 ~ 4.8）
Mon	0	0.1 个/L	（0.2 ~ 1.4）
Eos	0.2×10^9 个/L	0.1 个/L	（0 ~ 1.3）
有核红细胞/100个白细胞	↑ 15	↑ 14	
白细胞形态：	正常	轻微中毒性变化	
HCT	↑ 60 %	↓ 37 %	（39 ~ 55）
RBC	↑ 8.53×10^{12} 个/L	↓ 4.93×10^{12} 个/L	（5.5 ~ 8.5）
HGB	↑ 21.0 g/dL	↓ 12.2 g/dL	（14.0 ~ 19.0）
MCV	76.0 fL	↓ 77.8 fL	（60.0 ~ 76.0）
MCHC	35.0 g/dL	33.0 g/dL	（33.0 ~ 36.0）
红细胞形态：	正常	红细胞大小不均，多染性红细胞增多	
血小板	↓ 125×10^9 个/L	↓ 16 个/L	（200 ~ 450）
血浆：	正常	正常	

生化检查

	第1天	第2天	
GLU	66 mg/dL	↑ 127 mg/dL	（65.0 ~ 120.0）
BUN	33 mg/dL	27 mg/dL	（8 ~ 33）
CREA	2.0 mg/dL	0.9 mg/dL	（0.6 ~ 1.5）
P	3.6 mg/dL	6.0 mg/dL	（3.0 ~ 6.0）
Ca	↑ 12.3 mg/dL	9.4 mg/dL	（8.8 ~ 11.0）
Mg	2.1 mmol/L	↓ 1.2 mmol/L	（1.4 ~ 2.7）
TP	↑ 7.7 g/dL	↓ 4.8 g/dL	（5.2 ~ 7.2）
ALB	↑ 4.5 g/dL	↓ 2.9 g/dL	（3.0 ~ 4.2）
GLO	3.2 g/dL	↓ 1.9 g/dL	（2.0 ~ 4.0）
A/G	1.4	1.6	（0.7 ~ 2.1）
Na^+	148 mmol/L	157 mmol/L	（142 ~ 163）
Cl^-	111 mmol/L	125 mmol/L	（106 ~ 126）
K^+	4.7 mmol/L	↓ 3.7 mmol/L	（3.8 ~ 5.4）
HCO_3^-	↓ 12 mmol/L	18 mmol/L	（16 ~ 25）
AG	↑ 29.7 mmol/L	17.7 mmol/L	（15 ~ 25）
TBIL	↑ 0.54 mg/dL	0.22 mg/dL	（0.10 ~ 0.50）
ALP	↑ 839 IU/L	↑ 880 IU/L	（12 ~ 121）
GGT	未检测出	9 IU/L	（1 ~ 10）
ALT	↑ 114 IU/L	↑ 2 906 IU/L	（10 ~ 95）
AST	↑ 703 IU/L	↑ 7 166 IU/L	（15 ~ 52）
CHOL	↑ 342 mg/dL	217 mg/dL	（110 ~ 314）
TG	47 mg/dL	53 mg/dL	（30 ~ 300）
AMY	1 008 IU/L	1 147 IU/L	（400 ~ 1 200）

凝血检查：第1天

PT	6.4 s	（6.2 ~ 9.3）
APTT	↑ 11.6 s	（8.9 ~ 16.3）
FDPs	< 5 μg/mL	（<5）

尿液检验：第1天，导尿管

外观：黄色，清亮

SG：1.014

pH：8.0

蛋白质：100mg/dL

葡萄糖：2+

酮体：阴性

尿胆红素：阴性

红细胞：3+

尿沉渣

每个高倍视野 0 ~ 5 个红细胞

每个高倍视野 5 ~ 10 个白细胞

无结晶和管型

解析

CBC：第1天，Ellis由于中性粒细胞减少而引发了白细胞减少症，但没有核左移或中毒性变化。这可能是由于粒细胞聚集于炎性反应区，或在急性严重炎症中被过度消耗。血小板减少症可能与血管病理性损伤引发的外周消耗增加有关，也可能与免疫介导性损伤有关。红细胞增多与脱水有关，血清白蛋白升高也可证实这一推断。正常红细胞增多症（RBC数量增加）可能与再生性应答或原发性造血机能紊乱有关。但该病例并无再生性应答的表现（非多染性红细胞增多症）。任何原因引起的内皮损伤均可引起外周血液中有核红细胞增多，如败血症、休克、发热、组织坏死及能引起缺氧/低血糖的潜在原因。由于该病例同时出现嗜中性粒白细胞减少症、血小板减少症及红细胞增多症，需考虑骨髓功能异常。如果外周血液不能解释这些血液学变化，建议做骨髓穿刺和活组织检查来确诊。此时Ellis凝血正常。

第2天，中性粒细胞数量恢复正常，但杆状中性粒细胞稍有升高，且有中毒性变化，说明机体有炎症反应。此时血小板减少症有所加重。Ellis有自发性出血的危险，应小心监控。粒细胞的变化说明可能并非是原发性骨髓功能异常，而可能是外周消耗所致。与之前的红细胞增多症相比，Ellis此时有轻度贫血，并伴随轻微巨红细胞症，可能是一种早期再生性应答。输液使红细胞数量下降，然而贫血和低蛋白血症也有可能是失血导致的。

血清生化分析

葡萄糖：第1天血糖水平在参考范围的下限，与败血症的表现相符（参考白细胞象），然而第2天Ellis出现血糖轻度升高，可能与非特异性因素如应激、疾病或输液补充葡萄糖有关。

肌酐升高、BUN处于参考范围上限：第1天，红细胞增多症及高白蛋白血症提示Ellis脱水，与一定程度的肾前性氮质血症有关。虽然动物脱水，但Ellis的尿液接近等渗，提示可能有肾功能异常。尿糖说明有渗透性利尿的可能。如果尿样中无可能会造成假阳性反应的污染物，出现尿糖但血糖水平正常提示肾小管功能障碍。应重新进行尿液分析，以确定是否存在急性暂时性肾功能障碍，或长期慢性肾功能障碍。

伴有磷正常的高钙血症：一般来说，肿瘤是高钙血症的一种重要的鉴别诊断，然而Ellis年龄尚小，不太可能患上恶性肿瘤。处于生长期的大型犬可能会因骨生长而引起血钙轻微升高。然而该病例中，高钙血症最有可能跟高蛋白血症引起的蛋白结合钙增多有关。第2天的血清生化检查中，白蛋白下降的同时钙水平也出现下降，也能证明上面这一推断。

低镁血症：Ellis第2天出现低镁血症，可能和腹泻导致的肠丢失或血清蛋白水平下降有关，和钙一样，血清中部分镁与蛋白结合。

第1天出现伴有血清白蛋白升高的高蛋白血症，第2天出现轻微的泛蛋白减少症：因为肝脏没有过量合成白蛋白，因此血清白蛋白升高是由于机体脱水引起的。而第2天变化显著，反映了机体缺水的状态已经纠正，但存在某种原因引起的非选择性蛋白丢失。血小板减少症提示Ellis有出血的可能，需进行临床评估。胃肠道蛋白丢失或血液丢失较难记录，但腹泻提示有潜在的胃肠道损伤。血小板减少症及晚幼红细胞增多症符合内皮损伤的表现，损伤增加了血管通透性，使得蛋白质进入间质。Ellis有蛋白尿，可以通过尿蛋白/肌酐比定量检查。尿沉渣检查也显示脓性尿，所以应首先考虑排除尿道炎症，而非肾小球选择性白蛋白丢失。建议进行尿液培养，从而可以发现引起脓性尿、蛋白尿的一些感染性原因，并予以治疗。

伴有HCO_3^-水平下降、阴离子间隙升高的酸血症：这一异常说明随着不可测量阴离子水平的升高，Ellis出现了代谢性酸中毒。Ellis脱水以及虚脱导致组织灌流不足而使乳酸增多，氮质血症也符合尿毒症性酸中毒的表现。第2天酸碱代谢恢复正常。

轻微的高胆红素血症：能引起该病例高胆红素血症的原因包括：败血症（中性粒细胞减少、血糖处于参考范围下限）、肝功能下降（未检查血清胆汁酸和血氨水平来进行特异性评估）、胆汁淤积（ALP升高）、溶血（可能性较小，因为Ellis的红细胞增多时胆红素较高，但随后出现贫血迹象时胆红素却是正常的。）不管是什么原因，高胆红素血症并不严重，且是一过性的，不具有明显的临床意义。

ALP升高：很多肝性及肝外原因均可导致犬的ALP升高。年轻大型犬因骨骼生长也会导致ALP升高。除此之外还要调查其用药史，特别是抗惊厥药物、皮质类固醇药物、非甾体类抗炎药物等，以排除药物对ALP水平的影响。多种内分泌疾病和代谢紊乱都会导致ALP升高，但在年轻犬不太常见。对于本病例，结合临床病史及血清生化中其他肝酶指标的升高，表明有肝脏损伤的可能，且ALP升高也提示胆汁淤积。

ALT及AST升高：这两种酶升高提示肝细胞损伤，也可能还伴有肌肉损伤，但未进行CK检查来证实这种可能。本病例中休克引起的组织灌流不足、败血症很可能是引起ALT、AST升高的原因。也要考虑创伤（如撞车）。对于年轻犬，原发性肝脏疾病的可能性较小，但也不能排除，且应仔细排查继发性因素。此时并不建议做肝脏活组织检查。

病例总结和结果

对Ellis实施补液治疗，并输注血浆，应用广谱抗生素。其病史、临床症状以及实验室检查都与中暑表现相符。血液学异常主要反映了由于血容量不足、休克、肠道菌群紊乱引起的菌血症，或毒血症而引起的热源性内皮损伤。这两天内，血清生化学检查结果的变化也反映出同样的结果，然而血液动力不稳定性及热源性肾小管细胞及肝细胞损伤，导致了严重的肾功能及肝功能异常。该病例可以和Sally进行比较（第五章，病例14），后者的热休克更严重。Ellis经过治疗后恢复较好，而Sally却发展为肾功能衰竭。

Ellis的例子很好的说明了体液和蛋白是怎样快速转移的，本病例在最初阶段，体液丢失量多于蛋白质，导致高蛋白血症；然而24h后，由于进行了补液治疗，且蛋白持续丢失，从而表现出泛蛋白减少症。红细胞比容也出现了同样的变化。

病例13 – 等级 3

"Sara"，一只刚出生5 h的雄性纯血马，早产1个月。除了早产外，妊娠和生产均未出现问题。但该马驹在出生后不能站立。

解析

CBC：淋巴细胞减少可能与由应激产生的皮质类固醇效应有关，也可能跟早产免疫系统不成熟有关。

血清生化分析

低血糖症：该马驹由于不成熟或护理不当而易患败血症，所以低血糖可能是由败血症引

血常规检查

WBC	↓ 3.4 × 10^9 个 /L	（5.9 ~ 11.2）
Seg	2.6 × 10^9 个 /L	（2.3 ~ 9.1）
Band	0	（0 ~ 0.3）
Lym	↓ 0.6 × 10^9 个 /L	（1.0 ~ 4.9）
Mon	0.2 × 10^9 个 /L	（0 ~ 1.0）
Eos	0	（0.0 ~ 0.3）
白细胞形态：未见异常		
HCT	37 %	（30 ~ 51）
RBC	8.51 × 10^{12} 个 /L	（6.5 ~ 12.8）
HGB	13.3 g/dL	（10.9 ~ 18.1）
MCV	43.7 fL	（35.0 ~ 53.0）
MCHC	35.9 g/dL	（34.6 ~ 38.0）
红细胞形态：轻微红细胞大小不等		
血小板：充足		
纤维蛋白原	100 mg/dL	（100 ~ 400）

生化检查

GLU	↓ 28 mg/dL	（60 ~ 128.0）
BUN	18 mg/dL	（11 ~ 26）
CREA	↑ 4.4 mg/dL	（0.9 ~ 1.9）
P	5.9 mg/dL	（1.9 ~ 6.0）
Ca	↑ 14.5 mg/dL	（11.0 ~ 13.5）
Mg	2.4 mmol/L	（1.7 ~ 2.4）
TP	↓ 3.9 g/dL	（5.6 ~ 7.0）
ALB	2.4 g/dL	（2.4 ~ 3.8）
GLO	↓ 1.5 g/dL	（2.5 ~ 4.9）
A/G	1.5	（0.7 ~ 2.1）
Na^+	137 mmol/L	（130 ~ 145）
Cl^-	↓ 88 mmol/L	（97 ~ 105）
K^+	4.8 mmol/L	（3.0 ~ 5.0）
HCO_3^-	↑ 47 mmol/L	（25 ~ 31）
AG	↓ 6.8 mmol/L	（7 ~ 15）
TBIL	↑ 6.1 mg/dL	（0.6 ~ 1.8）
ALP	↑ 2 877 IU/L	（109 ~ 352）
GGT	↑ 29 IU/L	（5 ~ 23）
AST	↓ 173 IU/L	（190 ~ 380）
CK	406 IU/L	（80 ~ 446）

起的。虽然很少成年动物会因为饥饿而出现低血糖，但新生儿体内脂肪储存较少、肝糖原不足时，食物摄入不足可能会导致低血糖。

肌酐升高、BUN正常：尿相对密度检查有助于评估肌酐升高。该马驹若护理不当，可能发生脱水，但也可能有肾脏疾病。

高钙血症：该病例有高钙血症，但血磷在参考范围的上限，可能与骨骼发育有关。但马属动物肾衰时，也可能会出现高钙血症（见第五章，病例9）。

低镁血症：摄入量减少和胃肠丢失增加很可能共同导致了低镁血症。

伴有白蛋白正常和球蛋白下降的低蛋白血症：幼畜体内水含量较高，可能会引起血清蛋

白水平轻微下降。此外，由于年轻动物接触的抗原较少，因此球蛋白水平较低。该病例的病史表明，由于其初乳摄入不足，可能导致被动免疫失败，而评价被动免疫时，血清总球蛋白不是一项敏感、特异的指标，应检查IgG这一特异性指标。

血钠正常，而血氯下降、HCO3⁻升高：该马驹患有低氯性代谢性碱中毒，但低氯血症也可能是机体对呼吸性酸中毒的反应。很多胃肠道问题会引起代谢性碱中毒，例如过度补给碳酸氢盐。由于病史复杂，并且有潜在的呼吸道症状，强烈推荐进行血气分析来监测体内的酸碱平衡状态。

阴离子间隙降低：低蛋白血症能引起阴

离子间隙轻微下降，因为蛋白是不可测量的阴离子。

高胆红素血症：马属动物出现高胆红素血症时，往往需要考虑厌食这一因素。该病例也要考虑败血症。新生马驹的参考范围高于成年马，这一检查结果对于这个年龄的马驹来说可能是正常的。

ALP和GGT升高：ALP升高一定程度上与骨骼发育有关，但同时GGT升高可能与肝脏病变有关。

病例总结和结果

兽医对Sara实施了吸氧、静脉输液、输血浆的治疗。放置鼻饲管给予营养支持。虽然Sara仍不能站立，但最初对治疗反应良好，有较好的吮吸反应，并能间歇性尝试站起。但不幸的是，它于第二天出现心脏停搏。尸检显示Sara肺部轻微膨胀不全，肺泡内有少量胎粪，

表明其在子宫内受到压迫或缺氧。值得注意的是，肝脏肝门脉出现弥散性桥接，这些桥接由不成熟的纤维组织构成，组织细胞学检查显示卵圆形细胞增生，伴有先天性胆管发育不良引起的肝内胆汁淤积。这种不常见的病变导致GGT升高，也可能会在一定程度上引起ALP和胆红素升高，但不是导致动物死亡的直接原因。病因尚不清楚。

病例14 – 等级3

"ChaCha"，一只4岁的纯血种马，因左喉麻痹来做喉成形术。术前血常规和生化无明显异常。术后初期恢复顺利，但最近不爱进食。于术后1周左右出现肢体远端水肿。术后两周再次来医院就诊，表现为精神沉郁、脱水、黏膜鲜红。体格检查发现上呼吸道水肿，心率加

血常规检查

WBC	↓ 3.3×10^9 个 /L	（5.9 ~ 11.2）
Seg	↓ 1.41×10^9 个 /L	（2.3 ~ 9.1）
Band	0	（0 ~ 0.3）
Lym	1.7×10^9 个 /L	（1.0 ~ 4.9）
Mon	0.2×10^9 个 /L	（0 ~ 1.0）
Eos	0	（0.0 ~ 0.3）
白细胞形态：中性粒细胞有轻微中毒变化		
HCT	↑ 58 %	（30 ~ 51）
RBC	↑ 13.61×10^{12}/个 L	（6.5 ~ 12.8）
HGB	↑ 21.6 g/dL	（10.9 ~ 18.1）
MCV	38.2 fL	（35.0 ~ 53.0）
MCHC	37.2 g/dL	（34.6 ~ 38.0）
红细胞形态：正常		
血小板：凝集，无法测量		
血浆颜色：正常		
纤维蛋白原	300 mg/dL	（100 ~ 400）

生化检查

GLU	107 mg/dL	(6.0 ~ 128.0)
BUN	↑ 27 mg/dL	(11 ~ 26)
CREA	1.2 mg/dL	(0.9 ~ 1.9)
P	4.2 mg/dL	(1.9 ~ 6.0)
Ca	↓ 10.0 mg/dL	(11.0 ~ 13.5)
Mg	↓ 1.0 mmol/L	(1.7 ~ 2.4)
TP	↓ 4.1 g/dL	(5.6 ~ 7.0)
ALB	↓ 1.7 g/dL	(2.4 ~ 3.8)
GLO	↓ 2.4 g/dL	(2.5 ~ 4.9)
A/G	0.7	(0.7 ~ 2.1)
Na^+	↓ 125 mmol/L	(130 ~ 145)
Cl^-	↓ 94 mmol/L	(97 ~ 105)
K^+	3.5 mmol/L	(3.0 ~ 5.0)
HCO_3^-	28 mmol/L	(25 ~ 31)
AG	↓ 6.5 mmol/L	(7 ~ 15)
TBIL	↑ 4.6 mg/dL	(0.6 ~ 1.8)
ALP	↑ 669 IU/L	(109 ~ 352)
GGT	21 IU/L	(5 ~ 23)
AST	↑ 595 IU/L	(190 ~ 380)
LDH	↑ 881 IU/L	(160 ~ 500)
CK	↑ 907 IU/L	(80 ~ 446)

凝血检查

PT	↑ 17.1 s	(10.9 ~ 14.5)
APTT	↑ 96.6 s	(54.7 ~ 69.9)
血小板	↓ 38×10^9 个 /L	(83 ~ 271)
FDPs	> 20 μg/mL	(< 5)

腹水分析（图 4-6）

外观：淡黄，混浊

总蛋白：< 2.0 g/dL

有核细胞总数：640 /μL

腹水细胞学检查可见大单核细胞和未非退行性中性粒细胞，未见病原体

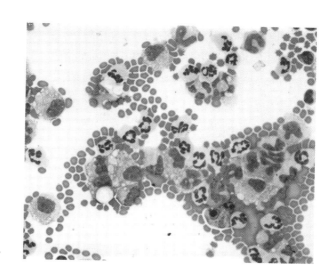

图 4-6 腹水离心后的细胞学涂片（见彩图 19）

快、腹部增大。它最近粪变稀软，现在水样腹泻。为缓解上呼吸道压力接受了气管造口术。

解析

CBC：该病例出现白细胞减少、中性粒细胞减少及中毒性变化，可能是严重的急性感染或内毒素血症引起的。该动物有脱水病史，提示红细胞增多症可能与脱水有关，体液缺乏得到纠正后会有所下降。中性粒细胞减少症、血小板减少症可能是由原发性骨髓疾病导致的，但也可能是由败血症引起的，此时没有评估骨髓功能。

血清生化分析

尿素氮轻微升高：这与脱水和肾前性氮质血症有关，但是败血症也能导致尿素氮升高。应检查动物的尿相对密度，来确定动物是否有足够的尿液浓缩能力，以排除肾衰。

低钙血症：该病例总钙水平下降是由低白蛋白血症引起的。

低镁血症：低镁血症很可能是摄入减少的

造成的。

泛蛋白减少症：球蛋白和白蛋白都偏低，提示为非特异性蛋白丢失，但白蛋白丢失的比例更大。可能是低白蛋白血症的病程更严重或持续时间更长，但炎症引起的急性期产物增加（免疫球蛋白增加）会导致球蛋白水平升高。多种原因共同作用，最终导致这匹马出现低白蛋白血症。因为ChaCha最近饮食较差，在出现低白蛋白血症之前其饥饿情况可能更严重。血清白蛋白是机体蛋白的贮存池，手术或创伤之后可能会耗尽。由于肝酶升高，肝脏合成白蛋白减少可能跟肝功能障碍有关，但这些检查不足以提示肝脏功能（见第二章），且术前缺乏肝酶升高或肝脏疾病的病史，使得这个可能性有所下降。当然也不能排除严重、急性和弥漫性肝脏损伤。除此之外，也有可能是肝脏生成白蛋白减少，因为ChaCha有炎症，而白蛋白是负急性期反应产物。胃肠道损伤和蛋白向间质转移都能导致非特异性蛋白丢失，同时出

195

现低白蛋白血症和低球蛋白血症。考虑到腹泻的病史和肢体远端水肿，上述两种原因都很有可能。也有可能是继发于凝血障碍的出血引起的，但病史中并没有提到，也不应该与红细胞增多症同时出现。

低钠血症和低氯血症：钠离子和氯离子成比例下降，离子经胃肠道的丢失量超过水的丢失，也可能跟低渗液扩充血容量有关。

阴离子间隙降低：由于白蛋白是一种不可测量的阴离子，低白蛋白血症能导致阴离子间隙下降。

高胆红素血症：厌食是引起马属动物高胆红素血症的常见原因。而同时ALP、AST和LDH升高，表明肝脏疾病是导致血清胆红素升高的另一种潜在原因。由于本病例有红细胞增多症，所以高胆红素血症并非溶血引起的。

ALP、AST、LDH和CK升高：肝脏疾病能导致ALP、AST和LDH升高，但这些酶不具有肝脏特异性。CK升高提示肌肉损伤。大动物的GGT比ALP更具有肝脏特异性，但该病例的GGT正常。LDH的半衰期短，表明有持续性组织损伤，且很有可能是继发于脱水和败血症的多组织灌流不良造成的。凝血象的变化与弥散性血管内凝血（DIC）的特征相符，提示动物可能存在继发于血栓疾病的组织坏死。仅肠道疾病即可引起继发性肝脏疾病，因为门静脉循环能将潜在大量细菌、细菌毒素和炎性介质的血液输送至肝脏。

凝血象：血小板减少、PT和APTT延长、纤维蛋白降解产物增加与混合性凝血缺陷相符，很有可能是DIC。败血症和血管炎是引起该病例DIC的最有可能的原因，而严重的肝脏疾病也能引发DIC，或导致凝血象出现DIC样变化。

腹腔积液分析：漏出液。这匹马的腹水检查结果在参考范围内。

病例总结和结果

在积极治疗的情况下，ChaCha的病情依然恶化，于大量鼻出血后死亡。剖检发现死亡原因是广泛性肺血栓。剖检同时发现严重坏死性、溃疡性盲肠结肠炎，急性中性粒细胞性门静脉周肝炎和肝细胞坏死。

该病例可以跟Salty（病例9）进行对比，后者因相似的严重胃肠道损伤而被送诊，但发病更急。Salty的体液丢失量超过了蛋白丢失量，所以出现了高白蛋白血症。如果Salty能活得更久，随后的实验室检查结果也会跟ChaCha相似，组织损伤和败血症导致蛋白质经循环大量丢失。第五章的病例19（Faith）是另外一只跟Salty和ChaCha一样结果的马，而Faith是因为肠道损伤、蛋白质丢失入肠道而发病的。所有这些马都可能有电解质经肠道丢失的表现。Snickers也出现了蛋白质和电解质丢失入胃肠道的现象，它还有细小病毒性肠炎（病例6）。

综述

第1步：首先要记住仅检查总蛋白可能会造成误诊，应该将其分为白蛋白和球蛋白，它们能揭示总蛋白不能体现出的异常（病例1、2、7、9）。

第2步：评价动物的水合状态

脱水可能会引起高白蛋白血症（病例9、

12），或抬高低白蛋白血症动物的白蛋白水平，使检查结果在参考范围内。少数情况下，脱水也会引起轻微高球蛋白血症，或抬高低球蛋白血症动物的球蛋白水平，使检查结果在参考范围内。

机体过度水合会有一定的稀释效应。

第3步：该动物是否有泛蛋白减少症？这种变化提示非选择性蛋白丢失。

是否有出血？病例3

是否有渗出性真皮损伤？

是否有体腔积液？病例3、7

是否有胃肠道疾病？病例4、6、9、12、14

是否有水肿或血管炎？病例5、12

第4步：如果动物有选择性低白蛋白血症，请考虑以下几点。

由于营养因素有一定影响，需评价动物的体况和饮食情况，但这种情况比较罕见（病例1）。

如果动物发热或有手术/创伤史，需考虑动物对蛋白质的需求增加。在没有其他因素的影响下，一般只会造成轻微低白蛋白血症。

如果有炎症表现（白蛋白是一种负急性期反应产物）或并发球蛋白升高（纠正胶体渗透压），要考虑生理性白蛋白生成减少（病例7、8）。

评价肝功能，尤其是动物有以下并发症时：低血糖、BUN降低、低胆固醇血症、高胆红素血症或凝血时间延长（病例2）。

进行尿液分析。如果经膀胱穿刺获取的尿样出现蛋白尿，排除炎症的情况下，要考虑肾小球丢失白蛋白。随后还应进行尿蛋白/肌酐比的定量检查。在尿液被稀释的情况下，这种评价蛋白尿的方法更为敏感（病例5）。

第5步：如果动物有高球蛋白血症，评价炎症/抗原刺激和肿瘤。

如果存在炎症，那么其白细胞象会出现中性粒细胞增多、核左移、中毒性变化和淋巴细胞增多等变化。炎症是一种常见的引起高球蛋白血症的原因，同时也会导致动物出现多克隆丙种球蛋白症。少数情况下，有些炎症也会引发单克隆丙种球蛋白症（病例7）。

老年动物、出现高钙血症的动物、出现肿块或器官增大的动物、出现溶解性骨骼病变的动物和外周血细胞减少的动物，都要考虑肿瘤疾病。肿瘤疾病可能会出现淋巴结病，炎症或抗原刺激也可能会出现淋巴结病。单克隆丙种球蛋白症通常反映的是由肿瘤性淋巴细胞或浆细胞生成的单一免疫球蛋白增多（病例8）。

第6步：要考虑所有可能影响蛋白质水平的临床因素的总和效应，虽然动物有严重的病理变化，几种因素共同作用，可能会导致蛋白质检查结果在参考范围内。

第五章

肾功能检查

肾脏是调节电解质、酸碱和体液平衡的中心器官，同时还具有调节钙磷平衡和红细胞生成的重要内分泌作用。这一章重点放在检验肾功能的尿素氮、肌酐和尿相对密度等指标。本章也会对前几章中涉及肾脏疾病的病例进行讨论，电解质和矿物质的详细讨论参见本书的电解质章节。本章也会对涉及尿液分析的病例进行讨论，不过并非完整的分析。读者可在本书的前言部分查到这方面的信息资料。

讨论肾功能检查之前，需要回顾一下两组概念，这两组概念对肾脏疾病动物的描述和分类非常重要。

氮质血症：血液中非蛋白性含氮化合物增多，通常检测血液中尿素氮和肌酐浓度进行评估。

尿毒症：肾功能显著丢失引发的一系列症候群，包括嗜睡、厌食、黏膜溃疡、呕吐、腹泻、体重减轻、贫血、尿量改变和甲状旁腺机能亢进。

通常来说，随着肾脏疾病的发展，首先尿液浓缩能力丧失，随后发展成氮质血症。但猫发生肾性氮质血症时，还会保留一部分尿液浓缩功能。出现尿毒症的临床征象时，患病动物几乎都有氮质血症和等渗尿。反之，患病动物也可能出现氮质血症一段时间后再发展成尿毒症。对氮质血症的潜在病因进一步分类，又可分为肾前性、肾性和肾后性氮质血症。这三种描述并不互相排斥；我们常能看到，同一个病例可能同时出现多种氮质血症。

肾前性氮质血症：肾脏灌注量下降时发

生，多由血容量不足或肾灌注不良引起。例如，与脱水或出血有关的非代偿性血容量不足会引起肾前性氮质血症。肾脏灌注量下降也可能继发于原发性心脏病所致的心输出量减少，或由休克或败血症引发全身性血管舒张导致的血压降低。肾功能正常的动物发生肾前性氮质血症时，其尿液通常被浓缩，这有助于排除肾性氮质血症。然而，一些病例在缺少肾实质显著损伤情况下，肾外因素如髓质冲刷、渗透性利尿或内分泌紊乱等也会干扰肾脏浓缩尿液的能力。

肾性氮质血症：任何原因引起的原发性肾实质性疾病都会导致肾性氮质血症，不能用肾性氮质血症出现与否或其严重程度来区分急慢性肾功能衰竭。我们将在下面看到，由于血清尿素氮和肌酐会受肾外因素影响，因此它们并不是肾功能下降的敏感指标。

肾后性氮质血症：尿液不能排出体外会造成肾后性氮质血症，通常根据一些临床症状即可诊断，例如少尿、无尿、尿液蓄积引起的腹部膨大。物理性尿路梗阻和尿液漏入腹腔是造成肾后性氮质血症的两个原因。需要注意的是，一些患有肾后性氮质血症的动物可能会排出少量尿液，这是因为导致氮质血症的尿道梗阻不一定是完全梗阻。

虽然肌酐和尿素氮最常被用作肾功能指标，非肾性因素也可能影响这两项指标。

血中测定的肌酐来自动物组织的消耗，或肌肉肌酸的非酶促、不可逆性降解产物。因此，饮食（临床上不明显）、肌肉团块、肌肉损伤或断裂都会影响血清肌酐浓度。血容量增加会稀释血清肌酐浓度。机体产生的肌酐大部

分由肾脏排出，而少量可由汗液、胃肠道排出，或进入生物化学循环。肌酐可被肾小球自由滤过，一些品种动物少量肌酐可被主动转运至尿液。肾小球滤过率下降会使血清肌酐浓度升高，而肾小球滤过增加会轻微降低血清肌酐浓度。一般情况下，和尿素氮相比，肌酐受肾外因素的影响较小，但一些检查肌酐的试验特异性差，能检查除肌酐以外的物质，从而引起与肾小球滤过率改变无关的变化。这些非肌酐类物质在血液中含量较低，且较为恒定，这种干扰不太可能使正常动物出现氮质血症，对肾功能衰竭动物的氮质血症也不会产生明显影响。

虽然有一小部分尿素是从饮食中摄取的，但大部分尿素氮来源于肝脏尿素循环中蛋白质分解产生的氨。因此，与肌酐相似，蛋白质代谢也会影响血液尿素氮。高蛋白饮食或肌肉分解增加会使BUN升高。有证据表明肾功能不全的动物快速清除尿素的能力受损，虽然禁食情况下可能不会出现氮质血症。相反，低肌肉量、低蛋白饮食或与肝功能衰竭有关的尿素循环活性下降，都可能使BUN下降。一些尿素可能从胃肠道排出，而在反刍动物肾小球滤过率下降时，肠道细菌会利用大量尿素，从而使BUN升高。与肌酐不同，尿素在集合管中会经历被动重吸收，流速增加会使重吸收时间减少，从而引起BUN下降，而流速降低会导致尿素的重吸收增加。这就意味着即使总肾小球滤过率没有显著变化，尿液流速改变也会改变血清BUN浓度。

综上所述，肌酐和尿素氮都不是肾功能下降的敏感指标，患病动物在发展成氮质血

症前，近75 %的肾功能已经丧失了。再者，BUN和肌酐与肾功能的进一步下降并不呈线性关系，所以肌酐升高两倍的患病动物肾小球滤过率可能还不到原来的一半。非肾性因素对血清肌酐和BUN的影响会导致与肾功能实际变化无关的氮质血症。最后，应清楚肾小球显著损伤可导致蛋白丢失性肾病，但动物并不会出现氮质血症。结果，肾小球损伤将引起小管性或间质性肾病，并可能伴有相应氮质血症的肾单位丢失，但一些动物肾病后期才会出现这些变化。

病例1 － 等级1

"Marklar"，家养短毛猫，7岁，去势公猫。这只猫通常只在室内活动，走失4 d。回家时身体状况依旧良好，但体重有所减轻，饥饿、口渴。主人要求做体检和血液学检查。Marklar黏膜有黏性，毛细血管再充盈时间轻度延长，其他正常。

血常规检查

WBC	15.0×10^9 个 /L	（4.5 ~ 15.7）
Seg	↑ 13.7×10^9 个 /L	（2.1 ~ 10.1）
Lym	↓ 0.7×10^9 个 /L	（1.5 ~ 7.0）
Mono	0.6×10^9 个 /L	（0 ~ 0.9）
Eos	0	（0 ~ 1.9）
白细胞形态：无明显异常		
HCT	45 %	（28 ~ 45）
血小板：聚集成簇，但数量充足		

生化检查

GLU	↑ 142 mg/dL	（70.0 ~ 120.0）
BUN:	↑ 75 mg/dL	（15 ~ 32）
CREA	↑ 3.5 mg/dL	（0.9 ~ 2.1）
P	↑ 7.0 mg/dL	（3.0 ~ 6.0）
Ca	9.6 mg/dL	（8.9 ~ 11.6）
Mg	2.5 mmol/L	（1.9 ~ 2.6）
TP	↑ 9.0 g/dL	（6.0 ~ 8.4）
ALB	↑ 4.5 g/dL	（2.4 ~ 4.0）
GLO	4.5 g/dL	（2.5 ~ 5.8）
Na^+	↑ 165 mmol /L	（149 ~ 163）
Cl^-	134 mmol /L	（119 ~ 134）

K$^+$	4.0 mmol/L	（3.6~5.4）
HCO$_3^-$	18 mmol/L	（13~22）
TBIL	0.2 mg/dL	（0.10~0.30）
ALP	48 IU/L	（10~72）
ALT	71 IU/L	（29~145）
AST	41 IU/L	（12~42）
CHOL	123 mg/dL	（77~258）
TG	56 mg/dL	（25~191）
AMYL	1,532 IU/L	（496~1 847）

尿液检查：膀胱穿刺取样

外观：黄色，轻微混浊	尿沉渣
SG：>1.060	每高倍视野下有 0 个红细胞
pH：6.0	未见白细胞
蛋白：阴性	未见管型
葡萄糖/酮体：阴性	未见上皮细胞
胆红素：阴性	无细菌
血红素：阴性	痕量脂肪滴和碎片

解析

CBC：Marklar 有轻度成熟中性粒细胞增多症和淋巴细胞减少症，这种现象与皮质类固醇白细胞象一致，可能是走失时应激所致。

血清生化分析

高血糖：轻度高血糖最有可能是应激引起的，而类固醇性白细胞象也支持这一推测。虽然不能排除糖尿病，但葡萄糖只是轻度升高，尿液正常，且无典型病史，因此糖尿病的可能性较低。需注意虽然有几天食物摄入不足，仍没有发生低血糖（见第三章中对厌食和血糖值的进一步讨论）。

尿素氮和肌酐升高，高磷血症：这些变化指示肾小球滤过率降低。浓缩尿支持肾前性氮质血症。Marklar的临床症状和实验室数据（高白蛋白血症、高钠血症和等比例的高氯血症）都提示脱水。

高白蛋白血症引起的高蛋白血症：肝脏不

会过度产生白蛋白，因此这个值指示脱水。

高钠血症：导致高钠血症的原因包括摄入增加（可能，但不太像）或高渗性脱水，即水分丢失超过电解质丢失（如饮水受限）。基于该猫走失的病史，这种情况很有可能。

尿液分析：高度浓缩尿，无明显异常。

病例总结及结果

对Marklar皮下推注液体并让其跟随主人回家。这是一个很好的肾前性氮质血症的例子。由于Marklar只是单纯缺水，未同时发生蛋白质和红细胞丢失，因此其多项实验室异常指标都是脱水的表现。很多患病动物处于脱水状态而电解质、蛋白质或红细胞比容仍然正常，这是由于这些物质与血液中的液体同时丢失，或其他因素影响了这些物质在血液中的浓度。另外，这里某些物质的参考范围较宽，允许在相当大范围内变化而不偏离正常范围。这些病例中，机体水合状态较差时，临床指征比实验室数据更可靠。虽然Marklar没有出现肾功能衰竭的证据，但在一些病例中，脱水导致的肾前性氮质血症的程度明显高于肾性氮质血症。这样的病例中，出现等渗尿并不能完全排除肾前性氮质血症。

病例2 – 等级 1

"Sherpa"，柯利犬，10岁，去势公犬。就诊时已有5个月的血尿和痛性尿淋漓病史。现在每次排尿都需要3～5min，一点点滴下。上个月及6个月之前曾用抗生素治疗。有癫痫病史，使用苯巴比治疗控制良好。体格检查发现其双眼晶体核硬化，有严重牙结石和中度齿龈炎。腹部紧张，很难触诊。

血常规检查

WBC	5.1×10^9 个 /L	（4.0～13.3）
Seg	4.3×10^9 个 /L	（2.0～11.2）
Band	0	（0～0.3）
Lym	↓ 0.2×10^9 个 /L	（1.0～4.5）
Mono	0.2×10^9 个 /L	（0.2～1.4）
Eos	0.4×10^9 个 /L	（0～1.2）
白细胞形态：正常		
HCT	43.5 %	（37～60）
RBC	6.77×10^{12} 个 /L	（5.5～8.5）
HGB	15.5 g/dL	（12.0～18.0）
MCV	64.2 fL	（60.0～77.0）
MCHC	35.6 g/dL	（31.0～34.0）
血小板：数量充足		

生化检查

GLU	124 mg/dL	（90 ~ 140）
BUN	↑ 33 mg/dL	（6 ~ 24）
CREA	1.2 mg/dL	（0.5 ~ 1.5）
P	3.2 mg/dL	（2.2 ~ 6.6）
Ca	10.6 mg/dL	（9.5 ~ 11.5）
TP	6.2 g/dL	（4.8 ~ 7.2）
ALB	3.1 g/dL	（2.5 ~ 3.7）
GLO	3.1 g/dL	（2.0 ~ 4.0）
Na^+	149 mmol/L	（140 ~ 151）
Cl^-	118 mmol /L	（105 ~ 120）
K^+	4.6 mmol /L	（3.6 ~ 5.6）
HCO_3^-	22.1 mmol /L	（15 ~ 28）
AG	13.5 mmol /L	（6 ~ 16）
TBIL	0.3 mg/dL	（0.10 ~ 0.50）
ALP	↑ 606 IU/L	（20 ~ 320）
GGT	8 IU/L	（2~10）
ALT	↑ 114 IU/L	（10 ~ 95）
AST	29 IU/L	（10 ~ 56）
CHOL	↑ 352 mg/dL	（110 ~ 314）
AMYL	↑ 1 348 IU/L	（400 ~ 1 200）

尿液分析：导尿

外观：黄色，混浊	尿沉渣
SG：1.015	每个高倍镜视野下 5 ~ 20 个红细胞
pH：7.5	每个高倍镜视野下 0 ~ 5 个白细胞
葡萄糖、尿酮体、尿胆红素：阴性	每个高倍镜视野下 4 ~ 8 个上皮细胞，伴有成簇的不规则细胞
蛋白：2+	
亚铁血红素：2+	

解析

CBC：Sherpa有轻度淋巴细胞减少症，可能跟皮质类固醇有关。

血清生化分析

BUN升高而肌酐正常：如果能排除其他导致BUN升高的肾外因素，可能发生了早期肾前性氮质血症。但尿相对密度相对下降，需考虑尿液浓缩能力下降。即使肾小球滤过率未下降，肾小管流速下降也会延长尿素重吸收时间，从而使其在血液中浓度增加。病史中没有出现发热、败血症、胃肠道出血或创伤等提示导致BUN升高而肌酐正常的潜在病因。

ALP和ALT升高：该病例中，最可能导致ALP和ALT升高的原因是抗惊厥药的诱导作用（见第二章），但不做进一步检查不能完全排除皮质类固醇酶诱导或肝脏疾病。

高胆固醇血症：这种程度的高胆固醇血症对犬并无明显的临床意义，首先应该排除餐后因素。多种内分泌疾病与高胆固醇血症有关，包括糖尿病（不太可能，因为血糖水平正常）、甲状腺机能减退（可能，但没有相关的临床症状）、肾上腺皮质机能亢进（可能，且同时有淋巴细胞减少和ALP升高，但无临床症状）、胰腺/肝脏疾病（可能，肝酶升高，淀粉酶升高，但同样没有对应的临床症状）和肾脏疾病（可能，且有相关的泌尿系统临床症状，但仅BUN轻度升高）。通过对比检查之前正常的血清生化数据，可排除特发性高胆固醇血症。

高淀粉酶血症：考虑到BUN升高，该病例中，淀粉酶轻度升高可能与肾小球滤过率下降有关。如果出现相应的临床症状，也应考虑胰腺疾病。

尿液分析：蛋白尿及红细胞、白细胞提示尿道炎症。非典型上皮细胞提示炎症反应性上皮细胞过度增生。另外，考虑到痛性尿淋漓病史，应该对尿路进行影像学检查，以评估是否出现了继发于炎症的肿物。

病例总结及结果

对Sherpa进行泌尿道超声检查发现其膀胱内有一个非常大的肿瘤，左侧输尿管被完全堵塞，导致肾盂积水。右肾未受牵连，但是也有轻微输尿管扩张和肾盂积水。膀胱团块细胞学检查显示有片状成簇的退行性移行上皮细胞，可见少量至大量深染的嗜碱性细胞质；偶见具有移行上皮细胞特征的细胞质尾区（图5-1）。极少数细胞内有一个大的亮粉色玻璃样包涵体。尽管散在有能见到核仁轮廓的双核细胞，大多数细胞都有一个圆形或卵圆形细胞核。一些细胞内有小而明显的核仁，核质比高，但变化较大。红细胞大小明显不等、细胞核不均匀，诊断为移行细胞癌，对Sherpa进行化疗。

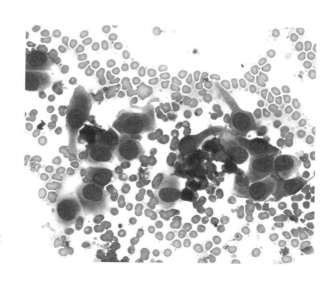

图 5-1 膀胱内肿物细胞学检查，移行细胞癌（见彩图20）

Sherpa这一病例说明严重泌尿道病例的血液生化检查可能仅出现极其微小的变化。在一定程度上，氮质血症归因于移行细胞癌造成的肾后性梗阻。由于流出受阻而继发的管内高压可能导致暂时性或永久性肾小管功能下降，这取决于压迫的持续时间和严重程度。随着暂时性丧失功能的肾小管恢复，以及剩余有功能的肾单位出现代偿性肥大和功能增强，肾功能会逐渐增强。此外，虽然纠正了造成肾脏损伤的原发病因，肾功能仍会继续丧失，因为在某种程度上，肾脏损伤会进一步发展。由于存在这些因素，患病动物血清生化结果可能是正常的，也可能会出现伴随肾功能衰竭的进行性氮质血症或其他异常。化疗可使阻塞暂时缓解，但长期预后不良。

该病例应与病例1 Marklar进行对比，后者虽然没有肾脏疾病，但是肾前性因素使BUN和肌酐升得更高。因此氮质血症的程度不能区分肾前性与肾性病变，也不能说明这两种病变有潜在的可逆性。虽然存在氮质血症，尿液浓缩能力才是Marklar肾功能正常的关键指标。

病例3 - 等级1

"Marsali"，花马，10岁，雌性。因受主人虐待而被动物保护组织强行收养，体检时它十分瘦弱，皮毛较差（图5-2A），表现十分警觉，黏膜颜色苍白。

血常规检查及生化检查

HCT	↓ 26 %	（30 ~ 51）
GLU	↓ 70 mg/dL	（71.0 ~ 106.0）
BUN	↓ 9 mg/dL	（13 ~ 25）
CREA	↓ 0.8 mg/dL	（0.9 ~ 1.9）
P	3.5 mg/dL	（1.9 ~ 6.0）
Ca	11.4 mg/dL	（10.2 ~ 13）
Mg	2.2 mmol/L	（1.7 ~ 2.4）
TP	↑ 8.3 g/dL	（5.2 ~ 8.1）
ALB	↓ 2.1 g/dL	（2.6 ~ 3.8）
GLO	↑ 6.2 g/dL	（2.5 ~ 4.9）
Na^+	135 mmol /L	（130 ~ 145）
Cl^-	99 mmol /L	（97 ~ 110）
K^+	3.8 mmol /L	（3.0 ~ 5.0）
HCO_3^-	26.4 mmol /L	（25 ~ 31）
TBIL	0.6 mg/dL	（0.30 ~ 3.0）
ALP	174 IU/L	（109 ~ 352）
GGT	24 IU/L	（4 ~ 28）
SDH	3 IU/L	（1 ~ 7）
AST	313 IU/L	（190 ~ 380）
CK	370 IU/L	（80 ~ 446）

解析

CBC：Marsali贫血，根据有限的临床病史推测，主要原因可能是慢性疾病或营养不良，也不排除因管理不善而患有寄生虫性贫血。血液丢失通常伴有低白蛋白血症，营养不良同样也会伴有低蛋白血症。

血清生化分析

低血糖症：血糖仅轻微低于正常值，可能没有明显临床意义。厌食很少会引起低血糖，但在像Marsali这种持续饥饿的病例中，可能会出现低血糖。不过即使是在这种极端恶劣的条件下，血糖也能维持在正常水平，或仅仅略低于正常值。

尿素氮和肌酐下降：低蛋白质日粮和肌肉萎缩可导致尿素氮和肌酐下降。肾小球滤过率升高和怀孕引起的水潴留可使肌酐降低，而多尿可引起尿素氮下降。但Marsali没有怀孕，且排尿正常。

伴有低白蛋白血症、高球蛋白血症的高蛋白血症：肝脏生成减少和丢失增多均可引起血清白蛋白减少。Marsali是一个罕见的病例，其白蛋白合成减少可能是由饥饿造成的。因白蛋白是急性期反应产物，肝脏合成会受到炎症反应的抑制。从高球蛋白血症来看，这种机制似乎合理，但在该病例中我们没有获得支持这一诊断的证据，如高纤维蛋白原血症和炎性白细胞象。由于白蛋白是储存性蛋白，发烧、手术和其他可以引起分解代谢增加时，可能会出现低白蛋白血症。选择性白蛋白丢失是肾小球受损的特征，而其他途径发生蛋白丢失（胃肠道、皮肤或第三间隙）时，大多是白蛋白和球蛋白同时丢失。急性期反应和/或免疫反应引

起高球蛋白血症。多克隆抗体的产生与抗原刺激有关，而Marsali所在的农场可能已经进行传染病防疫。

单克隆丙种球蛋白病引起的高球蛋白血症通常与血液肿瘤如淋巴瘤和多发性骨髓瘤有关，虽然在小动物中，一些传染性疾病如传染性腹膜炎，蜱传播疾病和利什曼原虫在极少情况下也能引起单克隆丙种球蛋白病。

病例总结和结果

对Marsli进行驱虫，给予足够的日粮后，它恢复良好，住院期间体重增加了约23kg，最后被运送到明尼苏达州动物援救基金会——一个供受虐或被忽视家畜疗养康复的地方性组织，并在那里完全康复（图5-2B）。

病例4 – 等级1

"Jag"，混有金毛寻回猎犬血统的杂种犬，7岁，去势公犬。几天前开始呕吐、厌食。

解析

CBC：Jag的红细胞比容在参考范围内，有轻度中性粒细胞减少症和血小板减少症。综合考虑全血细胞减少症和非典型淋巴细胞升高，需进行骨髓评估。仅仅是高钙血症即提示需要进行骨髓组织检查，再结合缺少能明显引起两个细胞系生成减少的髓外因素，并发全血细胞减少症更加说明需要进行骨髓活检。

血清生化分析

氮质血症：一般情况下，氮质血症和等渗尿同时出现是肾功能衰竭的指征，但有时即使没有发生明显的肾脏结构性病变，肾外因素也能影响尿液浓缩，如尿崩症、髓质冲洗、

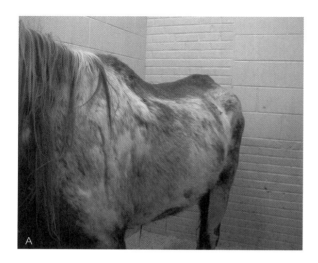

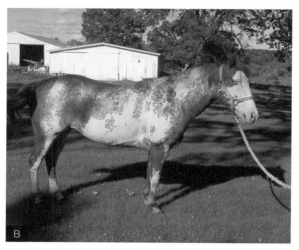

图 5-2 A 和 B（见彩图 21）
A. 显示 Marsli 体况较差
B. 显示其治疗后恢复良好，体况正常

血常规检查

WBC	9.0×10^9 个 /L	（6.0 ~ 17.0）
Seg	↓ 2.5×10^9 个 /L	（3.0 ~ 11.0）
Band	0	（0 ~ 0.3）
Lym	↑ 6.0×10^9 个 /L	（1.0 ~ 4.8）
Mono	0.5×10^9 个 /L	（0.2 ~ 1.4）
Eos	0	（0 ~ 1.3）
白细胞形态：偶见非典型淋巴细胞		
HCT	39 %	（37 ~ 55）
MCV	62.5 fL	（60.0 ~ 77.0）
MCHC	33.1 g/dL	（31.0 ~ 34.0）
红细胞形态：未见异常		
血小板	↓ 152×10^9 个 /L	（250 ~ 450）

生化检查

GLU	103 mg/dL	（65.0 ～ 120.0）
BUN	↑ 63 mg/dL	（8 ～ 33）
CREA	↑ 3.8 mg/dL	（0.5 ～ 1.5）
P	3.8 mg/dL	（3.0 ～ 6.0）
Ca	↑ 17.6 mg/dL	（8.8 ～ 11.0）
Mg	2.5 mmol/L	（1.4 ～ 2.7）
TP	6.3 g/dL	（5.2 ～ 7.2）
ALB	3.5 g/dL	（3.0 ～ 4.2）
GLO	2.8 g/dL	（2.0 ～ 4.0）
A/G	1.2	（0.7 ～ 2.1）
Na^+	155 mmol/L	（140 ～ 150）
Cl^-	114 mmol/L	（105 ～ 120）
K^+	↓ 3.6 mmol/L	（3.8 ～ 5.4）
HCO_3^-	25 mmol/L	（16 ～ 25）
AG	19.6 mmol/L	（15 ～ 25）
TBIL	0.30 mg/dL	（0.10 ～ 0.50）
ALP	184 IU/L	（20 ～ 320）
GGT	9 IU/L	（2 ～ 10）
ALT	47 IU/L	（10 ～ 95）
AST	47 IU/L	（15 ～ 52）
CHOL	188 mg/dL	（110 ～ 314）
TG	85 mg/dL	（30 ～ 300）
AMYL	490 IU/L	（400 ～ 1 200）

尿液分析：膀胱穿刺采样

外观：黄色，澄清　　　　　　　　　　　　尿沉渣：无
SG：1.007
pH：7.0
蛋白质、葡萄糖、酮体、胆红素和血红素：阴性

子宫蓄脓中的细菌毒素中毒。在该病例中，患病动物尿液浓缩不全，这意味着肾脏调节滤过功能——肾功能有所下降。高钙血症在短期内可引起暂时的可逆性肾功能不全，长期则可引起急性肾损伤和继发性肾功能衰竭。如果氮质血症是暂时性多尿引发的强制性液体流失引起

的，那么此氮质血症可能为肾前性的。而根据当前数据我们无法确定具体是哪种情况。为了将该病例中的氮质血症进行分类，我们需要进行肾脏影像学检查，还要在高钙血症得到纠正之后，重复进行生化检查和尿液分析。下文将描述和高钙血症有关的氮质血症的机理。

血钙升高而血磷正常：该病例中，在排除实验室误差以后，恶性肿瘤性高钙血症是首要的鉴别诊断。淋巴瘤是造成高钙血症最常见的恶性肿瘤，而多发性骨髓瘤、胸腺瘤、肛门腺癌和其他癌也可能与高钙血症有关。尽管同时发生的肾小球滤过率下降和一些肾脏并发症可使血磷升高，恶性肿瘤性高钙血症患者的血磷却通常正常或减少。要确诊恶性肿瘤性高钙血症，需确诊致病肿瘤，和/或检查甲状旁腺激素相关蛋白水平及甲状旁腺激素水平；前者升高后者下降提示为恶性肿瘤性高钙血症。血钙升高而血磷正常甚至降低的情况还要考虑原发性甲状旁腺机能亢进，若是这种情况，我们可以预期甲状旁腺肿瘤的出现，同时表现甲状旁腺激素升高而甲状旁腺相关蛋白水平正常。肾

功能衰竭和维生素D过多也可使血钙升高，但其有伴发高磷酸盐血症的特点。基于对该病例临床病史和血钙升高程度的考虑，不像是发生了可能导致高钙血症的其他一些疾病，如骨骼损伤、骨生长、肉芽肿、血液浓缩或肾上腺皮质机能减退。

低钾血症：厌食导致的吸收减少以及多尿导致的丢失增多共同作用，使该病例的血钾降低。由于该病例有呕吐病史，也可能发生了胃肠道丢失。没有证据表明该病例有酸碱紊乱，酸碱紊乱会导致钾离子向细胞内转移。

病例总结和结果

甲状旁腺和腹腔超声检查并未发现任何异常，而骨髓抽出物中存在大量未成熟淋巴细胞，符合淋巴瘤的特征（图5-3）。这一点充分解释了高钙血症，未检测甲状旁腺相关蛋白水平。恶性肿瘤性高钙血症的发病机制在第六章中有更加详细的讨论，简单地说，甲状旁腺相关蛋白能刺激破骨细胞对骨的重吸收和肾对钙的重吸收。脱水可能更进一步减少肾对钙的排泄。为控制肿瘤对Jag实行化疗，经过治

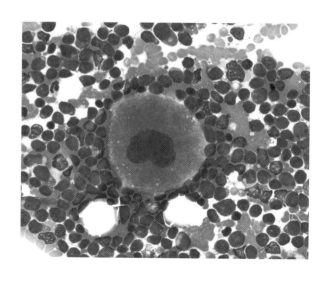

图 5-3 犬骨髓淋巴瘤，中间很大的细胞是巨核细胞（见彩图22）

疗，高钙血症得到解决。血钙恢复正常水平后，Jag尿液浓缩能力恢复，且无明显肾功能缺乏。可与病例1中有肾前性氮质血症和浓缩尿的Marklar进行比较，这有利于检查它的肾脏功能。Marklar还有高磷血症，通常会伴随肾小球滤过率下降。除了Jag这种病例，其他原因可能会引起血磷下降。

Jag是一个很好的病例，它有氮质血症和尿相对密度下降，但无不可逆的慢性肾功能衰竭，但仅仅通过最初的血液分析并不能确定这一点。高钙血症可以导致肾性糖尿病样尿崩症，这是因为肾小管重吸收钠离子减少和抗利尿激素对肾小管的干扰作用，这些反应由肾上皮细胞上的钙传感受体介导，并且促进多余钙的排泄。高钙血症患犬的肾髓质血流可能加快，其结果就是髓质冲洗和尿液浓缩功能受

损。大量低渗尿的产生导致脱水和肾前性氮质血症。

伴随慢性严重的高钙血症、钙介导的血管收缩及局部缺血，加上高钙对肾小管细胞的直接毒性作用，可导致永久性肾单位丢失和肾功能衰竭。该病例是典型的等渗尿，因此其他有关肾功能衰竭的临床表现和实验室指标会越来越明显。

病例5 – 等级1

"Sheba"，拉布拉多寻回猎犬，5岁，绝育母犬。在过去的几个月内食欲下降、体重减轻。最近，Sheba出现交替性跛行。就诊时发现其患有外周淋巴结病，并进行了外周淋巴结的细胞学检查。

血常规检查

WBC	7.8×10^9 个 /L	（6.0 ~ 17.0）
Seg	6.0×10^9 个 /L	（3.0 ~ 11.0）
Band	0	（0 ~ 0.3）
Lym	1.3×10^9 个 /L	（1.0 ~ 4.8）
Mono	0.2×10^9 个 /L	（0.2 ~ 1.4）
Eos	0.3×10^9 个 /L	（0.0 ~ 1.3）
白细胞形态：中性粒细胞轻度中毒性变化		
HCT	↓ 25 %	（37 ~ 55）
MCV	73.5 fL	（60.0 ~ 77.0）
MCHC	34.8 g/dL	（31.0 ~ 34.0）
红细胞形态：未见明显异常		
血小板	↓ 40×10^9 个 /L	（181 ~ 525）

生化检查

GLU	104 mg/dL	(65.0 ~ 120.0)
BUN	↑ 114 mg/dL	(8 ~ 33)
CREA	↑ 5.9 mg/dL	(0.5 ~ 1.5)
P	↑ 9.0 mg/dL	(3.0 ~ 6.0)
Ca	10.2 mg/dL	(8.8 ~ 11.0)
Mg	↑ 2.8 mmol/L	(1.4 ~ 2.7)
TP	5.7 g/dL	(5.2 ~ 7.2)
ALB	↓ 1.9 g/dL	(3.0 ~ 4.2)
GLO	3.8 g/dL	(2.0 ~ 4.0)
Na^+	147 mmol/L	(140 ~ 151)
Cl^-	109 mmol/L	(105 ~ 120)
K^+	5.4 mmol/L	(3.8 ~ 5.4)
HCO_3^-	25 mmol/L	(16 ~ 25)
AG	18.4 mmol/L	(15 ~ 25)
TBIL	0.10 mg/dL	(0.10 ~ 0.50)
ALP	48 IU/L	(20 ~ 320)
GGT	< 3 IU/L	(2 ~ 10)
ALT	21 IU/L	(10 ~ 95)
AST	38 IU/L	(15 ~ 52)
CHOL	219 mg/dL	(110 ~ 314)
TG	79 mg/dL	(30 ~ 300)
AMYL	↑ 1 894 IU/L	(400 ~ 1 200)

尿液分析：膀胱穿刺采样

外观：暗黄色，澄清　　　　　　　　　　　　尿沉渣：无
SG：1.010
pH：6.0
葡萄糖 / 酮体、胆红素、血红素：阴性
蛋白：2+

尿蛋白：肌酐比值为8.1。

淋巴结抽出物：典型的细胞涂片几乎全部由完整的细胞组成。细胞种类不同，含有大量成熟淋巴细胞和分化良好的浆细胞，偶见混有中到大的浆细胞，及散在的莫托细胞（Mott cell）。还有少量非退行性中性粒细胞、巨噬细胞和极少数严重颗粒化的肥大细胞（图5-4）。

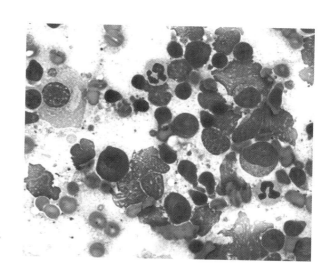

图 **5-4**　犬的反应性淋巴结中有小、中、大三种淋巴细胞，以及浆细胞（见彩图 23）

解析

CBC：Sheba的白细胞出现轻微中毒性变化，可能是炎症或者骨髓损伤造成的。需要继续监测CBC以进一步证明炎症的发生。Sheba患有正细胞、正色素性贫血和血小板减少症。还需网织红细胞计数来判断贫血是否为非再生性。慢性疾病引起的贫血通常被视为轻度非再生性贫血的潜在病因。等渗尿和氮质血症都提示肾脏发生损伤，使得促红细胞生成素分泌不足；尿毒症的毒素破坏骨髓微环境，导致非再生性贫血。除此之外，Sheba还有可能发生了急性失血，引起最初的非再生性贫血和血小板减少。蛋白质水平处于正常范围下限，低白蛋白血症也与急性失血有关。主人可能有时察觉不到宠物失血，尤其是持续一周的胃肠道失血，此时需要进行血常规检查以判断红细胞水平。如果没有其他病因引起血细胞减少，则要进行骨髓穿刺和活组织检查。

血清生化分析

氮质血症和等渗尿：该病例脱水，同时出现氮质血症和等渗尿，提示患犬可能发生了肾功能衰竭，但是也有例外，比如肾外因素干扰肾的尿浓缩能力（见第五章，病例4）。由于肾脏疾病能解释所有生化异常指标，因此不太可能发生了渗透性利尿、髓质冲洗或肝脏衰竭。此外也要考虑尿崩症，但是可能性更小。

高磷血症和高镁血症：高磷血症和高镁血症最可能是肾小球滤过率下降导致的。

低白蛋白血症：该病例的低白蛋白血症最有可能的原因是白蛋白丢失增加，包括上面提到的出血和尿液中蛋白质过量丢失。尿沉渣检查阴性排除了下泌尿道疾病的可能，且一般来说蛋白主要经由肾小球丢失。就本病例而言，导致白蛋白生成减少而发生低白蛋白血症的原因可能有饥饿、急性期反应（白蛋白是一个负急性期反应物）以及肝脏功能衰竭。根据该病例的身体状态，还考虑食欲废绝/恶病质的可能，但是这些仅仅发生于重度营养缺乏和身体状态很差时（见第五章，病例 3，Marsali）。出现中毒性中性粒细胞提示可能发生了产生急性期反应产物的炎症。如果葡萄糖、胆固醇和胆红素正常，肝脏功能衰竭不可能，虽然它们不是肝脏功能的敏感指标。最好进行血清胆汁酸或者血氨水平检查，以确定肝脏功能是否不良。

高淀粉酶血症：由于该病例出现了氮质血症和高磷血症，证实了淀粉酶升高的主要原因是肾小球滤过率下降。虽然Sheba并无典型临床症状，但仍不能完全排除胰腺疾病的可能。

病例总结和结果

Sheba 患有高血压，认为是由肾脏疾病引起的，并且使用降压药物治疗。淋巴组织的细胞学检查表现为反应性增生和抗原刺激；无肿瘤形成的证据。由于Sheba肢体交替性跛行、淋巴样组织增生，以及血小板减少，采集血清样品检查病原/抗体的滴度，包括莱姆病、埃利希体、洛杉矶斑疹热和钩端螺旋体。检查结果显示莱姆病阳性，其余均为阴性。Sheba接受了适当的抗生素治疗，住院治疗的第2天，Shaba的腹部和四肢均出现出血点。静脉输液治疗该犬的肾病，但是在24 h后出现严重的水肿，所以没有继续输液。水肿的原因可能是低蛋白血症和潜在的脉管炎。出院后，Sheba的治疗方案包括抗生素、降压药和皮下补液。

虽然没有做肾脏组织活检，但是Sheba出现了伴有蛋白尿的低白蛋白血症，并且没有下泌尿道疾病/肾盂肾炎，这些都证明很有可能是肾小球疾病。肾小球疾病的临床症状是多变的，并且是非特异性的。至少在该病的早期，典型的肾小球疾病可能不出现肾小球滤过率或者尿素氮和肌酐的明显变化。氮质血症的程度和疾病进程可能取决于肾小球疾病的类型。具体的分型依赖于活组织检查，但是该检查可能给肾脏造成进一步损伤和出血，不具可

行性，有凝血疾病和高血压疾病的患者风险更高。Sheba目前两种危险因素都有。肾小球疾病最终导致肾单位丢失和慢性肾功能衰竭，但是疾病进程是多样的，有些患有肾小球疾病的个体在疾病发展过程中，可能仍保持一定的肾脏功能。由于Sheba四肢交替跛行，并且有反应性淋巴组织增生，提示肾小球病变的原因可能是抗原抗体复合物沉积。莱姆病本身会伴发急性膜增生性肾小球肾炎，同时还有肾小管损伤和间质性肾炎，最终发展为肾功能衰竭（Dambach）。犬的莱姆包柔氏螺旋体病往往是通过感染后特异性病症出现诊断的，例如人的迁移性红疹的发生。许多患犬在临床症状出现前即可检测到抗体（Fritz），而许多临床表现健康的犬由于自然感染或者疫苗免疫，也会出现阳性结果。免疫印迹可以区分是自然感染还是疫苗免疫应答产生的抗体。由于假阳性概率较高，且许多犬接触过病原但是并不表现临床症状，确诊的莱姆病病例仅限于那些有接触病史且有相关临床表现的患犬（Fritz）。

→ **参考文献**

Dambach DM, Smith CA, Lewis RM, Van Winkle TJ. 1997. Morphologic, immunohistochemical, and ultrastructural characterization of a distinctive renal lesion in dogs putatively associated with Borrelia burdorferi infection: 49 cases (1987–1992). Vet Path (34): 85-96.

Fritz CL, Kjemtrup AM. 2003. Lyme borreliosis. J Am Vet Med Assoc (223): 1261-1270.

病例6－等级1

"Gucci"，比格犬，12岁，绝育母犬。最

近1个月出现遗尿、痛性尿淋漓的症状，就诊前食欲正常。腹部超声检查显示膀胱增大，膀胱尾部有边缘不整齐的团块，一直延伸至尿道，有严重的双侧肾盂积水和肾肿大征象，并

血常规检查

WBC	14.6×10^9 个 /L	（6.0～17.0）
Seg	11.7×10^9 个 /L	（3.0～11.9）
Band	0	（0～0.3）
Lym	1.2×10^9 个 /L	（1.0～4.8）
Mono	1.6×10^9 个 /L	（0.2～1.8）
Eos	0.1×10^9 个 /L	（0.0～1.3）
白细胞形态：可见少量反应性淋巴细胞		
HCT	46 %	（37～55）
MCV	61.6 fL	（60.0～75.0）
MCHC	35.9 g/dL	（33.0～36.0）
红细胞形态：无异常红细胞		
血小板：充足		

生化检查

GLU	119 mg/dL	（65.0～120.0）
BUN	↑ 62 mg/dL	（8～29）
CREA	↑ 2.8 mg/dL	（0.5～1.5）
P	↑ 9.5 mg/dL	（2.6～7.2）
Ca	↑ 12.2 mg/dL	（8.8～11.7）
Mg	1.9 mmol/L	（1.4～2.7）
TP	↑ 7.8 g/dL	（5.2～7.2）
ALB	3.3 g/dL	（3.0～4.2）
GLO	↑ 4.5 g/dL	（2.0～4.0）
Na^+	142 mmol/L	（142～163）
Cl^-	↓ 100 mmol/L	（110～129）
K^+	4.5 mmol/L	（3.8～5.4）
HCO_3^-	↓ 14 mmol/L	（15～28）
AG	↑ 32.5 mmol/L	（15～25）

TBIL	0.20 mg/dL	（0.10 ~ 0.50）
ALP	120 IU/L	（12 ~ 121）
GGT	6 IU/L	（3 ~ 10）
ALT	54 IU/L	（10~ 95）
AST	32 IU/L	（15 ~ 52）
CHOL	237 mg/dL	（110 ~ 314）
TG	67 mg/dL	（30 ~ 300）
AMYL	↑ 4 400 IU/L	（400 ~ 1 200）
LIPA	↑ 5 264 IU/L	（53 ~ 770）

尿液检查：采集方法不明

外观：深黄色，混浊	尿沉渣
SG：1.009	红细胞：每个高倍视野下偶见
pH：5.0	白细胞：每个高倍视野下 0 ~ 5 个
蛋白：微量	移行上皮细胞：0 ~ 5 个
葡萄糖：阴性	偶见胆红素结晶
酮体：阴性	酵母菌（图 5-5）
胆红素：阴性	
血红素：1+	

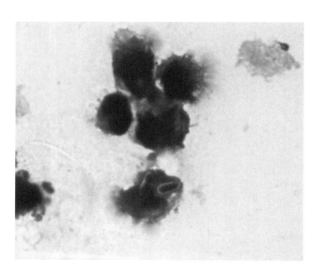

图 5-5 犬尿液中一个保存较差的白细胞内的酵母菌
（见彩图 24 ）

伴有明显的输尿管积水。

膀胱内团块的细胞学检查：涂片显示有大量大小不等的未分化的上皮细胞簇，之间混杂着细胞碎片、散在的非退行性中性粒细胞、单独存在的具有尾状胞质的移行细胞以及破损细胞。细胞簇中的细胞呈多面体样，胞质轻微或中度嗜碱性。有的细胞质内含有透明小泡，极少数的会出现一大块粉红色杂质将细胞核包裹在内。胞核较大，圆形或椭圆形，染色质粗糙，有多个显著的核仁。少数细胞会出现2个或3个核仁。红细胞中度到重度大小不等，细胞核大小不均。核质比高，但可以变化。有时可见与尿液中所见到的类似的细胞内酵母菌，细胞外罕见杆菌。

解析

CBC：无异常。

血清生化分析

氮质血症和等渗尿：这两种异常的实验室指标并发提示肾功能衰竭。超声检查结果显示肾后性尿液阻塞并继发肾损伤而导致肾功能衰竭。如果患犬脱水，导致氮质血症的病因也包括肾前性因素。

高磷血症和高钙血症：高磷血症是由肾性或肾前性因素引起的肾小球滤过率降低引起的。肾功能衰竭时血钙的变化并不固定，总钙量可能会升高、降低，也有可能无变化。老年犬还要考虑恶性高钙血症。少数研究报道称人的移行细胞癌患者可能会出现高钙血症（Grubb），而动物的高钙血症可能与移行细胞癌的骨转移有关（Rosol）。我们通过检测离子钙浓度（离子钙浓度在恶性高血钙时往往会升高，而在慢性肾功能衰竭竭时通常会降低，但

也不是绝对性的），甲状旁腺素相关蛋白浓度或者骨转移情况可能会发现高血钙发生的更多病理生理学特性。

总蛋白和球蛋白水平略微升高：总蛋白升高是球蛋白升高引起的。这可能是抗原刺激导致的，外周血中的反应性淋巴细胞和尿沉渣中的炎性细胞也可以说明这一点。

轻度酸血症（HCO_3^-降低）、阴离子间隙增大：这些变化反映的是尿毒症性酸中毒。

低氯血症：这可能是由多尿症引起的肾性丢失导致的，也可能是酸碱失衡所致。

淀粉酶和脂肪酶升高：这种变化最可能的原因是肾小球滤过率下降，氮质血症和高磷血症也说明了这一点。虽然临床症状不明显，但也不能完全排除胰腺病变的可能。

细胞学：同时存在恶性上皮肿瘤与移行上皮癌、轻微化脓性炎症和条件致病性酵母菌感染。

病例总结和结果

胸部X线片显示多发性异常结节，提示肿瘤发生转移。手术清除膀胱内的肿块并安置了一根双腔导尿管。用化疗药治疗肿瘤，并用抗真菌药治疗酵母菌感染。如果尿液培养细菌呈阳性，还要使用抗生素抑制细菌。通过静脉输液治疗，解决了Gucci的氮质血症。但是出院后仍排出等渗尿，而且超声检查提示残余肾发生了衰竭。出院后的几个月Gucci表现良好。

Gucci的检查数据显示其尿道阻塞造成的影响要比Sherpa（第五章，病例2）更为严重，时间更长，虽然两者的主要病因相同（移行细胞癌）。Sherpa比较幸运，因为它的一个肾的绝大部分不受阻塞的影响，仍有可能保持肾功

能在25%这一阈值之上，而低于这一阈值就会出现氮质血症。对于Gucci，还有一些与肾功能衰竭相符的其他实验室数据，例如血钙、血磷、酸碱紊乱。和Sherpa类似，Gucci的氮质血症症状比那只患肾前性氮质血症的猫（第五章，病例1，Marklar）轻。再次说明尿素氮和肌酐在准确区分肾前性、肾性和肾后性氮质血症方面有很大局限性。

病例7 – 等级2

"Ringo"，家养长毛猫，3岁，去势公猫。近两三个月以来总在猫砂盆旁边间歇性排尿。就诊前一天Ringo在猫砂盆旁边自主排尿，但之后24h一直未排尿。就诊当天早上，Ringo躺在它的水碗旁。体格检查发现Ringo体温过低，触诊发现膀胱坚实、增大、疼痛。

解析

CBC：轻度成熟中性粒细胞增多症，和炎症有关。

血清生化分析

高血糖症：考虑到病史，引起高血糖和尿糖最有可能的原因是应激反应，尽管白细胞象并未出现相关变化。如果高血糖症持续存在，或同时出现多食、体重减轻、多饮多尿的临床症状，那么也应该考虑糖尿病的可能。注意尿糖仅表明血糖过高，引起肾小球滤过量超过肾小管重吸收的阈值，而仅凭尿糖不能确诊为糖尿病。

氮质血症：氮质血症可以分为肾前性、肾性和肾后性三类。低渗尿表明可能发生了肾功能不全，但不能排除肾前性氮质血症，尤其是

血常规检查

WBC	↑ 21.1×10^9 个 /L	（4.5 ~ 15.7）
Seg	↑ 17.3×10^9 个 /L	（2.1 ~ 13.1）
Lym	3.6×10^9 个 /L	（1.5 ~ 7.0）
Mono	0.2×10^9 个 /L	（0.0 ~ 0.9）
Eos	0	（0.0 ~ 1.9）
白细胞形态：无明显异常		
HCT	37 %	（28 ~ 45）
RBC	8.53×10^{12} 个 /L	（5.0 ~ 10.0）
HGB	13.2 g/dL	（8.0 ~ 15.0）
MCV	43.7 fL	（39.0 ~ 55.0）
MCHC	35.7g/dL	（31.0 ~ 35.0）
血小板：成簇，但数量充足		

生化检查

GLU	↑ 228 mg/dL	（70.0 ~ 120.0）
BUN	↑ 206 mg/dL	（15 ~ 32）
CREA	↑ 12.4 mg/dL	（0.9 ~ 2.1）
P	↑ 18.0 mg/dL	（3.0 ~ 6.0）
Ca	↓ 7.2 mg/dL	（8.9 ~ 11.6）
Mg	2.6 mmol/L	（1.9 ~ 2.6）
TP	6.1 g/dL	（5.5 ~ 7.6）
ALB	3.2 g/dL	（2.2 ~ 3.4）
GLO	2.9 g/dL	（2.5 ~ 5.8）
Na^+	150 mmol/L	（149 ~ 164）
Cl^-	↓ 109 mmol /L	（119 ~ 134）
K^+	↑ 10.7 mmol /L	（3.9 ~ 5.4）
HCO_3^-	13 mmol /L	（13 ~ 22）
AG	↑ 38.7 mmol /L	（13 ~ 27）
TBIL	0.3 mg/dL	（0.10 ~ 0.30）
ALP	30 IU/L	（10 ~ 72）
GGT	< 3 IU/L	（3 ~ 10）
ALT	80 IU/L	（29 ~ 145）
AST	↑ 66 IU/L	（12 ~ 42）
CHOL	87 mg/dL	（77 ~ 258）
TGA	73 mg/dL	（25 ~ 191）
AMYL	552 IU/L	（496 ~ 1 874）

尿液分析：导尿

外观：红色，混浊	尿沉渣
SG：1.018	每个高倍视野下红细胞多得难以计数
pH：6.5	每个高倍视野下偶见白细胞
蛋白质：500 mg/dL	无管型
葡萄糖：2+	无上皮细胞
酮类：阴性	无细菌及晶体
胆红素：阴性	微量脂肪微滴
血红素：3+	

有脱水的临床指征时。该猫有一个大而坚实的膀胱，由此怀疑可能发生了由尿路梗阻引起的肾后性氮质血症。

高磷血症和低钙血症：对于这只猫，引起高磷血症的最可能的原因是肾小球滤过率降低，不管引起肾小球滤过率降低的原因是肾前性、肾性还是肾后性的。患有肾功能衰竭的犬猫血钙水平可能升高、正常或降低，与健康动物不同的是，它们的离子钙水平和总钙水平并不相关。对患有尿道阻塞的猫的调查中，75%的猫离子钙水平降低，27%的猫总钙水平降低（Drobatz）。而所有总钙水平降低的猫离子钙水平也降低。虽然没有直接评估，钙磷化合物的形成和甲状旁腺激素活性抑制共同提示为疾病的机制。继发于甲状旁腺机能亢进的肾脏疾病和原发性甲状旁腺机能亢进也能导致高磷血症和低钙血症。继发于甲状旁腺机能亢进的肾脏疾病还能导致甲状旁腺激素水平升高，这是因为肾小球滤过率下降引起的高磷血症会使血钙下降，机体试图升高血钙则又会导致甲状旁腺激素水平升高。相反，原发性甲状旁腺机能减退既不能维持正常的血钙浓度，也不能促进磷从尿液排出。

低氯血症（钠正常）：从胃肠道丢失的氯离子超过钠离子会导致离子失衡的低氯血症，但是病史中却没有描述相关临床症状。慢性呼吸性酸中毒可以引起肾脏氯化物排泄增加。利尿药的使用可以增加尿液中氯化物的丢失。Ringo患有低氯血症和高钾血症，还可能是肾上腺皮质机能减退所致，但是猫罕见该病。

高钾血症和阴离子间隙增大：高钾血症与肾脏疾病有关，该肾脏疾病以排尿障碍为特点，其原因可能为尿路梗阻、腹腔积尿或少尿/无尿的肾功能衰竭。钾摄入增加、补钾过量或药物反应引起钾离子升高，都不符合临床病史，尽管阴离子间隙增大提示代谢性酸中毒（很可能为尿毒症），这种变化也不大可能是无机酸中毒的置换反应。而低钙血症能加强高钾血症对心脏的影响。

AST升高：升高幅度较小且不伴有ALT的升高。增多的AST可能来自于溶血或肌肉损伤。

尿液分析：红细胞、血红素和蛋白质与尿中血的出现是一致的，对于这只脱水的猫来说，尿液没有被充分浓缩，这可能是与梗阻性肾病引起的肾小管功能障碍有关。这不一定是持续性变化，还要重新测定尿相对密度。

病例总结和结果

Ringo的尿路发生阻塞，镇静后从它的尿道中取出了干酪样物质。插入导尿管后，对Ringo静脉输注液体和葡萄糖酸钙。第2天Ringo就变得灵活而机警，但是继续排出血尿。2d后拔除导尿管，可以继续排尿，因此出院了。

Ringo可以和前面的2个肾后性氮质血症的病例（第五章，病例2，Sherpa；病例6，Gucci）做个比较。那两只犬都有相对发展缓慢的尿道梗阻，化验结果显示肾脏病变，诊断更倾向于永久性肾脏受损和某种程度的肾性氮质血症。另一方面，发生尿路梗阻的猫往往表现为急性但不太严重的肾脏损伤，如果发生严重病变则是肾脏实质性病变。Ringo在一段时间内无法排尿，引发了高钾血症，但在那两只犬没有出现，虽然排尿有点困难，但它们一直能排出一些尿液。

结合Ringo相对稀释的尿液和氮质血症，提示肾性氮质血症，和Gucci（病例6）一样，解除尿道梗阻后，仍会存在暂时性肾小管功能障碍。排出的大量稀释尿液表明尿路阻塞缓解后出现了去梗阻后利尿。尿液中升高的尿素氮引发的渗透性利尿将会使去梗阻后利尿的效应更加明显。这是一个自限性过程，但会丢失大量体液。必须严格监测患病动物的电解质变化，尤其是低钾血症，因为代谢性酸中毒会自我纠正使钾降低，而且较高的肾小管流量会造成肾脏钾流失。当阻塞物的压力消除，正常的水和电解质平衡重新建立后，尿浓缩能力就恢复了。这与永久性失去尿浓缩能力的Gucci（病例6）大不相同。

病例8 - 等级2

"Riff Raff"，腊肠犬，4岁，去势公犬，因腹围增大而前来就诊。6d前，为了取出体内的毛毯残渣，接受了处肠切开手术。

解析

CBC：Riff Raff出现了中性粒细胞减少症和并发核左移的白细胞减少症。不知道Riff Raff在肠道手术前是否已发生核左移，如果在肠吻合手术前已发生核左移，会增加吻合处裂开的风险，所以应认真监视。Riff Raff同时患有正细胞正色素性贫血，这种贫血有可能是非再生性的，但是要用网织红细胞计数来推测结果。该犬的贫血比典型的慢性疾病或单一炎症

血常规检查

WBC	↓ 4.7×10^9 个/L	（6.0~17.0）
Seg	↓ 1.8×10^9 个/L	（3.0~11.0）
Band	↑ 2.1×10^9 个/L	（0~0.3）
Lym	↓ 0.6×10^9 个/L	（1.0~4.8）
Mono	0.1×10^9 个/L	（0.1~1.4）
Eos	0.1×10^9 个/L	（0~1.3）
白细胞形态：中性粒细胞呈现中毒性变化（3+）		
HCT	↓ 18 %	（37~55）
RBC	↓ 2.79×10^{12} 个/L	（5.5~8.5）
HGB	↓ 6.1 g/dL	（12.0~18.0）
MCV	64.8 fL	（60.0~77.0）
MCHC	33.7 g/dL	（31.0~34.0）
红细胞形态：红细胞轻度大小不等		
血小板	↓ 80×10^9/L	（200~450）
血小板形态：大量巨型血小板		

生化检查

GLU	↓ 70 mg/dL	（80.0 ~125.0）
BUN	↑ 27 mg/dL	（6 ~ 24）
CREA	0.9 mg/dL	（0.5 ~ 1.5）
P	4.2 mg/dL	（3.0 ~ 6.0）
Ca	9.3 mg/dL	（8.8 ~ 11.0）
Mg	2.0 mg/dL	（1.4 ~ 2.7）
TP	5.0 g/dL	（4.7 ~ 7.3）
ALB	2.8 mg/dL	（2.5 ~ 4.2）
GLO	2.2 mg/dL	（2.0 ~ 4,0）
A/G	1.3	（0.7 ~ 2.1）
Na^+	144 mmol/L	（140 ~ 151）
Cl^-	117 mmol /L	（105 ~ 142）
K^+	↓ 3.6 mmol /L	（3.8 ~ 5.4）
HCO_3^-	19.9 mmol /L	（16 ~ 28）
AG	10.7 mmol /L	（5 ~ 18）
TBIL	↑ 3.0 mg/dL	（0.10 ~ 0.50）
ALP	145 IU/L	（20 ~ 320）
GGT	3 IU/L	（2 ~ 10）
ALT	↑ 68 IU/L	（5 ~ 65）
AST	↑ 126 IU/L	（15 ~ 52）
CHOL	114 mg/dL	（110 ~ 314）
AMYL	577 IU/L	（400 ~ 1200）

凝血检查

PT	↑ 8.5 s	（6.2 ~ 7.7）
APTT	↑ 17.8 s	（9.8 ~ 14.6）
FDP	↑ > 20 μg/mL	（< 5）

引起的贫血更严重，并且以前手术失血可能加剧了红细胞减少症（参见凝血数据）。Riff Raff 的凝血障碍可能会进一步引起失血。弥散性血管内凝血可以解释血小板减少症；但是也不排除某种程度的免疫介导性破坏或血小板生成减少。中性粒细胞减少症、非再生性贫血和血小板减少症同时发生，符合原发性骨髓疾病的表现，但这些变化也可以由髓外因素引起，

所以此时骨髓穿刺不再具有指示作用。

血清生化分析

低血糖症：如果能排除掉取样过程中的错误，结合Riff Raff的白细胞象，可知该病例发生的败血症是低血糖的主要原因，除此之外，也可能是因为肝功能下降导致的糖原异生不足。肝功能受损正好符合化验结果，即白蛋白与胆固醇在参考范围的下限，高胆红素血症，以及凝血酶原时间和活化部分凝血酶原时间延长；而血清胆汁酸可用来评估这种可能性。小型犬更可能发生由厌食症引起的低血糖症，然而多数情况下，严重的长期厌食症才能引起低血糖症。即使这样，血糖也只是轻微下降（见第五章案例3和第三章）。

血清尿素氮升高（肌酐正常）：引发血尿素氮升高而肌酐正常的原因可能有几种。在肾前性氮质血症早期，因肾小管流速减慢，尿素被动重吸收时间延长，从而导致血尿素氮升高。脱水或继发于感染性休克的低血压也可能导致肾灌注量不足。由于贫血、蛋白质流失进入胃肠道或腹腔的干扰，很难根据实验室数据评估脱水的程度。如果存在胃肠道出血，或者发烧、败血症或手术等原因，蛋白质分解代谢增强，尿素氮也可能会升高。所以有必要做尿液分析来确定肾脏的浓缩能力。

低钾血症：该犬可能在患病期间厌食，导致钾摄入量减少，从而使血钾浓度降低；也可能是胃肠道或腹腔液流失增多引起的。如果其他电解质也同时减少，那么低钾血症更可能是摄入不足引起的。

高胆血红素血症：高胆血红素血症经常是由肝脏疾病或溶血引起。阻塞性胆汁淤积时

ALT和GGT不太可能是正常的，而肝功能下降会引起高胆红素血症。溶血一定会引起贫血，但是溶血性贫血经常是再生性的，而且红细胞没有形态异常可以反映溶血的原因（即球形红细胞、海因茨小体等）。虽然不能排除肝脏疾病和溶血引起的高胆红素血症，但是败血症也能通过阻止肝细胞结合胆红素而引起高胆红素血症。

ALT和AST轻微升高：这些酶活性升高表明肝细胞受到损伤，但不能提示其病因。Riff Raff肝脏受损的潜在原因有多种，包括败血症（细菌毒素和灌注不足导致）；肠道疾病并发炎性介导下肝细胞过多的与细菌和细菌产物接触；手术中的创伤以及由贫血引发的缺氧等。此外，不能排除早期肝脏疾病，但也不用它来解释这些酶升高的原因，AST升高可能反映手术过程导致的肌肉损伤。

凝血状况：PT（凝血酶原时间）和APTT（活化部分凝血激酶时间）中度延长，表明机体产生了继发性凝血障碍，结合血小板减少症和纤维蛋白降解产物增多（表明纤溶增强），这些现象与继发于败血症的弥散性血管内凝血（DIC）一致。肝功能下降会导致肝脏产生的凝血因子减少、肝脏对纤维蛋白降解产物的清除能力受损也可以引起这些指标的变化。而血小板黏附于受损的肝脏内皮细胞也会引起血小板减少症。

病例总结和结果

腹水细胞学检查发现大量含有胞内细菌的退行性中性粒细胞。手术时发现4处肠切开中Riff Raff有2处吻合已经裂开。其中一处被修复了，另一处需要切除部分肠管后再缝合。期

间Riff Raff的腹腔处于开放状态，给予补液、抗生素以及肠外营养的治疗。不幸的是5d后，Riff Raff呕吐发作，心脏骤停。尸检时发现Riff Raff有显著的弥散性、纤维性和纤维蛋白性腹膜炎。组织病理学检查发现肝、脾和肠道表面有酵母菌和念珠菌，随后从这些器官培养出了酵母菌。

虽然没有获得有助于解释血清尿素氮升高的尿液样品，但在临床病史上表现出能影响血清尿素氮的多种肾外因素。这有助于比较Riff Raff和Sherpa（第五章病例2），因为Sherpa也患有轻微的尿素氮和肝酶升高。尽管存在这些相似性，但是Riff Raff并没有原发性泌尿道疾病，Sherpa的诊断结果是伴有肾积水的移行细胞癌，以及由尿道梗阻引起的严重的肾脏病理学变化。根据氮质血症的程度不是总能区分出是肾前性还是肾后性原因，同样，血清尿素氮轻微升高而肌酐正常也不能区分所有患病动物

的肾脏病变和肾外病变。

→ 参考文献

Ralphs SC, Jessen CR, Lipowitz AJ. 2003. Risk factors for leakage following intestinal anastomosis in dogs and cats: 115 cases (1991-2000). J Am Vet Med Assoc (223): 73-71.

病例9 – 等级2

"Margarite"，阿拉伯马，21岁，雌性。1d以来厌食、少尿。主人注意到近4年来，Margarite比其他马多饮多尿。直肠检查发现其左侧肾脏增大。

血常规检查

WBC	10.6×10^9 个 /L	（5.9 ~ 11.2）
Seg	8.7×10^9 个 /L	（2.3 ~ 9.1）
Band	0	（0.0 ~ 0.3）
Lym	1.6×10^9 个 /L	（1.6 ~ 5.2）
Mono	0.3×10^9 个 /L	（0.0 ~ 1.0）
白细胞形态：未见异常		
HCT	34 %	（30 ~ 51）
RBC	6.99×10^{12} 个 /L	（6.5 ~ 12.8）
HGB	12.6 g/dL	（10.9 ~ 18.1）
MCV	50.3 fL	（35.0 ~ 53.0）
MCHC	37.1 g/dL	（34.6 ~ 38.0）
红细胞形态：未见异常		
血小板：成簇，数量正常		
纤维蛋白原	400 mg/dL	（100 ~ 400）

生化检查

GLU	↑ 136 mg/dL	（6.0 ~ 128.0）
BUN	↑ 62 mg/dL	（11 ~ 26）
CREA	↑ 8.2 mg/dL	（0.9 ~ 1.9）
P	↓ 0.6 mg/dL	（1.9 ~ 6.0）
Ca	↑ 15.7 mg/dL	（11.0 ~ 13.5）
Mg	2.4 mmol/L	（1.7 ~ 2.4）
TP	↑ 7.3 g/dL	（5.6 ~ 7.0）
ALB	3.1 g/dL	（2.4 ~ 3.8）
GLO	4.2 g/dL	（2.5 ~ 4.9）
A/G	0.7	（0.7 ~ 2.1）
Na^+	135 mmol /L	（130 ~ 145）
Cl^-	↓ 97 mmol /L	（99 ~ 105）
K^+	↑ 5.1 mmol /L	（3.0 ~ 5.0）
HCO_3^-	31 mmol /L	（25 ~ 31）
AG	7.0 mmol /L	（5 ~ 10）
TBIL	0.8 mg/dL	（0.3 ~ 3.0）
DBIL	0.3 mg/dL	（0.0 ~ 0.5）
IBIL	0.5 mg/dL	（0.2 ~ 3.0）
ALP	135 IU/L	（109 ~ 352）
GGT	15 IU/L	（5 ~23）
AST	234 IU/L	（190 ~ 380）
CK	174 IU/L	（80 ~ 446）

腹水检查

离心前：淡红色，混浊
离心后：无色，澄清
总蛋白：< 2.0 g/dL
有核细胞计数：391 /μL
液体中包括少量红细胞和有核细胞。主要含有非退行性中性粒细胞，其次是巨噬细胞，偶见小淋巴细胞，未见病原体
尿液分析
尿相对密度：1.011

解析

CBC：无异常。

血清生化分析

高血糖症：在马属动物中，血糖升高多是由于兴奋或应激使内源性儿茶酚胺、糖皮质激素分泌增多导致。CBC中没有能够解释血糖升高的变化，如成熟中性粒细胞增多或淋巴细胞减少，上述变化反映了肾上腺素效应。

氮质血症：尿素氮和肌酐均升高，同时伴有等渗尿，表明发生了没有任何肾外因素干扰尿液浓缩能力的肾性氮质血症。水合能力正常的动物可能会出现等渗尿。

伴有低磷血症的高钙血症：因为正常马的肾脏会排出大量钙，肾小球滤过率下降会导致高钙血症，尤其是日常饮食中含钙量较高的时候。这与犬猫大不相同，犬猫离子钙的水平可以反映肾功能衰竭。低磷血症常见于肾功能衰竭的马，也可能由于整体作用而继发于高钙血症。这与其他动物肾小球滤过率降低导致高磷血症的情况不同。在患有肾脏疾病的马中，其PTH水平可能受到抑制（Brobstt），也可能发生其他变化（Toribio）。

高蛋白血症：白蛋白和球蛋白水平都在参考范围内，因此其临床意义不可靠。

低氯血症：血氯轻微降低，这种情况下不太可能有太显著的变化。如果氯的丢失超过钠，或发生酸碱紊乱，就会表现出氯离子和钠离子不成比例的变化。在酸碱紊乱中，氯离子的变化通常与碳酸氢盐相反，而这个病例中，碳酸氢盐浓度处于参考范围的上限。该病例中，肾脏疾病是导致其血液酸碱紊乱继续发展的危险因素，应注意监测相关指标。

高钾血症：若机体不能正常排尿，钾就会随之滞留于体内。这可能发生于肾后性氮质血症或在肾功能衰竭的无尿期/少尿期。与肾功能衰竭的多尿期情况相反，肾小管流速减慢会因增加重吸收时间，导致钾离子排出减少，从而导致高钾血症。其他病例提到过低钠血症/低氯血症/高钾血症，可能需要使用ACTH刺激试验鉴别诊断肾上腺皮质机能减退；不过，马发生该病的可能性很小。

腹水检查：液体为漏出液，正常。

病例总结及结果

给Margarite静脉输液，并补磷，但其仍然表现持续性少尿。就诊第2天，Margarite腹部出现水肿，所以适当减少静脉输液量，同时给予利尿剂。第3天无尿，同时腹腔及胸腔开始积液。肾脏超声检查发现右肾肾盂积水同时输尿管严重扩张。左肾体积较小，且有强回声和肾盂扩张。最后因无尿、厌食、预后不良对Margarite施行了安乐死。

→ 参考文献

Brobst DB, Bayly WM, Reed SM, Howard GA, Torbeck RL. 1982. Parathyroid hormone evaluation in normal horses and horses with renal faiure. Equine Vet Sci (2) : 150-157.

Toribio RE. 2003. Parathyoid gland function and calcium regulation in horses. In : Proceedings 21st Annual American College of Veterinary Internal Medicine Forum. June 4-8, Charlotte, NC: 224-226.

病例10 – 等级2

"Tramp"，暹罗猫，4 岁，绝育母猫。过去3周内食欲下降、嗜睡。体格检查发现Tramp比较安静，但警觉敏感。估计脱水程度达10 %～12 %，无可触及的脂肪组织，身体状况非常差。黏膜非常苍白，心搏过速。

解析

CBC：淋巴细胞减少症与应激或皮质类

血常规检查

WBC	10.3×10^9 个 /L	（4.5～15.7）
Seg	9.3×10^9 个 /L	（2.1～13.1）
Lym	↓ 0.5×10^9 个 /L	（1.5～7.0）
Mono	0.5×10^9 个 /L	（0～0.9）
Eos	0	（0.0～1.9）
白细胞形态：无明显异常		
HCT	↓ 21.6 %	（28～45）
RBC	↓ 4.65×10^{12} 个 /L	（5.0～10.0）
HGB	↓ 7.0 g/dL	（8.0～15.0）
MCV	42.9 fL	（39.0～55.0）
MCHC	35.0 g/dL	（31.0～34.0）
血小板：成簇，但数量充足		

生化检查

GLU	↑ 200 mg/dL	（70.0～120.0）
BUN	↑ 240 mg/dL	（15～32）
CREA	↑ 13.1 mg/dL	（0.9～2.1）
P	↑ 10.3 mg/dL	（3.0～6.0）
Ca	10.0 mg/dL	（8.9～11.6）
Mg	↑ 3.6 mmol/L	（1.9～2.6）
TP	↑ 8.2 g/dL	（5.5～7.6）
ALB	↑ 3.9 g/dL	（2.2～3.4）
GLO	4.3 g/dL	（2.5～5.8）
Na^+	153 mmol /L	（149～164）
Cl^-	126 mmol /L	（119～134）
K^+	↓ 2.9 mmol /L	（3.9～6.3）
HCO_3^-	↓ 9.1 mmol /L	（13～22）
AG	20.8 mmol /L	（13～27）
CHOL	↑ 300 mg/dL	（77～258）
AMYL	↑ 1 872 IU/L	（362～1 410）

尿液分析：采样方法不详

外观：黄色，澄清　　　　　　　　　尿沉渣
SG: 1.011　　　　　　　　　　　　每个高倍视野下 0 个 红细胞
pH: 6.5　　　　　　　　　　　　　每个高倍视野下 0 个 白细胞
蛋白质：1+　　　　　　　　　　　未见管型
葡萄糖：阴性　　　　　　　　　　未见上皮细胞
酮体：阴性　　　　　　　　　　　未见细菌和结晶
尿胆红素：阴性　　　　　　　　　痕量脂滴和碎片
红细胞：痕量

固醇效应的表现一致。Tramp有正细胞正色素性贫血，纠正体液不足之后将更加严重。慢性肾功能衰竭的动物因肾脏产生的促红细胞生成素减少、尿毒症毒素影响造血功能，从而发生非再生性贫血。营养不良会加重贫血。如果白细胞和血小板数量足够，就不用进行骨髓评估了，因为存在贫血的外周因素。

血清生化分析

氮质血症：伴有等渗尿的氮质血症是肾功能衰竭的表现，且没有症状表明是肾后性疾病（例如没有腹水，大而充盈的膀胱，尿淋漓或排尿困难等症状）。由于患猫明显脱水，所以除了肾性氮质血症，还有可能是肾前性氮质血症。

高磷血症（血钙正常）：该病例高血磷的最可能原因是肾小球滤过率下降，无论肾小球滤过率下降是肾前性、肾性还是肾后性的，患有肾功能衰竭的动物其总钙都可能偏高、正常或偏低，并且离子钙水平和总钙水平并无特定相关性。若出现低血钙的症状应该检查离子钙水平。

高镁血症：血清镁离子同血磷一样，是肾小球滤过率下降导致的。

伴有高白蛋白血症的高蛋白血症：肝脏不会过量产生白蛋白，所以该值正好印证了临床上观察到的脱水症状。

低钾血症：多尿引起肾脏丢失钾离子增多，同时厌食导致钾离子摄入减少会加重低钾血症。低血钾本身就可以引起肾病，其特点是肾脏血管收缩、肾小球滤过率下降，以及由于血管紧张素Ⅱ增多和对抗利尿激素的不应性导致的多饮多尿。纠正钾离子的消耗可逆转这些变化并可提高肾脏的尿浓缩能力。

HCO_3^-减少：该值减少表明有酸血症，而酸血症常见于肾功能衰竭病例。通常这个变化与阴离子间隙升高有关，因为发生尿毒症而产生了不可测量的酸性阴离子。该病例的阴离子间隙正常。钾缺乏导致远端肾小管对钠的重吸收减少，因为肾小管液偏阳性，所以氢和钾的存储增加，酸的排出减少进而引起酸血症。

高胆固醇血症：肾小球肾炎和肾病综合征的患犬可能会出现高胆固醇血症。肾病综合征中，高胆固醇血症的发生机制可能是肝脏合成增加，而这些患病动物的白蛋白和胆固醇呈负相关，但该猫无此表现。由于脂蛋白脂酶自身辅助因子（即硫酸肝素数量不足）导致的脂蛋白脂酶功能异常，也可引起肾病综合征中的高胆固醇血症。

淀粉酶升高：胰腺无病变的情况下，肾小球滤过率下降会引起淀粉酶升高。淀粉酶不是猫胰腺病变的敏感指标。

尿液分析：如果尿样是由膀胱穿刺获得，会有轻微的血液污染，从而有少量蛋白质和血红素。胆红素反应阳性则提示有游离血红蛋白或者尿沉渣中有红细胞存在。但两者不能区分，因为红细胞在低渗尿中可能会破裂。肾功能衰竭可出现不同程度的蛋白尿。

病例总结和结论

Tramp没有住院，而是在家里进行了皮下补液，补充钾离子，并使用肾功能衰竭处方粮。慢性肾功能衰竭动物可以通过支持疗法维持一段时间，但维持时间不可预知。通过对比Tramp和Margarite（第五章，病例9）发现，肾

功能衰竭动物的钙、磷反应有着极大的品种差异性。马通常发生高钙血症，因饮食而异，血磷正常或下降；而犬猫血钙水平不定，血磷水平升高。

另一方面，Margarite的高钾血症反映了尿液生成减少和钾的潴留，而Tramp的低钾是肾功能衰竭多尿期的特征。物种间相对一致。

病例11 – 等级2

"Joe"，约克夏㹴，9岁，去势公犬。因误食4～8片200mg的布洛芬片剂前来就诊。它的主人上班回家后发现屋内到处是Joe的呕吐物，而Joe表现为定向障碍、吠叫。体格检查发现其腹部触诊疼痛，其他无明显异常。

解析

PCV：患犬起初并未贫血，然而在接下来的几天内发展为明显的贫血。因为不能生成促红细胞生成素及尿毒症毒素对脊髓的损伤，非再生性贫血可能与慢性肾脏疾病有关，但从急性肾损伤和衰老红细胞不能被足量的新生红细胞取代来看，不太像这种情况。由于泛蛋白减少症和贫血一起发生，所以还应考虑失血性贫

血常规检查

	第1天	第3天	第4天	参考范围
PCV	38 %	↓ 24 %	↓ 18 %	（38～57）

生化检查

	第 1 天	第 3 天	第 4 天	参考范围
GLU	↑ 164 mg/dL	97 mg/dL	105 mg/dL	（65 ~ 120）
BUN	↑ 35 mg/dL	↑ 66 mg/dL	↑ 46 mg/dL	（8 ~ 33）
CREA	1.7 mg/dL	↑ 3.1 mg/dL	1.4 mg/dL	（0.5 ~ 1.5）
P	5.4 mg/dL	↑ 6.8 mg/dL	4.8 mg/dL	（3.0 ~ 6.0）
Ca	↓ 7.9 mg/dL	↓ 7.7 mg/dL	↓ 7.7 mg/dL	（8.8 ~ 11.0）
Ma	1.5 mmol/L	1.9 mmol/dL	2.4 mmol/dL	（1.4 ~ 2.7）
TP	↓ 5.0 g/mL	↓ 3.5 g/mL	↓ 3.9 g/mL	（5.5 ~ 7.8）
ALB	↓ 2.5 g/mL	↓ 1.7 g/mL	↓ 2.0 g/mL	（2.8 ~ 4.0）
GLO	2.5 g/mL	↓ 1.8 g/mL	↓ 1.9 g/mL	（2.3 ~ 4.2）
A/G	1.0	0.9	1.1	（0.7 ~ 2.1）
Na^+	141 mmol /L	149 mmol /L	149 mmol /L	（140 ~ 151）
Cl^-	115 mmol /L	↑ 127 mmol /L	↑ 125 mmol /L	（105 ~ 120）
K^+	↓ 3.4 mmol /L	↓ 3.5 mmol /L	↓ 3.5 mmol /L	（3.8 ~ 5.4）
HCO_3^-	↓ 12.2 mmol /L	↓ 14.9 mmol /L	17.7 mmol /L	（16 ~ 28）
AG	17.2 mmol /L	↓ 10.6 mmol /L	↓ 9.8 mmol /L	（15 ~ 25）
TBIL	N/A mg/mL	0.3 mg/dL	0.2 mg/dL	（0.1 ~ 0.3）
ALP	N/A IU/L	↑ 134 IU/L	40 IU/L	（20 ~ 121）
GGT	N/A IU/L	5 IU/L	3 IU/L	（2 ~ 10）
ALT	N/A IU/L	21 IU/L	N/A IU/L	（18 ~ 86）
AST	N/A IU/L	↑ 86 IU/L	51 IU/L	（15 ~ 52）
CHOL	↓ 114 mg/mL	↓ 105 mg/mL	↓ 112 mg/mL	（115 ~ 300）
AMYL	N/A IU/L	568 IU/L	N/A IU/L	（400 ~ 1 200）

尿检：导尿取样

外观：黄色，澄清
SG：1.010
葡萄糖：1+
酮类：阴性
胆红素：阴性
蛋白：2+
血红：2+

尿沉渣
每个高倍镜视野下 2 ~ 20 个红细胞
无其他发现

血。非甾体类抗炎药物如布洛芬会造成胃肠溃疡及出血，也会损伤血小板功能，从而使失血加重。胃肠溃疡和血小板减少符合尿毒症的特征，并且对出血有促进作用。没有获得能评价红细胞生成反应的指标和网织红细胞计数的数据。预计需要3～5d才能检测到出血引起的网织红细胞。外出血引起的铁的持续性丢失及肾损伤造成的促红细胞生成素的减少可能会掩盖再生性贫血。

血清生化分析

高血糖症：很可能是应激造成的。

氮质血症：如果没有其他能损伤尿浓缩功能的因素（如髓质冲洗和渗透性利尿），等渗尿性氮质血症表明发生了肾脏疾病。第一天尿检中出现葡萄糖，其可以引起渗透性利尿。虽然血糖很高（164），但并没有超过肾小管对葡萄糖重吸收的阈值（180），提示肾小管损伤或机能障碍。虽然给予患犬高强度的补液治疗，氮质血症在第3天还是加重了，从第4天开始该指标才开始下降。第4天虽然血清肌酐正常了，血尿素氮仍然偏高。这种情况可见于胃肠道出血，根据布洛芬中毒、PCV降低和蛋白质水平，我们强烈怀疑这种可能。其他引起尿素氮升高而肌酐正常的因素有早期肾前性氮质血症（在这不太可能）或者高蛋白饮食等。

高磷血症：由于肾功能下降和肾小球滤过率下降，最初磷水平正常，第3天出现高磷血症。

低钙血症：低白蛋白血症可以解释部分低钙血症，预计它并不会使离子钙发生明显变化，虽然该病例血磷升高不明显，但低钙血症常见于肾功能衰竭动物，继发于血磷升高的钙磷相互作用。骨化三醇不足导致骨骼对甲状旁腺激素的抵制作用及肠道对钙的吸收减少，能部分解释肾功能衰竭所致的低钙血症。患犬通常不表现出低钙血症的临床症状，和低钙血症有关的症状更多见于急性肾功能衰竭或乙二醇中毒。应检查离子钙水平。

低蛋白血症：第一天表现为轻微低蛋白血症。肾小球疾病可以导致白蛋白选择性丢失，但是急性中毒导致的肾损伤不可能在几个小时内引起血清白蛋白下降。出血也可能是低蛋白血症的一个原因，但此次出血持续的时间不够长，也没有严重到PCV下降或使球蛋白低于参考范围下限的程度。应该和以前的数据进行对比，以确定Joe正常时的白蛋白水平是否偏低，有助于理解该项指标的临床意义。第3天和第4天出现贫血和以出血为特点的泛蛋白减少症。

高氯血症性酸中毒及阴离子间隙减小：因发生丢失含碳酸氢盐较多而含氯较少的小肠性腹泻，从而导致高氯血症性代谢性酸中毒，在这种情况下，阴离子间隙通常是正常的。低钾血症也支持这种解释。另外尿毒症酸性毒物的聚集会增加阴离子间隙，但又被低蛋白血症抵消。正常情况下，未测量的阴离子中，带负电的血浆蛋白占的比例较大。

低胆固醇血症：低胆固醇血症通常不表现临床症状，然而，其常与蛋白丢失性肠病、肝功能下降、严重营养不良有关。在疾病早期低白蛋白血症和低胆固醇血症同时出现可能和先天性肝功能障碍有关，如门脉分流，尤其是约克夏犬等高危品种。该病例还应检查血清胆汁酸。肝功能下降必然会干扰Joe为补偿肾脏和胃肠道丢失白蛋白而代偿性增加合成白蛋白的能力。

尿检：如前所述，Joe有等渗尿。糖尿指示肾小管功能障碍，或者是以前的高血糖超过了肾小管的最大重吸收能力（180～200mg/dL），蛋白尿和尿血有一定关系，可能是下泌尿道疾病或者肾小球损伤。如果想排除下泌尿道问题，则还应该检测尿蛋白与肌酐的比值。

病例总结和结果

Joe住院后首先给它使用活性炭，以避免进一步吸收残留的布洛芬。然后静脉输液，并使用胃保护剂、止吐药，胃肠外全面补充营养，另外还使用抗生素以避免因肠道抵抗力不足导致的条件致病菌感染。治疗期间，Joe吐过几次血，并出现含已被消化的血液的腹泻。输注全血和白蛋白以补偿胃肠道失血。治疗6d后，它表现出液体过剩的征象，所以进行输氧及利尿药治疗。虽然患有肾脏疾病的动物常有发展为高血压的倾向，但在整个住院期间，Joe的血压均在参考范围以内。它的氮质血症一天天好转，最后出院了。然而长期预后不明确，还需要过一段时间后再进行肾功能检测。为了纠正过高的BUN和尿素氮，有必要及时积极治疗。这个病例可与一只雪貂（第二章，病例20）的布洛芬中毒相比较，那个病例中毒中，雪貂的肝脏和肾脏出现了异常。

Joe的肾脏疾病因肾毒性药物被及时诊断出而表现为急性过程。很多肾功能衰竭病例都是在疾病发展到晚期才被诊断出（见第五章的病例9和病例10），并且往往找不到原发病因。急性肾功能衰竭与慢性肾功能衰竭难以区分，慢性肾功能衰竭的急性恶化会使病情更加复杂。急性发生意味着急性肾功能衰竭，尤其是有潜在局部缺血或中毒病史时，但临床症状可能更倾向于慢性肾功能衰竭，这种临床印象的突发性可能与慢性肾脏疾病的急性代偿失调有关。慢性肾功能衰竭患者往往体况较差，肾萎缩而坚硬，相反，急性肾功能衰竭患者状况较好，肾脏正常或稍变大。

根据实验室数据不是每次都能确诊肾功能衰竭是急性还是慢性。患急性肾功能衰竭的动物更倾向于发生少尿/无尿，并由此引发高钾血症（Vaden）。但是，晚期慢性肾脏衰竭可能表现出尿生成减少和钾储存减少，就像Margarite（病例9）那样。急性肾后性氮质血症可能还与高钾血症有关，如发生尿路梗阻的猫（见第五章病例7，Ringo）。虽然是急性肾功能衰竭，但是Joe的血钾水平偏低，这可能是因为胃肠道丢失或在住院期间一直维持足够的尿量。因为机体短时间内不能适应肾功能下降的生理变化，因此急性肾功能衰竭引起的代谢性酸中毒可能加重。非再生性贫血在慢性肾功能衰竭中更常见，然而上述例证已强调在判定急慢性肾功能衰竭时这项指标具有一定的局限性。发生慢性肾功能衰竭的马（病例9，Margarite）没有发生贫血，慢性肾功能衰竭的猫Ringo有中度贫血，Joe在肾功能衰竭期间一直贫血，是非甾体类抗炎药物毒性引起的胃肠出血所致。失血性贫血通常是再生性的，然而Joe的肾脏疾病限制了促红细胞生成素的反应性，但没有获得相关指标来评价Joe应答失血性贫血的状况。通常一个临床医师必须结合病史、临床症状以及实验室检查综合判定急性或慢性肾功能衰竭的发生。

→ 参考文献

Tomlinson J, Blikslager A. 2003. Role of nonsteroidal anti-inflammatory drugs in gastrointestinal tract injury and repair. J Am Vet Med Assoc (222): 946-951.

Vaden SL. 2000. Differentiation of acute from chronic renal failure. In: Kirk's Current Veterinary Therapy XIII:Small Animal Practice. JD Bonagura ED. W.B. Saunders Company, Philadelphia, PA: 856-858.

病例12 - 等级2

"Pugsley"，八哥犬，13月龄，去势公犬。术前体格检查正常，但血清生化检查出现异常。

解析

CBC：轻度中性粒细胞性白细胞增多症可能与轻度炎症有关。Pugsley还有轻度小红细胞正色素性贫血。能引起犬小红细胞症的原因有限，包括品种特异性（日本犬种如秋田犬、松狮犬、沙皮）、铁缺乏、门脉循环异常。通过测量铁浓度可以确定Pugsley的含铁状况，而它的其他实验室数据与门静脉短路相符（低血糖、BUN降低、低白蛋白血症、肝酶轻微升高）。如果Pugsley吃的是标准商品犬粮，不会出现食源性缺铁。主人没有注意到明显的慢性失血。应检查Pugsley有无寄生虫，此时进行粪便漂浮检查、跳蚤和蜱虫检查要比检查铁含量更有效，且花费较低。再者，缺铁还会有红

血常规检查

WBC	↑ 28.7×10^9 个 /L	（4.0 ~ 15.5）
Seg	↑ 23.5×10^9 个 /L	（2.0 ~ 10.0）
Band	0.3×10^9 个 /L	（0 ~ 0.3）
Lym	4.0×10^9 个 /L	（1.0 ~ 4.5）
Mono	0.6×10^9 个 /L	（0.2 ~ 1.4）
Eos	0.3×10^9 个 /L	（0 ~ 1.2）
Bas	0	
白细胞形态：正常		
HCT	↓ 32 %	（37 ~ 60）
RBC	↓ 5.36×10^{12} 个 /L	（5.5 ~ 8.5）
HGB	↓ 10.6 g/dL	（12.0 ~ 18.0）
MCV	↓ 57.5 fL	（60.0 ~ 77.0）
MCHC	33.1 g/dL	（31.0 ~ 34.0）
红细胞形态：偶见靶形红细胞		
PLT	↓ 173×10^9 个 /L	（200 ~ 450）

生化检查

GLU	↓ 65 mg/dL	（70.0 ~ 120.0）
BUN	↓ 6 mg/dL	（8 ~ 33）
CREA	↓ 0.4 mg/dL	（0.6 ~ 1.5）
P	5.3 mg/dL	（5.0 ~ 9.0）
Ca	9.8 mg/dL	（8.8 ~ 11.0）
TP	↓ 4.3 g/dL	（4.8 ~ 7.2）
ALB	↓ 2.1 g/dL	（3.0 ~ 4.2）
GLO	2.2 g/dL	（2.0 ~ 4.0）
Na^+	142 mmol/L	（140 ~ 151）
Cl^-	108 mmol/L	（105 ~ 120）
K^+	4.6 mmol/L	（3.8 ~ 5.4）
HCO_3^-	28 mmol/L	（16 ~ 28）
AG	↓ 10.6 mmol/L	（15 ~ 25）
TBIL	0.10 mg/dL	（0.10 ~ 0.50）
ALP	↑ 409 IU/L	（20 ~ 320）
GGT	<3 IU/L	（4 ~ 10）
ALT	↑ 94 IU/L	（10 ~ 86）
AST	↑ 85 IU/L	（16 ~ 54）
CHOL	126 mg/dL	（110 ~ 314）
TG	119 mg/dL	（30 ~ 300）
AMYL	↓ 386 mg/dL	（400 ~ 1 200）

尿液检查：膀胱穿刺采样

外观：黄色，澄清　　　　　　尿沉渣：无异常
SG：1.014
pH：7.0
蛋白、葡萄糖、酮体、胆红素、血红素：阴性

细胞着色不足和裂红细胞症，该犬的血涂片里没有出现这些现象，反而出现了靶形红细胞，那是肝脏疾病的特征。

此时轻微血小板减少症的临床意义有待商榷。尽管实验室检查中未注明有血小板团块，但继续诊断前还应重复进行CBC检查，以排除人为误差造成血小板减少。考虑到血小板的功能以及其他凝血参数正常，这种程度的血小板

减少不会增加出血的风险。血清生化检查显示肝功能下降，因此疾病进一步恶化前应立即做凝血检查。

血清生化分析

低血糖症：对于没有表现出低血糖临床症状的动物，应检查与血细胞迅速分离的新鲜血清的血糖值，以排除因血样处理不当造成的人为降低。这个病例的确存在低血糖，除了操作不当，最可能导致该病例血糖下降的原因是肝功能下降，很可能与门体分流有关。因为存在中性粒细胞性白细胞增多症，所以还应考虑败血症引起的血糖下降，但该犬没有这方面的临床表现，所以不像是这种原因。肿瘤在年轻犬不常见，同时也没有饥饿和体况不良的病史。

BUN和肌酐降低：BUN下降可能继发于门体分流的肝功能下降。考虑到该病例尿相对密度较低，肾小球滤过率升高而尿素重吸收时间减少会引起BUN降低。临床病史中无多饮多尿的记录，但肝功能低下的犬因一些潜在机制会经常发生多饮多尿，这些机制包括精神性烦渴、渗透压感受器改变、渴觉中枢刺激、内源性皮质醇水平生成增多或皮质类固醇降解减少等。年轻小型犬肌肉组织不发达，也可能会造成肌酐水平相对偏低。一些门静脉短路的犬生长缓慢，也比同窝犬小。

伴有低白蛋白血症的低蛋白血症：低白蛋白血症可能是由于生成减少或丢失增多。因为肝脏是白蛋白的制造场所，因此肝功能不全会造成低蛋白血症。某些病例由于缺乏原料（如饥饿/营养不良，该病例缺乏相关临床数据）或因为肝脏减少白蛋白的生成，这属于急性期反应的一部分（中性粒细胞性白细胞增多症表

明发生了一定程度的炎症）。能引起蛋白质丢失的原因大多会导致白蛋白与球蛋白同时减少（出血、胃肠道丢失、皮肤或第三间隙的蛋白质丢失）。由于是小细胞性贫血，所以怀疑慢性失血，但出血会引起白/球蛋白同时丢失。引起低白蛋白血症的白蛋白丢失是通过肾小球丢失的，但尿检未发现蛋白尿。由于尿液相对稀释，因此检查尿蛋白/肌酐比对蛋白尿的测量更敏感。基于该犬的实验室检查结果，可以通过检查禁食和餐后胆汁酸浓度来评估肝脏功能，以确定低白蛋白血症的原因。

阴离子间隙减小：阴离子间隙是指血浆中未测量的阴离子，其中大部分是带负电荷的血浆蛋白。所以低蛋白血症会导致阴离子间隙减小。

ALP轻微升高：犬ALP升高无特异性，它可能与多种肝外因素有关，如药物、激素影响、胆汁淤积。严重的胆汁淤积通常伴有GGT或胆红素升高，但该病例没有出现。轻微的肝酶升高常与门静脉短路有关，也是该病例最可能的病因。年轻快速生长的大型犬种，骨骼形成时可以见到ALP升高，但Pugsley这样的小型犬不太可能出现这种情况。

ALT和AST轻微上升：这些轻微的改变提示肝细胞损伤。同ALP一样，有许多能引起肝酶升高的肝性或肝外因素，但最佳解释是门静脉短路。

淀粉酶降低：该指标不具有临床意义。

尿液分析：Pugsley的尿相对密度偏低，但无氮质血症。等渗尿的生理学或病理学的解读要结合临床信息如水合状态等。因为尿浓缩能力受损先于氮质血症，因此不能排除肾脏功

能损伤。即使肾脏没发生病变，肝脏衰竭也可以干扰肾脏对尿液的浓缩力。门静脉短路的动物可能会出现多尿症。

病例总结和结果

检查发现Pugsley的禁食和餐后血清胆汁酸浓度均升高。腹部超声显示肝脏缩小、肝外门静脉短路。分流的血管用赛璐玢材料结扎矫正。出院后在家恢复良好。该病例证实原发性肝脏疾病能够影响肾脏指标，包括肌酐、BUN、和尿相对密度。可参考第二章的病例12（Binar）和第三章的病例7（Yap Yap），这两个病例中有关于门静脉短路更完整的病理生理学讨论。

病例13 - 等级3

"Opie"，家养短毛猫，5岁，去势公猫。该猫呕吐数日，无法进食。上周因主人发现它饮水及排尿次数增加而去其他诊所就诊，当时未作血液检查。体格检查发现Opie偶尔打喷嚏，无脱水现象，左肾区有一团块，可能为脂肪。听诊提示有间歇性的Ⅱ/Ⅵ级收缩期心杂音。

解析

CBC：无异常。

血清生化分析

氮质血症：氮质血症可分为肾前性、肾性或肾后性。等渗尿支持肾功能衰竭，但如果有脱水的临床症状，则不能排除肾前性原因。其他能使尿液浓缩功能下降的因素也应该予以考虑，如髓质冲洗（低钠血症及低钾血症）、与糖尿病有关的渗透性利尿（不太可能，因为此次未见高血糖和糖尿）、尿崩症。

高磷血症及高镁血症（血钙正常）：该病例中，高磷血症和高镁血症最有可能的原因是肾小球滤过率下降（不管是肾前性、肾性还是

血常规检查

WBC	11.6×10^9 个 /L	（4.5 ~ 15.7）
Seg	9.9×10^9 个 /L	（2.1 ~ 13.1）
Lym	1.5×10^9 个 /L	（1.5 ~ 7.0）
Mono	0.2×10^9 个 /L	（0 ~ 0.9）
Eos	0	（0 ~ 1.9）
白细胞形态：未见明显异常		
HCT	33 %	（28 ~ 45）
RBC	7.44×10^{12} 个 /L	（5.0 ~ 10.0）
HGB	11.6 g/dL	（8.0 ~ 15.0）
MCV	44.4 fL	（39.0 ~ 55.0）
MCHC	35.2 g/dL	（31.0 ~ 35.0）
血小板：凝集成簇，但数量充足		

生化检查

GLU	98 mg/dL	（70.0 ~ 120.0）
BUN	↑ 238 mg/dL	（15 ~ 32）
CREA	↑ 13.3 mg/dL	（0.9 ~ 2.1）
P	↑ 11.1 mg/dL	（3.0 ~ 6.0）
Ca	10.8 mg/dL	（8.9 ~ 11.6）
Mg	2.9 mmol/L	（1.9 ~ 2.6）
TP	7.3 g/dL	（5.5 ~ 7.6）
ALB	2.6 g/dL	（2.2 ~ 3.4）
GLO	4.7 g/dL	（2.5 ~ 5.8）
Na^+	↓ 146 mmol /L	（149 ~ 164）
Cl^-	↓ 97 mmol /L	（119 ~ 134）
K^+	↑ 7.0 mmol /L	（3.9 ~ 5.4）
HCO_3^-	17 mmol /L	（13 ~ 22）
AG	↑ 39.0 mmol /L	（9.0 ~ 12.0）
TBIL	0.2 mg/dL	（0.10 ~ 0.30）
ALP	17 IU/L	（10 ~ 72）
GGT	3 IU/L	（3 ~ 10）
ALT	↑ 237 IU/L	（29 ~ 145）
AST	↑ 62 IU/L	（12 ~ 42）
CHOL	227 mg/dL	（77 ~ 258）
TG	190 mg/dL	（25 ~ 191）
AMYL	1 561 IU/L	（496 ~ 1 874）

尿液分析：导尿

外观：浅黄色，澄清	尿沉渣
SG：1.012	每个高倍镜下 0 个红细胞
pH：6.0	每个高倍镜下罕见白细胞
尿蛋白：阴性	未见管型
葡萄糖：阴性	无鳞状或变移上皮细胞
尿酮体：阴性	可见上皮细胞
尿胆红素：阴性	无细菌及晶体出现
血色素：阴性	无脂滴或碎片

肾后性的）。小动物肾功能衰竭时可能有高钙血症、低钙血症，血钙水平也可能正常。与健康动物不同的是，它们的离子钙与总钙水平通常不一致。

低钠血症及低氯血症：肾功能衰竭动物肾脏电解质丢失增加的原因可能是肾小管对钠、氯的重吸收功能异常。通过测定尿液中钠离子和氯例子的排泄分数来评估肾电解质的丢失。血氯变化较血钠更大，二者不成比例，这主要是因为呕吐的胃内容物中含有高浓度的氯，但酸/碱紊乱时也可发生血氯比例失调。总之，HCO_3^- 与氯离子呈负相关。该病例不是这种情况，可能是因为呕吐丢失氢离子及氯离子引起碱血症，被尿毒症性酸中毒所缓解。此病例为混合型酸碱紊乱。在许多因胃肠道丢失增加造成低钠血症和低氯血症的病例中，钾离子水平正常或降低。也有例外的情况，如感染沙门氏菌、鞭虫或患有十二指肠溃疡穿孔的犬，出现血容量不足以及远端肾小管血流量下降而导致钾离子潴留。因为Opie有低氯血症和高钾血症，还有可能是肾上腺皮质机能减退，但该病在猫中很罕见，应进行ACTH刺激试验评估这种可能性。

高钾血症：高钾血症与以尿液排出障碍为特点的肾脏疾病有关，不管是尿路梗阻、腹腔积尿引起的肾功能衰竭，还是少尿/无尿型肾功能衰竭。摄入增加、补充过多或药物作用都不符合临床病史。虽然阴离子间隙提示有代谢性酸中毒（可能为尿毒症），但也不像是由无机酸中毒造成的钾离子转移，钾离子从受损组织中转移出来可能并发AST和血磷升高。

阴离子间隙增加：阴离子间隙增加提示未测阴离子增加。血清蛋白增加可导致这种变化，但Opie无高蛋白血症。有机酸如尿酸、酮酸或乳酸增加同样会增加阴离子间隙。HCO_3^- 会因酸堆积而减少，但如果是混合型酸/碱紊乱，HCO_3^- 不会减少；如果有碳酸氢盐以外的缓冲液被滴定，HCO_3^- 减少与酸增加就会不成比例。

ALT和AST升高：ALT和AST轻微升高与肝细胞的轻微损伤表现一致，其他组织，包括肌肉、红细胞也含有AST。造成酶含量升高的因素不明显，根据现有的数据不能确定。

尿液分析：除了上面提到的等渗尿，尿液分析还发现有少量白细胞。尽管其他相关参数变化很小，仍建议进行尿液培养以排除泌尿道感染。

病例总结和结果

由于左肾区出现团块，因此对动物进行了超声检查。影像研究显示有肾盂积水、输尿管积水，且肾盂扩张提示肾盂肾炎。尿液培养显示有两种细菌。尿沉渣检查未见细菌，不能从病变肾脏中排正常尿而患肾盂肾炎的动物可能会出现这种情况，因此，尿沉渣检查正常。

不能完全排除肾盂肾炎。考虑到尿液培养阳性，有可能为轻度败血症，这也可能是肝酶轻微升高的原因。

对Opie进行静脉输液及抗生素治疗，随后检查异常的各项指标也有所改善。出院后的治疗方案包括抗生素、皮下补液、补钾，并建议低磷饮食。出院后3周，Opie在家恢复良好，但持续表现低水平的氮质血症，提示动物有持续性肾功能不全。残余肾单位弥补受损肾单位功能的程度尚待确认，有发展为慢性肾功能衰竭的可能。

病例14 - 等级3

"sally"，中国杂种犬，7岁。就诊前一天和主人一起跑步时突然跌倒，后来出现吐血和黑粪症。体格检查发现该犬体温过低，无法探查到脉搏，在快速推注两升液体后可触及微弱的脉搏。腹部有瘀血点。

解析

CBC

白细胞象：第1天，Sally有轻度分叶中性粒细胞性白细胞增多症和淋巴细胞减少症，可

能与应激或皮质类固醇白细胞象有关。虽然不能排除轻度炎症，但也没有出现中性粒细胞的中毒性变化和核左移。第9天的淋巴细胞减少症还有可能是皮质类固醇效应的反映，但在慢性应激的情况下，不会持续性发生成熟中性粒细胞增多症。

红细胞象：第1天出现红细胞增多症。红细胞增多的最常见原因是脱水导致的红细胞相对增多。脱水时总蛋白也会升高，但会被失血中和。脾脏收缩的同时可以引起循环红细胞相对增多。红细胞增多症还可见于心肺疾病的代偿反应，增多的红细胞用来改善组织供氧。需要进一步诊断评估来确定突然摔倒是否由潜在

血常规检查

	第1天	第9天	参考范围
WBC	↑ 17.9 × 10⁹ 个 /L	12.0 个 /L	（6 ~ 17）
Seg	↑ 17 × 10⁹ 个 /L	11.0 个 /L	（2.1 ~ 11）
Band	0	0	（0 ~ 0.300）
Lym	↓ 0.4 × 10⁹ 个 /L	↓ 0.5 个 /L	（1.0 ~ 4.8）
Mono	0.5 × 10⁹ 个 /L	0	（0.2 ~ 1.4）
Eos	0	0.5 个 /L	（0.0 ~ 1.3）
白细胞形态：无明显异常			
HCT	↑ 64 %	↓ 24 %	（37 ~ 55）
RBC	↑ 9.36 × 10¹² 个 /L	↓ 3.48 × 10¹² 个 /L	（5.5 ~ 8.5）
HGB	↑ 20.6 g/dL	↓ 8.3 g/dL	（12.0 ~ 18.0）
MCV	65.0 fL	68.3 fL	（60.0 ~ 77.0）
MCHC	35.0 g/dL	34.6 g/dL	（31.0 ~ 35.0）
红细胞形态：有少量靶形细胞			
血小板	↓ 43 × 10⁹ 个 /L	↓ 50 × 10⁹ 个 /L	（200 ~ 450）

生化检查

	第 1 天	第 9 天	参考范围
GLU	↓ 36 mg/dL	101 mg/dL	（65.0 ~ 120.0）
BUN	↑ 76 mg/dL	↑ 56 mg/dL	（8 ~ 33）
CREA	↑ 4.3 mg/dL	↑ 4.2 mg/dL	（0.5 ~ 1.5）
P	↑ 11.7 mg/dL	↑ 6.3 mg/dL	（3.0 ~ 6.0）
Ca	9.1 mg/dL	10.8 mg/dL	（8.8 ~ 11.0）
Mg	↑ 3.1 mmol/L	1.7 mmol/L	（1.4 ~ 2.7）
TP	7.0 g/dL	↓ 5.0 g/dL	（5.2 ~ 7.2）
ALB	3.4 g/dL	↓ 2.7 g/dL	（3.0 ~ 4.2）
GLO	3.6 g/dL	2.3 g/dL	（2.0 ~ 4.0）
A/G	0.9	1.2	（0.7 ~ 2.1）
Na^+	↓ 139 mmol /L	151 mmol /L	（140 ~ 151）
Cl^-	↓ 92 mmol /L	106 mmol /L	（105 ~ 120）
K^+	3.8 mmol /L	↓ 3.5 mmol /L	（3.8 ~ 5.4）
HCO_3^-	23 mmol /L	28 mmol /L	（16 ~ 28）
AG	↑ 27.8 mmol /L	20.5 mmol /L	（15 ~ 25）
TBIL	0.3 mg/dL	↑ 1.10 mg/dL	（0.10 ~ 0.50）
ALP	270 IU/L	↑ 551 IU/L	（20 ~ 320）
GGT	6 IU/L	↑ 24 IU/L	（2 ~ 10）
ALT	↑ 1 545 IU/L	↑ 987 IU/L	（10 ~ 86）
AST	↑ 20 958 IU/L	↑ 420 IU/L	（15 ~ 52）
CHOL	↑ 332 mg/dL	233 mg/dL	（110 ~ 314）
AMYL	511 IU/L	854 IU/L	（400 ~ 1 200）

尿液分析（第 1 天，尿液采集方法未知）

外观：淡红色，澄清
SG：1.010
pH：8.0
蛋白：100 mg/dL
葡萄糖：3+
酮体：阴性
胆红素：1+
血红素：3+

尿沉渣
每个高倍镜视野 0 ~ 5 个 RBC

凝血检查（第1天）

PT	7.8 s	（6.2 ~ 9.3）
APTT	12.2 s	（8.9 ~ 16.3）
FDP	> 5 μg/mL，但 < 20	（< 5）

的心肺疾病引起。另外，肾实质的压迫性损伤（囊肿或肿瘤）可以引起肾脏缺氧，促红细胞生成素增多，还有证据表明该病例发生了肾性氮质血症。由肾外肿瘤异位性分泌EPO或红细胞前体自发性增殖导致的真性红细胞增多症比较少见。如果校正脱水后PCV未降低，那么评估患病动物的心肺功能、肾脏损伤和测定EPO水平有助于分辨红细胞增多症是由哪种原因引起的。

第9天，Sally有正细胞正色素性贫血。血小板减少症、低蛋白血症和临床病史都支持失血性贫血。这种贫血通常是再生性的，需要足够时间才能恢复；但炎症/慢性疾病性贫血和缺铁性贫血会抑制骨髓造血。肾脏疾病时，EPO生成减少或尿毒症的毒素作用可能会影响红细胞生成。

引起血小板减少症的机制通常是生成减少和消耗增多。呕血和黑粪症表明有出血，血小板消耗增加。即使没有凝血障碍，胃肠道缺氧、溃疡性尿毒症损伤也易发生出血。腹部的出血点是由原发性凝血障碍造成的。单纯血小板减少症引起的自发性出血通常发生在血小板计数小于等于30×10⁹个时，但是如果并发内皮细胞损伤、血小板疾病或次级凝血障碍，血小板计数更高也可能出现出血。患有尿毒症的

动物，有缺陷的血小板内皮细胞相互反应，会引发凝血障碍。第一天的凝血酶原时间和凝血酶原活化时间证明次级凝血正常。但是这些检查缺乏敏感性，因为只有当因子活性系数降到正常值的30%时才会出现凝血时间延长。由于纤维蛋白溶解增强或肝脏降解减少，因此纤维蛋白降解产物增加。一旦排除髓外因素引起的血小板减少症和非再生性贫血，应进一步评估骨髓功能是否出现异常。

第一天的血清生化分析

低血糖：对于没有出现低血糖临床症状的病例，为了排除因操作失误引起的人为低血糖，可及时检查血浆与血细胞迅速分离的新鲜血样。本病例的确发生了低血糖，并且可能是引起患犬突然跌倒的原因。临床症状表明肠黏膜受损，所以败血症很可能是本病例低血糖的原因，但是白细胞象并不符合败血症。肝脏衰竭会影响肝脏糖异生，但缺乏其他数据支持，如BUN下降、低胆固醇血症或凝血时间延长。血清中胆汁酸含量可以反映肝脏功能。肿瘤产生胰岛素或胰岛素样物质引起的低血糖可能发生于中年犬，但十分罕见。

氮质血症：氮质血症伴随等渗尿通常表明肾衰，但也可能跟肾前性因素如脱水（红细胞增多）和组织灌注减少（就诊时无法触及脉

搏）有关。胃肠道出血可进一步引起BUN升高，参见Joe（第五章，病例11）。血糖值正常或偏低时糖尿通常是由肾小管功能障碍引起的。需要排除氧化剂污染尿液样品引起的假阳性结果。

高磷血症和高镁血症：主要是肾小球滤过率下降和肾脏排泄功能受损造成的。

低血钠和低血氯：本病例可能通过胃肠道、肾脏或出血增加了钠离子和氯离子的丢失。根据红细胞增多症，第一天的低钠血症和低钾血症不是因为血管中聚集了大量稀释的液体。如果体液丢失被饮水或抗利尿激素刺激自由水的潴留所取代，低钠血症和低钾血症会加剧。Sally的低血氯比低血钠更严重，低血钠轻微且无明显临床症状。当血氯的变化比血钠大时，应考虑氯离子不成比例的丢失，如呕吐、酸碱失衡。对于饲喂商业犬粮的犬，因钠离子和氯离子摄入不足引起的低血钠和低血氯十分罕见。

阴离子间隙增加（HCO_3^-正常）：未检测到的阴离子增多导致阴离子间隙增加。组织灌注不足可能发生乳酸酸中毒，氮质血症表明有尿毒症性酸中毒。低氯血症通常与碱中毒有关，但HCO_3^-正常。该病例可能出现了混合型酸碱紊乱，血气分析有助于解释这些变化。

ALT和AST升高：AST严重升高，它可以反映肌肉损伤、肝细胞损伤和/或红细胞损伤。ALT升高也同样反映肌肉和肝细胞损伤。胆汁淤积有关的酶和胆红素正常，CK水平升高，可判断其来源于肌肉。因为该损伤很可能是由组织灌注不足和缺氧引起的，所以肝脏和肌肉可能同时受损。

轻度高胆固醇血症：胆固醇轻度升高无临床意义。

第9天的CBC和血清生化分析

假定中暑对Sally静脉输液，并使用抗生素和胃保护剂治疗。因输液治疗，第1天和第9天很多指标出现了改变。PCV、TP和白蛋白降低了，这与发生全血丢失而血容量恢复正常的表现是一致的。持续的血小板减少症是出血或凝血异常的进行性消耗的反映，应持续监控是否会发生DIC。

尿素氮、肌酐和磷指标得到改善，但没有恢复正常，表明有进行性肾功能障碍。钠离子和氯离子恢复正常。钾离子轻度升高，应持续监测血钾以避免发生继发于补液治疗和利尿的钾离子耗竭。

第9天，ALT和AST下降，表明组织损伤缓解。由于AST的半衰期比ALT短，AST显著下降表明肌肉释放的AST减少。ALT降低并不显著，但也表明肌肉损伤得到缓解。一些指标表明有进行性肝细胞损伤。ALP、GGT和总胆红素升高提示发生了胆汁淤积，这很可能是继发于肝细胞肿胀。

病例总结和结果

Sally出现了中暑的很多并发症。在就诊前一天它可能体温过高，但是一些中暑的动物可能体温过低，因为主人会采取降温措施或者它们发生休克（Rozanski）。解决了呕吐和黑粪症后，Sally体况好转，活泼性增强，但并没有完全恢复，还持续存在氮质血症。我们怀疑Sally的急性肾衰继发于中暑，所以它出院后继续进行补液治疗（它的主人是护士）。3 d后它出现了急性失明，检查发现有严重的高血压和双侧视网膜剥离。很多因素会造成这一结果，如高血压、液体治疗以及中暑引起的血管病变。给予降压药并减慢输液速度。它的氮质血症一直存在，并持续接受几周的输液治疗，希望能恢复部分肾脏功能。

血糖正常时出现糖尿，表明肾小管功能障碍，通常与肾小管坏死有关。这通常呈急性经过，但是无法通过实验室数据来区分急性和慢性肾衰（见Joe，病例11）。Sally的病史表明很可能存在肾脏局部缺血：中暑会引起肾细胞直接受损；血液为了散热而分流到外周，导致内脏灌注不足；还会继发凝血连锁反应，形成微血管内血栓(Bouchama)。与病例11和13一样，Sally的肾脏疾病仍然需要一定时间来确诊。其并发症严重，提示它可能会比Joe面对更多的与肾功能下降有关的健康问题。

→ 参考文献

Bouchama A, Knochel JP. 2002. Heat Stroke. New EndL J Med (246): 1978-1988.

Rozanski EA, Boysen S. 2001. Heatstroke. Standard of Care:Emergency and Crit Care Med (3): 4-8.

病例15 – 等级3

"Elvira"，德国牧羊犬，8岁，绝育母犬。7 d以来厌食、嗜睡，在此期间体重减轻5.4kg。它的主人曾把它带到自己父母的农场，并认为它可能在那里吃了某些垃圾。Elvira一直都断断续续地呕吐，但还能喝水。体格检查发现Elvira脱水、巩膜黄染，

血常规检查

WBC	12.2×10^9 个 /L	（6.0 ~ 17.0）
Seg	9.0×10^9 个 /L	（3.0 ~ 11.0）
Band	0	（0 ~ 0.3）
Lym	1.7×10^9 个 /L	（1.0 ~ 4.8）
Mono	1.5×10^9 个 /L	（0.2 ~ 1.5）
Eos	0	（0 ~ 1.3）
白细胞形态：正常		
HCT	50.9 %	（37 ~ 55）
RBC	7.37×10^{12} 个 /L	（5.5 ~ 8.5）
HGB	↓ 6.1 g/dL	（12.0 ~ 18.0）
红细胞形态：3+ 棘红细胞，少量裂红细胞		
血小板：数量充足		

生化检查

GLU	116 mg/dL	（80.0 ~ 125.0）
BUN	↑ 61 mg/dL	（6 ~ 24）
CREA	↑ 3.8 mg/dL	（0.5 ~ 1.5）
P	5.4 mg/dL	（3.0 ~ 6.0）
Ca	10.2 mg/dL	（8.8 ~ 11.0）
Mg	2.5 mmol/L	（1.4 ~ 2.7）
TP	↑ 7.5 g/dL	（4.7 ~ 7.3）
ALB	3.3 g/dL	（2.5 ~ 4.2）
GLO	↑ 4.2 g/dL	（2.0 ~ 4.0）
Na^+	↓ 135 mmol /L	（140 ~ 151）
Cl^-	↓ 102 mmol /L	（105 ~ 120）
K^+	↓ 2.6 mmol /L	（3.8 ~ 5.4）
HCO_3^-	16.8 mmol /L	（16 ~ 28）
AG	18.8 mmol /L	（15 ~ 25）
TBIL	↑ 28.3 mg/dL	（0.10 ~ 0.50）
ALP	↑ 713 IU/L	（20 ~ 320）
GGT	↑ 16 IU/L	（2 ~ 10）
ALT	↑ 226 IU/L	（5 ~ 65）
AST	↑ 60 IU/L	（15 ~ 52）
CHOL	120 mg/dL	（110 ~ 314）
AMYL	↑ 1 226 IU/L	（400 ~ 1 200）
LIP	↑ 1 086 IU/L	（20 ~ 189）

凝血检查

PT	6.5 s	（6.2 ~ 7.7）
APTT	12.3 s	（9.8 ~ 14.6）
FDP	<5 μg/dL	（<5）

下颌淋巴结轻度肿大，腹部触诊敏感，脾脏轻度肿大。

脾脏抽吸检查：涂片被血液稀释，有一定数量的白细胞；大量基质细胞聚集成簇，并且散在出现一些粒细胞和红细胞前体细胞、少量巨核细胞；还有少量充满含铁血黄素的巨噬细胞和淋巴细胞群。

解析

CBC：数据变化并不明显。棘红细胞可能与肝脏疾病有关，这一点得到了临床生化数据的支持；少量裂细胞意义不明，但它可能反映了血管受损；一些恶性肿瘤如血管肉瘤疾病也会出现棘红细胞。该病例要考虑这一点，因为该犬脾脏肿大，需要考虑年龄和品种；但是还存在很多脾脏肿大的其他潜在病因。

血清生化分析

氮质血症：没有得到尿检数据，因此肾性氮质血症难以评估。由于该病例脱水，肾前性因素对尿素氮和肌酐的升高有一定的促进作用。

总蛋白水平轻度升高和高球蛋白血症：这些变化可能是因为脱水，但也可能与抗原刺激或炎性疾病急性期反应产物增多有关。根据目前的CBC，没有发生炎性疾病的指征，更不像潜在有单克隆丙种球蛋白症（它是可能发生淋巴癌的信号肽）。

低钠血症和与之相对应的低氯血症：低钠血症和低氯血症程度轻微，与此时的临床体征不相关，摄入减少仅仅是导致钠离子和氯离子降低的一个因素。如果自由水过度潴留，这些电解质会被稀释，但既然发生了脱水，就不可能是这种情况。在该病例中，最有可能是通过胃肠道或肾脏丢失。尿钠和氯排泄分数检测可用于定量肾脏电解质丢失情况，如果肾脏起作用，在这些情况下排泄分数应该偏低。这些电解质尿液排泄分数升高通常是异常表现，可能与肾脏疾病有关。考虑到低钾血症，不太可能存在肾上腺皮质机能减退。在与临床征象一致的情况下，也应考虑经第三间隙和皮肤的丢失。

低钾血症：与钠离子和氯离子相比，摄入量减少能促成低钾血症，更何况同时发生了钾

离子排出增多。钾离子与钠离子和氯离子排出途径相同。

高胆红素血症：高胆红素血症经常跟肝脏疾病或溶血有关，但PCV在参考范围内时不太可能发生溶血。肝酶活性升高表明发生了肝病，特别是ALP和GGT升高表明发生了胆汁淤积。肝细胞的摄入减少也可与任何原因引起的肝功能下降有关，而败血症恰恰能导致肝细胞对胆红素的摄取减少。败血症在该病例不太可能发生，它通常只能解释相对适度的胆红素升高。

ALP和GGT升高：上面提到，ALP和GGT同时升高，并发高胆红素血症时提示胆汁淤积的发生，但是存在很多肝外因素和能导致ALP和GGT升高的其他肝病（更多细节见第二章）。

ALT和AST升高：这些酶的升高经常表明肝细胞受损，但是并不能具体指示损伤的原因，也不能提示是否为可逆性肝损伤。

淀粉酶和脂肪酶升高：肾小球滤过率降低会导致这两种酶都升高，但胰脏疾病也可能这样。但在一些患有胰腺炎的动物中，淀粉酶和脂肪酶可能是正常的。

凝血检查：正常。

脾抽吸：与髓外血细胞生成一致。脾脏是一个大而质地不均的器官，这种正常的表现和良好的变化并不能排除其他潜在疾病（包括肿瘤形成）。

病例总结和结果

腹部超声检查发现脾脏增厚，其上有小囊肿（见细胞学），而肝脏和胰腺征象正常。Elvira经过补液治疗和营养支持后，氮质血症、高胆红素血症和肝酶活性都得到了缓解。

兽医推测该病例患有胰腺炎，伴发继发性胆汁淤积性肝病；超声检查结果提示这种疾病可逆。

出院一周后，Elvira的胆红素降到4.7，但是ALT和ALP一直较高，而且还有氮质血症。这时，我们认为持续性氮质血症和等渗尿是由肾脏疾病导致的。又过了四天后，它的胆红素减半，但其他异常情况没有改变。出院一个月后，它仍有氮质血症和轻度胆红素血症，但肝酶恢复正常。这次进行了钩端螺旋体检查。

黄疸出血性犬钩端螺旋体：阴性

流感型钩端螺旋体：1∶806

L.bratislava：1∶800

L.pomona：1∶6 400

对Elvira的钩端螺旋体病给予了适当的抗生素治疗。在下一年中，它出现了慢性肾衰的特征性临床症状和实验室异常变化，但是它在家里的生活质量好，日常能进行输液治疗和支持疗法。症状出现6个月后，该病例出现了少尿期肾衰，被施行安乐死。

第一次入院的时候，Elvira的氮质血症被推测为肾前性并且继发于脾脏/肝胆疾病，这个假设耽误了对当时肾病的诊断，也忽略了为解释尿素氮和肌酐而进行尿相对密度检查的重要性。钩端螺旋体病在任何同时发生肾性氮质血症和肝病的犬都应考虑到，尤其是当犬有过暴露于外寄生虫的病史的时候。该病例应与Hilda（第二章，病例18）比较，那是另一个有钩端螺旋体病及肾病和肝病的病例。Hilda的诊断更为复杂，它有吃馅饼皮、干酪饼和黄油的临床病史，而它脱水和尿浓缩不良的实验室检查和临床表现促成了对肾性氮血症原因的

直接评定。这两个病例都是在出现相应的临床征象时，根据钩端螺旋体效价显著升高而确诊的。也可用PCR进行诊断。

→ **参考文献**

Harkin KR, Roshto YM, Sullivan JT. 2003. Clinical application of a polymerase chain reaction assay for diagnosis of leptospirosis in dogs. J Am Vet Med Assoc (222): 1224-1229.

Harkin KR, Roshto YM, Sullivan JT, Purvis TJ, Chengappa MM. 2003. Comparison of polymerase chain reaction assay, bacteriologic culture, and serologic testing in assessment of prevalence of urinary shedding of leptospires in dogs. J Am Vet Med Assoc (222): 1230-1233.

病例16 - 等级3

Tinker"，家养短毛猫，12岁，绝育母猫，有体重减轻、呕吐、腹泻和多尿多饮的病史。体格检查发Tinker很瘦弱、被毛凌乱、心搏过速，但是由于咆哮不停，因此很难进行听诊。肾脏轻微变小，除此之外，腹部触诊无明显异常。

解析

CBC：出现了中性粒细胞增多和淋巴细胞减少症，这是皮质类固醇性白细胞象。但是，不排除炎症的可能，特别是在尿液检查中发现尿道感染的情况下。红细胞比容值在参考范围的下限，应继续监测（尤其是在Tinker脱水的情况下）。

血常规检查

WBC	13.0×10^9 个 /L	（5.5 ~ 19.5）
Seg	↑ 12.2×10^9 个 /L	（2.1 ~ 10.1）
Lym	↓ 0.3×10^9 个 /L	（1.5 ~ 7.0）
Mono	0.5×10^9 个 /L	（0 ~ 0.9）
Eos	0	（0.0 ~ 1.9）

白细胞形态学：未见明显异常

HCT	31 %	（28 ~ 45）
HGB	9.5 g/dL	（8.0 ~ 15.0）
MCV	46.8 fL	（39.0 ~ 55.0）
MCHC	31.0 g/dL	（31.0 ~ 35.0）

血小板：凝集成簇，但是数量充足

生化检查

GLU	108 mg/dL	（70.0 ~ 120.0）
BUN	↑ 105 mg/dL	（13 ~ 35）
CREA	↑ 5.4 mg/dL	（0.6 ~ 2.0）
P	↑ 17.7 mg/dL	（3.0 ~ 6.0）
Ca	↑ 11.8 mg/dL	（8.9 ~ 11.0）
Mg	2.5 mmol/L	（1.9 ~ 2.6）
TP	7.6 g/dL	（6.0 ~ 8.4）
ALB	3.5 g/dL	（2.4 ~ 4.0）
GLO	4.1 g/dL	（2.5 ~ 5.8）
Na^+	156 mmol/L	（149 ~ 163）
Cl^-	117 mmol /L	（108 ~ 128）
K^+	↓ 2.5 mmol /L	（3.6 ~ 5.4）
HCO_3^-	↓ 11 mmol /L	（13 ~ 22）
AG	↑ 30.5 mmol /L	（13 ~ 27）
TBIL	0.49 mg/dL	（0.10 ~ 0.50）
ALP	↑ 108 IU/L	（10 ~ 72）
GGT	1 IU/L	（0 ~ 5）
ALT	↓ 8 IU/L	（10 ~ 140）
AST	↑ 343 IU/L	（12 ~ 42）
CHOL	184 mg/dL	（77 ~ 258）
TG	47 mg/dL	（20 ~ 100）
AMYL	1 374 IU/L	（496 ~ 1 874）

尿液检查（膀胱穿刺）

外观：黄色，混浊
SG：1.009
pH：5.0
蛋白：30 mg/dL
葡萄糖/酮体：阴性
胆红素：阴性
血红素：阴性

尿沉渣
每高倍镜视野下 0~5 个红细胞
每高倍镜视野下 10~20 个白细胞
管型：未见
上皮细胞：未见
细菌：2+
有小脂滴和碎片

血清生化分析

氮质血症和高磷血症：这些指标的变化提示肾小球滤过率下降。尽管该病例有呕吐、腹泻和多尿的病史，有肾前性氮质血症的可能，但Tinker同时出现了等渗尿，因此仍然认为是肾性氮质血症。

轻度高钙血症：尽管许多患有肾衰竭的动物都会出现低钙血症，患有肾脏疾病动物的血清钙会有多种变化。肿瘤的形成也是造成动物高钙血症的常见原因。

低钾血症：Tinker病史记录中有很多因素能导致低钾血症，包括厌食引起的摄入减少，以及呕吐、腹泻或者多尿引起的排泄增多。然而许多病例血浆中的电解质测量值并不能反映机体总的电解质含量，除了低钾血症性肾病外，钾缺乏本身就会引起猫和犬的代谢性酸中毒（DiBartola）。钾缺乏使得肾小管对抗利尿激素的反应性下降，导致多饮多尿。肾脏的血管收缩使肾小球滤过率降低。有些病例，低钾血症性肾病可通过补充钾而好转，但是在更多的慢性肾病中，肾小管间质性肾炎有潜在的发展为永久性肾损伤的可能。

HCO_3^-下降和阴离子间隙升高：这些数值指示酸血症和不可测量的阴离子增多。最有可能的原因是尿毒症性酸中毒，但是如果脱水能引起组织灌注不良，则乳酸性酸中毒也会导致酸血症和组织酸中毒。临床病史记录也提示有糖尿病性酮症酸中毒的可能，但是血浆中血糖值正常，且无糖尿和酮尿，这些都不支持该观点。外源性酸类如乙二醇和其他毒素都会使阴离子间隙升高。

ALP和AST升高，ALT降低：有体重减轻病史的猫ALP升高但GGT正常，可能是肝脏脂肪沉积造成的，但多数患有肝脏脂肪沉积的猫都会有高胆红素血症（见第二章，病例11，Squid）。老龄猫体重减轻、心动过速提示有甲状腺机能亢进。90%以上的患有甲状腺机能亢进的猫会出现一种或多种肝酶活性升高（Broussard）。控制好甲状腺疾病可使肝酶活性恢复正常。由于酶的改变还受肝外因素的影响，所以此时不推荐进一步地检查原发性肝脏疾病。低于参考范围的肝酶（ALT）不具有显著的临床意义。

尿液检查：细菌、脓尿和蛋白尿都说明有尿路感染。应考虑细菌培养和药敏实验。肾盂肾炎能引起肾衰，该病例出现的败血症也会引起肝酶活性升高（见第五章病例3，Opie；第五章病例8，Riff Raff）。

病例总结和结果

在参考实验室做了甲状腺激素检测，结果显示甲状腺机能亢进（T4为7.5μg/dL，参考范围为1.2～5.2）。可以做T4的自身ELISA试验，但是与该实验相关的标准放射免疫分析法不常用（Lurye）。兽医还怀疑Tinker有一定程度的肾功能下降。甲状腺机能亢进的猫通常都会发生氮质血症（Broussard），但是发病机制尚不清楚。有些猫伴发肾脏疾病，然而有些病例成功的控制了过量的甲状腺素分泌后，氮质血症也得到缓解。蛋白分解增加、与脱水有关的肾前性因素或者心血管疾病都可能会潜在引起氮质血症。甲状腺机能亢进和低钾血症是引起Tinker多饮/多尿和尿相对密度降低的原因。过量的甲状腺激素使得肾髓质血流量增加和髓质尿液浓缩不充分，造成低渗尿。但是，一项对202只患有甲状腺机能亢进的猫的研究证明，仅有3%左右出现尿相对密度下降（Broussard）。

甲状腺机能亢进猫伴发的肾脏疾病需进行鉴别诊断，原因如下：非甲状腺疾病的出现会降低甲状腺激素的浓度并且干扰甲状腺机能亢进的诊断（Tomsa, McLoughlin）。其可能机制包括：甲状腺激素和载体蛋白结合减少，载体蛋白浓度或亲和力下降，T4生成减少（Panciera）。另外，有证据表明对老年猫甲状腺机能亢进的治疗可能会使潜在的肾脏疾病进一步恶化，这可能是由于肾小球滤过率降低（DiBartola）。在这个数据基础上，推荐在外科手术或者使用放射性碘化物治疗前，先使用甲硫咪唑进行可逆性内科治疗，从而在永久纠正甲状腺机能亢进前确定治疗对肾脏功能产生的影响。

抗生素治疗Tinker的泌尿道感染，同时使用甲硫咪唑，通过阻止碘整合到甲状腺球蛋白的酪氨酸残基发挥作用。治疗60d后随访的血液检查显示甲状腺机能亢进消退，除了BUN轻微升高外血清生化检查指标都正常。Tinker仍然排出等渗尿，但是肾脏疾病并没有因为治疗甲状腺疾病而加重。

治疗后的第90天，Tinker因精神沉郁前来就诊，实验室检查结果如下：

Tinker的CBC揭示了全血细胞减少症。有

WBC	↓ 1.3×10⁹ 个/L	（5.5～19.5）
Seg	↓ 0.1×10⁹ 个/L	（2.1～10.1）
Lym	↓ 1.0×10⁹ 个/L	（1.5～7.0）
Mono	0.1×10⁹ 个/L	（0～0.9）
Eos	0.1×10⁹ 个/L	（0.0～1.9）
白细胞形态：无明显异常		
HCT	↓ 12%	（28～45）
HGB	↓ 3.9 g/dL	（8.0～15.0）
MCV	43.2 fL	（39.0～55.0）
MCHC	32.5 g/dL	（31.0～35.0）
血小板	↓ 97×10⁹ 个/L	（200～700）

报道表明粒性白细胞减少症和血小板减少症都是甲硫咪唑治疗的不良反应导致，并且通常多发生于治疗的前90d（Behrend, Retsios）。有记录嗜酸性细胞增多、白细胞减少和淋巴细胞增多都是暂时的，并且不需要停药，但是血小板减少是治疗造成的一个较严重的后果，因此需要停止治疗（Plumb）。引起贫血的原因尚不清楚，尽管肾脏疾病可能通过促红细胞生成素生成受损而导致非再生性贫血，但该病例也可能与用药有关。

Tinker的白细胞数和血小板在停用甲硫咪唑2周后恢复正常；贫血也得到改善，但仍然存在。在此期间，Tinker的氮质血症和肝酶异常指标都恢复正常，并且血糖升高，这对未采取治疗的甲状腺机能亢进的猫来说很常见。由于Tinker不耐受甲硫咪唑，并且肾脏疾病在纠正甲状腺机能亢进的治疗中持续存在，所以计划采取放射性碘治疗。Tinker这个病例可与一个简单的病例进行对比（猫的甲状腺机能亢进，第二章病例6，Rover），那只猫未出现氮质血症，甲硫咪唑治疗也未产生不良反应。

→ 参考文献

Behrend EN. 1999. Medical therapy of feline hyperthyroidism. Comp Contin Educ Small Animal. (21): 235-244.

Broussard JD, Peterson ME, Fox PR. 1995. Change in clinical and laboratory findings in cats with hyperthyroidism from 1983-1993. J Am Vet Assoc. (206): 302-305.

DiBartola SP, Broome MR, Stein BS, Nixon M. 2002. Effect of treatment of hyperthyroidism on renal function in cats. J Am Vet Med Assoc. (221): 243-249.

McLoughlin MA, DiBartola SP, Birchard SJ, Day DG. 1993. Influence of systemic nonthyroidal illness on serum concentration of thyroxine in hyperthyroid cats. J Am Anim Hosp Assoc. (29): 227-234.

Panciera DL. 2001. Editorial: Throid function tests-what do they really tell us? J Vet Intern Med. (15): 86-88.

PlumbDC. 2002. Veterinary Drug Handbook, 4th ed. Lowa State University Press, Ames, IA.

Retsios E. 2001. Pharm profile: Methimazole. Compend Contin Educ Small Animal. (23): 36-41.

Tomsa K, Glaus TM, Kael GM, Pospischil A, Reusch CE. 2001. Thyrotropin-releasing hormone stimulation test to assess thyroid function in severely sick cats. J Vet Intern Med; (12): 89-93.

病例17 – 等级3

"Ziggy"，家养短毛猫，6岁，去势公猫，因突然呕吐、嗜睡、厌食前来就诊。就诊前主人发现该猫不再梳理毛发，而且一直在地下室嘶叫。2年前它因为外伤被截过一只后肢。体格检查发现该猫脱水程度约为8%；腹部触诊发现其膀胱偏小、右肾偏小，左肾无法触及；黏膜呈淡粉色，黏度较大。听诊未发现异常。

解析

CBC：淋巴细胞减少症可能与应激或皮质类固醇效应有关。虽然红细胞比容在参考范围内，但患猫有明显脱水的症状。所以要重新检测其再水合后的红细胞比容，以避免脱水掩盖

血常规检查

WBC	9.9×10^9 个 /L	（4.5 ~ 15.7）
Seg	9.5×10^9 个 /L	（2.1 ~ 13.1）
Lym	↓ 0.3×10^9 个 /L	（1.5 ~ 7.0）
Mono	0.1×10^9 个 /L	（0.0 ~ 0.9）
Eos	0	（0.0 ~ 1.9）
白细胞形态：未见明显异常		
HCT	32 %	（28 ~ 45）
RBC	7.32×10^{12} 个 /L	（5.0 ~ 10.0）
HGB	11.0 g/dL	（8.0 ~ 15.0）
MCV	42.9 fL	（39.0 ~ 55.0）
MCHC	35.0 g/dL	（31.0 ~ 35.0）
血小板：聚集成簇，但数量正常		

生化检查

GLU	102 mg/dL	（70.0 ~ 120.0）
BUN	↑ 182 mg/dL	（15 ~ 32）
CREA	↑ 8.4 mg/dL	（0.9 ~ 2.1）
P	↑ 15.6 mg/dL	（3.0 ~ 6.0）
Ca	10.3 mg/dL	（8.9 ~11.6）
Mg	↑ 4.2 mmol/L	（1.9 ~ 2.6）
TP	↑ 8.4 g/dL	（5.9 ~ 7.6）
ALB	↑ 3.9 g/dL	（2.2 ~ 3.4）
GLO	4.5 g/dL	（2.5 ~ 5.8）
Na^+	↓ 144 Eq/L	（149 ~ 164）
Cl^-	↓ 107 mmol /L	（119 ~ 134）
K^+	4.1 mmol /L	（3.9 ~ 5.4）
HCO_3^-	13 mmol /L	（13 ~ 22）
AG	↑ 28.1 mmol /L	（13 ~ 25）
CHOL	↑ 296 mg/dL	（77 ~ 258）
CK	↑ 426 IU/L	（55 ~ 382）

尿液检查：导尿

外观：淡黄色，清亮　　　　　　尿沉渣
SG：1.015　　　　　　　　　　每个高倍视野下 0 个红细胞
pH：6.5　　　　　　　　　　　每个高倍视野下偶见白细胞
蛋白：2+　　　　　　　　　　未见管型
葡萄糖：阴性　　　　　　　　未见上皮细胞
酮体：阴性　　　　　　　　　未见细菌和结晶
胆红素：阴性　　　　　　　　微量脂肪粒和痕迹
血红素：1+

了轻度贫血。

血清生化分析

氮质血症：氮质血症分为肾前性、肾性和肾后性。在严重脱水的情况下仍产生低渗尿液提示肾功能衰竭。没有腹水、膀胱扩张等任何肾后性疾病的征象。由于该病例脱水十分明显，所以有可能同时患有肾前性和肾性氮血症。

高磷血症和高镁血症（血钙正常）：无论是肾前性、肾性还是肾后性因素导致的肾小球滤过率下降，都可能会引起高磷血症和高镁血症。小动物发生肾衰时，血钙水平可能升高、降低或正常。而且，离子钙水平可能和总钙水平并不相关。

总蛋白和白蛋白水平升高：这些变化最可能是由脱水引起的。

低钠血症、低氯血症：低钠血症很少是由摄入不足引起的，而且在脱水和血清白蛋白升高的情况下也不可能是因为自由水稀释引起的。因此，最可能的原因是钠离子流失过度。虽然钠离子可通过多种途径丢失，包括胃肠道、皮肤、第三间隙和肾脏，而临床病史最倾

向于肾性流失。发生病变的肾脏不能适当地保留钠，相反，它排钠的能力可能更弱。受摄入量和钠、水流失的相对速率的影响，患肾衰动物的血钠水平会升高或降低，也可能正常。氯离子通常与钠离子呈等比例变化，但在该病例中，氯离子降低的幅度比钠离子大得多，这可能是由呕吐丢失氯离子造成的。然而，阴离子间隙增加和偏低的HCO_3^-提示酸碱平衡紊乱，这也会引起氯离子不成比例的变化。

阴离子间隙增大：高蛋白血症和脱水会使阴离子间隙增大，也会使血液中有机酸含量升高。Ziggy的肾病会加重它的尿毒症性酸中毒，而严重脱水会导致灌注不良和乳酸性酸中毒。一般，氯离子和HCO_3^-的变化是相反的。而该犬同时出现的低氯血症和HCO_3^-偏低提示可能发生了混合性酸碱紊乱，胃内容物的呕吐可能引起碱血症。碱血症本身就会增大阴离子间隙，这是由于血浆蛋白中阳离子的丢失会使阴离子增加。碱血症还会激活磷酸果糖激酶，产生更多的乳酸。完整评估该病例的酸碱状态还需血气分析。无论确切的病因是什么，纠正体液不足和治疗肾脏疾病都有助于

改善酸碱状态。

高胆固醇血症：胆固醇升高曾在患肾小球肾炎和肾病综合征的犬中描述过。肾病综合征中发生高胆固醇血症的机制是肝脏合成增加，而且在这些病例中，白蛋白和胆固醇水平常常相反（在该病例中不存在）。在肾病综合征中，由于辅助因子硫酸乙酰肝素的不足导致的脂蛋白酯酶功能异常也会引起胆固醇升高。

肌酸激酶升高：这是肌肉退化或坏死的迹象。猫厌食引起的肌肉分解会导致血清CK升高（Fascetti）。厌食猫一旦得到充足的营养支持，CK水平就会恢复正常。

尿液分析：稀释尿液中蛋白尿2+，且尿沉渣无活性，这与肾小球性蛋白丢失有关。因为没有任何血液污染或下泌尿道疾病的迹象能解释尿液中的蛋白。建议检测尿蛋白/肌酐比以进一步评估尿蛋白的流失。由于正常肝脏能够代偿性正调节白蛋白，脱水有时也会掩盖低蛋白血症，因此肾小球流失大量蛋白质并不一定会引起低白蛋白血症。

病例总结和结果

对Ziggy进行了快速输液疗法和补钾。由于脱水状态被纠正了，氮质血症的肾前性因素也消除了；其他实验室异常指标也有所改善，但未恢复正常。Ziggy出院后的治疗方案包括皮下补液、口服补钾和使用胃肠道保护剂。它在长时间内预后慎重，因为实验室数据和肾脏变小的症状提示慢性肾功能衰竭，这是不可逆的病变。该病例可以与Marklar（病例1），Jag（病例4）和Popcorn（病例24）进行对比。这些病例经过适当的治疗后，实验室指标和尿液浓缩能力都完全恢复。需要注意的是，在这些病例中，氮质血症的程度并不能用来预后，也不能用来区分肾性、肾前性和肾后性氮质血症。

这一病例与Tramp（第五章，病例10）十分相似，但Tramp的氮质血症和贫血更为严重。Tramp的肌酐水平比Ziggy高，但这并不能说明Tramp的肾功比Ziggy的差。首先，二者的肾前性因素可能不同。其次，虽然肌酐和尿素氮的连续检测可以用来监测每个个体的肾功能，但是用这种方法比较不同个体的肾功能并不可靠，因为肌酐和尿素氮水平的个体差异性很大（Braun）。大多数兽用化学分析仪对检查肌酐的雅费氏反应（jaffé reaction）并无特异性，这就导致检测到的肌酐水平的变化与肾小球率过滤的变化并不相关，而且在肌酐浓度较低时很可能造成检测结果与事实不符。另外，血浆肌酐浓度和肾小球滤过率是呈曲线关系的，因此当肌酐浓度较低时，即使变化很小，与之对应的肾小球滤过率变化也可能会很大；而在较高浓度时，肌酐变化可能相对较大，而与之对应的肾小球滤过率变化却很小。对这两个病例的比较可以发现慢性肾衰竭中电解质的变化，且引起这两个病例肾功能衰竭的病因都不确定。

→ 参考文献

Braun JP, Lefebvre HP, Watson ADJ. 2003. Creatinine in the dog: A Review. Vet Clin Pathol (32): 162-179.

Fascetic AJ, Mauldin GE, Mauldin GN. 1997.

Correlation between serum creatinine kinase activities and anorexia in cats. J Vet Intern Med (11): 9-13.

病例18 – 等级3

"Sloop"，纯种马，2周龄，雌性。嗜睡1d，且护理不周。体格检查发现该马驹表现安

血常规检查

WBC	↑ 11.8×10^9 个 /L	（5.9 ~ 11.2）
Seg	↑ 10.1×10^9 个 /L	（2.3 ~ 9.1）
Band	0	（0 ~ 0.3）
Lym	↓ 1.1×10^9 个 /L	（1.6 ~ 5.2）
Mono	0.6×10^9 个 /L	（0 ~ 1.0）
白细胞形态：少量反应性淋巴细胞		
HCT	38 %	（30 ~ 51）
RBC	9.09×10^{12} 个 /L	（6.5 ~ 12.8）
HGB	13.9 g/dL	（10.9 ~ 18.1）
MCV	41.0 fL	（35.0 ~ 53.0）
MCHC	36.6 g/dL	（34.6 ~ 38.0）
红细胞形态：正常		
血小板：血小板成簇		

生化检查

GLU	↑ 155 mg/dL	（6.0 ~ 128.0）
BUN	↑ 31 mg/dL	（11 ~ 26）
CREA	↑ 3.5 mg/dL	（0.9 ~ 1.9）
P	↑ 6.7 mg/dL	（1.9 ~ 6.0）
Ca	12.7 mg/dL	（11.0 ~ 13.5）
Mg	1.9 mmol/L	（1.7 ~ 2.4）
TP	6.9 g/dL	（5.6 ~ 7.0）
ALB	3.0 g/dL	（2.4 ~ 3.8）
GLO	3.9 g/dL	（2.5 ~ 4.9）
A/G	0.8	（0.7 ~ 2.1）
Na$^+$	↓ 119 mmol/L	（130 ~ 145）
Cl$^-$	↓ 82 mmol/L	（99 ~ 105）
K$^+$	↑ 6.1 mmol/L	（3.0 ~ 5.0）

续表

HCO$_3^-$	26 mmol/L	（25～31）
AG	↑ 17.1 mmol/L	（7～15）
TBIL	↑ 3.80 mg/dL	（0.30～3.0）
DBIL	0.20 mg/dL	（0.0～0.5）
IBIL	↑ 3.40 mg/dL	（0.2～3.0）
ALP	↑ 1 522 IU/L	（109～352）
ALT	↑ 114 IU/L	（5～23）
AST	364 IU/L	（190～380）
CHOL	336 mg/dL	（82～355）
TG	441 mg/dL	（80～446）

腹腔积液分析

外观：黄色，混浊
总蛋白：< 2.0 mg/dL
有核细胞计数：3.46×10^3 个 /μL

大多数有核细胞是非退行性中性粒细胞；未见病原体；散在大单核细胞和少量红细胞；液体中的肌酐浓度为12.6 mg/dL。

静、警觉，对外界有反应，腹围明显增大。

解析

CBC：有轻微成熟中性粒细胞增多症和淋巴细胞减少症，这最像是皮质类固醇效应。中性粒细胞增多症也可能是炎症反应引起的，但是纤维蛋白原水平正常又否定了这一推测，因为纤维蛋白原是在马炎症反应的急性期反应物，炎症早期阶段会有所升高。

血清生化分析

高血糖：马血糖升高的最常见原因是内源性儿茶酚胺增多、继发于兴奋或应激的糖皮质

激素升高等，淋巴细胞减少症支持皮质类固醇效应。

氮质血症：没有尿相对密度的辅助诊断，很难将氮质血症归类。结合临床病史，电解质紊乱，腹腔积液中肌酐浓度很高，这些表现都与腹腔积尿一致，是肾后性氮质血症。肾前性因素也可造成氮质血症，因为腹腔积液可能会引起血管收缩，引起肾小球滤过率降低。护理不当引起的脱水也会加剧肾前性氮质血症。

高磷血症：该病例中，最可能引起高磷血症的原因是肾小球滤过率降低。另外，年

轻动物在骨骼生长和发育过程中也会出现血磷升高。

低钠血症和低氯血症：由于腹腔液体的渗出，很有可能发生钠离子和氯离子从第三间隙丢失。在腹腔积尿的病例中，钠离子和氯离子会顺着浓度梯度渗透到腹腔积液中。血管收缩会刺激肾素血管紧张素系统，使机体倾向于保存钠离子和水。另外，抗利尿激素会使机体保存自由水并且产生渴觉，这样自由水进入循环就会稀释血液中原有的电解质。

高钾血症：当机体无法排尿时，就会发生钾潴留。这可能发生于肾后性氮质血症或肾功能衰竭的无尿或少尿期。与此相反，在肾衰的多尿期，肾小管流速增加减少了重吸收时间，从而加剧了钾的流失。同其他发生低钠血症、低氯血症和高钾血症这些电解质变化的病例一样，需要鉴别诊断肾上腺皮质机能减退，但是从特征描述和病史来看，肾上腺皮质机能减退的可能性很低。

高胆红素血症：引起该马高胆红素血症的最可能的原因是食欲减退。马禁食后会出现特征性间接胆红素升高，并伴有直接胆红素正常或轻度升高。与此相反，患有胆汁淤积的马经常会出现直接胆红素升高，而间接胆红素正常或轻微升高。禁食诱导高胆红素血症发生的机理包括机体动用过多的自由脂肪酸，干扰了肝细胞对胆红素的吸收；与胆红素结合的葡萄糖摄入不足。溶血也是能导致高胆红素血症的一个原因。虽然检查结果显示PCV在参考范围内，但仍不能排除一定程度的贫血。马发生溶血性贫血的原因包括新生儿同族红细胞溶血症、药物反应、感染性物质（巴贝斯焦虫、钩端螺旋体病、马传染性贫血病毒）、代谢紊乱或植物中毒。对红细胞的显微镜检查并未发现海因小体、异常细胞或寄生虫等异常变化，不支持上述推断。

ALP和GGT升高：尽管不能完全排除肝胆管病，但是ALP和GGT升高更有可能是年龄因素引起的。幼年马ALP升高反映骨骼发育。一个月以下的小马驹GGT活性很高，并且含量有可能是成年马的1.5~3倍（Patterson）。驴的GGT也可能升高。能反应肝细胞病变的AST并未升高，而为检查山梨醇脱氢酶（SDH）水平。

腹水检查：为低蛋白性液体，其中含有高浓度的肌酐，远远超过了血清肌酐水平，这很有可能是腹腔内出现了尿液。由于尿素分子体积小，会扩散到渗出液以外，所以它对腹腔积尿的诊断没用。细胞计数轻微增多并且非退行性中性粒细胞占优势，提示有轻度化学性腹膜炎。

病例总结和结果

最初对病例给予适当的输液治疗。腹部射线检查显示有膀胱破裂。为手术做准备时，进行了腹腔穿刺和降低血钾的治疗。手术过程中对膀胱背侧4cm的破损处进行修复。Sloop术后恢复良好，可以站立并且术后1h便进食了。Sloop开始能够站稳并且体重增加。术后几天，Sloop就出院了，在家恢复良好。

跟前面很多病例类似，Sloop的氮质血症并没有区分出是肾前性、肾后性还是肾性的。电解质异常对诊断有轻微帮助。高血钾通常发生在尿液溢出（Ringo，病例7）或者在肾衰竭的无尿或少尿阶段（Margarite，病例9）。

→ 参考文献

Patterson WH, Brown CM. 1986. Increase of serum gamma glutamyl transferase in neonatal Standardbred foals. Am J Vet Res. (47): 2461-2463.

病例19 - 等级3

"Faith"，迷你马，9岁，雌性。其患进行性蹄叶炎已有10d，为此口服苯丁唑酮进行治疗。该病例由于腹痛前来就诊，且表现精神沉郁。体格检查发现Faith明显心搏过速，呼吸频率增加，肺音正常，轻微发热；黏膜肿胀并患有口腔溃疡；体况评级为8级（共分9级）；鼻饲管插管未见返流。由于它的体型小，不可施行直肠检查。

解析

CBC

白细胞象：Faith出现中性粒细胞增多症，伴有再生性、轻度中毒性改变，这些都说明存在炎症。高纤维蛋白原血症也证实了这一推测。

红细胞象：它的PCV在参考范围的下限。一旦纠正了脱水症状可能会出现贫血。

血清生化分析

高血糖：马的血糖升高通常是由于兴奋或应激引起内源性儿茶酚胺和糖皮质激素释放而

血常规检查

WBC	↑ 18.9 × 10⁹ 个 /L	（5.9 ~ 11.2）
Seg	↑ 14.1 × 10⁹ 个 /L	（2.3 ~ 9.1）
Band	↑ 2.1 × 10⁹ 个 /L	（0.0 ~ 0.3）
Lym	2.5 × 10⁹ 个 /L	（1.6 ~ 5.2）
Mono	0.2 × 10⁹ 个 /L	（0 ~ 1.0）
白细胞形态：粒细胞呈中度中毒性变化		
HCT	31 %	（30 ~ 51）
RBC	7.07 × 10¹² 个 /L	（6.5 ~ 12.8）
HGB	11.4 g/dL	（10.9 ~ 18.1）
MCV	46.6 fL	（35.0 ~ 53.0）
MCHC	36.8 g/dL	（34.6 ~ 38）
红细胞形态：正常		
血小板：充足		
纤维蛋白原	↑ 600 mg/dL	（100 ~ 400）

生化检查

GLU	↑ 318 mg/dL	（ 60.0 ~ 128.0 ）
BUN	↑ 39 mg/dL	（ 11 ~ 26 ）
CREA	↑ 2.2 mg/dL	（ 0.9 ~ 1.9 ）
P	↑ 11.0 mg/dL	（ 1.9 ~ 6.0 ）
Ca	↓ 10.1 mg/dL	（ 11.0 ~ 13.5 ）
Mg	↓ 1.3 mmol/L	（ 1.7 ~ 2.4 ）
TP	↓ 4.9 g/dL	（ 5.6 ~ 7.0 ）
ALB	↓ 1.9 g/dL	（ 2.4 ~ 3.8 ）
GLO	3.0 g/dL	（ 2.5 ~ 4.9 ）
A/G	0.6	（ 0.6 ~ 2.1 ）
Na^+	↓ 121 mmol/L	（ 130 ~ 145 ）
Cl^-	↓ 81 mmol/L	（ 99 ~ 105 ）
K^+	3.5 mmol/L	（ 3.0 ~ 5.0 ）
HCO_3^-	26 mmol/L	（ 25 ~ 31 ）
AG	↑ 17.5 mmol/L	（ 7 ~ 15 ）
TBIL	↑ 6.20 mg/dL	（ 0.30 ~ 3.0 ）
DBIL	0.20	（ 0.0 ~ 0.5 ）
IBIL	↑ 6.00	（ 0.2 ~ 3.0 ）
ALP	↑ 689 IU/L	（ 109 ~ 352 ）
GGT	↑ 27 IU/L	（ 5 ~ 23 ）
AST	↑ 511 IU/L	（ 190 ~ 380 ）
CK	↑ 610	（ 80 ~ 446 ）
TG	↑ 906 mg/dL	（ 80 ~ 446 ）

中度脂血症

尿液分析

SG：1.030
其他尿液分析数据不可用

腹腔液分析

外观：金色，模糊不清
总蛋白：< 2.0 mg/dL
有核细胞总数：483 个 /μL
大部分有核细胞是正常的中性粒细胞；未见病原体；散在巨型单核细胞和少量红细胞

导致的。白细胞象变化对这些反应均无特异性。糖尿病在家养大动物中很罕见。马的肾上腺皮质机能亢进可能会引起高血糖，这与胰岛素抵抗相关。

氮质血症和尿液分析：氮质血症结合浓缩尿提示为肾前性氮质血症。继发于腹痛的脱水是导致肾前性氮质血症的原因，而伴随败血症的全身血管舒张导致的组织灌流不良也是一个致病因素。虽然尿相对密度指示为肾前性氮质血症，但高剂量非类固醇类抗炎药治疗，或联合运用其他肾毒性药物，或者脱水，都能导致肾脏损伤，需要对此进行监测。

高磷血症和低钙血症：在这个病例中，引起高磷血症最可能的原因是肾小球滤过率降低。低钙血症可能反映出低白蛋白血症。虽然致病机制仍不明确，但腹痛可能与总钙和游离钙降低有关。在马的腹痛症中，钙随尿液丢失不会导致低钙血症（Toribio）。马的急性肾功能衰竭也会出现低钙血症，可能是肾丢失造成的。相反，慢性肾衰可能出现高钙血症，因为本应随尿液排出的钙不能再经此途径排出。血清钙离子水平降低可能是由低甲状旁腺激素活性所致的低镁引起的。检查游离钙水平可进一步评价Faith的血钙状态。

低镁血症：和钙相似，镁也与蛋白结合，因此血镁降低可能继发于低蛋白血症。长期厌食和尿液过多丢失可能是另外一种原因。在马腹痛时，游离镁可能会降低。

伴有低白蛋白血症的低蛋白血症：选择性低白蛋白血症通常要么是生成减少（肝功能下降，饥饿）造成的，要么是由于肾小球损伤而造成丢失增加引起的。其他造成蛋白丢失的原因如皮肤、肠道、第三间隙丢失，都会造成球蛋白和白蛋白同时丢失。根据临床病史，该病例通过胃肠道丢失蛋白的可能性最高。因为其更像是急性期反应物和/或继发于感染的免疫球蛋白产量增加抵消了肠道蛋白的丢失，致使球蛋白的测量值在参考范围内。

低钠血症和低氯血症：由于腹痛而造成的高渗液丢失，很可能是造成电解质异常的原因。由于蹄叶炎的疼痛和腹痛而导致的出汗，很可能是造成钠、氯丢失的另一个途径。如果丢失等渗液体，而靠饮水补充液体，则会导致低钠血症和低氯血症。由于测量方法的问题，脂血症会造成认为的电解质测量值降低。如果运用离子选择性电极间接电势测定法进行测量，则需稀释样品，因此严重的脂血症时会观察到人为的电解质浓度下降。如日立911分析仪就会出现这样的情况。如果用离子选择性电极做直接电势测定法测量，则样品不需要稀释，脂血症对电解质浓度的测定就不会有干扰。如果样品为乳汁状，出现钠离子和氯离子下降，则需要用其他方法重新检查。

阴离子间隙增加：这个数值反映的是不可测量阴离子的蓄积，该病患也包括乳酸根离子的增加。阴离子间隙增加，常与HCO_3^-降低伴发的酸中毒相关，但是此时HCO_3^-仍然处于参考范围的低限。

高胆红素血症：生病的马中，造成胆红素血症最可能的原因是厌食。如果PCV正常，则不太可能是溶血。由于该病例肝酶升高，有可能出现了胆汁淤积。

ALP和GGT升高：在成年马，GGT升高是肝脏损伤和胆汁淤积的指征。这个变化通常与

高胆红素血症有关，虽然胆红素可通过尿液很快清除。马的ALP的肝脏特异性比GGT低，敏感性也差一点。这些酶升高并非特异性指示肝脏损伤。厌食的肥胖小马同时存在脂血症和肝酶升高，提示很可能有高脂血症和肝脏脂沉积。

AST和CK升高：AST在多种组织中存在，它的升高很难解读。对于Faith，ALP和GGT也同时升高，提示AST升高起源于肝脏，而同时CK升高，指示肌肉损伤，也可能导致AST升高。如同ALP和GGT，AST升高并非特异性指示肝脏损伤性疾病。值得注意的是，这些酶都不是肝脏功能的特异性指标。在这个病例中，需要检查血氨和血清胆汁酸来确定肝脏机能障碍，特别是因为高胆红素血症也可能是进食减少造成的。

高甘油三酯血症：禁食高甘油三酯血症是不正常的，也可能与新陈代谢紊乱、肝脏或胰腺疾病、内分泌疾病有关。有高甘油三酯血症的肥胖马，需鉴定是否有高脂血症，因为此症可能会由于在腹痛发作中的饮食限制和厌食而触发，其是由于进食减少导致的脂肪动员和在血浆和肝脏的积聚造成的。Faith应归为高脂血症，因为它的血清为脂血，甘油三酯超过了500 mg/dL。高脂血症是一种更为严重的情况，伴有乳糜样血浆，肝功能损伤及异常极低密度脂蛋白生成，后者含有较少的载脂蛋白B-100和较多的载脂蛋白B-48。这种改变可能会允许储存更多的甘油三酯。

腹腔液：正常。腹腔液分析结果未出现可能造成这种炎性白细胞象的腹膜炎的提示。

病例总结与结果

对Faith进行静脉输液，病给予葡萄糖、抗生素和镇痛药（避免使用非类固醇类抗炎药）进行治疗。它整夜表现稳定，但开始恶化，疼痛增加，甚至出现内毒素血症的症状。最终，由于治疗无效被施行安乐死。临床医生认为它的胃肠道损伤与起初治疗蹄叶炎所用的非类固醇类抗炎药有关。非类固醇类抗炎药物通过局部作用、抑制合成维持胃肠道黏膜屏障作用的前列腺素，从而诱发胃肠道损伤（Tomlinson）。

→ 参考文献

Mogg TD, Palmer JE. 1995. Hyperlipidemia, hyperlipemia, and hepatic lipidosis in American miniature horses :23 cases(1990-1994). J Am Vet Assoc. (207): 604-607.

Tomlinson J, Blikslager A. 2003. Role of nonsteroidal anti-inflammatory drugs in gastrointestinal tract injury and repair. J Am Med Assoc. (222): 946-951.

Toribio RE, Kohn CW, Chew DJ, Sams RA, Rosol, TJ. 2001. Comparison of serum parathyroid hormone and ionized calcium and magnesium concentrations and fractional urinary clearance of calcium and phosphorus in healthy horses and horses with enterocolitis. Am J Vet Res. (62): 938-947.

病例20 – 等级3

"Forsythia"，羊驼，6.5岁，雌性。有2年体重减轻和一天排尿不畅的病史。体格检查发现Forsythia直肠脱垂（约拳头大小），脱垂的直肠上沾染了腹泻留下的粪便；呼出的气体有恶臭味，流涎并伴有口腔上皮脱落；鼻腔有分泌物、呼吸急促；行动迟缓，体况评分为3/9。

血常规检查

WBC	↓ 3.3×10^9 个 /L	（7.5 ~ 21.5）
Seg	↓ 2.6×10^9 个 /L	（4.6 ~ 16.0）
Band	0	（0 ~ 0.3）
Lym	↓ 0.5×10^9 个 /L	（1.0 ~ 7.5）
Mono	0.1×10^9 个 /L	（0.1 ~ 0.8）
Eos	0.1×10^9 个 /L	（0.0 ~ 3.3）
白细胞形态：白细胞呈轻度至中度中毒性变化		
HCT	↓ 20 %	（29 ~ 39）
红细胞形态：正常		
血小板：足量		
FIB	↑ 500 mg/dL	（100 ~ 400）

生化检查

GlU	↑ 206 mg/dL	（90 ~ 140）
BUN	↑ 441 mg/dL	（13 ~ 32）
Crea	↑ 31.8 mg/dL	（1.5 ~ 2.9）
P	7.1 mg/dL	（4.6 ~ 9.8）
Ca	7.2 mg/dL	（8.0 ~ 10.0）
Mg	↑ 3.3 mmol/L	（1.5 ~ 2.5）
TP	5.8 g/dL	（5.5 ~ 7.0）
Alb	↓ 2.8 g/dL	（3.5 ~ 4.4）
Glo	3.0 g/dL	（1.7 ~ 3.5）
A/G	0.9	（1.4 ~ 3.3）
Na^+	152 mmol/L	（147 ~ 158）
Cl^-	↓ 98 mmol/L	（106 ~ 118）
K^+	↓ 2.8 mmol/L	（3.5 ~ 4.4）
AG	↑ 44.8 mmol/L	（14 ~ 129）
HCO_3^-	↓ 12 mmol/L	（14 ~ 28）
TBIL	0.1 mg/dL	（0.0 ~ 0.1）
ALP	77 IU/L	（30 ~ 780）
GGT	↑ 51 IU/L	（5 ~ 29）
AST	↑ 1 099 IU/L	（110 ~ 250）
CK	↑ 9461 IU/L	（30 ~ 400）

尿液分析：导尿

外观：草黄色，澄清
SG：1.015
pH：6.0
蛋白质：30 mg/dL
葡萄糖：2+
血红素：3+
酮体和胆红素：阴性

尿沉渣
每个高倍视野下 0～5 红细胞
每个高倍视野下偶见白细胞
可见少量移行上皮细胞
微量细菌和碎屑（痕迹）

解析

CBC：Forsythia白细胞减少，同时中性粒细胞减少、淋巴细胞下降。高纤维蛋白原血症和中毒性变化提示机体有炎症反应，可能由于炎症太剧烈，机体尚未发展成中性粒细胞增多症和核左移。败血症和中性粒细胞的消耗可能导致中性粒细胞减少。另一方面，结合非再生性贫血的表现，也有可能是原发性骨髓疾病。临床病史和生化数据提示有肾脏疾病，这又可以解释无骨髓病变时的非再生性贫血。淋巴细胞减少症可表明皮质醇效应，或有潜在的继发于病毒感染的淋巴细胞减少症。

血清生化分析

高血糖：对于羊驼这种动物来讲，由于其对胰岛素反应性较弱（Cebra），因此应激和皮质激素效应可能会导致其出现高血糖，且Forsythia的淋巴细胞减少症也与皮质类固醇效应一致。结合高血糖和尿糖阳性的结果，推测该羊驼可能出现了糖尿病，但是这种变化也可能是血糖升高暂时超过肾糖阈引起的。伴有或不伴有酮血症的持续高血糖则需对糖尿病进行鉴别诊断。

严重氮质血症：虽然肾前性因素可能会加剧BUN和肌酐升高，但由于Forsythia同时出现了等渗尿和口腔损伤，因此推测它的氮质血症是由肾脏疾病引起的。口腔损伤与尿毒症有关。结合Forsythia排尿不畅和直肠脱垂的病史，可以排除尿路阻塞。

低钙血症：可能和低白蛋白血症有关，但是不能确定这两者之间的数量关系。由肾脏疾病引起的尿液排泄增加也会引起低钙血症。虽然在这个病例中没有表现，但有报道显示某美洲驼因输尿管梗阻、肾小球滤过率降低出现低钙，同时伴发高磷血症。

高镁血症：血镁升高和肾小球滤过率下降有关。

低白蛋白血症：尿蛋白阳性可能是蛋白从肾脏丢失引起的，但是Forsythia的尿液中出现了白细胞、细菌和红细胞，提示蛋白尿是由下泌尿系统的疾病引起的。任何尿路感染治疗成功后的动物都需检查其尿蛋白/肌酐比值。虽然主人未描述该羊驼有腹泻的症状，但其肛门周围沾染了粪便，提示它可能出现了胃肠道蛋白丢失。由于蛋白丢失性肠病会同时丢失白蛋白和球蛋白，因此可以排除Forsythia蛋白丢失性肠病的可能性。球蛋白降低可能被炎症产物增多而掩盖。结合Forsythia的病史、慢性的体重减轻以及体况较差的表现，可以推断出长期饥饿也是引起其低白蛋白血症的原因之一。

低氯血症（钠离子正常）：胃肠道和唾液中氯离子的丢失都会导致血清氯离子浓度下降。酸碱紊乱也可能会导致氯离子和钠离子出现不成比例的变化，然而氯离子通常与HCO_3^-变化相反，该病例并没有出现这样的变化。当氯离子和碳酸氢盐朝着相同的方向变化时，提示动物出现了混合型酸碱紊乱，需进行动脉血血气分析，以获取更完整的数据资料。若要证明氯离子是经由肾脏丢失的，需要定量测量尿液中的排泄物，可从参考文献中获取正常值（Garry）。

低钾血症：在这个病例中，低钾血症可能是由钾摄取减少和胃肠道或尿路丢失增加造成的。低钾血症往往出现于肾衰竭的多尿期，这是由肾小管流速变快而钾离子重吸收减少造成的。而少尿/无尿性肾衰或者尿路阻塞引起的尿排出障碍常常会导致钾离子的潴留，从而出现高钾血症。

阴离子间隙升高和碳酸氢盐（HCO_3^-）下降：这些变化提示酸血症的发生，并伴有未测出的阴离子积聚，例如尿酸积聚。高血糖和尿糖可能和糖尿病有关，酮酸也会增加阴离子间隙。在这个病例中，尿液中不含酮体，高血糖可能是由应激引起的。

GGT、AST和CK升高：血清GGT升高，可能是肝脏坏死或者胆汁淤积性肝病引起的，但是Forsythia的胆红素正常，因此这种可能性不大。骆驼科动物在厌食时可能会发展成脂肪肝，从而导致GGT和AST升高。然而，动物热量需求增加时才会出现脂肪沉积，例如怀孕或泌乳。肝脏和肌肉损伤也会引起AST升高。由于CK升高，可以推测出AST升高可能部分源自于肌肉损伤。肌肉损伤可能是由肌内注射或者长时间侧卧造成的。

病例总结和结果

由于预后不良，Forsythia被施以安乐死。尸检时发现Forsythia仅在大胆管附近出现了淋巴浆细胞性炎症。没有出现肝脏坏死或者脂肪肝。骨髓检查可见红细胞系再生不良，这和慢性肾病引起贫血表现相符。肾小管中出现蛋白管型，一些管型中还有中性粒细胞。肾小球黏附、硬化，间质出现了弥散性纤维化，提示肾小球肾炎。和其他病例一样，Forsythia肾脏损伤的原因不确定，然而，这种损伤更像是免疫复合物的沉积造成的，而非肾毒性造成的。肾小球损伤引起蛋白丢失，是导致低白蛋白血症的原因之一。

马属动物肾小球肾炎常常是由免疫复合物沉积引起的，且在尸检时可能意外发现一些亚临床疾病（Slauson）。肾小球肾炎也可能会发展为慢性肾功能衰竭。并不是所有肾小球肾炎的患者在就诊时会表现出氮质血症（Van Biervliet），有时一些肾小球肾炎患病动物会表现为氮质血症和浓缩尿。由于这个病例没有出现肾前性氮质血症，它的变化可能是由球管失衡造成的。肾小球滤过率下降为正常的75%时，肾小管的功能仍可维持正常，这时就会引起球管失衡（Grant）。

→ 参考文献

Cebra CK, Tornquist SJ, Van Saun RJ, Smith BB. 2001. Glucose tolerance testing in llamas and alpacas. Am J Vet Res 62:682-686.

Garry F, Weiser MG, Belknap E. 1994. Clinical pathology of Llamas.Veterinary Clinics of North Amercia: Food Animal Practice. (10): 201-209.

Gerros TC. 1998. Recoggnizing and treating urolithiasis in llamas. Vet Med (93): 583-590.

Grant DC,Forrester SD. 2001. Glomerulonephritis in dogs and cats: Glomerular function, pathophysiology, and clinical signs.Compend Contin Educ Pract Vet (23): 739-743.

Slauson DO, Lewis RM. 1979. Comparative pathology of glomerulonephritis in animals. Vet Pathol (16): 135-164.

Tornquish SJ, Cebra CK, Van Saun RJ, Smith BB, Mattoon JS. 2001. Metabolic changes and induction of hepatic lipidosis during feed restriction in llamas. Am J Vet Res (62): 1081-1087.

Van Biervliet J, Divers TJ, Poerter B, Huxtable C. 2002. Glomerulonephritis in Horses. Compend Cont Educ Pract Vet (24): 892-901.

病例21 – 等级3

"Brianna"，玩具贵宾犬，1.5岁，母犬，持续2d呕吐胆汁、沉郁、厌食。2个月以前曾发热。Brianna是一只赛级犬，之前没有健康问题，身体状况良好。体格检查发现Brianna有8 %的脱水、体温过低；腹部触诊疼痛（特别是肾区）；主人说Brianna吃了很多异物。

血常规检查

WBC	↑ 14.4×10⁹ 个 /L	（4.0 ~ 13.3）
Seg	↑ 12.4×10⁹ 个 /L	（2.0 ~ 11.2）
Band	0.1×10⁹ 个 /L	（0 ~ 0.3）
Lym	1.2×10⁹ 个 /L	（1.0 ~ 4.5）
Mono	0.7×10⁹ 个 /L	（0.2 ~ 1.4）
Eos	0	（0 ~ 1.2）
白细胞形态：无明显异常		
HCT	41 %	（37 ~ 60）
RBC	6.08×10¹² 个 /L	（5.8 ~ 8.5）
HGB	14.6 g/dL	（12.0 ~ 18.0）
MCV	67.5 fL	（60.0 ~ 77.0）
MCHC	35.5 g/dL	（31.0 ~ 34.0）
血小板：数量足够		

生化检查

GLU	96 mg/dL	（90.0～140.0）
BUN	↑ 246 mg/dL	（8～33）
CREA	↑ 8.9 mg/dL	（0.5–1.5）
P	↑ 23.8 mg/dL	（5.0～9.0）
Ca	↓ 9.0 mg/dL	（9.5～11.5）
TP	6.3 g/dL	（4.8～7.2）
ALB	3.1 g/dL	（2.5～3.7）
GLO	3.2 g/dL	（2.0～4.0）
Na^+	145 mmol/L	（140～151）
Cl^-	↓ 94 mmol/L	（105～120）
K^+	↑ 5.8 mmol/L	（3.6～5.6）
AG	↑ 37.9 mmol/L	（15～25）
HCO_3^-	18.9 mmol/L	（15～28）
TBIL	0.20 mg/dL	（0.10～0.50）
ALP	67 IU/L	（20～320）
GGT	9 IU/L	（2～10）
ALT	63 IU/L	（10～95）
AST	42 IU/L	（10～56）
CHOL	224 mg/dL	（110～314）
AMYL	622 IU/L	（400～1 200）

尿液分析：膀胱穿刺

尿色：黄色，澄清
SG：1.015
pH：7.5
尿糖、尿酮、胆红素：阴性
尿蛋白和血红素：微量

尿沉渣
少量红细胞

解析

CBC：Brianna有轻微成熟中性白细胞增多症，这可能与轻微炎症有关。脱水得到校正后，其PCV可能会降低，从而表现为轻微贫血。

血清生化分析

氮质血症：发生氮质血症的脱水病例，如果其尿浓缩能力极低，则说明肾功能有所降低。在脱水病例中，肾前性氮质血症可能使肾性氮质血症更加复杂。对于有肾衰迹象的幼年患病动物来讲，必须非常仔细评估先天性肾脏疾病和中毒的可能性。

高磷血症和低钙血症：该病例的高磷血症很可能是由于肾性和肾前性因素共同导致了肾小球滤过率降低。肾衰时血钙水平变化非常大，且总钙含量可能与肾功能正常的动物一样，与钙离子直接相关（见第六章）。低钙血症可能继发于高磷血症。与慢性肾功能衰竭相比，由于没有充分的时间进行生理代偿，急性肾衰会引起更显著的低钙血症。乙二醇中毒早期会出现高磷血症，因为防冻剂中这种矿物质含量很高。钙同时可能被乙二醇的代谢产物螯合，从而导致低血钙。

低氯血症和阴离子间隙升高：在没有低钠血症时表现出的低血氯，可能是由于呕吐时氯不成比例的丢失引起的。尽管这个病例的 HCO_3^- 在参考范围内，但低氯血症仍可能会与酸碱平衡紊乱有关。因为阴离子隙升高表明不可测量的阴离子增多，因此该病例可能有混合型酸碱平衡紊乱，因此 HCO_3^- 水平正常。在这个病例中，不可测量的阴离子可能包括有尿毒症酸、乳酸（组织灌注少及脱水产生），或外源性酸，包括乙二醇代谢产物等。

高钾血症：高钾血症经常出现在伴有少尿症状的肾衰病患中，反映了肾脏排泄钾离子功能的丧失。

尿液分析：血红素和红细胞可能是膀胱穿刺过程中出现血液轻微污染的结果。

病例总结和结论

对Brianna进行静脉输液，并给予利尿药、钙剂、抗生素和止吐药治疗，这些都是针对急性肾衰的治疗措施。它的氮质血症有所减轻，不过仍然厌食，呕吐也未得到控制。它在治疗第4天时出现黑粪，由于它对治疗反应不佳，预后不良，主人选择了安乐死。尸检见到Brianna肺水肿，肾脏切面充血肿胀。肾脏组织学检查显示有急性肾小管坏死，并有少量绿色极性结晶，与乙二醇中毒症状的表现相一致。检查其他器官未发现明显异常。

草酸钙结晶的发现能够帮助确诊乙二醇中毒，然而不是每次都能发现结晶，特别是在接触毒物几天之后再检测。当然同样也能用市售诊断工具检测乙二醇中毒症，然而在接触毒物24h以后，检测结果将不会出现阳性反应（Gaynor）。

这个病例可以与Joe相比较（病例11），Joe的急性肾损伤是由布洛芬中毒引起的。虽然这两个病例都接触了肾毒性物质，但Joe的病症表现更轻并较早采取了措施。Joe的实验室检查结果也因为胃肠道出血而变得复杂。Sally（病例14）则是继发于中暑的急性肾损伤，它的血清生化检查结果与Brianna相似，但是高磷血症的情况没那么明显。值得注意的是，表现出急性肾病的病例没有贫血，而慢性肾病的病例通常有非再生性贫血（Tramp，病例10；Ziggy，病例17；Forsythia，病例20）。

→ 参考文献

GaynorAR, Dhupa N. 1999. Acute ethylene glycol intoxication. Part II. Diagnosis, treatment, prognosis, and prevention. Compend Contin Educ Pract Vet (21): 1124-1133.

病例22 - 等级3

"Gerhardt"，迷你雪纳瑞，9岁，有2年糖尿病病史，并坚持治疗。它被带到医院进行葡萄糖耐受试验以评估其糖尿病的控制情况。主人提到在过去2周内，患犬的右鼻孔有乳状分泌物，左鼻孔有周期性出血。体检时发现Gerhardt双眼白内障，并有严重的牙结石。肺音正常，右侧下颌淋巴结肿大。

生化检查

GLU	↑	298 mg/dL	（65.0 ~ 120.0）
BUN	↓	7 mg/dL	（8 ~ 33）
CREA	↓	0.3 mg/dL	（0.5 ~ 1.5）
P		5.3 mg/dL	（3.0 ~ 6.0）
Ca		10.6 mg/dL	（8.8 ~ 11.0）
Mg		2.2 mmol/L	（1.4 ~ 2.7）
HCO_3^-		21 mmol/L	（16 ~ 25）
AG		22.6 mmol/L	（15 ~ 25）
TP		6.3 g/dL	（4.8 ~ 7.2）
ALB		3.0 g/dL	（3.0 ~ 4.2）
GLO		3.3 g/dL	（2.0 ~ 4.0）
Na^+	↓	132 mmol/L	（140 ~ 151）
Cl^-	↓	94 mmol/L	（105 ~ 120）
K^+	↑	5.6 mmol/L	（3.8 ~ 5.4）
TBIL		0.10 mg/dL	（0.10 ~ 0.50）
ALP	↑	1 022 IU/L	（20 ~ 320）
GGT		5 IU/L	（3 ~ 10）
ALT	↑	172 IU/L	（10 ~ 95）
AST	↑	61 IU/L	（15 ~ 52）
CHOL	↑	1 092 mg/dL	（110 ~ 314）
TG	↑	5 565 mg/dL	（30 ~ 300）
AMYL		464 IU/L	（400 ~ 1 200）

血清有明显的脂血症和轻微溶血

尿液分析：自主排尿

外观：黄色，澄清　　　　　　　　　　尿沉渣：无明显异常
SG：1.012
pH：6.0
葡萄糖：2+
蛋白质、酮体、胆红素、血红素：阴性

解析

未能获取CBC检查数据。

血清生化分析

高血糖：高血糖症和糖尿病病史一致。在Gerhardt这一病例中，葡萄糖耐受曲线表明血糖得到了合理的控制。如同在第三章中所讨论的，果糖胺可以作为血糖水平的长期监控指标。

BUN和肌酐降低：BUN下降可能和肝脏生成尿素的能力不足有关，但考虑到其白蛋白正常，并有高胆固醇血症，因此这个病例中BUN下降可能与肝脏无关。肝功能检查更敏感的指标包括血清胆汁酸和血氨浓度，但在这个病例中没必要检查，除非它出现了其他与肝脏衰竭有关的临床症状。在这个病例中，糖尿引起的渗透性利尿导致了多尿及BUN降低。多尿和多饮导致肾小管流速增加，减少了尿素的重吸收时间，造成尿素经肾脏丢失增加，继而BUN下降。肌酐下降可能反映肌肉量减少，而肌肉减少可能与糖尿病有关。由于肌酐浓度低时会受到非肌酐色素原的影响，大多数物种的参考值下限接近化验分析敏感度的极限，并且肌酐下降的临床表现不明显，因此肌酐下降很难得到证实。据报道糖皮质激素可以使正常犬的血清肌酐下降（Braun），该病例没有使用糖皮质激素治疗的病史。

低钠血症和低氯血症：由于测量分析方法不同，脂血症可能造成电解质水平假性降低。如果检查人员利用离子特异性电极进行间接电位测试，则需稀释样品，那么人为造成的电解质浓度降低就会出现在严重的脂血症病例中。而利用离子特异性电极进行直接电位测试，则不需要稀释样品，那样脂血症也不会干扰电解质浓度的测量。在一个明显的乳状样品中，假如钠离子和氯离子浓度都下降了，那么应该用另一种方法来检查电解质浓度。钠离子和氯离子下降的生理学原因包括肾脏丢失和水潴留。由于过多的葡萄糖使水渗透性进入循环，患糖尿病的动物可能会发生自由水潴留和电解质稀释。经肾丢失值得考虑，可以通过尿液排泄分数来定量。有低钠血症的病例，钠的排泄分数应该很低，因为机体想要保留电解质。在这些情况下，排泄分数正常或者升高都不正常，表明存在肾脏疾病或肾上腺皮质机能减退(醛固酮缺乏以致肾脏保钠能力降低)。肾上腺皮质机能减退是一种基于电解质类型的鉴别诊断。然而，电解质类型的改变可能是由其他原因引起的，ACTH刺激试验不能够提供有效地诊断信息。氯离子的改变和钠离子会成比例改变，并且无明显的酸碱紊乱（正常的HCO_3和阴离子间隙），用商业化日粮饲喂的患病小动物，低钠血症或低氯血症不大可能是饮食缺乏造成的。

高钾血症：胰岛素相对或绝对缺乏能够导致高钾血症。如果尿液不能从机体排出，也会导致钾离子蓄积，但这个解释和临床病史不一致。

ALP升高（GGT正常）：ALP升高可能由胆汁淤积引起的，但很多肝外因素可以导致犬ALP升高。虽然不能排除该病例同时存在某些内分泌疾病（如肾上腺皮质机能亢进），但糖尿病也可以使某些肝酶升高。

ALT和AST升高：肝细胞酶可能会由于像糖尿病，醛固酮增多症这样的内分泌病而增加。由于这些酶的改变并不是内分泌疾病特有的，所以不能排除原发性肝脏疾病。

高胆固醇血症和高甘油三酯血症：可以考虑餐后影响，然而像糖尿病这样的内分泌病变是小动物高胆固醇血症和高甘油三酯血症的普遍原因。肾上腺皮质机能亢进和甲状腺机能减退也与脂质代谢改变有关，肝脏和胰腺疾病会使这些值升高。这个病例也不能完全排除肝脏疾病。由于Gerhardt是一只雪纳瑞犬，因此虽然很罕见，但之前可能就存在原发的特发性高脂血症。为了获得特发性高脂血症的证据，需要重新判读之前可能是例行体检或进行非必须手术前所做的那些"正常"的血液检查结果。先前继发于高脂血症的胰腺炎可能容易引起Gerhadt患糖尿病。因为胰腺炎、糖尿病和高脂血症间复杂的关系，很难确定到底哪个是原发性疾病，哪个是继发性疾病。

病例总结和结果

使用抗生素控制Gerhardt的鼻分泌物。如上所述，其血糖曲线虽可以接受，但有明显的高脂血症，说明应该考虑测果糖胺的水平来确保正血糖控制良好。Gerhardtd的血压有所上升，人和犬的高血压都和糖尿病有关（Sthble），但是没有证据证明猫的高血压和糖尿病有关（Sennello）。2个月后，Gerhardt双侧鼻腔出血。主人谢绝对其进行调查，选择对Gerhardt施行安乐死。尸检发现Gerhardt体况很好，但鼻窦形成了空洞，里面有很多易碎的坏死组织，内有大量分枝并有隔膜的菌丝，和曲霉菌的形态一致。心脏出现动脉硬化，这种现象在犬很少见，但迷你雪纳瑞多一些（Liu）。动脉硬化可能与甲状腺机能减退、慢性血脂升

高有关。高血压可能加速病变的发展，但和犬动脉硬化有关的临床症状很少。尽管和肝脏有关的酶升高，Gerhardt没有明显的肝脏损伤，这表明肝酶升高继发于糖尿病。虽然进行安乐死时患犬并未出现氮质血症，但肾脏组织学检查表明其存在伴有轻微间质纤维化的膜增生性肾小球肾炎。

这个病例和这一章中的其他类似病例，强调了与肾脏疾病无关的代谢紊乱对血清BUN和肌酐的影响，Gerhardt尿素氮的降低可能和渗透性利尿、多尿有关。病例3中，Marsali的肌酐和尿素氮降低与忽视导致的饥饿有关。病例12中，Pugsley的肌酐和尿素氮下降与门静脉短路有关。而病例8中，Riff Raff的尿素、尿素氮升高和败血症过程有关。

→ 参考文献

Braun JP, Lefebvre HP, Watson ADJ. 2003. Creatinine in the dog: A review. Vet Clin Pathol (32): 162-179.

Liu. 1986. Clinical and pathologic findings in dogs with atherosclerosis: 21 cases (1970-1983). J Am Vet Med Assoc (189):227.

Sennello KA, Schulrnan RL, Prosek R, Seigel AM. 2003. Systolic blood pressure in cats with diabetes mellitus. J Am Vet Med Assoc (223): 198-201.

Struble AL, Feldman ED, Nelson RW, Kass PH. 1998. Systemic hypertension and proteinuria in dogs with diabetes mellitus. J Am Vet Med Assoc. (213): 822-825.

病例23 - 等级3

"Miranda"，纽芬兰犬，6岁，绝育母犬。因身体无力、精神沉郁和呕吐前来就诊。最近几天，沉郁和厌食越来越严重，主人还发现它不停颤抖。就诊时，Miranda处于虚脱状态，不愿走动。体格检查发现Miranda黏膜发黏，心搏过缓，股动脉脉搏无力，毛细血管再充盈时间延长。由于它偶发虚脱，所以在抽血（化验）后立即进行输液治疗。

解析

CBC：红细胞增多症属于相对增多，与脱水有关。黏膜发黏和高蛋白血症也支持这种解释。

血常规检查

WBC	10.6×10^9 个/L	（6.0 ~ 17.0）
Seg	6.8×10^9 个/L	（3.0 ~ 11.0）
Band	0	（0.0 ~ 0.3）
Lym	3.3×10^9 个/L	（1.0 ~ 4.8）
Mono	0.2×10^9 个/L	（0.2 ~ 1.4）
Eos	0.3×10^9 个/L	（0 ~ 1.3）
白细胞形态：无明显异常		
HCT	↑ 60 %	（37 ~ 55）
MCV	71.2 fL	（60.0 ~ 77.0）
MCHC	32.5 g/dL	（31.0 ~ 34.0）
PLT	214×10^9 个/L	（200 ~ 450）

生化检查

GLU	↓ 41 mg/dL	（65.0 ~ 120.0）
BUN	↑ 63 mg/dL	（8 ~ 33）
CREA	↑ 5.1 mg/dL	（0.5 ~ 1.5）
P	↑ 10.1 mg/dL	（3.0 ~ 6.0）
Ca	↑ 12.8 mg/dL	（8.8 ~ 11.0）
Mg	↑ 3.1 mmol/L	（1.4 ~ 2.7）
TP	↑ 8.2 g/dL	（5.2 ~ 7.2）
ALB	↑ 4.8 g/dL	（3.0 ~ 4.2）
GLO	3.4 g/dL	（2.0 ~ 4.0）
Na$^+$	↓ 135 mmol/L	（140 ~ 151）
Cl$^-$	↓ 100 mmol/L	（105 ~ 120）
K$^+$	↑ 8.6 mmol/L	（3.8 ~ 5.4）

续表

HCO₃⁻	↓ 8 mmol/L	(16 ~ 25)
AG	↑ 35.6 mmol/L	(15 ~ 25)
TBIL	0.2 mg/dL	(0.10 ~ 0.50)
ALP	28 IU/L	(20 ~ 320)
GGT	5 IU/L	(3 ~ 10)
ALT	48 IU/L	(10 ~ 95)
AST	↑ 108 IU/L	(15 ~ 52)
CHOL	167 mg/dL	(110 ~ 314)
TG	45 mg/dL	(30 ~ 300)
AMYL	↑ 1 296 IU/L	(400 ~ 1 200)

尿液检查：自主排尿

外观：稻草黄，澄清
SG：1.020
pH：6.0
蛋白、葡萄糖、酮体、胆红素、血红素：阴性

尿沉渣
偶见白细胞
细菌：2+

血清生化分析

低血糖：所有低血糖的病例都应该排除操作错误，而偶发的虚脱和颤抖的病史表明低血糖可能是并非人为造成的。虽然它厌食，通常长时间食物缺乏和较差的身体条件才能造成与饥饿有关的低血糖。很多肿瘤都可引起低血糖，一只中年大型犬也有可能是因肿瘤出现低血糖。由于肝脏功能减退引起的糖异生障碍也能导致低血糖，但尿素氮和白蛋白都升高，且胆固醇正常，所以这种可能性不太大，可进行特定的肝功能试验，如血清胆汁酸或血氨检查，可进一步评估肝功能异常的可能性。颤抖和虚脱可能与肝性脑病有关。最后，患有肾上腺皮质机能减退的动物中，皮质类固醇刺激糖异生作用失败，从而可能会导致动物出现低血糖。

氮质血症：在严重脱水的情况下，Miranda的尿液浓缩程度较低，表明造成氮质血症的原因可能是肾脏，虽然脱水及伴有股动脉减弱的心动过缓提示也存在肾前性因素。高磷血症和高钾血症表明肾小球滤过率降低。在确认肾性氮质血症前，必须考虑其他非肾性的可能导致尿液浓缩能力减弱的原因，包括肝脏衰竭（不太可能，见上）、渗透性利尿（尿液中没有出现可测量的渗透压分子，如葡萄糖和酮体）、使用利尿药（没有相关病史）。肾髓质流失也是有可能的，因其表现出低钠血症和低氯血症。如果肾髓质流失是尿浓缩能力减弱的原

因，适当补充和输液治疗可以纠正这个问题。

高磷血症和高钙血症：肾功能衰竭、维生素D中毒和肾上腺皮质机能减退都可以导致这些改变。肾衰竭和肾上腺皮质机能减退都与其他实验室数据相一致，同时在这两种疾病中，肾小球滤过率下降致使肾脏不足以清除磷而导致它在血液中蓄积。肾上腺皮质机能减退能潜在引起犬的高钙血症，但是与离子钙的升高无关，因此也不会如预期的引发与高血钙相关的临床症状。由于皮质醇缺乏以及血液浓缩引起的肾排泄功能降低是高钙血症的潜在机制，并且在开始治疗后血钙水平很快恢复正常。犬血钙升高的最常见的原因是恶性肿瘤，这个病例并不能排除肿瘤的可能。高钙血症能导致可逆和不可逆的肾功能减退，成为高磷血症发展的因素。检查PTH和PYHrP可以帮助鉴别高钙血症的不同病因，但这个病例目前还不需要。

高镁血症：血镁升高是肾小球滤过率降低造成的。

伴有高白蛋白血症的高蛋白血症：高白蛋白血症是血液浓缩的结果。红细胞相对增多及Miranda黏膜发黏均与脱水表现一致。

低钠血症和低氯血症：Miranda的低钠血症和低氯血症基本成比例，最有可能的原因是丢失增加。根据它的病史，很可能是胃肠道丢失造成的。根据临床情况，需要注意评价第三间隙和皮肤丢失的可能性。应该考虑肾性丢失，并且通过尿液离子排泄分数确定丢失量。低钠血症动物钠的尿液排泄分数应该较低，因为机体尝试保存这种电解质；在这种情况下尿液排泄分数正常或升高可能是不正常的，表明动物可能患有肾病、肾上腺皮质机能减退（醛

固酮缺乏，不能刺激肾脏来保存钠离子）。对于饲喂商品粮的小动物而言，摄入不足很难会造成低钠或低氯血症。虽然自由水蓄积及电解质稀释也是可能的原因，但脱水（红细胞增多症及高蛋白血症均提示脱水）可以将这种可能排除掉。

高钾血症：多尿性肾衰通常与低钾血症有关，这是因为尿液中钾离子丢失增加。只有当肾小球滤过显著受限或者当尿液不能从机体排泄时，随之发生高钾血症。Miranda有显著脱水和灌注不良的临床证据（股动脉弱以及毛细管再充盈时间延长），这些能够严重影响肾小球滤过率。它的其他异常检查指标提示肾上腺皮质机能减退，可能导致由于醛固酮不足导致的高钾血症。也有可能是酸中毒引发的细胞转移，然而有机类酸中毒不如无机类酸中毒重要。

低HCO_3^-：这个病例中的酸中毒可能与尿毒症性酸中毒、或由于组织灌注不良造成的乳酸中毒有关。

阴离子间隙增加：如上所述，尿酸或乳酸增加可能会提高阴离子间隙水平。由于健康动物大部分的阴离子间隙是由带负电的蛋白构成的，高白蛋白血症也能使阴离子间隙增加。

天门冬氨酸氨基转移酶升高：此项最可能反映灌注不良继发的组织损伤。

淀粉酶增加：虽然胃肠道疾病也可能与淀粉酶升高有关，但淀粉酶改变的程度较低，与肾小球滤过率降低一致，同时也与临床病史一致。不能排除胰腺疾病，但是不能用这一数据来解释。

尿液分析：脓尿和菌尿显示泌尿道感染。

病例总结和结果

住院后进行了两天适当的输液治疗，Miranda的实验室数据趋于正常，但是不幸的是它在住院期间出现了黑粪症，并伴有贫血和低蛋白血症。基于病史和实验室结果，需进行ACTH刺激实验去评估Miranda是否患有肾上腺皮质机能减退。该病例刺激前后的皮质醇水平都低于1.0 μg/dL，与肾上腺皮质机能减退一致。犬肾上腺皮质机能减退病例可能会出现黑粪症和低蛋白血症。这是由于循环被破坏后，肠灌注不足造成的，同时胃肠道黏膜机能的维持需要正常的糖皮质激素水平。对Miranda的肾上腺皮质激素减退进行激素替代疗法，对它的尿路感染给予抗生素治疗。由于它还有胃肠道病症，也被给予肠道驱虫药。Miranda对治疗反应良好，之后出院。

这些临床症状在肾上腺皮质机能减退中很常见，然而一些肠道寄生虫也可能导致与肾上腺皮质机能减退相似的实验室检查异常（更多的细节见第七章）。患有肾上腺皮质机能减退的动物可能出现提示肾功能衰竭的化验指标（如脱水、氮质血症和尿液浓缩不全）。输液治疗后不久，体液和电解质不足得到纠正，患犬重新获得尿浓缩能力，这在原发性肾功能衰竭的病例中是不可能发生的。对治疗的这种反应提示应进行ACTH刺激试验以评估肾上腺功能。该病例可以与病例4中的Jag进行对比，Jag的恶性肿瘤性高钙血症也会导致尿浓缩能力短暂丢失，可能与原发性肾病不相关，虽然最后肾脏损伤也可能发展为高血钙。肝脏疾病也可能干扰尿液浓缩（见Pugsley，病例12），但在这些病例中尿素氮或肌酐会降低，而非升高。

病例24 – 等级3

"Popcorn"，约克夏㹴，12岁，母犬，因多饮多尿而被送诊。体检发现该犬精神沉郁，阴道有分泌物，且双侧白内障，其黏膜发黏、轻度苍白。由于Popcorn年龄较大，主人要求

血常规检查

WBC	↑ 48.0 × 10⁹ 个 /L	（6.0 ~ 17.0）
Seg	↑ 40.7 × 10⁹ 个 /L	（3.0 ~ 11.0）
Band	0	（0 ~ 0.3）
Lym	2.4 × 10⁹ 个 /L	（1.0 ~ 4.8）
Mon	↑ 4.8 × 10⁹ 个 /L	（0.2 ~ 1.4）
Eos	0.1 × 10⁹ 个 /L	（0 ~ 1.3）
白细胞形态：可见少量反应性淋巴细胞		
HCT	↓ 34 %	（37 ~ 55）
MCV	68.7 fL	（60.0 ~ 75.0）
MCHC	33.8 g/dL	（33.0 ~ 36.0）
红细胞形态：正常		
血小板：数量正常		

生化检查

GLU	↓ 62 mg/dL	（65.0 ~ 120.0）
BUN	↑ 77 mg/dL	（8 ~ 29）
CRE	↑ 2.6 mg/dL	（0.5 ~ 1.5）
P	↑ 8.8 mg/dL	（2.6 ~ 7.2）
Ca	↑ 11.7 mg/dL	（8.8 ~ 11.0）
Ma	2.4 mmol/L	（1.4 ~ 2.7）
TP	↑ 9.3 g/dL	（5.2 ~ 7.2）
ALB	↓ 2.2 g/dL	（3.0 ~ 4.2）
GLO	↑ 7.1 g/dL	（2.0 ~ 4.0）
Na^+	142 mmol/L	（140 ~ 151）
Cl^-	105 mmol/L	（105 ~ 120）
K^+	4.2 mmol/L	（3.8 ~ 5.4）
AG	↑ 26.2 mmol/L	（15 ~ 25）
HCO_3^-	↓ 15 mmol/L	（16 ~ 25）
TB	0.21 mg/dL	（0.10 ~ 0.50）
ALP	296 IU/L	（20 ~ 320）
GGT	4 IU/L	（3 ~ 10）
ALT	16 IU/L	（10 ~ 95）
AST	48 IU/L	（15 ~ 52）
CHOL	285 mg/dL	（110 ~ 314）
TG	80 mg/dL	（30 ~ 300）
AMYL	↑ 2 045 IU/L	（400 ~ 1 200）

尿液检查（膀胱穿刺采样）

外观：淡黄，清亮

尿相对密度：1.010

pH：5.0

蛋白质、葡萄糖、酮体、胆红素：阴性

血红素：3+

尿沉渣：每个高倍视野下 3 ~ 5 个红细胞，偶见白细胞

骨髓检查：散在一些颗粒增多的细胞，偶见巨核细胞，粒细胞系和红细胞系的比例（M∶E）明显升高，但是二者分化有序，接近完全分化。偶见成熟的浆细胞和淋巴细胞

在进行手术干预前进行全面检查，以排除肿瘤。因此，除了常规血液检查外，还进行了骨髓穿刺和血清蛋白电泳。

解析

CBC：Popcorn的中性粒细胞明显增多，伴有中毒性变化，且单核细胞增多，表明机体出现严重的炎性反应。此外，其有轻微正细胞性正色素性贫血，很有可能是非再生性贫血，但还需要进行网织红细胞计数来证实这一推测。炎性疾病很可能引起贫血，但是等渗尿和氮质血症表明贫血很有可能是肾脏疾病引起的。

血清生化分析

低血糖：如果排除了检查错误，那么低血糖很有可能是白细胞象所表现出的败血症引起低的。肝脏衰竭及多种肿瘤也可能会导致这个年纪的病犬发生低血糖。饥饿也可以引起低血糖，特别是在小型犬或是年龄较小的动物。低白蛋白血症也与营养不良有关，但是在临床检查发现其体况并不差。

氮质血症和等渗尿：除了当有肾外因素干扰肾的浓缩功能外，氮质血症和等渗尿一起出现在脱水的病例中表明发生了肾衰竭。渗透性利尿和髓质功能衰竭都不太可能。肝衰竭可以解释低血糖和低白蛋白，但是血胆红素和胆固醇在正常范围内。尽管当肝衰竭时肝酶指标可能正常，但是在这个病例，这些正常的指标表明其不太可能发生肝衰竭。尿崩症也是有可能的，结合临床病史，应检查Popcorn是否发生子宫蓄脓。子宫感染大肠杆菌会产生毒素，后者可通过干扰钠、氯在肾髓袢的重吸收，以及导致可逆性的肾小管对抗利尿激素不敏感而引

起多尿。在这个病例中，一旦子宫蓄脓痊愈后就需要对其肾功能重新检测。如果子宫蓄脓是引起氮质血症的根本原因，那么该犬的氮质血症理应是可逆的。在任何病例，脱水表明至少有一个肾前的原因导致肌酐和尿素氮升高。

高磷血症和高钙血症：无论是肾性还是肾前性原因，高磷血症最有可能是由肾小球率过滤降低引起的。钙离子浓度的改变在患有肾功能衰竭的小动物中是不可预见的，且总钙浓度可能生高、降低，也有可能正常。在老年病例中，也经常发生恶性肿瘤引起的高钙血症。恶性肿瘤引起的高钙血症常与甲状旁腺激素相关蛋白（PTHrP）升高共同发生，而后者（PTHrP）是可以测定的。大多数情况下，大多数动物会因淋巴结病变、脏器肿大和大量组织损伤来评估检查，以排除恶性肿瘤。该病例中，非再生性贫血，高钙血症和高球蛋白血症共同提示需要进行骨髓检查，以确定动物是否患有淋巴癌。

伴有低白蛋白血症和高球蛋白血症的高蛋白血症：在患有炎症或传染病的病例中，高球蛋白血症多是因为急性期反应或免疫球蛋白生成增多引起的，且是多克隆性的。这种情况下，白蛋白会下降，这是因为白蛋白是一种负急性期反应物，使得肝脏白蛋白合成受阻。极少数情况下，一些传染病例如猫传染性腹膜炎、利什曼原虫或蜱传播疾病会引起单克隆丙种球蛋白病，需要与淋巴肿瘤引起的单克隆丙种球蛋白病加以区分。在这个病例中，低白蛋白血症由于蛋白流失入子宫而加重。

伴发阴离子间隙增大的轻微的酸血症（HCO_3^-降低）：这些变化可能与尿毒症性酸中

毒有关。与败血症有关的组织灌注不良也会产生乳酸酸中毒。白蛋白（一种阴离子蛋白质）下降和免疫球蛋白（阳离子蛋白质）升高通常会导致阴离子间隙下降。

高淀粉酶血症：最有可能的原因是肾小球滤过率下降，氮质血症和高磷血症也支持这一解释。虽然临床症状不太明确，但是胰腺自身的疾病也不能被完全排除。

骨髓评价：骨髓穿刺检查结果显示，红细胞系发育不良而粒细胞系明显增生，这一结果可以解释CBC的所有变化。少量成熟浆细胞和淋巴细胞被认为是正常的，且在涂片上也没有淋巴恶性肿瘤的表现。

病例小结和结果

对Popcorn进行静脉输液，使用抗生素治疗，并进行卵巢子宫切除术。血清蛋白电泳证实该病例出现了多克隆球蛋白症。手术后8周，复检发现CBC、血清生化和尿液分析结果均正常，而且其尿浓缩能力也得到恢复。

综合这些异常检查结果，提示可能共存几种疾病。高球蛋白血症、高钙血症与恶性淋巴肿瘤相匹配，且继发的高钙血症性肾病也可以解释氮质血症和等渗尿（参考病例 4，Jag）大多数实验室异常指标都可以单独解释肾功能衰竭，特别是如果肾功能衰竭与炎症（如肾盂肾炎，病例13，Opie）有关。在这个病例中，临床病史和体格检查都提示子宫蓄脓为首要的鉴别诊断。但是，由于动物年龄偏大，所以在术前更集中地评估了肿瘤（骨髓细胞学和血清蛋白电泳）的可能性，如果Popcorn同时患有肿瘤，主人便不想再继续子宫蓄脓的治疗了。另外一些病例中，肾外疾病影响了肌酐，尿素

氮或尿相对密度（病例8：败血症；病例12，门静脉短路，病例16，甲状腺机能亢进；病例22，糖尿病；病例23，肾上腺皮质机能减退），Popcorn的子宫蓄脓得到治疗后，其尿浓缩功能、尿素氮/血清肌酐水平等均恢复正常。

病例25 － 等级3

"Lucinda"，拉曼查山羊，3岁，雌性，共有30头产奶山羊，Lucinda是其中一头。10d前Lucinda开始腹泻，使用过庆大霉素和氟尼辛葡甲胺治疗，剂量不详。由于它食欲正常，且一直能饮水，直至卧地不起才被发现生病。体格检查和神经学检查都正常。

解析

CBC

白细胞象：尽管白细胞象中所有指标均未超出参考范围，纤维蛋白原增多提示急性反应和炎症。在大动物炎症疾病中，纤维蛋白原比白细胞象的改变更为敏感。

红细胞象：由于病畜体内未产生染色过深的红细胞，因此血红蛋白和平均血红蛋白浓度升高是人为造成的。体内或体外溶血可以引起这些指标改变。由于该山羊没有贫血，更有可能是体外因素引起的溶血，而非血管内溶血。事实上，红细胞比容处在参考值范围上限它提示血液轻度浓缩。

血清生化分析

高血糖：该山羊高血糖最可能的原因是应激，虽然白细胞象中皮质类固醇效应（成熟中性粒细胞增多症和淋巴细胞减少症）或肾上腺素效应（成熟中性粒细胞增多症和淋巴细胞增

血常规检查

WBC	10.7×10^9 个 /L	（4.0 ~ 13.0）
Seg	4.8×10^9 个 /L	（1.2 ~ 7.2）
Ban	0	（0 ~ 0.3）
Lym	5.8×10^9 个 /L	（2.0 ~ 9.0）
Mono	0.1×10^9 个 /L	（0 ~ 0.6）
白细胞形态：无明显异常		
HCT	38 %	（22 ~ 38）
RBC	13.11×10^{12} 个 /L	（8.0 ~ 18.00）
HGB	↑ 13.7 g/dL	（8 ~ 12）
MCV	23.3 fL	（16.0 ~ 25.0）
MCHC	↑ 36.1 g/dL	（28.0 ~ 34.0）
红细胞形态：无明显异常		
血小板：数量充足		
纤维蛋白原	↑ 700 mg/dL	（100 ~ 400）

生化检查

GLU	↑ 162 mg/dL	（6.0 ~ 128.0）
BUN	↑ 216 mg/dL	（17 ~ 30）
CREA	↑ 12.8 mg/dL	（0.6 ~ 1.3）
P	↑ 23.5 mg/dL	（4.1 ~ 8.7）
Ca	↓ 5.5 mg/dL	（8.0 ~ 10.7）
Mg	2.9 mmol/L	（2.8 ~ 3.6）
TP	6.3 g/dL	（6.1 ~ 8.3）
ALB	↓ 2.4 g/dL	（3.1 ~ 4.4）
GLB	3.9 g/dL	（2.2 ~ 4.3）
A/G	↓ 0.6	（0.7 ~ 2.1）
Na^+	↓ 126 mmol/L	（140 ~ 157）
Cl^-	↓ 94 mmol/L	（102 ~ 118）
K^+	↓ 3.0 mmol/L	（3.5 ~ 5.6）
HCO_3^-	↓ 6 mmol/L	（22 ~ 32）
AG	↑ 29 mmol/L	（6 ~ 15）
TBIL	0.1 mg/dL	（0.10 ~ 0.2）
ALP	107 IU/L	（40 ~ 392）
GGT	49 IU/L	（28 ~ 70）
AST	↑ 273 IU/L	（40 ~ 222）
CK	↑ 4 267 IU/L	（74 ~ 452）

尿液检查（导尿）

外观：粉色，混浊
尿相对密度：1.018
pH：6
葡萄糖：1+
酮体、胆红素：阴性
蛋白质：3+
血红素：4+

尿沉渣
大量红细胞
少量白细胞
无细菌、结晶或管型

多症）都不明显。这些激素通过诱导糖异生和/或干扰胰岛素作用，使血清葡萄糖升高。糖尿提示这只山羊血液中的葡萄糖超过其肾小管的最大重吸收能力（100 mg/dL），但小反刍动物的糖尿病非常罕见，单凭这一点不能将该病例确诊为糖尿病。即使在无高血糖的情况下，肾小管功能异常也可导致糖尿。

氮质血症：氮质血症应分为肾前性、肾性和肾后性。体格检查未发现肾后性因素（大而坚实的膀胱，腹腔积液等）导致氮质血症的证据。肾性氮质血症可能引起等渗尿，但肾外其他能引起尿液浓缩能力降低的原因应予排除。髓质洗脱可干扰肾脏浓缩尿液的能力（低钠血症、低氯血症、低钾血症）。糖尿可引起渗透性利尿。肝功能下降可能和多尿/多饮有关，因为尿素合成失败会导致尿液无法形成浓度梯度。其他可能性包括：肝性脑病组成之一的精神性烦渴、抗利尿激素释放阈值升高、由于肝脏降解能力受损或者神经递质异常引起的促肾上腺皮质激素生成增多导致的皮质醇增多症。该病例缺乏肝功能受损的证据，而低白蛋白血

症和AST升高都可以提示肝细胞损伤。伴发的肌酸激酶升高也提示肌肉损伤，而肌肉损伤又可作为AST的来源。神经系统检查正常不支持肝性脑病的可能，虽然其症状可能是间歇性的。

肾前性氮质血症可加重肾性氮质血症，由于肾功能低下，体液持续流失，肾前性和肾性氮质血症常同时发生。红细胞比容处于正常值上限，和血液浓缩的表现相一致。

水合状态的临床指征如体重、黏膜检查等，应该用来评价水合状态。高蛋白血症和高白蛋白血症是脱水的良好指征，但如果蛋白丢失是疾病的一部分时，其作为脱水指征的可靠性降低。

适当的体液疗法可减少氮质血症肾前性成分。肾小管流速增加会降低肾小管对尿素的被动重吸收时间，因此在肾小球总滤过率不变的情况下，尿素氮会降低到比肌酐更接近正常水平。相对尿素氮而言，肌酐受非肾性因素的影响更少，更适合用来评价肾脏功能，尤其是在反刍动物，这是因为反刍动物瘤胃菌群可使氮

再循环，导致尿素氮上升比非反刍动物缓慢，且肾小球滤过率较低。

高磷血症和低钙血症：在所有氮质血症病畜中，引起高磷血症最可能的原因是尿液中磷的排泄量减少。任何能引起反刍动物摄食减少的疾病，都可能会通过减少唾液中磷的排泄，最终导致高磷血症。根据质量定律关系，高磷血症的病畜常伴发低钙血症，而且 1，25-羟基维生素D$_3$不足可减少肠道对钙的吸收，增强骨骼对甲状旁腺激素的抗性。低白蛋白血症能降低总血清钙而不影响离子钙。反刍动物低白蛋白血症诱导会产生低钙血症，还未找到其校正方法；从犬身上推导出的计算公式在其他小动物身上也可能无效。无法获得这只正处于繁殖期的母羊的特定信息，然而产奶山羊容易发生临产期低钙血症。在临产期低钙血症的病例中，镁离子浓度可上升或下降，但血磷通常下降，从这方面看Lucinda不太像是临产期低钙血症（Rankins）。妊娠和哺乳对钙磷的需求增加，以及不合理饲喂导致的甲状旁腺激素和1，25-二羟胆钙化醇的生成受抑制，这些会影响机体动员骨骼中必需矿物质的能力，也会引起肠道对这些矿物质吸收不良。牧草萎蔫是反刍动物低钙血症的另一可能原因。低镁血症可发生于牧草萎蔫时，而且能够导致继发于对甲状旁腺激素反应迟钝的低钙血症。在本病例中，镁离子水平在参考值范围内，从这一点看不像是发生了牧草萎蔫。常发于体质虚弱的反刍动物身上的碱中毒可以引起低钙血症（Goff），然而本病例中的病畜是酸中毒。

低白蛋白血症：白蛋白丢失增加和生成减少可以引起低白蛋白血症。白蛋白是一种负急性期反应物，从纤维蛋白原增多来看，很可能是因为肝脏下调了白蛋白的合成。本病例中，没有关于其他引起白蛋白生成减少的数据支持，因此可以排除肝功能低下或饥饿等原因。

Lucinda的低蛋白血症很有可能是白蛋白丢失增多造成的。由于它出现了氮质血症和蛋白尿，必须考虑白蛋白从尿液丢失的可能。尿液中出现大量血细胞表明蛋白尿可能是尿液受到血液污染或下泌尿道疾病所致。山羊一般很少见具有临床意义的肾小球肾炎（Smith），但该病例蛋白丢失可能是肾小球肾炎引起的，这是因为该病会导致病患出现白蛋白的选择性丢失。在排除或治疗下泌尿道疾病后，重新检查尿液（通过无损伤方法采集）的尿蛋白质，可证实是否存在肾小球性蛋白丢失；此外，还应检测尿液中蛋白/肌酐比予以辅助评价。

也有可能是胃肠道丢失造成的，因为它有腹泻的病史，但一般胃肠道丢失会引起球蛋白和白蛋白同时丢失。血清球蛋白值正常不能排除肠道丢失的可能，尤其是因急性期反应或免疫刺激引发的球蛋白生成增加的动物。

胃肠道蛋白丢失难以确定或量化，但人和犬粪便中的 α-1蛋白酶抑制剂可作为肠道蛋白丢失的指示物（Murphy）。胃肠道寄生虫是低蛋白血症的重要原因，通过粪检和羊群驱过虫的病史排除这一点。其他可引起蛋白丢失的途径包括皮肤和第三间隙的蛋白质丢失，但与Lucinda病史较不相符。

过度水合的稀释作用可引起低白蛋白血症，可见于怀孕、充血性心力衰竭或其他原因的液体潴留或负荷过重。体格检查排除以上可能。

低钠血症和成比例的低氯血症：像白蛋白一样，相对过多的体液可稀释这些电解质。PCV在参考范围上限又表明这种可能性不大。高血糖虽然可以引发渗透作用，并导致低血钠和低血氯，但其量并不足以产生该病例中这么显著的变化。饮食不足很罕见，但并非不可能。丢失增多是最为可能的原因，其可能机制包括：乳房炎引起的从乳汁中丢失增多，出汗（对马而言更为重要），胃肠道内高渗体液丢失以及由自由水置换的等渗性丢失。而胃肠道阻塞更倾向于滞留氯离子。

肾脏过度流失同样可导致低钠血症和低氯血症。结合本病例其他提示肾脏疾病的临床数据，这一原因最为可能。就血清中电解质浓度低的情况，可通过尿液排泄分数来量化电解质在肾脏中的不适当丢失。本病例中，尿液中钠离子和氯离子的排泄分数分数应该较低，即与低钠血症和低氯血症一致，排泄分数偏高或在正常范围内提示尿液中这些电解质流失过量。由于肾脏对电解质的内分泌调节作用障碍，这些丢失可反映肾上腺皮质机能减退，但这在小反刍动物中罕见且常伴发高钾血症而非低钾血症。可用ACTH刺激实验排除这种可能性。

低钾血症：钾离子比钠离子和氯离子更容易受摄入减少的影响。如果伴有丢失增加，更有可能发生具有临床意义的低钾血症。钾离子丢失增多的机制和钠离子、氯离子丢失机制相似，包括经胃肠道、第三间隙和肾脏丢失。多尿性肾衰常伴低钾血症，这是因为肾小管流量增加缩短了钾离子重吸收的有效时间。用胰岛素治疗高血糖或用碳酸氢钠治疗酸/碱紊乱会引起钾离子转移到细胞内，从而引起低钾血

症。值得注意的是，血清中钠离子、氯离子和钾离子水平并不能代表这些离子在机体内的储藏量。

碳酸氢根离子减少和阴离子间隙增大：这些结果表明酸血症以及未测出的阴离子增多。该病例中，如果存在组织灌注不良，则潜在的未测出的阴离子包括尿酸和乳酸。外源酸如水杨酸、三聚乙醛和乙二醇也能使阴离子间隙增大。也可能是富含碳酸氢盐的体液通过唾液或因腹泻丢失，且肾脏疾病可损害肾脏调节酸碱平衡的能力。反刍动物尿液pH常偏碱性，而由于碳酸氢根离子减少，本病例中的酸性pH也在意料之中。

AST和CK升高：这两项指标的变化提示肌肉损伤，这与病畜多日来的卧地不起一致。

病例总结和结果

综上所述，对于该病例最有可能诊断为肾功能衰竭。Lucinda最初无尿，经速尿和多巴胺治疗后最终产生少量尿液。住院治疗1d后，Lucinda心脏骤停、呼吸停止。山羊肾衰的临床表现少有记载（Belknap），即使在一些研究较多的物种上，每个不同个体的不同疾病阶段，临床症状和实验室指标都会有显著的变化。仅从临床病理资料甚至结合组织学分析，也无法得出肾衰的特定病因。

对于其他物种，各种各样的毒素和病原体均可引起肾衰。山羊不挑食的摄食习惯、锌中毒、摄入带草酸盐的植物可导致肾脏损伤。由于能降解草酸盐，反刍动物对乙二醇毒性的抵抗力比单胃动物大，尽管如此，仍有有关于山羊乙二醇中毒的报导（Boermans）。本病例中，使用有肾毒性的抗生素和非甾体类类抗炎

药治疗很可能导致了肾脏疾病。脱水加剧了这两种药物的毒性，这与腹泻的病史和正常高限的PCV一致。非类固醇类抗炎药干扰前列腺素合成，导致肾脏自我调节血流的能力减弱，引起局部缺血性损伤。可通过测定尿液中GGT的活性来判断肾小管损伤。

可以把Lucinda和患肾衰的其他物种相比较（马：病例9；猫：病例10、13、17；犬：病例11、14、15；羊驼：病例20）。如前文所述，不同的肾衰动物之间的实验室检查数据存在巨大差异，这些差异中部分有物种依赖性，但大部分差异不存在这种物种依赖性。肾衰的持续时间和严重程度、疾病进程、治疗等，都有可能会影响实验室检查结果。

→ 参考文献

Belknap EB, Pugh DG. 2002. Diseases of the Urinary System. In: Sheep and Goat Medicine. DG Pugh ed. W.B.Saunders Company, Philadelphia, PA: 255-266.

Boermans HJ, Ruegg PL, Leach M. 1988. Ethylene glycol toxicosis in a pygmy goat. J Am Vet Med Assoc (193): 694-696.

Goff JP. 2000. Pathophysiology of calcium and phosphorus disorders. The Veterinary Clinics of North America, Food Animal Practice. (16): 319-335.

Murphy KF, German AJ, Ruaux CG, Steiner JM, Hall EJ. 2003. Facal α-proteinase inhibitor concentration in dogs receiving long-term nonsteroidal anti-inflammatory drug therapy. Vet Clin Path (32): 136-139.

Rankins DL, Ruffin DC, Pugh DG. 2002. Feeding and Nutrition. In: Sheep and Goat Medicine. DG Pugh ed.2002. W.B.Saunders Company, Philadelphia, PA: 19-60.

Smith MC, Sherman DM. 1994. Urinary System. In: Goat Medicine, MC Smith and DM Sherman. eds Lea and Febiger, Malvem, PA: 387-405.

回顾

第一步：判断病畜是否有氮质血症。

第二步：判断病畜的氮质血症是肾前性、肾性还是肾后性，或多种因素综合引起。

如果病畜有氮质血症且尿液浓缩，更有可能是肾前性氮质血症（病例1、19）。

如果病畜有氮质血症且尿液等渗，则可能是肾性氮质血症（病例9、10、11、13、14、15、17、20、21、25）。肾前性因素可加重肾性氮质血症。

如果能证实存在腹腔积液，膀胱增大、坚实或尿道堵塞，更有可能是肾后性氮质血症（病例2、6、7、18）。

第三步：判断是否存在肾外因素干扰尿素氮、血清肌酐或尿相对密度，从而使结果判读变得更为复杂。

营养因素（饥饿，病例3）

高钙血症（淋巴瘤，病例4）

败血症（腹腔感染，病例8；子宫积脓，病例24）

肝脏疾病（门静脉短路，病例12）

渗透性利尿（糖尿病，病例22）

髓质洗脱（肾上腺皮质机能减退，病例

23）

第四步：判断是否存在可提示肾小球疾病的肾脏蛋白丢失（病例5、20）。记住要排除非肾小球因素引起的、和炎症或坏死有关的尿道蛋白丢失（检查尿沉渣）。

第六章

钙磷镁异常

钙磷检查

标准兽医血清生化检查所测定的钙为总钙，既包括具有生物学活性的离子钙（正常循环下约占总钙的50%），也包括与柠檬酸盐、碳酸氢盐、乳酸盐或磷酸盐等阴离子结合的钙（约占5%），以及与蛋白结合的钙，其中钙主要与白蛋白结合，其次为球蛋白（约占45%）（Rosol）。多种生理参数如血清蛋白浓度或pH都会影响不同钙成分的百分比，而某些情况下（如肾衰时），这个比例是不可预知的（Schenck）。某些疾病可能会改变血清总钙浓度，但却不影响有生物学活性的离子钙水平；其他情况下，可能血清总钙浓度正常，而离子钙水平会发生改变。因此，在某些病例中，检查离子钙水平更具有诊断性。检查离子钙的样本需特殊处理，且需特定仪器（离子专属性电极）检测。

磷在血清和血浆中以有机磷或无机磷的形式存在，但是临床样本检查的只是无机磷，和钙一样，无机磷的存在形式也包括游离型（55%）、蛋白结合型（10%）以及非蛋白阳离子结合型（35%）（Stockham）。

机体内大部分镁储存于骨骼内，剩余大部分存在于细胞内，大约1%的镁存在于细胞外液，为可被检测到的镁。同钙一样，血清镁一部分与白蛋白或球蛋白结合，一部分与阴离子形成复合物，但主要还是为具有生物学活性的游离镁。在某些情况下要测定离子镁，因为蛋白结合镁、离子复合物镁及游离镁的比例不是恒定不变的。由于检测镁离子需要专门的仪器，所以临床兽医通常需要依据血清总镁浓度。

钙磷调节

本章对复杂的钙磷离子调节过程不做全面复述，读者可以参阅相关书籍获取详细信息（Rosol,Stockham）。简而言之，血清钙磷水平所反映出它们在摄入、肠道或骨组织中的吸收、肾脏排泄以及细胞间转移之间的平衡。目前关于镁调节过程尚不清楚，但是胃肠道疾病和肾功能改变会影响其摄入和排泄。

甲状旁腺激素（PTH）

血液中钙离子浓度降低会刺激甲状旁腺分泌甲状旁腺激素。该激素刺激钙离子从骨组织中被重吸收，增加肠道对饮食中钙的吸收。PTH促进肾脏对钙的重吸收、磷的排出，并且生成具有活性的维生素D（骨化三醇）。

降钙素

正常情况下，甲状腺C细胞会持续分泌降钙素，但在高钙血症时，降钙素的分泌会增加。降钙素降低了钙离子从骨组织中的重吸收，抑制肾脏产生有活性的维生素D，降低血钙浓度。降钙素增加肾脏对钙、磷的排泄。

维生素D

在肾脏活化的维生素D，通过增加肠道对钙磷的吸收，和与PTH协同促进骨骼的重吸收来升高血清钙磷水平。在某些良性肉芽肿性疾病中，巨噬细胞产生的骨化三醇可导致高钙血症（Vasilopulos）。

甲状旁腺激素相关蛋白（PTHrP）

对于成年动物，PTHrP对正常钙磷平衡的调节没有太大意义，但却是恶性肿瘤疾病出现高钙血症的主要原因，这也是家养动物高钙血症最常见的原因之一。正常动物体内多种组织都含有低水平的PTHrP，一些肿瘤组织能够大量生成PTHrP。在这些患病动物中，PTHrP刺激PTH受体，导致严重的高钙血症，这种情况在有效治疗恶性肿瘤以后可得到改善。

钙磷的评估

由于有共同调节途径，通常同时评估钙磷，且根据两个结果来分析异常的原因。对于特定疾病的过程，钙的异常较磷稍具更好一致性。一如既往，要考虑实验室误差和操作错误为钙磷异常的可能原因。对于某些临床上未出现与实验室检查异常相对应症状的病例，在进一步进行昂贵或侵袭性诊断之前，建议重新采集样本复查。同时，对于数据分析，记住要考虑生理情况，如品种、年龄、繁殖体况对钙磷代谢的影响。其他辅助信息如临床病史、体格检查、影像学检查和其他实验室检查有助于确诊钙磷改变的原因。

许多患病动物的血镁水平都会超出参考范围，但却没有出现低镁或高镁血症有关的临床症状。由于家养动物的相关数据太少，因此无法解释这些异常的原因。人医很重视评估血镁，因为低镁血症是重症病患预后不良的指征（Rubeiz）。有些数据表明猫亦如此（Toll）。

在一篇关于马疝痛手术的研究发现，围手术期血清离子镁下降和预后不良有关（Garcia-

Lopez）。该项研究还指出，总镁浓度无指示意义。而另一项针对住院马的研究显示低镁血症提示预后良好（Johansson）。

低钙血症，但血磷正常

第一步：是否出现低白蛋白血症？这是一种能导致低钙血症的常见原因，因为总钙中有很大一部分结合于血浆蛋白。低蛋白血症导致的低钙血症不会出现相应的临床症状，因为具有生物活性的离子钙通常是正常的（见第四章低白蛋白血症的原因）。

第二步：患病动物是否处于围产期或泌乳期？妊娠期和泌乳期对钙的需求量增加，会导致总钙和离子钙都下降，很多品种可能不会出现临床症状（Fascetti）。

第三步：是否有胰腺或胃肠道疾病的迹象？在犬急性胰腺炎时会出现低钙血症。据报道，有很大比例的马患小结肠肠炎时会出现低钙血症。

第四步：动物的营养状况如何？牛的牧草搐搦可能会引起低钙血症，甲虫叮咬的毒素也会导致马出现低钙血症。对于反刍动物，任何原因引起的厌食都会因钙摄入不足而导致低钙血症。

第五步：患病动物有没有服用药物？有一些药物，如糖皮质激素、抗惊厥药物和螯合化合物，可降低血钙水平。检查是否存在潜在影响钙水平的药物或毒物。经螯合剂EDTA抗凝处理的样品，会人为导致钙水平明显降低。

低钙血症、高磷血症

第一步：是否存在肾脏疾病的指征？如第五章所述，在许多小动物肾脏疾病的病例中，钙的情况都不确定，但是由于肾小球滤过率降

低，一般情况下，血磷都会升高。由于蛋白丢失性肾病选择性丢失白蛋白，患病动物可能出现低钙血症。而乙二醇中毒造成的肾衰动物也可能出现低钙血症，因为钙与草酸盐螯合，且防冻液中含磷酸酯可加剧高磷血症（见第五章，病例21）。肾性继发性甲状旁腺机能亢进以低钙血症和高磷血症为特征。急性肾衰的马可能会出现低钙血症和高磷血症（Carlson），但慢性肾衰的马通常可见的是高钙血症和低磷血症（见第五章，病例9）。

第二步：患病动物是否存在甲状旁腺机能减退？在某些患病动物，甲状旁腺机能低下可能与低镁血症有关，而另一些则是先天性的（Beyer），或与免疫介导性破坏或手术去除甲状旁腺有关。

伴随低磷血症的低钙血症

第一步：患病动物是否处于围产期或哺乳期？在一些病例中，患病动物的血磷水平可能正常，但是许多患有产后瘫痪的奶牛也可能会出现低磷血症。低钙血症的临床症状因动物种类不同而异（犬和马的搐搦，奶牛的瘫痪）。这些临床症状也取决于其他生理变化，比如酸碱平衡状况，决定了总钙中具有生物学活性的离子钙含量。

第二步：日粮是否充足，有无肠道吸收不良的征象？吸收不良综合征或者厌食会导致血钙和血磷下降，日粮中钙磷比例失调也会如此。

高钙血症，但同时血磷正常或降低

第一步：是否存在与甲状旁腺无关的肿瘤？恶性肿瘤性高钙血症最可能与造血干细胞瘤有关，但是也常见于肛门顶浆分泌腺腺

癌、鳞状上皮癌和许多其他肿瘤（Williams, Vasilopulos）。由于PTHrP与PTH相似，促进磷从肾脏排出，因此会使血磷下降。但是，如果肾衰继发于高钙血症，血清磷水平可能会升高。PTHrP水平一般都很高，而PTH则会受到抑制。

第二步：有没有甲状旁腺肿瘤？甲状旁腺肿瘤可能会产生大量PTH，使血钙升高而血磷降低。

伴随血磷升高的高钙血症

第一步：是否有肾脏疾病迹象？如上所述，肾衰时，血钙水平不可预计，但是由于肾脏排泄能力下降，磷水平通常升高。一些因恶性肿瘤而出现高钙血症的患病动物，离子钙升高会引发肾病，进而导致血磷升高。

第二步：患病动物是否接触过量的维生素D（通常可见于杀虫剂或有毒植物）？过多的维生素D促进钙磷吸收，继发肾脏损伤，可能进一步使钙磷水平升高。肉芽肿性疾病可能会导致维生素D产生过多，但那么常见。

第三步：患病动物是否出现了和肾上腺皮质机能减退有关的临床症状或实验室检查结果？糖皮质激素缺乏可能会导致肠道和肾脏对钙的吸收增加。这种钙多为蛋白结合型，只是轻度升高，所以这些患病动物种，和高钙血症有关的临床表现较轻微。血容量降低这一肾前性因素也会导致肾小球滤过率下降，使血磷升高。

第四步：患病动物是否处于骨形成或骨重塑阶段？幼年、大型犬或大动物在骨骼快速生长时会出现血清钙磷水平升高（见第二章，病例1）。原发性或转移性肿瘤，以及骨髓炎等会引起骨骼重塑，继而可能会改变体内离子环境稳态，然而不是所有X线片显示存在骨溶解的患病动物都会发生血钙和血磷变化。

血钙正常，但血磷升高

第一步：患病动物是否存在明显的组织损伤？磷是细胞内主要的阴离子，组织或肌肉损伤、溶血，或者更罕见的治疗造血干细胞肿瘤所导致的细胞溶解（肿瘤溶解综合征），会释放大量磷入血。

第二步：患病动物是否患有甲状腺机能亢进？甲状腺机能亢进的猫会出现血磷升高，可能是排泄减少造成的。

低镁血症

第一步：患病动物是否存在低蛋白血症？由于大部分血清镁与蛋白结合，低蛋白血症可能导致总镁浓度降低，但离子镁水平可能是正常的。

第二步：患病动物是否有胃肠道疾病？无论是大动物还是小动物，低血镁可能与胃肠道疾病有关，可能是因为吸收减少或丢失增多所致（Johansson,Toll）。

第三步：日粮是否有充足的矿物质？食用商品粮的小动物很少会出现低镁血症，但食用全乳或其他矿物质缺乏日粮的牛羊，可能会出现这一表现。在一些情况如牧草搐搦，即使日粮充足，但是镁却不能被很好地吸收（Rosol）。

高镁血症

第一步：评价肾功能。虽然奶牛产后瘫痪可能也会出现血镁升高，但最有可能的原因是肾小球滤过率下降。高镁血症也有可能是摄入过多引起的。

→ 参考文献

Beyer MJ, Freestone JF, Reimer JM, Bernard WV, Rueve ER. 1997. Idiopathic hypocalcemia in foals. J Ver Intern Med (11): 356-360.

Carlson GP. 2002. Clinical chemistry tests. In:LARGE Animal Internal Medicine, 3rd ed.Bradford Smith, ed.Mosby, Inc, St.Louis, MO: 389-412.

Fascetti AJ, Hickman MA. 1999. Preparturient hypocalcemia in four cats. J AmVet Med Assoc (215): 1127-1130.

Garcia-LopezJM. Provost PJ, Rush JE, Zicke SC, Burmaster H, Freeman LM. 2001. Prevalence and prognostic importance of hypomagnesemia and hypocalcemia in horses that have colic surgery. Am J Vet Res (62): 7-11.

Johansson AM, Gardner SY, Jones SL, Fuquay LR, Reagan VH, Levine JF. 2003. Hypomagnesemia in hospitalized horses. J Vet Intern Med (17): 860-867.

RosolTJ, Capen CC. 1997. Calcium-regulating hormones and diseases of abnormal mineral (calcium, phosphorus, magnesium) metabolism. In: Clinal Biochemistry of Domestic Animals, 5th ed.Kaneko JJ, Harvey JW, Bruss ML, eds. Academic Press, San Diego, CA: 619-702.

Rubeiz GJ, Thil-Baharozian M, Hardie D, Carlson RW. 1993. Aaaociation of hypomagnesemia and mortality in acutely ill medical patients. Crit Care Med (12): 203-209.

Schenck PA, Chew DJ. 2003. Determination of calcium fractionation in dogs with chronic renal failure.Am J Vet Res (64): 1181-1184.

Toll J, Erb H, Birnbaum N, Schermerhorn T. 2002. Prevalence and incidence of serum magnesium abnormalities in hospitalized cats. J Vet Intern Med (16): 217-221.

Vasilopulos RJ, Mackin A. 2003. Humoral hypercalcemia of malignancy: Pathophysiology and clinical signs.Compend Cotin Educ Pract Vet (25): 122-135.

Williams LE, Gliatto JM, Dodge PK, Johnson JL, Gamblin RM, Thamm DH, Lana SE, Szymkowski M, Moore AS. 2003. Carcinoma of the apocrine glands of the anal sac in dogs: 113 cases (1985-1995). J Am Ver Med Assoc (223): 825-831.

病例1 - 等级1

"Felix"，大型杂种犬，成年，去势公犬。因需要拔出断裂的牙齿前来就诊。目前未服用任何药物，身体健康。体格检查发现除牙齿外其他都正常。

解析

CBC：CBC无异常。

血清生化分析

严重的低钙血症：没有出现任何相关临床症状，说明该测量值不可靠，很可能是操作失误或人为误差造成的。

高钾血症：如果这个检测值准确，动物应该会出现相应的临床症状。需重新检查。

低镁血症：由于缺乏临床症状，无明确临床意义。

病例总结与结果

血检中所出现的异常结果与使用抗凝剂EDTA有关，EDTA含有钾离子、且能螯合钙离子和镁离子。显然，这是将血浆用于生化检查的结果。再次采集血样，并将其置于红头管（血清管）中，所有检测值均在参考范围内。

血常规检查

WBC	7.5×10^9 个 / L	(6.0 ~ 16.3)
Seg	4.7×10^9 个 /L	(3.0 ~ 11.0)
Band	0	(0.0 ~ 0.3)
Lym	1.9×10^9 个 /L	(1.0 ~ 4.8)
Mono	0.5×10^9 个 /L	(0.2 ~ 1.4)
Eos	0.4×10^9 个 /L	(0.0 ~ 1.3)
白细胞形态：正常		
HCT	41 %	(37 ~ 55)
RBC	6.04×10^{12} 个 /L	(5.5 ~ 8.5)
HGB	14.4 g/dL	(12.0 ~ 18.0)
MCV	68.1 fL	(60.0 ~ 77.0)
MCHC	35.1 g/dL	(31.0 ~ 34.0)
血小板：数量正常		

生化检查

GLU	98 mg/dL	(65.0 ~ 120.0)
BUN	16 mg/dL	(8 ~ 33)
CREA	0.7 mg/dL	(0.5 ~ 1.5)
P	4.0 mg/dL	(3.0 ~ 6.0)
Ca	↓ 1.7 mg/dL	(8.8 ~ 11.0)
Mg	↓ 0.7 mg/dL	(1.4 ~ 2.7)
TP	5.9 g/dL	(5.5 ~ 7.8)
ALB	3.4 g/dL	(2.8 ~ 4.0)
GLO	2.5 g/dL	(2.3 ~ 4.2)
A/G	1.4	(0.7 ~ 2.1)
Na^+	146 mmol/L	(140 ~ 151)
Cl^-	109 mmol /L	(105 ~ 120)
K^+	↑ 11.3 mmol /L	(3.8 ~ 5.4)
HCO_3^-	26 mmol /L	(16 ~ 28)
AG	22.3 mg/dL	(15 ~ 25)
TBIL	0.1 mmol /L	(0.10 ~ 0.30)
ALP	26 IU/L	(20 ~ 121)
GGT	3 IU/L	(2 ~ 10)
ALT	29 IU/L	(18 ~ 86)
AST	26 IU/L	(15 ~ 52)
CHOL	312 IU/L	(82 ~ 355)
TG	57 mg/dL	(30 ~ 321)
AMYL	538 IU/L	(400 ~ 1 200)

病例2－等级1

"Daisy"，荷斯坦奶牛，5岁，处于第3次泌乳期。有生产困难病史，去年产下一对双胞胎。2d前实施过截胎术，随后胎盘正常脱落，但Daisy分娩后无法站立。

解析

血清生化分析

高血糖症：葡萄糖相对轻度升高，最常见的原因为应激或早期败血症。CBC和纤维蛋白原浓度有助于进一步判断是否存在炎症。大动物很少发生糖尿病。

低钙血症和低磷酸盐血症：围产期高产奶牛喜卧应检查其是否患有产后瘫痪（乳热症）。该病例中出现的低钙血症和低磷血症符合该病的诊断。如果检查血清镁离子浓度，通常会升高。发生低钙血症是由于分泌初乳和产奶对钙的需求急剧且大量增加。机体很难代偿如此大的需求，因为在干奶期后，机体对钙的需求量降低，肠道对钙的吸收以及骨钙的重吸收也会下降。正如本章引言中所提到的，离子钙才具有生物活性，因此临床症状是否出现及其严重程度与总钙不直接联系，但一般情况下只测定总钙。由于部分钙与蛋白结合，所以血清白蛋白和球蛋白也会影响总钙的测量值。胃肠道疾病（如阻滞和梗阻）引起的酸碱失衡也会影响离子钙水平，因此一定的总钙浓度引起的临床症状的严重程度也会不一。随着围产期临近，磷摄入减少，再加上唾液分泌丢失，血清磷水平可能会降低。围产期磷需求量急剧增大，而这时骨重吸收能力较低，使得血清磷不

生化检查

项目		数值	参考范围
GLU	↑	98 mg/dL	（55.0 ~ 81.0）
BUN		22 mg/dL	（8 ~ 29）
CRE		1.4 mg/dL	（0.6 ~ 1.6）
P	↓	3.6 mg/dL	（3.8 ~ 7.7）
Ca	↓	7.3 mg/dL	（8.6 ~ 10.0）
ALB		3.4 mg/dL	（2.8 ~ 4.0）
GLO		3.0 mg/dL	（2.3 ~ 4.2）
A/G		1.1	（0.7 ~ 2.1）
Na$^+$		149 mmol/L	（133 ~ 149）
Cl$^-$		108 mmol /L	（98 ~ 108）
K$^+$		4.1 mmol /L	（3.9 ~ 4.2）
HCO$_3^-$		26 mmol /L	（18 ~ 30）
AG		19.1 mmol /L	（14 ~ 21）
ALP		73 IU/L	（20 ~ 80）
GGT		19 IU/L	（12 ~ 39）
AST	↑	491 U/L	（50 ~ 120）

能维持在正常水平。

AST升高：对于趴卧不起的奶牛来说，AST升高很可能归因于肌肉损伤，这种情况常见于生产瘫痪。由于生产瘫痪时CK也会升高，因此检查CK有助于证实这一诊断。

病例总结与结果

给Daisy静脉注射钙制剂后，迅速起效。这在患有单纯产后瘫痪的动物中很常见。通常可根据临床症状和对治疗的快速反应来诊断乳热症，治疗前采集血样有助于了解对治疗效果不佳的病例。与奶牛低钙血症相关的其他疾病包括子宫脱出、难产、脱衣不下、真胃变位、乳房炎、肾脏疾病和子宫炎（Hunt）。

病例3 - 等级 1

"Bear"，可卡犬，7岁，公犬。因慢性呕吐、腹泻和肌肉震颤前来就诊。

解析

无CBC数据

血清生化分析

尿素氮降低、肌酐正常：低蛋白饮食，多饮/多尿和肝功能不全都可能会引起尿素氮降低而肌酐正常。此病例未出现临床症状或相应的其他实验室数据的异常来支持以上这些病因，所以尿素氮下降的临床意义值得怀疑。

生化检查

GLU	104 mg/dL	（65.0 ~ 120.0）
BUN	↓ 4 mg/dL	（6 ~ 24）
CRE	0.7 mg/dL	（0.5 ~ 1.5）
P	5.6 mg/dL	（3.0 ~ 6.0）
Ca	↓ 4.4 mg/dL	（8.8 ~ 11.0）
Mg	1.5 mmol/L	（1.4 ~ 2.7）
TP	6.2 g/dL	（5.2 ~ 7.2）
ALB	↓ 2.5 g/dL	（3.0 ~ 4.2）
GLO	3.7 g/dL	（2.0 ~ 4.2）
Na^+	143 mmol /L	（140 ~ 151）
Cl^-	109 mmol /L	（105 ~ 142）
K^+	4.6 mmol /L	（3.8 ~ 5.4）
HCO_3^-	18 mmol /L	（16 ~ 25）
AG	20.6 mmol /L	（15 ~ 25）
CHOL	162 mmol /L	（110 ~ 314）
CK	186 IU/L	（55 ~ 309）
Ca^{2+}	↓ 2.10 mg/dL	（4.93 ~ 5.65）

低钙血症（总钙和离子钙都降低）、血磷正常：这个病例中，轻度低蛋白血症可能是总钙下降的一部分原因。另外，白蛋白降低引起的低钙血症病例中离子钙水平通常是正常的。肌肉震颤提示离子钙降低，实验室检查也证实了这一点。处于围产期的母犬中，惊厥是引起离子钙降低的潜在原因，但Bear可排除此原因。鉴于出现了呕吐和腹泻的病史，胰腺炎是鉴别诊断之一，但胰腺炎时低钙血症一般较轻微，也不会引起临床症状。肾脏疾病会伴发低钙血症，但是Bear并没有表现氮质血症。需要测定尿相对密度来评估肾脏功能。

甲状旁腺功能低下在犬猫中很罕见，但Bear的临床症状和其他血清生化正常与甲状旁腺功能低下相符。许多甲状旁腺功能低下的病例中，PTH下降导致磷潴留，进而造成血磷升高。有些病例的血磷可能处于参考范围之内，是由于磷的正常参考范围相对较宽，或者是因厌食而磷酸盐摄入不足。在甲状旁腺功能低下的病例中，血清PTH水平应该偏低。低镁血症可通过干扰甲状旁腺激素的分泌而造成低钙血症，但是在这个病例中血镁值正常。要注意的是，同血钙一样，这里测的是总镁浓度，而具有生物活性的是离子镁，在必要时需测定镁离子。

病例总结与结果

对Bear补充钙和维生素D后，离子钙水平升高，临床症状得到改善。它的甲状旁腺激素水平低至1.5 pmol/L（参考范围为2～13），佐证了甲状旁腺功能低下这一诊断。甲状旁腺功能低下可能是颈部手术过程中损伤甲状旁腺造成的，也可能继发于免疫介导性腺体损伤。

病例4－等级1

"Lolita"是一匹标准体型的马，2岁，雌性，在前一天的训练中，从训练师那里逃离。第二天早上训练后，开始出现疼痛、绞痛、僵直、后肢步态拘谨和出汗等一系列症状。随后大量出汗，训练后大约1.5 h，又出现黑尿（图6-1）。转诊来本院之前，转诊兽医在转诊途中给它使用了氟尼辛葡胺和赛拉嗪。Lolita表现为大量出汗，伴发膈肌痉挛和黑尿。去年也曾经有过类似的症状。

解析

CBC：未见异常。

血清生化分析

高磷血症：急性横纹肌溶解和高磷血症密切相关。AST和CK显著增加，同时伴有尿液颜色异常（可能是肌红蛋白尿），证实了肌肉溶解和细胞内磷的外流，这也是引起磷升高最有可能的原因。其他引起血磷升高的常见原因包括幼年马骨骼生长、过度使役和肾衰竭，但是这些都与它的病史及其他实验室检查结果不相符（病畜尿液浓缩，无氮质血症）。此外，不常见的病因还有由维生素D中毒引起的高磷血症。

总钙正常，离子钙轻度降低：高磷血症引起离子钙的代偿性下降，这是由于质量交换定律和肾脏合成的活性维生素D减少。就像在其他病例中提到的一样，这个病例存在总钙和离子钙之间的偏差，进一步佐证了某些情况下需测量矿物质的生物活性部分。

血常规检查

	第 1 天	第 3 天	参考范围
WBC	8.5×10^9 个 / L	9.1 个 / L	（5.9 ~ 11.2）
Seg	7.1×10^9 个 /L	7.7 个 /L	（2.3 ~ 9.1）
Band	0	0	（0.0 ~ 0.3）
Lym	1.2×10^9 个 /L	1.3 个 /L	（1.0 ~ 4.9）
Mono	0.1×10^9 个 /L	0.0 个 /L	（0 ~ 1.0）
Eos	0.1×10^9 个 /L	0.1 个 /L	（0 ~ 0.3）
白细胞形态：第 1 天和第 3 天都未见异常			
HCT	47 %	34 %	（30 ~ 51）
RBC	9.09×10^{12} 个 / L	7.60 个 / L	（60.5 ~ 12.8）
HGB	16.9 g/dL	12.4 g/dL	（10.9 ~ 18.1）
MCV	44.0 fL	45.0 fL	（35.0 ~ 53.0）
MCHC	36.2 g/dL	36.4 g/dL	（34.6 ~ 38.0）
红细胞形态：第 1 天和第 3 天都未见异常			
血小板：第 1 天和第 3 天都可见凝集簇，但数量正常			
血浆颜色	正常	正常	
纤维蛋白原	245 mg/dL		（100 ~ 400）

生化检查

GLU	106 mg/dL	104 mg/dL	（60.0 ~ 128.0）
BUN	14 mg/dL	13 mg/dL	（11 ~ 26）
CREA	1.4 mg/dL	1.1 mg/dL	（0.9 ~ 1.9）
P	↑ 5.7 mg/dL	2.8 mg/dL	（2.8 ~ 5.1）
Ca	11.1 mg/dL	11.6 mg/dL	（11.0 ~ 13.5）
TP	6.4 g/dL	↓ 5.5 g/dL	（5.6 ~ 7.0）
ALB	3.4 g/dL	2.9 g/dL	（2.4 ~ 3.8）
GLO	3.0 g/dL	2.6 g/dL	（2.5 ~ 4.9）
A/G	1.1	1.1	（0.7 ~ 2.1）
Na^+	140 mmol/L	138 mmol/L	（130 ~ 145）
Cl^-	98 mmol /L	101 mmol/L	（97 ~ 105）
K^+	3.6 mmol /L	4.2 mmol/L	（3.0 ~ 5.0）
HCO_3^-	↑ 36 mg/dL	↓ 23 mg/dL	（25 ~ 31）
AG	9.6 mmol /L	↑ 18.0 mmol/L	（7 ~ 15）
TBIL	↑ 2.5 mg/dL	↑ 2.4 mg/dL	（0.6 ~ 1.8）
ALP	129 IU/L	120 IU/L	（109 ~ 352）
GGT	↑ 41 IU/L	↑ 30 IU/L	（5 ~ 23）
AST	↑ 13 030 IU/L	↑ 14 930 IU/L	（190 ~ 380）
CK	↑ 500 040 IU/L	↑ 15 742 IU/L	（80 ~ 446）

尿液检查：自主排尿

	第1天	第3天
颜色	深棕色	黄色
SG	1.042	1.023
pH	未测	8.5
蛋白质	4+	3～4+
葡萄糖/酮体	阴性	阴性
胆红素	3+	1+
血红素	4+	3+
尿沉渣	可见管型	未测
Ca^{2+}	↓ 5.7 mg/dL	（6.0～7.2）
Mg^{2+}	↓ 0.44 mmol/dL	（0.46～0.66）

静脉血气（第1天）：

pH	7.429	（7.32～7.45）
PO_2	5.3 kPa	（24～40）
PCO_2	6.0 kPa	（34～53）
HCO_3^-	29.5 mmol/L	（23～31）
TCO_2	30.9 mmol/L	（24～32）
剩余碱	4.8 mmol/L	（-1.0～5.0）

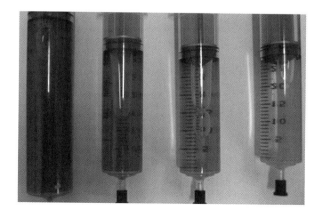

图6-1　肌红蛋白尿引起的尿液颜色变化。左边为第1天尿液。右边为出院当天尿液（正常）（见彩图25）

离子镁降低：该病例血清中离子镁浓度轻度降低，并没有显著的临床意义。尽管胃肠道吸收减少、丢失增加和肾脏消耗都可能造成镁离子降低，但本病例有出汗病史，提示镁离子可能是通过皮肤丢失的。

HCO_3^-升高：一般情况下，HCO_3^-升高可诊断为碱中毒，但血气检查结果正常。否定了这一推测。曾有报道显示，2匹患有严重肌肉疾病的马和一头小牛（Collins）碳酸氢盐异常升高，肌肉损伤释放的乳酸脱氢酶干扰了使用酶法测定碳酸氢盐的结果。该报道中，阴离子间隙也增加了，而Lolita的检查结果并中并未出现这一现象。虽然没有检查Lolita的乳酸脱氢酶，但是它的血清样本是由日立公司的分析仪测定的，这和Collins报道中所用的化学分析仪机理相似。第3天，Lolita出现了轻微的酸血症，伴有阴离子间隙升高，这可能是因为乳酸酸中毒或另一种不可测阴离子蓄积的结果。

高胆红素血症：对马来说，若出现高胆红素血症，一定要考虑厌食这一因素。并发的GGT升高表明胆汁淤积是造成血清胆红素升高的另外一个原因。溶血也可能引发高胆红素血症，但Lolita最初并无贫血。2d后它的红细胞比容才明显下降（虽然仍在参考范围内），血清胆红素无明显变化。PCV的下降可能是由于再水合/输液治疗。也有可能是由于运输引起的兴奋和疼痛导致脾脏收缩，从而引起初始PCV升高。

GGT升高：GGT升高和胆汁淤积相符，可能是原发性肝脏疾病引起的，也可能继发于缺氧、肠胃道疾病、败血症和其他疾病。酶升高并不能提示病因。无论肝酶如何接近参考范围的上限，也不能完全肯定是原发性肝脏疾病，除非有其他临床症状或实验异常检查结果也证实肝脏出现异常。

AST和CK显著升高：结合这两项指标的变化，提示该病例发生了横纹肌溶解症，临床病史一致。和肝酶一样，肌肉酶类升高也不提示病因，许多曾经有过创伤、剧烈运动、震颤或者肌肉内注射病史的病畜，都可能出现CK升高。相反，一些类型的肌肉疾病不会导致CK或者AST升高。CK的半衰期短，因此该病例第3天CK显著下降，而AST却仍然很高。

尿液分析：第1天收集的深棕色尿液表明尿液中可能存在血液、血红蛋白、肌红蛋白或胆红素。虽然并未获得相关信息，但是检查尿液中是否含有红细胞，可以判断尿色异常是否是血尿造成的。血浆颜色正常尿色发黑指示为肌红蛋白尿，因为肌红蛋白不与血浆蛋白结合，很快被肾脏清除。血红蛋白尿一般和血红蛋白血症有关，而血红蛋白血症会出现血浆呈粉红至红色的颜色变化。有时，尿中的红细胞会溶解，尿沉渣检查为阴性，指示血红蛋白尿而不是血尿。硫酸铵检查或蛋白电泳可以确认是否有肌红蛋白。肌红蛋白可以使蛋白质、胆红素和血红蛋白测试呈阳性。

结果显示，尿液浓缩正常，而第3天出现的稀释尿液很可能是输液治疗导致的。血红素和肌红素等色素类可能对肾脏有毒性，所以应该注意监控患病动物是否出现等渗尿和氮质血症。对于这匹马非常重要，因为尿液中出现管型是肾脏受损的标志。不幸的是，尿液分析结果没有描述管型的类型和数量。少量透明管型可能只与多尿和对脱水的治疗有关，大量细胞管型表明肾小管细胞变性和坏死。第2份样本未见管型，但不能排除肾脏损伤。

病例总结与结果

在4d中，给Lolita补充了乳酸林格氏液，同时补充钙和镁，并使用氟尼辛葡胺和维生素E治疗。出院回家后，嘱咐主人2周内需保持牵溜，然后进行较低强度的训练。它的食谱也做了相关改变。建议它之后进行肌肉活检，以排除多糖沉积性肌病（这是一种与其临床症状和实验室检查结果相符的疾病，该病在夸特马中有相关报道）。

病例5－等级2

"Carley"，边境狓，14岁，绝育母犬。存在呕吐和厌食的病史。有过数个乳腺腺瘤和腺癌，活检评估显示肿瘤已被完全切除。早前还因诊断出肠炎而服用低剂量皮质类固醇药物。

解析

CBC：轻微淋巴细胞减少症与使用皮质类固醇药物治疗有关。

血清生化分析

高钙血症、磷离子处于正常值低限：在老年动物中，对于高钙血症和血磷正常或下降，首先要考虑肿瘤。对小动物而言，许多恶性肿瘤被证实能引起恶性高钙血症，首要鉴别诊断包括造血细胞瘤、肛门腺顶浆分泌腺腺癌和甲状旁腺肿瘤等。进一步诊断应包括影像学检查（以鉴别肿块或增生器官）、对病变组织进行细胞学或组织学检查、和/或检查PTH及PTHrP水平。本病例的肝酶指标升高，所以应评价肝脏功能。肾上腺皮质机能减退同样能使血钙轻微上升，但考虑到Carley的类固醇用药史，缺乏相应的临床症状，且电解质未出现显著异常，肾上腺皮质机能减退的可能性不大。

高胆红素血症，同时ALP、GGT和胆固醇

血常规检查

WBC		11.1×10^9 个/L	（4.9～16.8）
Seg		10.5×10^9 个/L	（2.8～11.5）
Ban		0	（0～0.3）
Lym	↓	0.1×10^9 个/L	（1.0～4.8）
Mono		0.4×10^9 个/L	（0.1～1.5）
Eos		0.1×10^9 个/L	（0～1.4）
白细胞形态：未见异常			
HCT		49%	（39～55）
RBC		7.07×10^{12} 个/L	（5.8～8.5）
HGB		16.4 g/dL	（14.0～19.1）
MCV		67.7 fL	（60.0～75.0）
MCHC		33.5 g/dL	（33.0～36.0）
血小板		475×10^9 个/L	（181～525）

生化检查

GLU	93 mg/dL	（65.0 ~ 120.0）
BUN	11 mg/dL	（6 ~ 24）
CREA	0.7 mg/dL	（0.5 ~ 1.5）
P	3.0 mg/dL	（3.0 ~ 6.0）
Ca	↑ 12.8 mg/dL	（8.8 ~ 11.0）
Mg	2.4 mmol/L	（1.4 ~ 2.7）
TP	6.6 g/dL	（5.2 ~ 7.2）
ALB	3.4 g/dL	（3.0 ~ 4.2）
GLO	3.2 g/dL	（2.0 ~ 4.0）
Na^+	144 mmol/L	（140 ~ 151）
Cl^-	105 mmol/L	（105 ~ 120）
K^+	4.1 mmol/L	（3.8 ~ 5.4）
HCO_3^-	23 mmol/L	（16 ~ 25）
AG	20.1 mmol/L	（15 ~ 25）
TBIL	↑ 1.4 mg/dL	（0.10 ~ 0.50）
ALP	↑ 996 IU/L	（20 ~ 320）
GGT	↑ 82 IU/L	（3 ~ 10）
ALT	↑ 566 IU/L	（10 ~ 95）
AST	↑ 939 IU/L	（15 ~ 52）
CHOL	↑ 371 mg/dL	（110 ~ 314）
TG	44 mg/dL	（30 ~ 300）
AMY	439 IU/L	（400 ~ 1 200）

尿液分析：膀胱穿刺

外观：黄色，澄清
SG：1.006
pH：7.5
蛋白质：微量
葡萄糖、酮体、胆红素、血红素：阴性
尿沉渣：偶见红细胞和白细胞

升高：ALP、GGT和胆固醇升高与胆汁淤积相符，而胆汁淤积又是血清胆红素升高的原因。溶血也可导致高胆红素血症，但Carley没有贫血，也没有出现可以提示红细胞破坏的异常形态变化。肝功能下降或败血症也能导致血清胆红素轻微升高。白细胞象正常的情况下可排除败血症。肝酶水平不能反映肝脏功能，要评价肝脏功能，最好检查血清胆汁酸或血氨水平。

低白蛋白血症、尿素氮下降、低胆固醇血症等其他能反映严重肝功能障碍的变化都没有出现。使用皮质类固醇可引起ALP和GGT升高，在某些病例中，还可引起类固醇肝病。多种内分泌疾病和代谢紊乱都可以使ALP、GGT和胆固醇升高，但这种变化的可能性比前述几种疾病小。

ALT和AST升高：这些酶指标升高提示肝细胞损伤，但无法确定病因。本病例中，肝脏受损原因包括胆汁淤积或类固醇肝病，但高钙血症提示肝脏损伤的原因可能是肿瘤。

尿液分析：在患病动物未出现氮质血症或脱水的情况下，无法确定尿相对密度降低的意义。正常尿相对密度在健康动物中的变化相当大，而高钙血症能通过多种不同机制干扰尿液浓缩能力，而这可能是该病例尿相对密度低的问题所在（见第五章，病例4）。如果摄入的水分不足以补偿持续的水分丢失，肾前性氮血症会进一步发展，而实验室检查则无法把肾前性氮质血症和肾衰区分开来。此外，肝脏疾病也能出现多饮多尿（见第五章，病例12）。皮质类固醇药物可降低尿浓缩能力。

病例总结和结果

腹腔超声显示胆囊明显增大，提示胆囊黏液囊肿，Carley手术摘除胆囊后还要检查腹腔是否有肿瘤形成。手术过程中从肝脏和十二指肠取样进行或组织检查，其他组织肉眼观察正常，因此未进行取样。组织学检查发现Carley确实有类固醇肝病，胆囊腺体增生，黏液分泌过多，十二指肠充血及发生淋巴浆细胞性肠炎。组织活检未发现肿瘤形成的迹象。

Carley术后恢复良好，除了高钙血症外其他血液生化指标恢复正常；Carley的高钙血症持续数周且维持在12～13 mg/dL的范围内。此外，血磷降至1.3 mg/dL（正常值为2.6～7.2）。对Carley的颈部进行超声检查，发现其右侧甲状旁腺区域有一个小团块，手术过程中将其摘除。组织学检查发现该团块为甲状旁腺瘤，有扩张性无浸润性、细胞成分单一、有丝分裂活性低、实心片状增生。由于甲状旁腺团块是用超声定位的，所以未检查PTH和PTHrP水平。

病例6 – 等级2

"Picasso"，魏玛猎犬，12岁，雄性，未去势。主人2个月前发现它头部出现一个无痛感的肿块，体格检查中，Picasso的牙齿出现松动，但无明显疼痛。颅骨X线摄片显示上颌骨和下颌骨出现严重的脱矿质（图6-2A，B）。

解析：

CBC：只获得了部分数据。由于无法获得红细胞指数和红细胞大小、多染性、网织红细胞计数等数据，所以不能判断是否为非再生性贫血。非再生性贫血同时伴有氮血症、等渗尿和钙磷失调，这些症状与肾衰相符。继发于恶性肿瘤性高钙血症的肾脏损伤，能造成类似的异常。小动物的慢性疾病常常会导致轻微的非再生性贫血，这有可能是Picasso贫血的一个因素。再者，造血性恶性肿瘤侵占骨髓组织会导致非再生性贫血。

血清生化分析

伴有等渗尿的氮质血症：这些数据指示为肾性氮质血症，然而如果Picasso有脱水，应该同时存在肾前性氮质血症。高钙血症会干

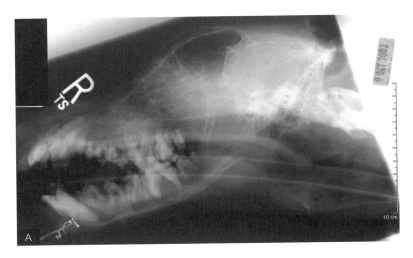

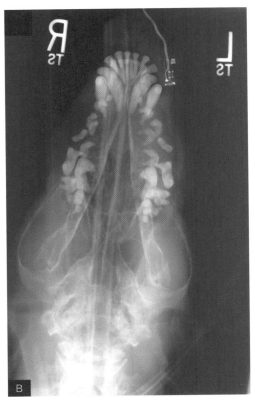

图 6-2 A，B：犬颅骨 X 线摄片显示骨骼矿物质耗竭（见彩图 26）

血常规检查

WBC	7.0×10^9 个 /L	（4.1 ～ 13.3）
HCT	↓ 36 %	（39 ～ 55）
血小板：数量正常		

生化检查

GLU	111 mg/dL	（65.0 ~ 120.0）
BUN	↑ 55 mg/dL	（6 ~ 24）
CREA	↑ 3.1 mg/dL	（0.5 ~ 1.5）
P	↑ 8.0 mg/dL	（3.0 ~ 6.0）
Ca	↑ 13.7 mg/dL	（8.8 ~ 11.0）
Mg	2.1 mmol/L	（1.4 ~ 2.2）
TP	5.5 g/dL	（5.2 ~ 7.2）
ALB	2.6 g/dL	（2.5 ~ 3.7）
GLO	2.9 g/dL	（2.0 ~ 4.0）
Na^+	148 mmol/L	（140 ~ 151）
Cl^-	121 mmol/L	（108 ~ 121）
K^+	4.6 mmol/L	（3.8 ~ 5.4）
HCO_3^-	19.2 mmol/L	（16 ~ 25）
AG	↓ 12.4 mmol/L	（15 ~ 25）
TBIL	0.3 mg/dL	（0.10 ~ 0.50）
ALP	↑ 656 IU/L	（20 ~ 320）
GGT	7 IU/L	（3 ~ 10）
ALT	52 IU/L	（10 ~ 95）
AST	33 IU/L	（15 ~ 52）
CHOL	263 mg/dL	（110 ~ 314）
AMY	1 048 IU/L	（400 ~ 1 200）

尿液检查：导尿

外观：黄色，轻微混浊
尿相对密度：1.011
pH：6.0
尿蛋白：3+
葡萄糖、酮体、胆红素、血红素：阴性
尿沉渣检查：偶见红细胞和上皮细胞
蛋白：肌酐比：2.28（＜1.0）

扰尿浓缩力能力。如果在疾病早期就做出全面诊断，高钙血症对肾脏的影响是可逆性的；否则，会造成不可逆性损伤。在纠正高钙血症之后，应当重新测定BUN、肌酐和尿相对密度，重新评估肾脏功能。

高钙血症和高磷血症：由于质量定律的相

互作用，发生高钙血症时应伴发低磷血症，除非有其他因素导致血磷升高。维生素D中毒会造成钙磷同时升高，这里应该排除，并且这些不如下述鉴别诊断常见。氮质血症和等渗尿意味着高磷血症是肾脏衰竭是导致的，因为肾衰时肾小球率过滤下降。肾衰患者的血清总钙可能升高、降低或不变，其变化可能与离子钙的变化不一致。肾衰时，高磷血症会抑制肾脏 1α -羟化酶活性，该酶能减少骨化三醇的产生，抑制小肠对钙的吸收，降低离子钙浓度。这些刺激了PTH的分泌，促进了肾脏对磷的排泄和骨骼的脱矿质作用。在很多总钙升高的肾衰病例中，离子钙可能正常或偏低。这种比例偏差可能是与阴离子组成复合物（如乳酸盐，硫酸盐，磷酸盐）的钙离子数量增多有关。此外，甲状旁腺机能亢进引起的副肿瘤性高钙血症可能会损伤肾脏，加剧肾衰。测定离子钙、PTH、PTHrP（甲状旁腺素相关蛋白）有助于区分这些不同的病理生理情况。

ALP升高：犬ALP升高的原因很多种，包括激素诱发、药物作用、代谢改变和肝脏疾病。作为一个单一的异常指标，它的临床意义不明，尤其是患犬并没有服用可以导致ALP升高的药物。建议2～4周后重新测定肝酶指标，以判断这种异常是否为持续性的，是否需要深入研究。

尿检：上文已讨论过等渗尿的临床意义。尿沉渣检查未见明显异常，且无炎症或下泌尿道疾病的指征。因此，蛋白/肌酐比升高可能为蛋白经肾小球丢失所致。

病理总结和结果

对Picasso进行的进一步检查显示离子钙升

高至1.85 mmol/L（参考范围是1.25～1.45）。PTH含量升高，而PTHrP在参考范围之内。PTH和离子钙同时升高，表明原发性甲状旁腺机能亢进继发了肾脏损伤。肾性继发性甲状旁腺机能亢进可能出现总钙升高、降低或正常，但是离子钙通常是偏低的。因为犬肾衰时离子钙可能偏高（Schenck），我们建议超声检查颈部和甲状旁腺，但是主人没有接受我们的建议，所以无法确诊。

这个病例应该和Carley（病例5）进行比较，甲状旁腺腺瘤的确诊更确定了它为原发性甲状旁腺机能亢进，又由于并发了肝胆疾病而使病情十分复杂，但是它的肾脏指标明显比Picasso要好，BUN、肌酐均正常，血磷正常或偏低。和Picasso一样，Carley的尿液浓缩不良，这可能与离子钙浓度升高影响了肾小管的重吸收功能有关。

病例7 – 等级2

"Cleopatra"，家养短毛猫，12岁。出现跳跃困难的症状已有2个月。体格检查除了腰椎段疼痛外其他正常，神经学检查也正常。

解析

CBC：轻度淋巴细胞减少症可能是因为应激/皮质类固醇效应。

血清生化分析

BUN轻微上升而肌酐正常：BUN升高可能与高蛋白饮食或胃肠道出血有关。肾小管流速轻度下降，增加肾脏重吸收尿素的时间，也可使BUN上升。如果排除了肾外性因素，那么BUN上升很可能提示早期肾前或肾性氮质血

血常规检查

WBC	7.0×10^9 个 /L	（6.0 ~ 17.0）
Seg	5.8×10^9 个 /L	（3.0 ~ 11.0）
Band	0	（0 ~ 0.3）
Lym	↓ 0.6×10^9 个 /L	（1.1 ~ 4.8）
Mono	0.5×10^9 个 /L	（0.2 ~ 1.4）
Eos	0.1×10^9 个 /L	（0 ~ 1.3）

白细胞形态：未见明显异常

HTC	37 %	（31 ~ 46）
MCV	51.6 fL	（39.0 ~ 56.0）
MCHC	32.5 g/dL	（30.5 ~ 36.0）

血小板：聚集成簇，无法计数

生化检查

GLU	106 mg/dL	（70.0 ~ 120.0）
BUN	↑ 35 mg/dL	（8 ~ 33）
CRE	1.6 mg/dL	（0.9 ~ 2.1）
P	3.4 mg/dL	（3.0 ~ 6.3）
Ca	↑ 14.2 mg/dL	（8.8 ~ 11.5）
Mg	2.6 mmol/L	（1.4 ~ 2.6）
TP	↑ 9.7 g/dL	（5.2 ~ 7.2）
ALB	3.1 g/dL	（3.0 ~ 4.2）
GLO	↑ 6.6 g/dL	（2.0 ~ 4.0）
Na^+	149 mmol /L	（149 ~ 164）
Cl^-	↓ 115 mmol /L	（119 ~ 134）
K^+	4.3 mmol /L	（3.6 ~ 5.4）
HCO_3^-	24 mmol /L	（16 ~ 25）
AG	14.3 mmol /L	（13 ~ 27）
TBIL	0.1 mg/dL	（0.10 ~ 0.50）
ALP	17 IU/L	（10 ~ 72）
GGT	< 3 IU/L	（0 ~ 5）
ALT	30 IU/L	（29 ~ 145）
AST	25 IU/L	（12 ~ 42）
CHOL	93 mg/dL	（77 ~ 258）
TG	108 mg/dL	（30 ~ 300）
AMY	↑ 2 014 IU/L	（400 ~ 1 200）

症。根据临床病史及相对正常的白细胞象，可以不考虑败血症。在一些病例中，高钙血症可以导致尿液被稀释、多饮多尿和脱水，最终引发肾功能衰竭。应该测量尿相对密度来辅助解读BUN升高的原因。处于正常值上限的镁水平和淀粉酶升高可能与肾性或肾前性因素导致的肾小球滤过率降低有关。

高钙血症而磷正常：如果重复测定证实该病例确实存在高钙血症，那么应该考虑肿瘤、肾脏疾病、骨损伤，也可以考虑一些传染性、炎症疾病。伴有PTHrP升高的恶性肿瘤性高钙血症比原发性甲状旁腺机能亢进更常见。如果临床上很难确诊恶性肿瘤，则可通过测定PTH和PTHrP来进行辅助鉴别诊断。然而，不是所有导致高钙血症的肿瘤都会产生PTHrP。BUN和淀粉酶升高提示肾小球滤过率降低，因此可能存在肾脏疾病。一般情况下，恶性肿瘤导致的高血钙都会出现离子钙升高，所以测定离子钙有助于鉴别诊断。相反，无论总钙如何，大多数肾功能衰竭的病例离子钙都会降低。当然也存在一些例外，所以离子钙升高也不能排除肾功能衰竭。恶性肿瘤引起的高钙血症会导致肾功能障碍，这使得鉴别是恶性肿瘤还是肾脏疾病导致的高血钙更加复杂（见第五章病例4的Jag）。高血钙结合骨骼疼痛、高球蛋白血症，提示为多发性骨髓瘤，但是与肿瘤无关的骨重塑也可使得血钙上升。很有必要对骨骼进行X线检查。有时，如芽生菌病和血吸虫病等的炎性疾病也可以导致高钙血症，这些病原通过刺激免疫应答导致多克隆性高球蛋白血症。

轻度低氯血症：该病例中，轻度低氯血症的原因尚且不明。它没有呕吐及明显酸碱失衡的病史，但HCO₃⁻在参考范围的上限。病史调查也可排除利尿药的使用。需要进一步监测是否会发生酸碱异常、氯离子是否趋于正常。由于参考范围构建方法的局限，健康动物由于个体的生理差异性，它们的指标可能略微超出参考范围是正常的（见第一章）。

高蛋白血症与高球蛋白血症：很多原因可以导致高球蛋白血症，而且可以通过血清蛋白电泳试验区分为多克隆或单克隆高球蛋白症。多克隆丙种球蛋白症与炎症或抗原刺激产生的急性期反应蛋白和多种免疫球蛋白增加有关。单克隆高球蛋白症是指产生了大量单一类型的免疫球蛋白，通常和肿瘤增殖形成单克隆性淋巴细胞或浆细胞有关。不过一些感染性疾病如利什曼原虫、艾利希体或猫传染性腹膜炎也可能会导致单克隆丙种球蛋白病，这些情况很少见。

淀粉酶升高：淀粉酶轻度变化大多是由于肾小球滤过率降低引起的。胃肠道疾病也可以引起淀粉酶升高，这也符合临床病史。不能被排除胰腺炎，但也不适用于解释这个结果。对于猫，淀粉酶不是一个指示胰腺炎的良好指标。

病例总结和结果

X线检查发现第4腰椎骨溶解，且肾脏大小处于参考范围的低限。细针抽吸损伤处，组织由细胞核偏心的圆形细胞组成，染色质紧密，细胞质中度嗜碱性，应为浆细胞。血清蛋白电泳表明是单克隆丙种球蛋白血症。Cleopatra被诊断为多发性骨髓瘤。兽医对其进行化疗，效果良好，血清生化指标也逐渐恢复正常。

犬多发性骨髓瘤很罕见，猫更少，仅有散在的病例报道。这说明犬很少会出现伴有骨痛的高钙血症和骨骼溶解，而猫更少，所以关于猫的数据也稀少（Hickford, Sheafor, Weber）。多发性骨髓瘤伴发的高钙血症可能由多种机制引起，包括PTHrP的产生、直接骨溶解、骨髓瘤蛋白与钙结合等。此时总血钙升高，离子钙无变化。发生多发性骨髓瘤时，机体会产生抑制成骨细胞分化的物质，所以骨溶解后没有像正常情况下出现新骨形成（Glass）。人医临床上，多发性骨髓瘤经常伴发肾脏疾病，犬猫临床上也有报道。肾功能损伤也可能和高血钙、肾肿瘤细胞浸润、蛋白沉积、淀粉样变性、肾小球肾炎有关（Sheator）。如上文所述，肾脏疾病可导致总钙升高，可能也是恶性肿瘤时高

钙血症出现的原因之一。

病例8 - 等级2

"General"，良种小马驹，1日龄，雄性。畜主称其出生时难产。母畜在生产前后均有疝痛症状，虽有相关治疗，但仍在分娩几小时后死亡。虽然其母亲身体状况很差，但它在出生后被照顾得很好，畜主觉得它应该摄入了足够的初乳。在此期间，小马表现得很活泼、警觉、敏感，但后肢略显虚弱，且右后腿偶尔拖拉。触诊时所有关节大小正常，且未发现肿胀、发热或疼痛。排便正常，但表现出轻微疝痛。

解析

CBC：未见异常。

血常规检查

WBC	9.0×10^9 个 /L	（5.9 ~ 11.2）
Seg	7.0×10^9 个 /L	（2.3 ~ 9.1）
Band	0	（0 ~ 0.3）
Lym	1.5×10^9 个 /L	（1.0 ~ 4.9）
Mon	0.5×10^9 个 /L	（0 ~ 1.0）
Eos	0	（0.0 ~ 0.3）
白细胞形态：未见异常		
HCT	35 %	（30 ~ 51）
RBC	9.15×10^{12} 个 /L	（6.5 ~ 12.8）
HGB	13.0 g/dL	（10.9 ~ 18.1）
MCV	38.3 fL	（35.0 ~ 53.0）
MCHC	37.0 g/dL	（34.6 ~ 38.0）
红细胞形态：正常		
血小板：凝聚成簇，但数量充足		
纤维蛋白原	200 mg/dL	（100 ~ 400）

生化检查

GLU	↑	123 mg/dL	（71～106）
BUN	↑	54 mg/dL	（13～25）
CREA	↑	3.6 mg/dL	（0.9～1.7）
P	↑	5.6 mg/dL	（2.8～5.1）
Ca		10.6 mg/dL	（10.2～13.0）
TP	↓	4.0 g/dL	（5.2～7.1）
ALB		2.8 g/dL	（2.4～3.8）
GLO	↓	1.2 g/dL	（2.6～3.8）
Na$^+$		137 mmol/L	（130～145）
Cl$^-$		97 mmol /L	（97～105）
K$^+$		3.6 mmol /L	（3.0～5.0）
HCO$_3^-$		29.9 mmol /L	（25～31）
TBIL	↑	8.3 mg/dL	（0.6～1.8）
ALP	↑	1 601 IU/L	（109～352）
GGT		24 IU/L	（4～48）
SDH		2.0 IU/L	（1～5）
AST		226 IU/L	（190～380）
CK	↑	1 626 IU/L	（80～446）

尿液检查：自然排尿

外观：未描述
SG：1.025
pH：6.0
蛋白：微量
葡萄糖、酮体：阴性
尿沉渣：未做检查

血清生化分析

高血糖症：这可能是由于应激导致，但是新生马驹血糖可能高于成年马，平均值为135～150 mg/dL（Vaala）。

氮质血症和高磷血症：导致血磷升高的原因通常包括幼马骨骼生长、耐力训练、继发于急性肾功能衰竭或肾前性因素造成的肾小球滤过率下降等。其高磷血症至少部分与其年龄有关。一般新生马的血磷水平为5～6 mg/dL。而General也患有氮质血症。因为摄入大量奶之后，幼马通常产生大量的稀释尿，尿相对密度为1.018～1.025，表明浓度达到了最大值（Madigan）。General的尿液有所浓缩，因此氮质血症可能是肾前性的。

低蛋白血症：新生仔畜总蛋白量低可能反映出全身含水量升高，然而白蛋白量在参考范围之内。由于免疫系统发育相对不完全，幼年动物球蛋白通常比较低。鉴于围产期病史情况，需要检测其IgG以评估被动免疫状况。

高胆红素血症：新生马驹血液胆红素值高于成年马（平均4.3 mg/dL），然而该病例的检测值即使对于马驹来说也偏高。一定要考虑马的厌食症可能会引起高胆红素血症，也有可能是溶血引起的。虽然PCV正常，需继续监测，观察其是否有发展为新生儿溶血性贫血的迹象。

ALP升高：这可能与年龄有关，由于继发于骨骼生长与发育，使骨骼同工酶ALP释放量增加。基于General的临床症状的描述，还应考虑骨骼疾病。

CK升高：CK增加表明有肌肉损伤，与难产和跛行的病史相符。与AST相比，CK可能对肌肉损伤更为灵敏。

病例总结与结果

母畜死后对General以营养补充治疗。几天后，它的活动性有所提高，预后良好。24h后再次采血检查发现其氮质血症得到缓解，CK正常。其血磷正常，但ALP持续升高，这表明最初的高磷血症很可能与肾前性氮质血症有关，而非骨骼生长引起。除非有特殊说明，家养动物的参考范围通常是参照成年动物制定的。考虑对实验室数据影响的潜在因素，如年龄对解读"正常"结果非常重要。可将这个病例与Spunky（第二章，病例1）进行对比，后者是一只幼犬，它的血钙、血磷和碱性磷酸酶均发生了年龄相关性变化。对实验数据进行分析可能会受到年龄的影响，因此应参照临床症状和其他实验室数据进行判读。例如，由于General有高危病史，同时伴有氮质血症，它的高磷血症可能与肾小球滤过率下降有关，然而Spunky有高磷血症，但无其他实验室数据显示其肾小球滤过率改变。在General和Spunky两个病例中，ALP升高而未伴有其他肝酶升高，可认为是年龄因素，而并非指示肝脏病变。分析General这一病例略有困难，因为伴发的高胆红素血症符合胆汁淤积/肝脏疾病。而该病例中，物种对诊断分析有很大影响，因为患厌食症的马通常会出现与肝脏病理学无关的高胆红素血症。

病例9 - 等级2

"Nevada"，杂种役用马，17岁，已去势。5d前偶发疝痛，已使用非甾体类抗炎药治疗。治疗之后，疝痛症状得到改善，但精神状态和食欲都未恢复。这两天该病例一直表现为多饮多尿。就诊时，Nevada仍然表现为毛色光亮、机警，对外界反应良好。牙齿出现牙菌斑，有轻度心脏收缩期杂音，二尖瓣附近的心杂音强度最大。

解析

CBC

白细胞象：纤维蛋白原轻微上升是由轻度炎症引起。单独从此项指标很难确定炎症的位置，可能是疝痛引起的炎症。在某些物种中，急性期反应物如纤维蛋白原是炎症反应的敏感指标，因此白细胞象正常也不能排除炎症。

血常规检查

WBC	7.8×10^9 个 /L	（5.9 ~ 11.2）
Seg	5.5×10^9 个 /L	（2.3 ~ 9.1）
Band	0	（0.0 ~ 0.3）
Lym	2.1×10^9 个 /L	（1.6 ~ 5.2）
Mono	0.2×10^9 个 /L	（0.0 ~ 1.0）
白细胞形态：未见异明显常		
HCT	36 %	（32 ~ 51）
RBC	6.98×10^{12} 个 /L	（6.5 ~ 12.8）
HGB	12.8 g/L	（10.9 ~ 18.1）
MCV	51.9 fL	（35.0 ~ 53.0）
MCHC	35.6 g/dL	（34.6 ~ 38.0）
红细胞形态：未见明显异常		
血小板：数量充足		
纤维蛋白原	↑ 500 mg/dL	（100 ~ 400）

生化检查

GLU	117 mg/dL	（60 ~ 128.0）
BUN	↑ 33 mg/dL	（11 ~ 26）
CREA	↑ 2.6 mg/dL	（0.9 ~ 1.9）
P	2.4 mg/dL	（1.9 ~ 6.0）
Ca	↑ 15.4 mg/dL	（11.0 ~ 13.5）
Mg	2.1 mmol/L	（1.7 ~ 2.4）
TP	6.4 g/dL	（5.6 ~ 7.0）
ALB	3.1 g/dL	（2.4 ~ 3.8）
GLO	3.3 g/dL	（2.5 ~ 4.9）
A/G	0.9	（0.6 ~ 2.1）
Na^+	132 mmol /L	（130 ~ 145）
Cl^-	↓ 98 mmol /L	（99 ~ 105）
K^+	4.7 mmol /L	（3.0 ~ 5.0）
HCO_3^-	28 mmol /L	（25 ~ 31）
AG	10.7 mmol /L	（7 ~ 15）
TBIL	0.7 mg/dL	（0.3 ~ 3.0）
DBIL	0.2 mg/dL	（0.0 ~ 0.5）
IBIL	0.5 mg/dL	（0.2 ~ 3.0）
ALP	155 IU/L	（109 ~ 352）
GGT	↑ 43 IU/L	（5 ~ 23）
AST	↑ 415 IU/L	（190 ~ 380）
CK	↑ 2 691 IU/L	（80 ~ 446）

尿液检查：自然排尿

外观：枯草黄，澄清
尿相对密度：1.011
pH：6.0
蛋白、葡萄糖、酮体、胆红素：阴性
尿沉渣：偶见红细胞和白细胞，无管型、结晶或细菌

血清生化分析

氮质血症：若能排除会导致肾脏浓缩能力降低的肾外性因素（如渗透性利尿，肾髓质冲洗，和一些内分泌疾病，见于第五章），氮质血症结合等渗尿通常指示肾功能衰竭。一些学者认为马尿素氮/肌酐比值大于10：1为慢性肾衰；比率小于10：1为急性肾功能衰竭。原发性肾衰动物发生脱水时，肾前性氮质血症会加重原发性肾衰竭。在这个病例中，疝痛发作可能会导致之前临床症状表现不明显的慢性肾衰竭恶化，引起液体流失。

高钙血症而磷正常：马属动物慢性肾功能衰竭常见高钙血症，血磷浓度正常或略偏低。这与小动物相反，小动物肾衰常常表现为高血磷症，而血钙浓度一般很难预测。马属动物中，高钙血症并非PTH升高引起的。高钙血症可能跟钙的饮食摄入有关，同时可能反映了肾脏功能下降，排泄饮食源性钙的能力下降。马慢性肾衰性高钙血症时，若食用苜蓿草会加重病情，而给予干草可使之缓解。因此，并非所有患有慢性肾衰的马都表现出高钙血症。急性

肾衰患马更倾向于出现血清总钙降低。

轻度低氯血症而钠水平处于低限：患有慢性肾衰或者急性肾衰的马都会表现出低钠血症和低氯血症。该病例因疝痛引起等渗性或高渗性体液丢失，而代偿性饮水进一步加剧了血清电解质浓度。疝疼会导致出汗，这是钠和氯流失的另一个重要原因。慢性肾衰或者严重急性肾衰的马通常会表现出轻度高血钾，但目前该此病例没有出现。

GGT升高：对于成年马来说，GGT升高表明其出现了肝脏损伤或胆汁淤积。肝脏损伤可能由疝痛发作所致，也可能与近来厌食所致的肝脏脂质沉积综合征引起。胆红素正常，可排除严重的胆汁淤积。

AST和CK升高：AST存在于机体的多种组织中，故此指标的升高很难解读。Nevada的AST和GGT升高提示存在肝脏病变，但是同时伴发的CK升高表明肌肉组织可能受损，且造成了部分AST升高。和GGT一样，AST升高也不能提示病因。CK升高可能跟肌内注射、运输动物时发生的外伤、放倒动物时引起的肌

肉损伤有关。

尿液检查：正常马的尿样多因含有黏液成分和碳酸钙结晶通常外观混浊，而患有肾功能衰竭的马由于产生大量稀释尿液且发生钙潴留，尿液显得清澈（图6-3）。食草动物的尿液通常偏碱性，但发生尿毒症或者乳酸酸中毒时pH降低。

病例总结和结果

Nevada 接受静脉输液治疗后，氮质血症消失。结合实验室异常指标和临床症状，包括多饮多尿，牙菌斑增多，被诊断为慢性肾衰功能衰竭。偶发疝痛导致暂时性代偿失调，而肾前性氮质血症加重了慢性肾功能衰竭的发展。

Nevada可与Margarite（第五章，病例9）进行对比。Margarite的肾功能衰竭衰更加严重，除了有Nevada的异常指标外，还出现了低磷血症和高钾血症。与小动物相似，肾衰的马也可能出现贫血，但Nevada和Margarite就诊时都没有出现。Nevada还可以与Faith（第五章，病例19）或General（病例8）相比较，这两个病例都患有肾前性氮质血症。要注意Faith出现了低钙血症和高磷血症，和慢性肾衰的马如Nevada和Margaret相比，这些症状更常见于肾前性氮质血症和急性肾衰的马。Faith 就诊时尿液浓缩正常，提示其肾功能正常。但是它接受过高剂量的非甾体类抗炎药物治疗，这种药在某些情况下具有肾毒性。其他大动物的肾脏疾病的病例还有Forsythia（第五章，病例20，美洲驼）和Lucinda（第五章，病例25，山羊）。

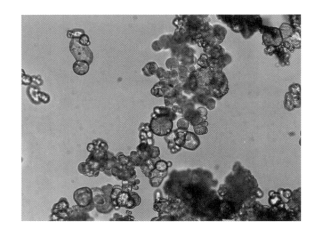

图 6-3 有碳酸钙结晶的正常马尿（见彩图 27）

病例10 - 等级2

"Austin"，拉布拉多/比格混血犬，6岁，去势公犬。2周以来，患犬持续嗜睡、食欲不振，并且连续呕吐3d。畜主在几天前还发现它的大便发黑。3年前，Austin的肝脏指标升高，且活检诊断为慢性活动性肝炎和纤维化。转诊前Austin接受了静脉输液和抗生素治疗，发展为腹水后，转诊至本院。体格检查发现Austin有中度腹水和轻度黄疸症状，非常沉郁，并未出现和肝性脑病有关的临床症状。

解析

CBC

白细胞象：轻微的淋巴细胞减少症可能和应激或使用类固醇药物有关。没有同时出现叶状中性粒细胞增多和单核细胞增多的现象，这种白细胞象不大可能是类固醇引起的。

红细胞象：轻微的正细胞正色素性贫血可能是慢性疾病或肝病的反映。近来出现的黑便和低白蛋白血症提示胃肠道出血。通常失血性贫血是再生性的，但轻度失血、急性失血或其他原因如慢性疾病导致造血反应迟缓，就有可能表现为非再生性贫血。红细胞大小不等、多染性红细胞和嗜碱点彩等与骨髓反应有关，若评估骨髓活性，需连续监测CBC，并对网织细胞进行计数。每100个白细胞中见1个有核红细胞，其临床意义不大，健康动物可能也能会出现这种现象。任何原因造成的内皮损伤或造血组织损伤都有可能导致有核红细胞提早释放。

血常规检查

WBC	12.3×10^9 个 /L	（4.9 ~ 16.8）
Seg	10.8×10^9 个 /L	（2.8 ~ 11.5）
Band	0	（0 ~ 0.3）
Lym	↓ 0.6	（1.0 ~ 4.8）
Mono	0.7×10^9 个 /L	（0.1 ~ 1.5）
Eos	0.2×10^9 个 /L	（0 ~ 1.4）
白细胞形态：未见明显异常		
PCV	↓ 37 %	（39 ~ 55）
RBC	4.94×10^{12} 个 /L	（5.8 ~ 8.5）
MCV	↓ 12.8 g/dl	（14.0 ~ 19.1）
MCV	72.4 fL	（60.0 ~ 75.0）
MCHC	34.6 g/dl	（33.0 ~ 36.0）
NRBC/100 WBC（有核红细胞 /100 个白细胞）：1		
红细胞形态：轻微红细胞大小不等症，偶见嗜碱点彩的多染性红细胞		
血小板	↓ 134	（181 ~ 525）
血小板形态：偶见巨型血小板		
血浆黄染		

生化检查

GLU	↓ 59 mg/dL	（67.0 ~ 135.0）
BUN	↓ 6 mg/dL	（8 ~ 29）
CREA	0.6 mg/dL	（0.6 ~ 2.0）
P	3.4 mg/dL	（2.6 ~ 7.2）
Ca	↓ 8.8 mg/dL	（9.4 ~ 11.6）
Mg	1.7 mmol/L	（1.7 ~ 2.5）
TP	↓ 5.3 g/dL	（5.5 ~ 7.8）
ALB	↓ 2.2 g/dL	（2.8 ~ 4.0）
GLO	3.1 g/dL	（2.3 ~ 4.2）
A/G	0.7	（0.7 ~ 2.1）
Na^+	144 mmol/L	（142 ~ 163）
Cl^-	115 mmol /L	（106 ~ 126）
K^+	↓ 3.0 mmol /L	（3.8 ~ 5.4）
HCO_3^-	18 mmol /L	（15 ~ 28）
AG	14 mmol /L	（8 ~ 19）
TBIL	↑ 2.50 mg/dL	（0.10 ~ 0.30）
ALP	↑ 2954 IU/L	（20 ~ 320）
GGT	↑ 20 IU/L	（2 ~ 10）
ALT	↑ 579 IU/L	（18 ~ 86）
AST	↑ 221 IU/L	（16 ~ 54）
CHOL	129 mg/dL	（82 ~ 355）
TG	188 mg/dL	（30 ~ 321）
AMY	426 IU/L	（409 ~ 1203）

凝血检查

PT	↑ 11.1 s	（6.2 ~ 9.3）
APTT	↑ 18.3 s	（8.9 ~ 16.3）
FDP	↑ > 20 μg/mL	（< 5）

尿液分析（自然排尿）

外观：黄色，澄清
尿相对密度：1.008
蛋白质、葡萄糖、酮体：阴性
胆红素：2+
尿沉渣：偶见白细胞，无红细胞、管型、细菌、上皮细胞或晶体血小板减少症：结合凝血检查结果，血小板减少症可能是由于弥散性血管内凝血（DIC）造成的。由于该病例也出现了非再生性贫血，所以可考虑原发性骨髓疾病，但是髓外因素也可以解释Austin异常的CBC结果。

血清生化分析

低血糖症：在这个病例中，可以排除人为误差造成的低血糖症。根据慢性肝病病史，低血糖可能是肝功能减退和糖异生功能不足造成的。其他指标异常也支持该病因，例如BUN下降、低白蛋白血症和持续性肝病（肝酶升高）。不过，还是要进行特异性肝功能检查，如测定血清胆汁酸和血氨（见第二章）。除非患犬的体况很差，或有其他饥饿征象，否则可排除营养因素导致的低血糖。也有可能是副肿瘤性低血糖症，但体格检查并未发现肿瘤。

BUN降低：如上所述，肝功能减退很有可能是造成本病例低尿素氮的原因。存在多饮多尿及尿相对密度偏低，因此BUN降低与肾小管流速升高和尿素的重吸收不完全有关（见第五章，病例22）。黑粪意味着肠胃道出血，并且而会使BUN升高。可见胃肠出血程度不足以抵消其他机制造成的BUN降低。

低钙血症：血清总钙中很大一部分是与蛋白结合的，当血清蛋白减少时，血清总钙水平也会随之降低。具有生理活性的离子钙水平不会改变，所以不会出现和低钙血症有关的临床症状。虽然在犬已有根据蛋白水平来修正钙浓度的公式，但是可能不适用于疾病状态（Schenck）。

低蛋白血症伴有低白蛋白血症：球蛋白正常而白蛋白降低意味着白蛋白的选择性丢失或合成减少。蛋白质一般会经皮肤、第三间隙、胃肠道和肾脏丢失。肾脏一般选择性丢失白蛋白，其他种类的蛋白质丢失方式通常是非选择性的，球蛋白和白蛋白同时丢失。这个病例并没有出现蛋白尿，所以可排除蛋白经肾脏的丢失，但Austin 的尿液被稀释，因此尿蛋白/肌酐比可能会是更敏感的尿蛋白指标。肝功能低下导致白蛋白成成不足更有可能是引起这个病例中白蛋白减少症的原因。虽然肝脏也产生一些球蛋白，但是肝外免疫球蛋白的合成并不受肝功能的影响。肝衰竭动物的球蛋白甚至也可能升高，因为肝脏衰竭时，门脉中肝巨噬细胞的免疫监控失调，动物液易受到胃肠道细菌和毒素侵害，从而刺激机体产生全身性免疫反应。黑粪症提示动物胃肠道蛋白丢失，但这种丢失不足以使肝功能低下引起的球蛋白升高趋于正常。

低钾血症：该病例低钾血症的原因包括摄入减少、第三间隙丢失（腹水）和胃肠道的丢失。

高胆红素血症：造成高胆红素血症的主要病因包括：肝功能减退、胆汁淤积、溶血或败血症。从生化指标上分析，伴不伴随胆汁淤积的肝功能减退都有可能是病因。该病例出现了贫血，因此可能存在溶血，然而血象中没有描述到能表明发生溶血的异常红细胞，如球形红细胞或海因茨小体。和失血性贫血一样，溶血性贫血通常都是再生性的，然而如果病症较轻或者是急性的话，就不会表现出再生性反应（见上文红细胞象分析）。从血常规检查分析看来，不存在败血症造成血清胆红素升高的可能。

ALP和GGT的升高：虽然很多原因会造成ALP和GGT升高（见第二章），在这个病例中，最有可能的原因是胆汁淤积和肝脏疾病。

ALT和AST的升高：这些酶指标升高通常意味着肝细胞损伤，但并不能指示病因。之前组织学所确诊的慢性活动性肝炎，足以说明肝细胞发生损伤。需要指出的是肝酶升高能证明肝脏发生了病理学变化，但它们并不能提示肝功能是否受损。当失去足够量的肝细胞后，即使有持续性肝脏疾病和肝功能减退，肝酶指标仍会降回到参考范围。PCV急剧下降伴发缺氧会进一步造成肝细胞损伤。AST对肝脏的特异性比ALT差，而且肌肉损伤也会出现AST升高。肌酸激酶检查可以帮助确定AST升高是否由肌肉损伤引起的。

凝血检查结果：凝血时间延长、血小板减少症和FDP升高都与弥散性血管内凝血（DIC）症状相符。严重的肝功能减退会造成凝血因子合成减少从而延长PT和APTT。而且，肝脏还负责清除纤维蛋白的降解产物，因此当肝脏受损的时候FDP也会升高。无论如何，我们还是认为Austin存在凝血障碍的问题。

尿检：多尿是肝衰竭的特征之一（见第二章详解，第二章病例10，第三章病例7，第五章病例12）。自然排出的无菌尿液样本所含的少量白细胞，诊断意义尚不清楚。需要进行尿样的培养从而排除尿道感染的可能。

病例结果和总结

再次的超检查发现该病例肝脏变小，并有不规则的结节，可确诊为肝硬化。血氨浓度还在参考范围内，但未检测血清胆汁酸浓度。和血清胆汁酸相比，血氨检查对肝功能减退的特异性较差，但是所有的检查结果都符合肝脏功能减退。鉴由于以前组织病理学的检查结果仍可用，结合凝血检查的不良结果，因此并没有重复进行组织活检。Austin住院治疗，给予静脉输液、抗生素，胃肠道保护剂和小剂量利尿剂来减轻其腹水。治疗后实验室检查结果稍有改善，患犬的腹水减少，而且它的精神好转，出院后由主人继续用药物维持治疗。医嘱提示该病要长期治疗，且预后不良。

因肝功能减退而引起的低钙血症和低白蛋白血症包括脂肪肝（第二章病例11）和门静脉短路（第二章病例12）。肝外原因引起的低白蛋白血症也会引起总钙下降。虽然通常状况下，血清总钙低下归因于低白蛋白血症，但在有些病例中血清白蛋白严重低下时血清总钙仍在参考范围内。此情况见于病犬YapYap（见第三章病例7），它患有门静脉短路，而且它的血清白蛋白要比Austin低很多（1.8 g/dL和2.2 g/dL），但它的总血清总钙却在参考范围内。对于患病动物个体，很多生理因素比如pH、钙离子或白蛋白在血液中与其他物质竞争性的结合都会影响总血清总钙和白蛋白水平。

病例11 - 等级2

"Star"，凯恩狸犬，8岁，绝育母犬。该犬几个月来多饮多尿。上周出现厌食和呕吐的症状。体格检查发现Star表现安静、沉郁、脱水。它的血压升高，超声检查发现其双肾缩小。

解析

CBC：表现为正红细胞正色素性贫血，

血常规检查

WBC	10.8×10^9 个 /L	（4.9 ~ 6.9）
Seg	9.0×10^9 个 /L	（3.0 ~ 11.0）
Band	0	（0 ~ 0.3）
Lym	1.1×10^9 个 /L	（1.0 ~ 4.8）
Mono	0.4×10^9 个 /L	（0.2 ~ 1.4）
Eos	0.3×10^9 个 /L	（0 ~ 1.3）
白细胞形态：未见异常		
HCT	↓ 31 %	（37 ~ 55）
MCV	69.7 fL	（60.0 ~ 75.0）
MCHC	33.9 g/dL	（33.0 ~ 36.0）
红细胞形态：大小不等的红细胞轻微增加		
血小板：数量充足		

生化检查

GLU	86 mg/dL	（65.0 ~ 120.0）
BUN	↑ 212 mg/dL	（8 ~ 29）
CRE	↑ 27.6 mg/dL	（0.5 ~ 1.5）
P	↑ 15.6 mg/dL	（2.6 ~ 7.2）
Ca	↑ 15.6 mg/dL	（8.8 ~ 11.7）
Mg	↑ 3.0 mmol/L	（1.4 ~ 2.7）
TP	6.5 g/dL	（5.2 ~ 7.2）
ALB	3.3 g/dL	（3.0 ~ 4.2）
GLO	3.2 g/dL	（2.0 ~ 4.0）
Na^+	151 mmol /L	（142 ~ 163）
Cl^-	↓ 110 mmol /L	（111 ~ 129）
K^+	↓ 3.6 mmol /L	（3.8 ~ 5.4）
HCO_3^-	↓ 12 mmol /L	（15 ~ 28）
AG	↑ 32.6 mmol /L	（8 ~ 19）
TB	0.20 mg/dL	（0.10 ~ 0.50）
ALP	42 IU/L	（12 ~ 121）
GGT	4 U/L	（3 ~ 10）
ALT	27 IU/L	（10 ~ 95）
AST	33 IU/L	（15 ~ 52）
CHOL	↑ 360 mg/dL	（110 ~ 314）
TG	47 mg/dL	（30 ~ 300）
AMY	↑ 2 629 IU/L	（400 ~ 1 200）

尿液检查：膀胱穿刺

外观：淡黄色，清亮
SG：1.014
pH：5.5
葡萄糖、酮体、胆红素：阴性
血红素：痕量
蛋白质：100 mg/dL

尿沉渣
红细胞：每个高倍镜视野极少红细胞
白细胞：每个高倍视野偶见白细胞
偶见 0～5 个移行上皮细胞

这很有可能是非再生性的。一旦血液灌流不足得到纠正，贫血将会更加严重。贫血可能是慢性疾病引起的。患犬有脱水症状，伴有氮质血症，且尿液相对稀薄，这些变化提示非再生性贫血是肾脏疾病引起的。

血清生化分析

伴随脱水的氮质血症和尿液稀薄：综合考虑实验室异常结果表明是肾功能衰竭，但也有可能是肾外性因素干扰了肾脏浓缩能力。若患犬脱水，则肾前性因素会加剧其他原因引起的氮质血症。

高磷血症和高钙血症：高磷血症很有可能是由于肾性或肾前性因素引起的肾小球滤过率下降造成的。在肾功能衰竭中钙的变化难以确定，其总钙含量可能升高、降低，也可能正常。在中老年患犬，应当考虑是否为恶性肿瘤性高钙。据统计，癌症也是使钙升高的一个重要原因。

高镁血症：肾小球滤过率下降使血清镁升高。

低钾血症：厌食导致钾离子摄入减少，同时胃肠道丢失增加，多尿也使肾排出增加，最终导致血清钾离子水平降低。

轻微的低氯血症：这可能跟呕吐造成的丢失有关。

伴有阴离子间隙增大的轻度酸中毒（HCO_3^-下降）：这些变化可能与尿毒症性酸中毒有关。因贫血或继发于脱水的组织灌注不良引起的乳酸性酸中毒也会导致这些实验室数据异常。

高胆固醇血症：曾有报道显示患有肾小球肾炎和肾小球淀粉样变性的犬会出现高胆固醇血症。胆固醇升高是由于肝脏合成增加而脂蛋白分解代谢降低共同作用的结果。血浆白蛋白降低可刺激一些脂蛋白在肝内合成，在患有肾病综合征的动物体内，硫酸肝素的含量通常很低，它的缺乏会使脂类合成所需的脂蛋白脂肪酶降低。虽然通常胆固醇水平变化与白蛋白相反，但一些患有肾脏疾病的动物会出现低白蛋白血症，但胆固醇水平正常（第五章，病例5）；而另外一些血清白蛋白含量可能正常，但胆固醇水平升高（第五章，病例10和17）。

高淀粉酶血症：造成这种变化最可能的原因是肾小球滤过率下降，另外氮质血症和高磷血症也支持这一点。临床症状不明确，其中还有胃肠道异常，因此不能完全排除胰腺疾病。

尿液分析：由于膀胱穿刺采集的尿液中有白细胞，应通过尿液培养来评估尿道感染的可能性。尿液浓缩不良的尿样中蛋白质含量达100 mg/dL，这也值得注意。需要检测尿蛋白/肌酐比，因为这是是鉴定蛋白尿的更敏感的方法。更重要的是，若提示有炎症或感染，出现蛋白尿应考虑下泌尿道疾病，而非肾小球损伤。

病例总结与结果

对Star进行静脉补液治疗、并给予抗高血压药物和肠道保护剂。其尿液培养结果呈阴性，尿蛋白/肌酐比明显升高，这与肾小球疾病相符。临床医师决定不对肾脏进行活组织检查，因为它们认为即使获得了更多信息，也不会对临床治疗方案有较大改进，同时活检还可能造成一些并发症。Star出院一周后出现腹泻，再次就诊。检查发现它身体虚弱，黏膜苍白，黑粪。这一现象可能跟尿毒症引发的胃十二指肠溃疡有关，由于预后不良，对它实行了安乐死。

低白蛋白血症常用来作为诊断肾小球疾病的标准，但有很多因素会影响血清白蛋白水平。就诊初期，Star表现出脱水，这使它的血清白蛋白水平升高。此外，虽然在丢失很严重的状况下，若患犬肝脏健康，饮食良好，则血清白蛋白仍能在一段时间内维持正常。因肾小球疾病而患有低白蛋白血症的患犬可能会出现血清总钙下降，但并非所有病例皆如此。比如，Sheba（第五章，病例5）由于肾病而患有低白蛋白血症，但它的总血清钙水平在参考范围值之内。肾病对血清钙的影响无法确定，这造成了总血清钙和白蛋白之间关系复杂。因此在肾脏疾病中，应测定离子钙水平，以便对钙的状况进行最佳评估（Schenck）。

病例12 – 等级3

"Jill"，室内外自由活动的家养短毛猫，3岁，绝育母猫。喜卧，对外界刺激反应弱。前晚回家时，表现出昏睡和呕吐的症状。体格检查发现心动过缓、体温过低、反应迟钝。腹部未触诊到膀胱。

解析

CBC：由于经济条件限制未进行CBC检查。

血清生化分析

高血糖症：该病例中，高血糖最可能的原因是应激。当前疾病还可能会加剧应激产生的升血糖效应（Rand）。

氮质血症：由于不了解患病动物的尿浓缩能力，它的氮质血症很难界定是为肾前性、肾性还是肾后性的。触诊不到膀胱的原因可能是无尿，也可能是因尿道阻塞或创伤如被车撞引起的膀胱破裂。电解质异常的情况符合腹腔积尿（见第五章，病例18），但是却没有出现腹腔液增多的症状。由于猫常在户外活动，所以主人提供的病史情况可能不完整。

高磷血症和低钙血症：该病例出现高磷血症的原因可能是肾小球滤过率下降和磷随尿液排出降低。肾衰病例中血钙水平差别很大，且总钙与离子钙也不像健康动物那样保持一定的比例。低钙血症也可能继发于低磷血症，并且

生化检查

GLU	↑	304 mg/dL	（70.0 ~ 120.0）
BUN	↑	185 mg/dL	（15 ~ 32）
CRE	↑	10.2 mg/dL	（0.9 ~ 2.1）
P	↑	22.6 mg/dL	（3.0 ~ 6.0）
Ca	↓	4.8 mg/dL	（8.9 ~ 11.6）
Mg	↑	3.1 mmol/L	（1.9 ~ 2.6）
TP		5.5 g/dL	（5.5 ~ 7.6）
ALB		2.4 g/dL	（2.2 ~ 3.4）
GLO		3.1 g/dL	（2.5 ~ 5.8）
Na^+		149 mmol/L	（149 ~ 164）
Cl^-	↓	102 mmol/L	（119 ~ 134）
K^+	↑	9.1 mmol/L	（3.9 ~ 5.4）
HCO_3^-	↓	11 mmol/L	（13 ~ 22）
AG	↑	45 mmol/L	（13 ~ 27）
TB		0.2 mg/dL	（0.10 ~ 0.30）
ALP		42 IU/L	（10 ~ 72）
GGT		< 3 IU/L	（3 ~ 10）
ALT	↑	190 IU/L	（29 ~ 145）
AST	↑	129 IU/L	（12 ~ 42）
CHOL		97 mg/dL	（77 ~ 258）
AMY		791 IU/L	（496 ~ 1 874）

尿液检查：未采集到尿样。

急性肾衰来不及发生生理性代偿，急性肾衰中出现的低钙血症比慢性肾衰更明显。由于防冻液本身含有大量的磷，乙二醇中毒早期也会出现高磷血症。低钙血症可能是乙二醇代谢产物与钙螯合所致。需要询问主人它是否接触过防冻液。

低氯血症和阴离子间隙升高：该病例出现低氯血症而没有出现低钠血症，结合病史分析，这一变化可能是由于呕吐所致氯离子与钠离子不成比例丢失所致。低氯血症也与酸碱紊乱有关。HCO_3^-降低说明发生了酸中毒，但是阴离子间隙明显升高所指示的酸碱失调比轻微的HCO_3^-降低所示的酸碱失调程度更大。尿毒症性酸中毒与呕吐引发的碱血症相结合可导致混合性酸碱紊乱。这个病例中可造成阴离子间隙升高的不可测阴离子包括尿酸、乳酸（灌流不足和脱水所致），还有外源性酸类（包括乙二醇代谢产物）。

高钾血症：因患有急性肾衰或急性期慢性肾衰的动物，尿量减少而无法有效排出钾离子，所以常出现高钾血症。

ALT和AST升高：ALT升高说明肝细胞受损；AST的组织特异性较低，它也有可能反映其他组织（如肌肉）损伤。在出现心动过缓和体温过低的患病动物中，组织灌流不良也会出现这些情况。

病例总结与结果

对Jill进行快速输液治疗，补充葡萄糖酸钙，但治疗效果甚微，且仍无尿液产生。由于预后不良对它实施了安乐死。进一步询问主人得知，主人的确想起家中的一辆车有防冻剂泄漏情况，但是我们没有进行尸检做进一步确诊。

该病例可与患犬Brianna（第五章，病例21）进行对比，Brianna也是由于乙二醇中毒继发了肾衰。Jill和Brianna都出现了乙二醇中毒的特征性变化，如典型的氮质血症、低钙血症和高磷血症，但是Brianna的病历资料更全面，如它出现等渗尿。这两个病例都没有发现典型的草酸钙结晶。这两个病例中的电解质情况很相近，但是Jill还出现了肝酶升高，很可能跟Jill灌注不良的程度更严重有关。

就钙磷异常来看，Jill其他需要鉴别诊断的导致肾脏疾病的原因包括尿道阻塞（见第五章，病例7出现低钙血症和高磷血症），伴有肾小球滤过率降低的急性胰腺炎和甲状旁腺功能减退（病例3）。要注意对于猫来说，淀粉酶不是胰腺炎的特异性指标，所以患病动物指标正常时也不能排除这个诊断，但是大多数猫的胰腺炎表现为慢性且无痛的。甲状旁腺功能减退本身也不会出现氮质血症。

病例13 – 等级3

"Isabelle"，可卡犬，2岁，绝育母犬。两周以来，持续出现嗜睡、体重减轻、间歇性震颤和厌食的症状。曾在一天内3次呕吐黄色液体。之前暂时对输液治疗反应良好，但现在再次生病。体格检查发现Isabelle身体消瘦（体况评分为2/5），脱水程度约为12%，心搏过缓，脉搏微弱。可注意到肌肉震颤。

血常规检查

WBC	↑ 15.0×10^9 个 /L	（4.1 ~ 13.3）
Seg	↑ 11.8×10^9 个 /L	（3.0 ~ 11.0）
Band	0	（0.0 ~ 0.3）
Lym	1.8×10^9 个 /L	（1.0 ~ 4.8）
Mono	0.9×10^9 个 /L	（0.2 ~ 1.2）
Eos	0.5×10^9 个 /L	（0 ~ 1.3）
白细胞形态：未见明显异常		
HCT	50 %	（37 ~ 55）
MCV	67.3 fL	（60.0 ~ 77.0）
MCHC	35.5 g/dL	（31.0 ~ 34.0）
血小板	254×10^9 个 /L	（200 ~ 450）

生化检查

GLU	96 mg/dL	（65.0 ~ 120.0）
BUN	↑ 98 mg/dL	（8 ~ 33）
CREA	↑ 6.4 mg/dL	（0.5 ~ 1.5）
P	↑ 11.6 mg/dL	（3.0 ~ 6.0）
Ca	↑ 12.5 mg/dL	（8.8 ~ 11.0）
Mg	↑ 3.9 mmol/L	（1.4 ~ 2.7）
TP	↑ 7.9 g/dL	（5.2 ~ 7.2）
ALB	↑ 4.3 g/dL	（3.0 ~ 4.2）
GLO	3.6 g/dL	（2.0 ~ 4.0）
Na^+	↓ 128 mmol/L	（140 ~ 151）
Cl^-	↓ 97 mmol/L	（105 ~ 120）
K^+	↑ 9.4 mmol/L	（3.8 ~ 5.4）
HCO_3^-	↓ 13.5 mmol/L	（16 ~ 25）
AG	↑ 26.9 mmol/L	（15 ~ 25）
TBIL	0.5 mg/dL	（0.10 ~ 0.50）
ALP	67 IU/L	（20 ~ 320）
GGT	4 IU/L	（3 ~ 10）
ALT	63 IU/L	（10 ~ 95）
AST	42 IU/L	（15 ~ 52）
CHOL	305 mg/dL	（110 ~ 314）
AMY	↑ 1 732 IU/L	（400 ~ 1 200）

解析

CBC：虽然没有出现杆状中性粒细胞或中毒性白细胞，轻度的成熟中性粒细胞增多症仍能反映出机体有轻微的炎症。由于淋巴细胞数量在参考范围内，所以不像是皮质类固醇白细胞象。

血清生化分析

氮质血症：体格检查发现Isabelle严重脱水，因此氮质血症有肾前性的原因。没有检测其尿相对密度，所以此时还不能排除肾性氮质血症。

高磷血症和高钙血症：肾衰、维生素D中毒以及肾上腺皮质机能减退可导致这些变化。肾衰和肾上腺皮质机能减退都会出现与其他实验室数据相符的结果。这两种情况下，肾小球滤过率下降会引起磷的排泄减少，进而导致磷在血液中蓄积。对于犬来说，肾上腺皮质机能减退是高钙血症的一个常见病因，但通常不会伴随离子钙升高，所以不是致病的原因。由于皮质醇缺乏和血液浓缩导致肾排泄钙的能力降低是高血钙的潜在机制。开始治疗后，血钙水平可以很快恢复正常。恶性肿瘤性高血钙症在犬常发，应该始终在考虑范围内，但是恶性肿瘤在年轻犬不常发生。

高镁血症：血镁升高是肾小球滤过率下降引起的。

伴有高白蛋白血症的高蛋白血症：由于肝脏不会产生过量的白蛋白（见第四章），高白蛋白血症是血液浓缩的证据。这与体格检查所描述的脱水一致。

低钠血症和低氯血症：即使考虑到Isabelle有厌食情况，但对于吃商业犬粮的小动物而言，低钠血症和低氯血症不大可能是摄入不足引起的。根据病史，有可能是胃肠道丢失所致。电解质也会通过皮肤丢失或进入体腔，而这种情况钾也同样会丢失，但是Isabelle却是高钾血症。钠和氯的肾性丢失可以通过尿液排泄分数进行定量。患有低钠血症的动物，机体会试图保留这种电解质，因此尿液钠的排泄分数较低。这种情况下钠的排泄分数正常或升高都是不正常的，这反映了肾脏疾病或肾上腺皮质机能减退。患有阿迪森综合征时，肾上腺释放的醛固酮缺乏，会导致肾脏丧失储钠能力。

高钾血症：肾脏排钾不足是高血钾最常见的原因。高钾血症伴发低钠血症和低氯血症，这是肾上腺皮质机能减退的特征。在肾衰无尿/少尿期，或由尿道阻塞或腹腔积尿导致的肾后性氮质血症时，钾离子也可能会发生蓄积。这些疾病的鉴别诊断需要完整彻底的体格检查和病史调查，并需进行实验室检查如尿液分析和ACTH刺激实验。

HCO_3^-降低和阴离子间隙升高：这个病例的酸血症和阴离子间隙升高可能与尿毒症性酸中毒或继发于组织灌注不良的乳酸性酸中毒有关。因为健康状态下，大部分阴离子间隙由负电荷蛋白组成，所以高白蛋白血症也可能导致阴离子间隙增加。

淀粉酶升高：虽然根据临床病史，胃肠道疾病与淀粉酶升高有关，肾小球滤过率降低是最有可能的原因。胰腺疾病不能被排除，但不能解释这个数据。

病例总结和结果

对Isabelle按休克的剂量静脉注射大量液体以纠正脱水，增加尿液产生，加强肾脏排泄钾离子的能力，以减少其血清钾含量。促肾上腺皮质激素（ACTH）刺激实验提示它对刺激无反应。它的皮质醇基础值为0.3 $\mu g/dL$（参考范围0.5～4.0），刺激后皮质醇水平为0.2 $\mu g/dL$（参考范围8.0～20.0）。对Isabelle按照肾上腺皮质机能减退进行治疗（Addison's 症）。几天后，它的血清生化指标恢复正常，随后出院。

Isabelle可以与其他肾上腺皮质机能减退病例进行对比，包括Kazoo（第三章，病例12）和Miranda（第五章，病例23）。与Isabelle和Miranda不同，Kazoo最初并没有出现与肾上腺皮质机能减退相符的典型电解质变化，而且，Kazoo因胃肠道异物进行了手术治疗，从而导致低蛋白血症。这些因素可能是它血钙正常的原因，虽然也只有1/3的患有肾上腺皮质机能减退的动物发生高钙血症。Miranda的血清生化指标与Isabelle的更加接近，但是与Kazoo相似，Miranda出现了低血糖。虽然Kazoo低血糖可能与它的败血症有关，但是血糖降低是肾上腺皮质机能减退的特征之一，而Isabelle却没有出现。

病例14 － 等级3

"Deputy"，英国史宾格猎犬，10岁，去势公犬。有严重的脓皮病和过敏性皮炎病史。来院就诊时反应迟钝，沉郁、侧卧在自己的窝表现；脱水、腹部紧张；黏膜黄染；其整个背部表面溃疡、结痂，向下延伸至四肢。

血常规检查

WBC	8.7×10^9 个 /L	（6.0 ～ 17.0）
Seg	7.3×10^9 个 /L	（3.0 ～ 11.0）
Ban	0	（0 ～ 0.3）
Lym	↓ 0.4×10^9 个 /L	（1.0 ～ 4.8）
Mono	0.9×10^9 个 /L	（0.2 ～ 1.4）
Eos	0.1×10^9 个 /L	（0 ～ 1.3）
白细胞形态：未见明显异常		
HCT	↓ 34 %	（37 ～ 55）
MCV	71.9 fL	（60.0 ～ 77.0）
MCHC	33.6 g/dL	（33.6 ～ 36.6）
红细胞形态：正常		
血小板	↓ 62×10^9 个 /L	（200 ～ 450）

生化检查

GLU	99 mg/dL	（65.0 ～ 120.0）
BUN	↑ 48 mg/dL	（8 ～ 33）
CREA	↑ 3.1 mg/dL	（0.5 ～ 1.5）
P	↑ 7.9 mg/dL	（3.0 ～ 6.0）
Ca	↑ 13.9 mg/dL	（8.8 ～ 11.0）
Mg	2.2 mmol/L	（1.4 ～ 2.2）
TP	4.9 g/dL	（4.7 ～ 7.3）
ALB	↓ 1.8 g/dL	（3.0 ～ 4.2）
GLB	3.1 g/dL	（2.0 ～ 4.0）
A/G	↓ 0.6	（0.7 ～ 2.1）
Na^+	144 mmol /L	（140 ～ 163）
Cl^-	110 mmol /L	（105 ～ 126）
K^+	4.8 mmol /L	（3.8 ～ 5.4）
HCO_3^-	22.8 mmol /L	（15 ～ 25）
AG	18 mmol /L	（5 ～ 18）
TBIL	↑ 2.7 mg/dL	（0.10 ～ 0.50）
ALP	↑ 663 IU/L	（20 ～ 320）
GGT	↑ 21 IU/L	（2 ～ 10）
ALT	↑ 220 IU/L	（10 ～ 86）
AST	↑ 218 IU/L	（15 ～ 52）
CHOL	↓ 108 mg/dL	（110 ～ 314）
AMYL	408 IU/L	（400 ～ 1 200）

凝血检查

PT	↑ 12.8 s	（6.2 ～ 7.7）
APTT	11.8 s	（9.8 ～ 14.6）
FDP	↑ > 20 μg/mL	（< 5.0）

解析

CBC：Deputy有轻微的正细胞正色素性贫血，可能是与慢性疾病有关的非再生性贫血。一旦纠正脱水，贫血可能会加重。如果证实Deputy有肾性氮质血症，则要考虑肾衰是非再生性贫血的原因之一。该病例还伴发血小板减少症，可能是原发性骨髓异常引起的，如果外周因素不能解释血小板减少，则要考虑进行骨髓检查。应彻底了解Deputy的用药史，以确保它没有使用过骨髓抑制剂类药物。其他可以引起非再生性贫血的原因还包括急性失血且尚无足够时间引发骨髓造血反应。结合血小板减少也不能排除这种可能。由于患犬出现黄疸，要考虑溶血的可能，然而没有出现能提示溶血的红细胞异常形态（球形红细胞、红细胞凝集、海因茨小体等）。溶血性贫血是典型的再生性贫血，除非病畜处于急性期或存在其他因素抑制骨髓反应。

让人意外的是，Deputy有严重的皮肤病却没有炎性白细胞象。炎性反应可能被中性粒细胞向组织移动所掩盖。淋巴细胞减少可能和内源性皮质类固醇作用有关，也可能和治疗皮肤病时应用的皮质类固醇类药物有关。蛋白丢失性肠病也可能和淋巴细胞减少有关。

血小板减少症可能和血小板消耗有关，这类血小板消耗继发于免疫清除、出血、内皮损伤，或参与弥散性血管内凝血（DIC）的一部分。DIC和凝血检查结果相符合。也应排除病毒感染和肿瘤。如前所述，原发性骨髓疾病可以解释血小板减少症。

血清生化分析

氮质血症：没有尿相对密度数据的情况下不能进行氮血症的分类。Deputy有脱水症状，它的氮血症至少有肾前性因素。

高钙血症和高磷血症：年老的小动物发生高钙血症时要考虑是否患有肿瘤。本病例中，由于黄疸及肝酶指标升高，应首选肝脏超声引导下细胞学或活组织检查。恶性肿瘤性高钙血症常引起磷的代偿性减少，但该病例可能因肾小球滤过率下降，继发肾脏磷的排泄减少，从而使血磷升高。肾衰也可以导致钙磷升高。恶性肿瘤性高钙血症动物比肾衰动物更容易出现离子钙升高。甲状旁腺激素相关蛋白（PTHrP）在恶性肿瘤性高钙血症病例中常升高，而在肾衰病例中可能是正常的。原发性甲状旁腺功能亢进可导致总钙和离子钙升高，但一般都会引发低磷血症，除非肾衰使疾病变得更为复杂（参见病例6，Picasso）。可能性较小的鉴别诊断还包括维生素D中毒和肾上腺皮质机能减退。考虑到Deputy电解质水平正常，且淋巴细胞减少，肾上腺皮质机能减退可能性较小，但也可能是非典型性临床表现。如果有跛行或骨痛，患犬还应检查有无溶骨性病变。

低白蛋白血症：Deputy存在脱水状况，在输液治疗后白蛋白和球蛋白水平都会降低。生成减少或丢失增加都能导致血清白蛋白下降。肝功能下降可导致白蛋白生成不足。肝病会引起其他实验室检查结果异常，如低血糖（肝糖原异生不足）、低尿素氮、低胆固醇、高胆红素血症、血凝时间延长（凝血因子生成不足或维生素K摄入不足）、纤维蛋白原降解产物（FDPs）轻微升高（肝脏清除功能下降）、低浓缩尿（由多种机制造成，见第二章病例10）等。虽然Deputy存在上述部分指标的异常，但没有一项是肝衰竭的特异性指标。如果需要进一步评价肝脏功能，则要检测血清胆汁酸和血氨水平。由于白蛋白是一种负急性期反应物，有严重炎症的病患，其白蛋白生成也会减少。营养因素可减少白蛋白合成，但较少见，且通常和严重的或长期饥饿以及体况差有关（见第五章病例3）。

白蛋白丢失增加也可引起低白蛋白血症。本病例中，患犬可通过渗出性皮肤病灶而丢失蛋白。其他蛋白可经腹腔渗出液或因出血而丢失，但是Deputy的临床病史中并未描述有出血现象。蛋白还可以通过胃肠道或肾脏丢失。大多数的蛋白丢失会引起白蛋白和球蛋白的同时丢失，但肾小球却是选择性地丢失白蛋白。由于本病例中患犬有低白蛋白血症同时球蛋白水平正常，所以有可能有肾小球疾病，但由于没有尿液检查结果，无法对病犬的肾小球疾病进行充分评估。Deputy有严重的炎症，应该会有相

应的球蛋白升高，但是非特异性的蛋白丢失可能会使球蛋白水平回到正常范围内。

高胆红素血症：血清胆红素升高可能是溶血引起的，这在CBC部分已分析过。肝病是引发高胆红素血症的另一个重点考虑因素。ALP和GGT升高表明可能出现胆汁淤积，然而，如果因为针对Deputy的皮肤病进行了皮质类固醇治疗，则也可能是由酶诱导剂导致的ALP和GGT升高。肝功能下降会削弱肝细胞对胆汁的吸收能力（见低白蛋白血症部分），败血症也能干扰胆汁吸收（见第二章病例8）。Deputy没有出现和败血症有关的异常白细胞象，但它的皮肤状况差，广泛性皮肤屏障功能受损可使它易发生菌血症。血凝检查中的异常指标与肝衰竭或继发于败血症的DIC相符合。

ALP和GGT升高：ALP和GGT升高提示胆汁淤积。还有很多肝外因素可导致肝酶升高；但该病例的高胆红素血症表明肝病的可能性更大。单用肝酶升高不能区别出肝脏疾病特定的病因。肝损伤可继发于很多全身性疾病，包括败血症和弥散性血管内凝血。胆汁淤积也可继发于肝细胞损伤导致的细胞肿胀。

ALT和AST升高：这些酶升高提示肝细胞损伤。ALT的肝脏特异性高于AST，AST来源于多种组织。如前述，原发性肝病应和其他多种潜在原因引起的肝细胞损伤相区别。胆汁淤积性毒性作用也会导致肝细胞损伤。该病例中，胆汁淤积酶和肝细胞酶升高程度相当，因此无法推测胆汁淤积和肝细胞损伤哪方占主导。

低胆固醇血症：这一指标异常的临床意义有限，但可能发生于肝功能低下（见第三章病

例7），肾上腺皮质机能减退（见第三章病例12），或蛋白丢失性肠病（也和淋巴细胞减少症相符合）。

血凝分析：血小板减少症、凝血时间延长、纤维蛋白原降解产物（FDPs）大于20μg/dL都和DIC相符。FDPs增多常常用来诊断DIC，但是FDPs对DIC诊断而言并不具有敏感性和特异性，肝脏衰竭也会引起清除减少而导致FDPs升高，也可能与溶血有关。肝竭病例中，凝血酶原时间（PT）和正常活化部分凝血活酶时间（APTT）都延长，但肝衰早期这些指标可能正常。PT延长和APTT正常，可见于维生素K颉颃剂中毒早期，因为外源凝血途径中的凝血因子Ⅶ半衰期短。但最终在维生素K颉颃剂作用下，PT和APTT都将延长。

病例总结和结果

从Deputy的腹腔抽出2L渗出液，对它进行了输注血浆、补充晶体液和抗生素治疗。腹部超声显示异常结节遍布肝脏和脾脏。腹腔多个淋巴结增生，胃壁增厚。肝脏细胞学检查诊断为淋巴瘤，皮肤压迹涂片提示不明病因引起的化脓性肉芽肿性炎症。由于恶病质和预后不良，对Deputy施行了安乐死。尸检发现其肝脏、淋巴结和肾上腺都有淋巴瘤浸润，而脾脏的组织学检查结果正常。遗憾的是，最终也未评价骨髓功能来解释血常规中的异常指标。无法确定皮炎病因。

虽然没有检测PTHrP水平，高钙血症的发生可归因于淋巴瘤。Deputy可以和第二章病例21（Snoopy）进行比较，Snoopy患有肝脏淋巴瘤但没有发生高钙血症。大多数患恶性肿瘤的动物血钙正常，但当血钙上升时，要考虑肿瘤

疾病。本病例还可以和Cleopatra（病例7）相比较，Cleopatra患高钙血症和高球蛋白血症并有骨痛，诊断为多发性骨髓瘤。对怀疑有恶性高钙血症的动物进行评估时，通常由临床症状或其他提示涉及特定组织器官的实验室检查结果来制订诊断计划（病例Cleopatra的骨组织和病例Deputy的肝脏）。

病例15 - 等级 3

"Zinger"，家养短毛猫，11岁，去势公猫。一个月前被诊断出患肥厚性心肌病和轻微的左心充血性心力衰竭，使用利尿剂（速尿）和阿司匹林治疗。病史中实验室检查异常结果包括肾前性氮质血症（尿相对密度1.056），被认为与心脏病有关的ALT和AST轻微升高。甲状腺指标正常。2周前，Zinger的右前肢有血栓形成，通过抗凝血剂治疗成功。今天，患猫由于连续4 d厌食、呕吐、排尿减少而被送诊。表现为脱水、精神沉郁、膀胱充盈不良、呼吸困难、呼吸频率增加。

解析

血清生化分析

高血糖症：高血糖很可能是由于应激引起的，但其没有出现相应的白细胞象。由于尿糖检测为阴性，因此糖尿病的可能相对较小。

氮质血症：氮质血症可以分为肾前性、肾性和肾后性。根据其尿浓缩力降低推断可能为肾功能衰竭，且也没有肾后性疾病的体征（腹腔积液或大而硬的膀胱）。在这个病例中，Zinger的用药史包括利尿剂，这会降低尿相对密度。在使用利尿剂之前，该猫的尿液浓缩能

血常规检查

HCT	38 %	（28 ~ 45）

生化检查

GLU	↑ 235 mg/dL	（70.0 ~ 120.0）
BUN	↑ 320 mg/dL	（15 ~ 32）
CREA	↑ 22.7 mg/dL	（0.9 ~ 2.1）
P	↑ 24.9 mg/dL	（3.0 ~ 6.0）
Ca	8.9 mg/dL	（8.9 ~ 11.6）
Mg	↑ 4.1 mmol /L	（1.9 ~ 2.6）
TP	6.2 g/dL	（5.5 ~ 7.6）
ALB	2.2 g/dL	（2.2 ~ 3.4）
GLO	4.0 g/dL	（2.5 ~ 5.8）
A/G	0.55	（0.5 ~ 1.4）
Na^+	↓ 130 mmol /L	（149 ~ 164）
Cl^-	↓ 91 mmol /L	（119 ~ 134）
K^+	↑ 7.6 mmol /L	（3.9 ~ 5.4）
HCO_3^-	↓ 9.6 mmol /L	（13 ~ 22）
AG	↑ 37 mmol /L	（13 ~ 27）
CHOL	↑ 235 mg/dL	（50 ~ 150）
CK	↑ 1 034 IU/L	（55 ~ 382）

尿液检查（导尿）

外观：黄色，澄清
尿相对密度：1.015
pH：6.5
蛋白质：2+
葡萄糖：阴性
酮体：阴性
胆红素：阴性
血红素：1+

尿沉渣
红细胞：每个高倍镜视野 0 个红细胞
白细胞：每个高倍镜视野极少白细胞
未见管型
未见鳞状上皮或变移上皮细胞
无细菌或晶体
痕量脂肪滴及细胞碎片

力正常。目前，不太可能去评定该猫的尿浓缩能力，但是它有严重的氮质血症，且即使液体不足得到纠正，氮质血症仍存在，因此我们应该考虑其肾功能下降。除了脱水外，心脏功能不足以保证足够的肾小球灌注压，也可能会引起肾前性氮质血症。利尿剂可以破坏机体通过增加容量负荷来维持灌注压的作用。

高磷血症和钙离子正常：最有可能引起该猫高血磷的原因是肾小球滤过率下降，不管引起肾小球滤过率降低的原因是肾前性、肾性还是肾后性的。组织坏死也能因细胞内的磷释放而使血磷升高。患有肾功能衰竭的小动物中，其血清钙水平可能升高、正常或降低。离子钙水平可能与总钙水平不相关。钙和白蛋白水平都处于正常范围的下限，这反映了钙与白蛋白相结合。在稀释尿中，不伴有感染迹象的蛋白尿提示肾小球性蛋白丢失，而尿蛋白/肌酐比可以定量表明该蛋白丢失。

高镁血症：与磷一样，血镁水平也可因肾小球滤过率下降而升高。一般来说，速尿的使用会引起血清镁离子下降。严重的横纹肌溶解症可导致镁离子向细胞外释放。

低钠血症与低氯血症：在该病例，最有可能引起血钠降低的原因是利尿剂，它会引起水和电解质丢失增多。校正后氯离子水平提示氯离子丢失的比例比钠离子更高，表明潜在有酸碱平衡紊乱。

高钾血症：利尿剂的使用和慢性肾衰的多尿期都会导致肾脏丢失钾离子，最终引起低钾血症。肾衰少尿期或无尿期时可能会发生高钾血症，该病例即使使用利尿剂，但结合排尿次数减少和膀胱充盈不良的病史，高血钾与肾衰

竭有关。由于发生过血栓，以及磷、镁、CK同时升高，高钾血症也可能是组织坏死引起的。还有一个较小的可能——肾上腺皮质机能减退，该病的特征变化是低钠血症、低氯血症和高钾血症，同时伴有氮质血症及尿浓缩不全（参考第五章，病例23）。

HCO_3^-下降和阴离子间隙升高：这与不可测量阴离子（如尿酸类）堆积所致的代谢性酸中毒相符。通常氯离子的变化与HCO_3^-相反，而在该病例并不是如此，因此可能发生了混合型酸碱紊乱。需要进行血气分析来了解机体全面的酸碱情况，心肺疾病和血栓病史提示呼吸性因素也是可能引起酸碱紊乱的原因。

高胆固醇血症：在小型动物中，很多潜在病因可以引起高胆固醇血症，包括代谢紊乱和内分泌病等。在该病例，高胆固醇血症很可能与肾脏疾病有关。

CK升高：提示该病例存在肌肉退化或坏死，这增加了再次发生血栓伴并发心脏病的可能。

尿液分析：在低相对密度的尿液中出现2+的蛋白质，并且伴有尿沉渣阴性，这些均与肾小球性蛋白丢失相符合。建议做尿蛋白/肌酐比以进一步评价尿蛋白丢失。鉴于该病例尿沉渣阴性，蛋白尿不太可能是由于血液污染或下泌尿道疾病造成。典型的肾小球蛋白丢失并不总是发生于低白蛋白血症中，因为一个正常功能的肝脏可以补偿上调白蛋白的生成。脱水也会掩盖低蛋白血症，该病例可能是这个情况，该猫的血清白蛋白恰好处于正常水平的下限。

病例总结和结果

尽管采取了积极的治疗，Zinger仍不产生尿液，被实施安乐死。未进行剖检，但强烈怀疑急性肾功能衰竭，且为血栓复发所致。仅少尿期的肾衰竭就可解释高磷血症、高镁血症和高钾血症，但是这些症状也符合与缺血性损伤有关的组织坏死。CK升高也支持这种解释，但猫的CK升高也可能是尿道阻塞所致。如果Zinger的确发生了蛋白丢失性肾病，抗凝血蛋白例如抗凝血酶Ⅲ的丢失可导致它的血管内容易形成异常血凝块。该病例可与Lolita（病例4）相比较，后者患有横纹肌溶解症，并且导致血磷和CK升高。但是Lolita就诊时没有发生肾病的征象。

病例16 – 等级 3

"Dive"，家养短毛猫，5岁，绝育母猫。曾丢失过7周，后来在车库被发现。体格检查发现反应迟钝、体温过低（<32.2℃）、心搏过缓（30次/min）、呼吸非常徐缓。Dive处于恶病质，体重几乎下降了一半。极度脱水，无法测出血压。立即实施气管插管以保持呼吸畅通，腹腔滴注温热生理盐水。当Dive有反应后拔管，这时采血化验，并通过静脉补液。但接下来突发全身性及四肢抽搐，呼吸停止后进行心肺复苏术。呼吸机过夜。第2天开始静脉补充营养，这时Dive体况虚弱，但比较稳定。第3天进行了输血治疗。

血常规检查

	第1天	第3天	第4天	参考范围
WBC	↓ 1.8×10^9 个 /L	11.2 个 /L	11.4 个 /L	（4.9 ~ 16.8）
Seg	↓ 0.6×10^9 个 /L	10.5 个 /L	9.1 个 /L	（2.8 ~ 11.5）
Band	0.1×10^9 个 /L	0	0	（0 ~ 0.3）
Lym	1.0×10^9 个 /L	↓ 0.5 个 /L	1.5 个 /L	（1.0 ~ 4.8）
Mon	↓ 0	0.2 个 /L	↓ 0	（0.1 ~ 1.5）
Eos	0.1×10^9 个 /L	0	0.8 个 /L	（0.0 ~ 1.4）
HCT	↓ 27 %	↓ 19 %	↓ 25 %	（39 ~ 55）
HGB	↓ 9.3 g/L	↓ 6.0 g/L	↓ 7.9 g/L	（14.0 ~ 19.1）
MCV	49.7 fL	49.9 fL	48.1 fL	（39.0 ~ 56.0）
MCHC	34.4 g/dL	33.0 g/dL	33.0 g/dL	（33.0 ~ 36.0）
血小板	218×10^9 个 /L	足量	成簇	（181 ~ 525）

红细胞形态：第1天可见海因茨小体

生化检查

	第1天	第3天	第4天	参考范围
GLU	83 mg/dL	↑ 200 mg/dL	↑ 348 mg/dL	（70.0 ~ 120.0）
BUN	↑ 47 mg/dL	16 mg/dL	23 mg/dL	（15 ~ 32）
CREA	1.2 mg/dL	↓ 0.5 mg/dL	↓ 0.4 mg/dL	（0.9 ~ 2.1）
P	5.6 mg/dL	4.0 mg/dL	↓ 1.9 mg/dL	（3.0 ~ 6.0）
Ca	9.4 mg/dL	↓ 8.0 mg/dL	8.9 mg/dL	（8.9 ~ 11.6）
Mg	↑ 3.4 mmol/L	↓ 1.4 mmol/L	2.5 mmol/L	（1.9 ~ 2.6）
TP	↓ 5.2 g/dL	↓ 4.2 g/dL	↓ 5.0 g/dL	（6.0 ~ 8.4）
ALB	2.9 g/dL	↓ 2.3 g/dL	2.6 g/dL	（2.4 ~ 3.9）
GLO	↓ 2.3 g/dL	↓ 1.9 g/dL	↓ 2.4 g/dL	（2.5 ~ 5.8）
Na^+	162 mmol/L	↓ 146 mmol/L	↓ 140 mmol/L	（149 ~ 164）
Cl^-	127 mmol /L	↓ 102 mmol/L	↓ 93 mmol/L	（119 ~ 134）
K^+	4.4 mmol /L	↓ 3.5 mmol/L	↓ 2.0 mmol/L	（3.6 ~ 5.4）
HCO_3^-	17 mmol /L	↑ 37 mmol/L	↑ 39 mmol/L	（13 ~ 22）
TBIL	0.2 mg/dL	↑ 0.9 mg/dL	↑ 0.4 mg/dL	（0.1 ~ 0.30）
ALP	↑ 94 IU/L	↑ 118 IU/L	↑ 123 IU/L	（10 ~ 72）
GGT	3 IU/L	< 3 IU/L	< 3 IU/L	（0 ~ 4）
ALT	91 IU/L	76 IU/L	66 IU/L	（29 ~ 145）
AST	↑ 135 IU/L	↑ 156 IU/L	↑ 79 IU/L	（12 ~ 42）
CHOL	106 mg/dL	119 mg/dL	144 mg/dL	（50 ~ 150）
TG	141 mg/dL	↑ 211 mg/dL	88 mg/dL	（25 ~ 191）
AMY	717 IU/L	487 IU/L	559 IU/L	（362 ~ 1 410）

解析

CBC：最初，Dive有显著的中性粒细胞减少症，这是由于体温过低导致中性粒细胞附集于血管壁引起的。第3天时，可能因皮质类固醇效应，该病例有轻度淋巴细胞减少症。单核细胞减少症没有临床意义。在Dive住院治疗期间，一直存在严重程度不同的正细胞正色素性贫血。第3天比第1天有所下降是因为脱水之后的补液造成了血液稀释。慢性疾病和慢性营养不良是导致它贫血的最主要原因，但患猫还应该做检查以排除跳蚤/虱、胃肠道寄生虫等可能引起PCV进一步降低的病因。因为第一天出现了海因茨小体，可能还存在溶血的情况。海因茨小体对猫的临床意义取决于小体的数量和大小。体质虚弱的猫经常会有海因茨小体，但与贫血无关。第3天输血治疗后使得第4天的PCV有所上升。

血清生化分析：第1天

BUN升高而肌酐正常：由于Dive脱水严重，灌流量不足，在开始治疗之前无法获取尿液。由于体液量不足，BUN升高很可能反映了肾前性因素。无法确循环衰竭的持续时间，可能肾脏已经损伤，因此应仔细监测指示肾功能下降的指标。在该病例表现脱水和肾前性氮质血症的情况下，饥饿导致的肌肉显著消耗导致肌酐水平更低。

高镁血症：镁离子异常反映了继发于脱水的肾小球率过滤下降。

低蛋白血症、低球蛋白血症：正如第3天化验结果所示，一旦脱水得到纠正，这些指标会更低。进食严重不足可能导致低蛋白血症，这应该是Dive低蛋白血症的原因。虽然大多数饥饿患病动物会发生低白蛋白血症而球蛋白正常（见第五章，病例3），但并不是一定的，也可能出现可逆性的低球蛋白血症（Kaneko）。其他可造成球蛋白降低的原因还包括多种免疫缺陷，但该病例不像这种情况。若是由出血、体腔积液、胃肠道损伤或弥漫性渗出性真皮损伤所致，球蛋白减少会伴有白蛋白减少（见Deputy，病例14）。

ALP升高：造成猫ALP升高的非特异性因素比犬少，该患猫ALP升高很有可能是由于肝脏病变所致。鉴于严重的体重减轻和正常的GGT，该猫很可能患有脂肪肝。很多脂肪肝患猫胆红素和ALT会升高，但Dive没有出现此情况。其他造成ALP升高的因素包括灌流量不足、败血症、外伤或甲状腺机能亢进，但青年猫很少出现甲状腺机能亢进。

AST升高：AST升高通常指示肝脏或肌肉组织病变，但是ALT却没有升高，不能判定为肝细胞损伤。没有检测CK值以进一步评价肌肉组织状态。同ALP一样，灌流不足、外伤、败血症和甲状腺机能亢进也可以引起AST升高。

血清生化分析：第3天和第4天

高血糖：一段时间的饥饿后给予营养支持常会发生碳水化合物不耐受和胰岛素抵抗作用，但其发生机制仍未知（Brooks，Miller）。

肌酐下降：可能与肌肉量减少和纠正脱水相关。

低磷血症：低磷血症是再饲喂综合征中最经典的现象。主要机制包括饮食摄入减少、胃肠道吸收不良（肠绒毛萎缩使吸收面积减少），磷向细胞内转移（Miller）。呼吸性而非代谢性碱中毒会促进磷转运入细胞，因为细胞内pH升高会促进糖酵解。有报道称低磷血症也发生于经肠道供给营养治疗的患有糖尿病和脂肪肝的猫（Justin）。

低钙血症：第3天的血钙异常可能与白蛋白下降有关。低白蛋白血症不是再饲喂综合征的特征。

低镁血症：镁离子降低与饮食缺乏和肌肉组织分解代谢后从肾脏丢失有关。当开始供给营养时，组织开始修复和再生，镁的需要量增加，进一步消耗了机体的镁离子。

低钠血症：可能的原因是高血糖症时渗透压增大使水进入循环，继发了稀释性低钠血症。饥饿导致钠水潴留，如果水潴留超过了钠潴留，血清中钠的浓度就会降低。人继发于饥饿后的体液潴留和心脏动力不足会引发充血性心力衰竭。不存在明显的钠丢失途径。

低氯血症和HCO_3^-升高：部分氯离子降低与钠离子降低有关，但是氯离子的下降程度比钠的下降程度更大，表明有潜在的酸碱失衡。

纠正后的氯离子浓度第3天为109 mmol/L，第4天为104 mmol/L。Dive的低氯性碱中毒可能与呕吐和使用利尿剂相关。再饲喂综合征患者会出现碱中毒，但机理不明。

低钾血症：对饥饿患者进行营养支持治疗后，食物摄入不足和胰岛素刺激造成的细胞对钾离子的摄取会造成严重的低钾血症。

高胆红素血症伴随ALP和AST升高：见第1天的解析。胆血红素升高与脂肪肝导致的胆汁淤积相关，这与ALP的升高一致。严重的低磷酸盐血症可能导致溶血性贫血，但这常发生在血清中磷离子浓度低于1.0 mg/dL时。

病例总结和结果

在第3天和第4天，低磷、低镁、低钾的典型指标异常表明发生了再饲喂综合征，在纠正矿物质和电解质紊乱之前，应暂时停止营养支持。与此同时，通过补充硫胺素进行更保守的支持治疗。在住院治疗的第2周，Dive已可接受肠道喂食，偶尔能自主进食少量食物，并开始接受物理治疗。到第3周，Dive还是极度虚弱，但可以独立行走几步，被主人接回家继续护理治疗。出院后第10天进行复查，Dive的食欲和行动力渐渐恢复，但后肢还是轻微发软。

Dive的情况说明即使极度的饥饿也只会导致血清生化指标的相对轻微异常。人在饥饿时，新陈代谢从主要利用碳水化合物变为利用脂肪、酮体和自由脂肪酸供能，胰岛素水平下降。当再次摄入碳水化合物或再次进食时，磷、镁、钾等离子快速转运至细胞内，出现骨骼肌系统和神经系统的机能障碍等临床症状。由于碳水化合物的重新摄取以及需求的增加，导致硫胺素消耗加剧，从而造成相应临床症状

的出现（Crook）。目前对于猫这些病理进程的程度只是一种推测，猫有更多的蛋白依赖性代谢过程，其机制仍不清楚（Zoran），但是此病例阐明许多与报道的人类疾病的相似之处。

病例17 - 等级3

"June"，爱尔兰软毛㹴，10岁，绝育母犬。有严重水样腹泻的病史。腹泻导致体重减轻和厌食，但未观察到呕吐症状。主诉June饮水量大。就诊时反应机敏正常，但状态较虚弱，脱水程度达5%；June较为瘦弱，肌肉萎缩。听诊无明显异常，但触诊时腹部轻度紧张。

解析
没有提供CBC数据。

血清生化分析

高血糖：血糖轻度升高可能跟餐后效应、应激、糖皮质激素治疗有关。大部分糖尿病病例的血糖会大幅超过参考范围。

BUN降低：BUN小幅下降可能和肝脏功能不足有关，这也可以解释白蛋白下降和胆固醇下降。肝酶指标升高也符合肝脏病变。可测定肝功能特异性指标如血清胆汁酸。此外，BUN降低也可能和低蛋白饮食、多饮、尿浓缩不良等病史有关。

血清肌酐降低：该值降低可能与病史中描述的动物肌肉萎缩有关。液体潴留、血容量扩张也可能导致肌酐下降，但患病动物临床检查呈脱水状态。

低钙血症和低磷血症：部分低钙血症可能与低白蛋白血症有关，然而在犬蛋白丢失性

生化检查

GLU	↑	127 mg/dL	（75.0 ~ 117.0）
BUN	↓	7 mg/dL	（9 ~ 31）
CRE	↓	0.3 mg/dL	（0.6 ~ 1.6）
P	↓	3.0 mg/dL	（3.3 ~ 6.8）
Ca	↓	6.9 mg/dL	（9.3 ~ 11.5）
Mg	↓	1.6 mmol/L	（1.7 ~ 2.4）
TP	↓	3.0 g/dL	（5.0 ~ 6.9）
ALB	↓	1.5 g/dL	（2.7 ~ 3.7）
GLO	↓	1.5 g/dL	（1.9 ~ 3.3）
Na^+	↓	141 mmol /L	（145 ~ 153）
Cl^-		116 mmol /L	（109 ~ 118）
K^+		5.2 mmol /L	（3.6 ~ 5.3）
AG		18.2	（15 ~ 28）
HCO_3^-	↓	12 mmol /L	（15 ~ 25）
TBIL		0.2 mg/dL	（0.1 ~ 0.5）
ALP	↑	352 IU/L	（8 ~ 139）
GGT	↑	17 IU/L	（2 ~ 10）
ALT	↑	617 IU/L	（22 ~ 92）
AST	↑	138 IU/L	（16 ~ 44）
CHOL	↓	85 mg/dL	（143 ~ 373）
AMY		438 IU/L	（275 ~ 1 056）

尿液分析（膀胱穿刺）

外观：黄色，轻微混浊
尿相对密度：1.009
pH：6.0
葡萄糖、胆红素、酮体：阴性
潜血：2+
蛋白质：1+
尿沉渣：只有少量红细胞

肠病中也有报道显示离子钙降低（Kimmel，Kull，Melzar）。推测钙、磷降低是由于消化道吸收减少或维生素D吸收障碍导致的。长期多尿也可导致磷从肾脏丢失。

低镁血症：低镁血症可反映镁摄入不足和胃肠道丢失，但也不能排除肾脏丢失。维生素D缺乏也可导致低镁血症。和钙一样，具有生物学活性的镁是以离子形式存在的。如果出现了可疑的临床症状，就需要测定离子镁水平。

泛蛋白减少症：白蛋白和球蛋白同时降低说明为非选择性的蛋白丢失。在June这一病例中，可能是通过胃肠道丢失造成的。食物摄入不足可加重这种丢失。由于蛋白丢失性肾病和蛋白丢失性肠病都是爱尔兰软毛㹴的临床综合征（Littman），所以白蛋白还可能通过肾脏丢失。该病例出现了蛋白尿。由于尿液被稀释，尿液丢失蛋白的程度需要通过尿蛋白/肌酐的比值进行判断。

轻度低钠血症，但血氯正常：钠离子下降可能跟胃肠道或者肾脏丢失有关。厌食很少引起低钠血症。水潴留可以稀释血清钠，但脱水可排除这种可能。

HCO_3^-降低（酸血症）：这一指标异常反映了腹泻丢失的液体中可能含有碳酸氢根离子。灌注不良和脱水也可导致乳酸酸中毒，但是阴离子间隙处于参考范围内，这一解释不太可能。

ALP和GGT升高：正如第二章中所讨论的，犬ALP升高是一个非特异性变化，可能与药物作用、内分泌疾病、循环系统失调、骨病、胆汁淤积性肝病有关。严重胆汁淤积性肝病时，胆红素水平不会正常。进一步询问动物主人得知，June接受过低剂量糖皮质激素治疗。但该病例中，GGT改变程度比ALP大，这不是糖皮质激素单独作用的效果。June可能有潜在的肝脏疾病，肝酶升高也可能继发于肠道病变。有报道称不管有没有相应的组织病理学变化，肠道淋巴管扩张都与肝酶升高有关（Melzer）。

ALT和AST升高：这两个酶的升高提示一定程度的肝细胞损伤。升高的具体原因不确定，和ALP、GGT类似。

低胆固醇血症：肠道抵抗性差、乳糜管破裂造成的胆固醇丢失导致低胆固醇血症。

病例总结和结果

超声检查发现肝脏正常。内镜活组织检查发现胃的固有层被淋巴细胞、浆细胞、嗜酸性粒细胞轻度浸润。超声检查还发现多段肠道都出现了相似的炎性细胞浸润，淋巴管扩张。淋巴管扩张可能继发于炎性反应，可通过免疫调节改善。最后，医生增加了June的泼尼松治疗剂量，并且加用了其他免疫抑制类药物。

爱尔兰软毛㹴的遗传性蛋白丢失性肠病为鉴别诊断之一，大多发生于年龄更小时（通常在5岁左右）（Littman）。该病的发生机理仍不明确，食物评估（包括谷蛋白敏感性）仍有异议（German）。鉴别遗传性和自发性蛋白丢失性肠病非常重要，因为遗传性蛋白丢失性肠病预后不良（Littman）。根据评分指数对炎性肠病的严重程度进行分级，可监测治疗效果，方便病畜间进行对比，但通常不进行实验室检查的评估（Jergens）。

病例 18 - 等级 3

"Glamor"，漆马，1岁，雌性，腹泻、精神沉郁、黏膜暗红、口鼻黏膜与皮肤交界处溃疡。其下颌骨内侧区明显肿胀，并且从鼻孔和口部流出大量脓汁。双侧下颌淋巴结有窦道。整个肺野能听到明显的湿啰音，腹侧湿啰音更严重。心率加快，毛细血管再充盈时间延长。右眼一半角膜有大面积溃疡。之前有使用过量非甾体类消炎药治疗。

气管冲洗：涂片中有大量退行性中性粒细胞，伴有少量至中量黏液。在细胞内外可见大量各种形态的细菌。既有革兰氏阴性菌，也有革兰氏阳性菌（图6-4）。

解析

CBC：Glamor中性粒细胞增多，并出现中毒性中性粒细胞，体积机体有炎症反应。

血清生化分析

轻微的高血糖：该变化与应激有关。

伴有尿浓缩不全的氮质血症：对于脱水动物来讲，尿液浓缩不全且肌酐和尿素氮升高，提示氮质血症为肾性的，也可能同时存在部分肾前性因素。Glamor有电解质紊乱，提示肾髓质冲洗可能会最大程度的损害尿液浓缩能力。在电解质失衡得到纠正之后，应重新检查肌酐、尿素氮和尿相对密度。

低钙血症和高磷血症：由于血清白蛋白低，Glamor的总钙浓度可能降低。使用高剂量非甾体类抗炎药物治疗脱水的马可能会导致急

血常规检查

WBC	↑ 18.5 × 10⁹ 个 /L	（5.9 ~ 11.2）
Seg	↑ 15.9 × 10⁹ 个 /L	（2.3 ~ 9.1）
Band	0	（0 ~ 0.3）
Lym	2.2 × 10⁹ 个 /L	（1.0 ~ 4.9）
Mon	0.4 × 10⁹ 个 /L	（0 ~ 1.0）
Eos	0	（0.0 ~ 0.3）
白细胞形态：中性粒细胞呈轻度中毒性变化		
HCT	43 %	（30 ~ 51）
RBC	12.3 × 10¹² 个 /L	（6.5 ~ 12.8）
HGB	16.5 g/dL	（10.9 ~ 18.1）
MCV	35.0 fL	（35.0 ~ 53.0）
MCHC	38.0 g/dL	（34.6 ~ 38.0）
红细胞形态：轻微异形红细胞症		
血小板：凝集成簇，但数量足量		
血浆颜色：正常		
纤维蛋白原	400 mg/dL	（100 ~ 400）

生化检查

GLU	↑ 117 mg/dL	（75 ~ 115）
BUN	↑ 143 mg/dL	（11 ~ 26）
CREA	↑ 5.6 mg/dL	（0.9 ~ 1.9）
P	↑ 14.3 mg/dL	（1.9 ~ 6.0）
Ca	↓ 10.0 mg/dL	（11.0 ~ 13.5）
Mg	↓ 1.5 mmol/L	（1.7 ~ 2.4）
TP	↑ 7.7 g/dL	（5.6 ~ 7.0）
ALB	↓ 2.1 g/dL	（2.4 ~ 3.8）
GLO	↑ 5.6 g/dL	（2.5 ~ 4.9）
A/G	↓ 0.4	（0.7 ~ 2.1）
Na+	↓ 118 mmol /L	（130 ~ 145）
Cl⁻	↓ 71 mmol /L	（97 ~ 105）
K⁺	3.2 mmol /L	（3.0 ~ 5.0）
HCO₃⁻	↓ 13 mmol /L	（25 ~ 31）
AG	↑ 37.2 mmol /L	（7 ~ 15）
TBIL	2.5 mg/dL	（1.9 ~ 3.7）
ALP	255 IU/L	（109 ~ 352）
GGT	16 IU/L	（5 ~ 23）
AST	↑ 602 IU/L	（180 ~ 570）
LDH	↑ 622 IU/L	（140 ~ 440）
CK	↑ 1081 IU/L	（80 ~ 350）

尿液检查

尿相对密度：1.013

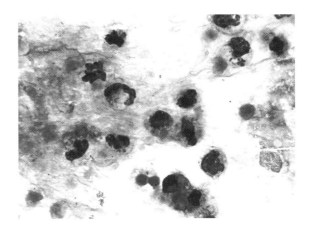

图 6-4 马气管冲洗出的黏液和化脓性炎症
（见彩图 28）

性肾功能衰竭，表现为氮质血症、低钙血症和高磷血症。不太可能是甲状旁腺功能减退，但甲状旁腺功能低下会出现低镁血症。Glamor的血清总镁浓度低，但应该检查具有生物活性的离子镁，来评价甲状旁腺功能，验证是否为甲状旁腺功能减退引起低镁血症。

低镁血症：摄入量减少、胃肠丢失增加共同作用，导致低血镁症。由于绝大部分血清镁会与蛋白相结合，低蛋白血症可能会影响血清总镁浓度。

高蛋白血症、低白蛋白血症和高球蛋白血症：白蛋白降低而球蛋白升高提示要么是白蛋白生成减少，要么是白蛋白选择性丢失。由于白蛋白是负急性期反应产物，炎症时会出现白蛋白生成减少。严重或者长时间饥饿会导致白蛋白的利用增加，降低白蛋白的生成，但这个病例中Glamor的身体状况良好，因此不太可能发生。另外，肝功能严重下降也会导致白蛋白生成减少，这个病例不能排除这种情况。该病例没有进行特异性肝功能检查，如血氨和血清胆汁酸检查，但其血清胆红素、ALP和GGT正常，因此肝功能衰竭的可能性不大。肾小球疾病也可导致白蛋白选择性丢失；通过测定尿蛋白/肌酐比可以定量分析蛋白丢失。虽然非常怀疑该病例存在肾脏疾病，但该病例没有评估蛋白尿。其他可导致蛋白丢失的途径包括为胃肠道（有腹泻病史）和窦道丢失。同时发生的球蛋白丢失可能被炎症引起的球蛋白显著升高所掩盖（急性期反应物和免疫球蛋白）。

低钠血症和低氯血症：电解质很可能是通过肾脏或胃肠道过度丢失的，但也有可能是第三间隙丢失入胸腔和渗出丢失。氯离子与钠离子不成比例的降低，且氯离子降低的程度比钠离子严重。这种现象可见于氯离子优先丢失或单独从某段肠道丢失，但是这一般与碱血症有关。一般来说，HCO_3^-和氯离子的变化相反，除非有混合性酸碱紊乱，但该病例可能就是混合性酸碱紊乱。

伴有阴离子间隙增加的HCO_3^-下降：伴有阴离子间隙升高的酸中毒与不可测量的有机酸蓄积有关。在这个病例中，根据临床病史和化验数据来看，有可能是尿毒症性酸中毒和乳酸酸中毒。由于存在明显的呼吸系统疾病，并且实验室数据表明可能存在酸碱紊乱，有必要进行血气分析，以充分解释这些异常变化。

AST、LDH和CK升高：AST和LDH升高与肝脏疾病有关。单独的肠道疾病可导致继发肝脏出现继发性病理变化，因为门静脉血液向肝脏运送了大量的细菌、细菌毒素和炎性介质。这些酶并不是肝脏特异性酶，有可能来源于肌肉。由于胆红素、ALP和GGT都在参考范围之内，而CK升高说明肌肉受损，所以可能不存在肝脏疾病。肌肉受损可能是继发于脱水和败血症的灌注不良引起的、也可能是继发于呼吸系统疾病的血氧不足、或者在运输或肌内注射导致的肌肉损伤。

气管冲洗：这一结果与化脓性感染相符。

病例总结和结果

对Glamor进行静脉补液治疗，并给予抗生素和局部眼药。药物治疗对它眼睛的损伤没有太大作用，最终角膜穿孔，随后进行了手术治疗。伴随着血清蛋白浓度下降，Glamor的体况仍然非常差，蛋白水平低，因此给它进行静注血浆治疗。随着治疗，它的呼吸状态和氮质血症得到了很大改善，但是几天之后，Glamor开始从静脉穿刺处大量出血。它的凝血时间在参考范围之内，但是血小板减少。Glamor当天死亡。尸检发现Glamor有多发性肺脓肿、严重小肠炎以及结肠溃疡。双肾皆存在多个坏死灶，证实存在急性肾功能衰竭。

在之前的章节中有多种动物急性肾衰病例，可以与Glamor的急性肾衰进行对比。可以将钙、磷的数据与Nevada（病例9）进行对比，Nevada患的是短期内恶化的慢性肾衰。Glamor的低钙和高磷症状更符合马的急性肾脏疾病，但Nevada的血磷偏低，而血钙升高，符合慢性肾衰的特征。Nevada这种类型的疾病与Margarite一样（第五章，病例9）。在这本书中怀疑患有肾前性氮质血症的马（病例8；第五章病例19）都有高磷血症，其血清总钙正常或偏低。尿液浓缩能力对于区分慢性肾衰和肾前性氮质血症来说非常重要。对于肾功能低下的马，日粮中的钙对血清钙的数据也有影响。

回顾

钙、磷和镁的调节非常复杂，并且非相关系统的疾病也可以影响这些数据。

第一步：当缺乏临床症状时，需要反复去检查来证实任何异常化验指标。以排除人为原因，例如用含EDTA的管收集样品，或者是未明原因的出现低磷血症的假象，而重复采样检查后则能消除（病例1）。

第二步：评价血清蛋白水平。血清蛋白升高或降低都会影响血清总钙和总镁的值，因为这些离子与蛋白结合（病例7、10、13、16、

17、18）。

第三步：考虑年龄和生殖状况的影响。幼年动物血清钙或磷升高与其骨骼生长有关；有时也伴发ALP升高。对于老年动物，其他一些原因（包括感染性疾病或者肿瘤导致的骨骼重塑）也会导致动物出现类似的变化。胎儿发育期或者哺乳期的需求可能会使血清钙降低（病例2，第二章病例1）。

第四步：评价患病动物是否有肾脏疾病的迹象。肾脏疾病对血清钙、磷的影响因肾脏疾病和动物种类的不同而各异。总的来说，血磷会因肾小球滤过率下降而升高（病例8），而总钙和离子钙的变化则不好确定，尤其是小动物。对于马来讲，慢性肾衰经常出现高钙血症、伴有或者不伴有低磷血症（病例9），而急性肾衰更有可能出现低钙血症和高磷血症（病例17）。尿道阻塞的猫有时也会发生低钙血症（第五章病例7）。在一些病例中，高钙血症是肾功能低下的原因，而非肾功能低下的结果（病例6、7、14）。在另外一些病例中，中毒（乙二醇）可能同时导致肾脏疾病和钙、磷异常（病例12）。蛋白丢失性肾病常出现低血钙，因为白蛋白降低（见第二步）。

第五步：考虑胃肠道和胰脏疾病的影响。马的疝痛和小动物的胰腺炎都能够导致低钙血症，这也许与肾前性因素改变肾小球的滤过率有关，它影响了磷的平衡（第五章病例19）。改变胃肠道渗透性的疾病也可以影响钙、磷和镁在体内的平衡。

第六步：考虑发生甲状旁腺的疾病的可能。当出现离子钙降低而又找不到其他原因时，应考虑原发性甲状旁腺机能减退。这时

检查甲状旁腺激素（PTH）是很有用的（病例3）。当排除了其他可造成离子钙升高的原因时，应考虑原发性甲状旁腺机能亢进。检查颈部甲状旁腺区域是否存在肿块有助于确诊（病例5）。

第七步：考虑是否存在可能引起钙磷变化的非甲状旁腺的内分泌疾病。猫的甲状腺机能亢进会使血清磷增加，肾上腺疾病会改变血清总钙（病例13）水平。一些恶性肿瘤会产生PTHrP或者其他因子而导致血钙升高（病例14）。

第八步：考虑是否有原因导致磷向细胞内外转移。细胞内磷水平较高，组织受伤或坏死时磷可能会泄漏（病例4、15）。相反，磷会因胰岛素的作用而转移到细胞内。

第七章

电解质和酸碱功能评估

研究背景

电解质和酸碱平衡的调节非常复杂。虽然一些基础调节机制会影响平衡，不过针对某一具体病例，很难判断平衡紊乱的真正原因，尤其是那些出现多重或复合性紊乱的病例。兽医文献中记录的一些病生理机制似乎有种属特异性，一些机制是从人类医学机制直接类推过来的，家养动物并没有相关记载。因此，在解释这些平衡发生紊乱的发病机制时，有些可能只是推测性的。和其他指标一样，电解质和酸碱平衡参数的判读也必须建立在病史调查、体格检查和其他实验室检查基础之上。电解质和酸碱平衡的影响因素很多，例如饮食、疾病严重

程度和持续时间，以及治疗效果等。因此，很难判断电解质异常是由哪种特定因素引起的。本章将有数个病例阐述这一现象，它们的初步诊断相同，但临床生化检查结果各异。

血液中的电解质浓度反映细胞外液成分，并不能反映细胞内成分或者机体存储的电解质。血清电解质浓度是机体得失的总和，包括胃肠道、肾脏、皮肤、第三间隙（体腔和间质）和细胞内间隙。另外，血清电解质浓度还受血管内自由水含量的影响，因此，判读电解质还要结合机体的水合状态。例如，一个出血的患病动物会同时丢失水和电解质，机体刚发生出血时，虽然血管内电解质丢失，但其电解质检查结果可能正常。肾脏代偿性水潴留和口渴（假定患病动物正在饮水）都会导致血钠浓

度暂时下降，直到其他机制影响电解质的代谢。红细胞比容和总蛋白浓度可进一步反映机体自由水的平衡状态，但原发疾病或者继发疾病也会影响电解质和蛋白质的生成与丢失。在一些病例中，多种异常综合起来，最后检查结果反而正常，这可能是由于潜在的病理变化被掩盖。

参照常规生化检查的参数，可以用来评估机体的酸碱状态。HCO_3^-间隙和氯离子可提供一些机体酸碱状态的信息，但另一些病例，则需要血气分析来进一步评估。酸碱和电解质的调节相互联系，因此要对这些数据进行综合评估。患有胃肠道和/或肾脏疾病的动物容易出现酸碱紊乱和电解质紊乱，因为这些器官对离子的吸收及代谢起着关键作用。本书并不讨论详细完整的电解质和酸碱生化等生理学理论，建议读者在学习本章病例之前，先阅读相关书籍。

钠

钠离子是细胞外液和血清中主要的阳离子，机体依靠钠离子来驱动细胞转运系统和吸收水分。钠离子的测量方法有离子选择电极法和火焰光谱法，患病动物存在高脂血症或高蛋白血症时，火焰光谱法存在较大误差，而离子选择电极法几乎不受影响，因此后者应用更为广泛。离子选择电极法采用直接电位法进行测量，样本不需稀释，且脂质不会干扰电解质浓度。但如果研究者采用间接电位法进行测量，则样本需要稀释，严重脂血症样本的电解质测量值会出现假性降低。如果一个乳糜血清样本中钠和氯的检测值都降低，需要采取其他检测方法来加以证实，这可以根据需要选择你熟悉

的实验方法来测量样品。

如上文所述，血清钠离子浓度反映血管中钠与水的比例，因此可能会受到自由水平衡的影响，而自由水平衡不依赖于机体钠浓度的变化。同样，钠和水成比例丢失时血清钠离子浓度将表现正常，虽然机体出现脱水，而且钠的总含量下降。血清钠离子主要受肾素-血管紧张素-醛固酮系统和血浆渗透压的调节，机体通过中枢机制包括释放抗利尿激素调节血浆渗透压。

高钠血症

1. 摄入增加。
2. 肾脏排泄能力下降。
3. 缺水导致钠浓缩。

血钠正常

水和钠等比例丢失或摄入。

低钠血症

1. 摄入减少。
2. 丢失增加。
3. 自由水潴留导致钠离子稀释。

氯

与钠离子相似，细胞外液富含氯离子，而细胞内氯离子很少，其浓度取决于细胞的静息电位。氯离子是肾小球滤过的主要阴离子，参与酸碱平衡，并在调节渗透压中起着重要作用。与钠离子类似，氯离子跨膜运动能驱动跨细胞运输。很多病例中，随着离子得失和体液转移，血清氯离子浓度变化反映出钠离子的等比例变化。当氯离子变化与钠离子不成比例时，就要考虑机体的酸碱状态。要判断氯离子是否与钠离子呈等比例变化，需要计算校正氯离子浓度，公式为（Cl^-）校正 ＝（Cl^-）× 钠离

子正常范围的中间值/（Na^+）。在相对简单的酸碱紊乱疾病中，氯离子和碳酸氢盐的变化往往相反。若变化不是这样，则可能是混合性酸碱紊乱。解读氯离子的方法和钠离子相似。另外，一些电解质测量设备可能会将溴化钾（KBr）中的溴离子（Br^-）当做氯离子（Cl^-）来测量，从而导致氯离子假性升高。

高氯血症

1. 与钠离子等比例变化，见高钠血症。

2. 与钠离子不成比例变化，酸碱紊乱。

血氯正常

1. 见血钠正常。

2. 如果患病动物血钠升高，并伴随血清碳酸氢盐下降，血氯正常可能是不正常的表现。

低氯血症

1. 与钠离子等比例变化，见低钠血症。

2. 与钠离子不成比例变化，酸碱紊乱，钾离子潴留，或者使用利尿剂。

钾

钾是细胞内主要的阳离子，然而，血清水平和细胞外液接近，浓度很低。由于大多数钾在细胞内，不能在常规检查中测量出来，因此血钾浓度不能显示机体钾的总量。钾离子科维持多种酶维的正常功能，也是构成细胞膜静息电位的关键离子。动物在出现高钾血症或低钾血症时出现一些临床症状，是因为细胞的静息电位改变之后，细胞的兴奋性发生变化。和钠离子、氯离子相似，也采用离子选择电极法和火焰光谱法测量钾离子浓度。与其他电解质一样，血清钾离子水平反映了摄入和丢失的总和，但是钾离子浓度更易受细胞跨膜转运的影响。由于钾离子主要位于细胞内，因此跨膜转运的影响比其他电解质大得多。胰岛素和儿茶酚胺刺激会使钾离子转移至细胞内，而组织损伤会引起细胞内钾离子释放。由于酸中毒时氢离子内流，钾离子会转移至细胞外，以起到代偿作用，因此出现腹泻和肾脏病变的无机酸中毒可能会引起高钾血症。有机酸中毒和呼吸性酸碱紊乱中，这种变化没有那么明显。总体来讲，钾离子的食物摄取量和尿液排出量相当。粪便可以排泄少量钾离子，但是当肾脏排钾能力下降时，为了维持机体内环境稳态，结肠排泄量会相应增加。

高钾血症

1. 摄入增加。

2. 排泄减少。

3. 细胞跨膜转运。

血钾正常

异常摄入、排泄、跨膜转运作用相互累积会导致血钾测量结果正常，尽管钾离子平衡可能已经发生了显著变化。

低钾血症

1. 摄入减少。

2. 丢失增加。

3. 细胞跨膜转运。

碳酸氢盐

碳酸氢盐是体内酸碱平衡的主要缓冲剂。红细胞、肾小管细胞、胃黏膜都能利用水和二氧化碳生成碳酸氢盐。

血清碳酸氢盐增加（碱中毒）

1. 氢离子丢失增加。

2. 碳酸氢盐生成增加。

血清碳酸氢盐下降（酸中毒）

1. 碳酸氢盐丢失或者消耗。

2. 酸生成增加。

3. 酸排泄减少。

阴离子间隙

阴离子间隙是计算出来的一个值，用来评估生化检查时没有专门测量的离子浓度。由于机体的电生化为中性，因此"阴离子间隙"即为阴离子和阳离子测量值之差。

阴离子间隙=（[Na$^+$]+[K$^+$]）–（[Cl$^-$]+[HCO$_3^-$]）

正常阴离子间隙组成为：带负电的蛋白质、有机酸、磷酸盐和硫酸盐，这些物质浓度波动会影响阴离子间隙。多种有机酸积聚后也会使阴离子间隙增加，包括乳酸、酮酸或者一些化合物的代谢物，例如乙二醇。因此，阴离子间隙增加常提示酸中毒。

阴离子间隙增加

1. 生成增加或者是内源性酸蓄积。

2. 中毒或者有毒化合物代谢引起内源性阴离子增加。

3. 高白蛋白血症并伴随脱水。

阴离子间隙减小（非特异性变化，往往不会影响临床判读）

1. 阳离子蛋白增加，例如免疫球蛋白。

2. 低白蛋白血症。

病例1 – 等级1

"Devo"，金毛寻回猎犬，8岁，去势公犬。就诊时，患犬表现为胸骨部着地不能站起，表情呆滞，对外界刺激无反应。此外，Devo有癫痫病史。

解析

白细胞：轻度成熟中性粒细胞增多症，可能是轻微炎症的表现。

血常规检查

WBC	↑ 17.9×10^9 个 /L	（6.0 ~ 17.0）
Seg	↑ 16.3×10^9 个 /L	（3.0 ~ 11.0）
Band	0	（0 ~ 0.3）
Lym	1.1×10^9 个 /L	（1.0 ~ 4.8）
Mon	0.5×10^9 个 /L	（0 ~ 1.3）
Bas	0	（0 ~ 1.3）
白细胞形态：未见明显异常		
HCT	38 %	（37 ~ 55）
MCV	70.4 fL	（60.0 ~ 75.0）
MCHC	35.0 g/dL	（33.0 ~ 36.0）
红细胞形态：未见明显异常		
血小板：足量		

生化检查

GLU	71 mg/dL	（65.0 ~ 120.0）
BUN	22 mg/dL	（8 ~ 29）
CREA	0.7 mg/dL	（0.5 ~ 1.5）
P	3.9 mg/dL	（2.6 ~ 7.2）
Ca	11.2 mg/dL	（8.8 ~ 11.7）
Mg	2.2 mmol/L	（1.4 ~ 2.7）
TP	7.2 g/dL	（5.2 ~ 7.2）
ALB	3.6 g/dL	（3.0 ~ 4.2）
GLO	3.6 g/dL	（2.0 ~ 4.0）
Na^+	150 mmol/L	（142 ~ 163）
Cl^-	↑ 153 mmol/L	（111 ~ 129）
K^+	5.1 mmol/L	（3.8 ~ 5.4）
HCO_3^-	24 mmol/L	（15 ~ 28）
TBIL	0.10 mg/dL	（0.10 ~ 0.50）
ALP	255 IU/L	（109 ~ 352）
GGT	4 IU/L	（3 ~ 10）
AST	34 IU/L	（15 ~ 52）
CHOL	242 mg/dL	（110 ~ 314）
TG	54 mg/dL	（30 ~ 300）
Amy	599 IU/L	（400 ~ 1 200）

尿液检查：未注明尿液采集方式

外观：黄色，混浊
SG：1.027
pH：5.0
蛋白：微量
葡萄糖、酮体、胆红素：阴性
血红素：1+

尿沉渣
红细胞：每个高倍镜视野下偶见红细胞
白细胞：每个高倍镜视野下 0 ~ 5 个白细胞
0 ~ 5 个移行上皮细胞

血清生化分析

显著高氯血症：很难对这种异常进行生理学解释。如果没其他异常，如此显著的高氯血症可能是人为误差或干扰引起的。在这个病例中，会诊医师怀疑之前的治疗产生了一些潜在影响，事实证明患病动物曾接受负荷剂量的溴化钾治疗癫痫。采用离子选择电极法检测时，溴离子被误测为氯离子。

病例总结和结果

建议对病例进行持续监测，并且要求进行影像学检查以排除颅内病变。因为治疗费用较高并且预后不良，主人选择对动物施行安乐死，并同意进行尸体剖检。不幸的是，大体病理剖检和显微镜检查没有发现中枢神经系统损伤，病变可能在发生生化反应或自然代谢后消失，因此检查时不可见。

病例2 - 等级1

一只2岁雄性努比亚山羊的血清生化检查结果如下，没有提供病史。

生化检查

GLU	↓ 26 mg/dL	（6.0 ~ 128.0）
BUN	22 mg/dL	（17 ~ 30）
CREA	1.2 mg/dL	（0.6 ~ 1.3）
P	↑ 17.0 mg/dL	（4.1 ~ 8.7）
Ca	8.7 mg/dL	（8.0 ~ 10.7）
Mg	3.5 mmol/L	（2.8 ~ 3.6）
TP	↓ 5.5 g/dL	（6.1 ~ 8.3）
ALB	3.2 g/dL	（3.1 ~ 4.4）
GLO	2.3 g/dL	（2.2 ~ 4.3）
Na^+	144 mmol/L	（140 ~ 157）
Cl^-	108 mmol/L	（102 ~ 118）
K^+	↑ 15.9 mmol/L	（3.5 ~ 5.6）
HCO_3^-	23 mmol/L	（22 ~ 32）
AG	↑ 28.9 mmol/L	（14 ~ 20）
TBIL	0.2 mg/dL	（0.1 ~ 0.2）
ALP	↑ 526 IU/L	（40 ~ 392）
γ-GGT	37 IU/L	（28 ~ 70）
AST	↑ 918 IU/L	（40 ~ 222）
CK	↑ 181 713 mg/dL	（74 ~ 452）

解析

血清生化分析

低血糖：没有临床资料的情况下，很难解释这一参数的变化。一如既往，需要考虑人为误差。这个病例中，血清分离延迟可导致葡萄糖浓度人为降低。如此严重的低血糖可能会表现出一些相应的临床症状，例如癫痫。引起真性低血糖的原因有胰岛素瘤、一些能够产生胰岛素样物质的其他肿瘤和败血症等。饥饿能导致轻度低血糖，但只有严重或长期饥饿时才会发生。

高磷血症，而血钙正常：高血磷通常和肾小球滤过率降低有关，但是这只山羊没有发生氮质血症。处于生长期的年轻动物也可能出现高磷血症，但这只山羊已成年。需要考虑甲状旁腺功能减退，尽管甲状旁腺功能减退时血钙浓度可能出现下降。如果临床症状提示甲状旁腺机能减退，作为这种矿物质的活性形式，离子钙是重点检测指标。最后，受到损伤或坏死的细胞也会释放出磷，这时会出现血钾升高、AST升高、CK显著升高。导致明显血磷升高的两种特定情况是横纹肌溶解和肿瘤溶解综合征。

低蛋白血症：尽管总蛋白浓度下降，然而白蛋白和球蛋白水平处于参考值范围内。因为两者都处在参考值范围下限，所以需要进一步监测。

高钾血症：血钾浓度显著升高，这是非常危险的。结合高磷血症推测，该变化可能是少尿或无尿期肾功能衰竭引起的，但这只山羊没有发生氮质血症。更多的临床病史可以提供尿路阻塞的潜在信息，这一疾病在山羊中很常见。之前提到过，高血磷和高血钾同时出现可能是组织损伤，其他数据也支持这一诊断。溶血可导致血清钾浓度升高，特别是一些红细胞内钾浓度较高的物种或品种。医源性高钾血症可能是钾离子补充过度引起的，也可能是保钾利尿剂、肾素-血管紧张素-醛固酮系统抑制剂、肝素、青霉素G钾的治疗引起。高血钾还与糖尿病有关，因为糖尿病时，胰岛素调节细胞吸收钾的能力下降。醛固酮过少会导致肾脏排钾能力下降，一些胃肠道紊乱也以钾浓度升高为特征。

ALP升高：ALP升高可能和肝胆疾病有关，但此山羊GGT正常，又不像是肝胆疾病引起的。在该病例中，还要考虑骨病或者消化道

疾病。其实后来发现这只山羊在死前接受过骨科手术。

AST升高：这项指标异常提示组织损伤，CK明显升高和GGT正常提示肝外损伤，例如肌肉损伤。

CK升高：肌酸激酶活性大幅度升高提示严重的肌肉损伤。

阴离子间隙增加：未测量的阴离子增加可能是组织灌注不良引起的，也可能是组织损伤释放阴离子引起的。

病例总结和结果

对该病例进一步临床病史调查时发现，血样是死后采集的。死后组织崩解，许多物质从细胞内释放出来。这说明死后采集的样本生化数据解读起来非常困难，所以需要在死前及时采集。第六章的病例15（Zinger）也出现了相似情况，但细胞内成分的增多程度没有此山羊大。Zinger是一只肾功能衰竭的猫，同时发生了血管栓塞，引起组织坏死。肾脏疾病本身可以导致肾脏不能正常排出磷和钾离子，CK也会升高。

病例3 – 等级1

"Serengeti"，德国牧羊犬，8 岁，公犬。该犬几天前曾误食垃圾，之后每天呕吐一次，且出现食欲减退、嗜睡症状。误食异物当天曾腹泻，之后就没有再排过大便，但有努责动作。前一天使用了抗生素治疗。在体格检查中发现，Serengeti腹部下垂、肌肉消耗、脊柱明显突出、极度沉郁、呼吸频率加快。尽管如此，它还是有力气进行反抗，所以无法进行口

血常规检查

WBC	↑ 21.2×10^9 个 /L	（4.0 ~ 13.3）
Seg	↑ 20.4×10^9 个 /L	（2.0 ~ 11.2）
Band	0	（0 ~ 0.3）
Lym	↓ 0.4×10^9 个 /L	（1.0 ~ 4.5）
Mon	0.4×10^9 个 /L	（0.2 ~ 1.4）
Eos	0	（0 ~ 1.2）
白细胞形态：无明显异常		
HCT	↑ 60.0 %	（39 ~ 55）
RBC	↑ 9.14×10^{12} 个 /L	（5.5 ~ 8.5）
HGB	↑ 21.3 g/dL	（12.0 ~ 18.0）
MCV	62.0 fL	（60.0 ~ 77.0）
MCHC	↑ 35.5 g/dL	（31.0 ~ 34.0）
血小板	421×10^{12} 个 /L	（181 ~ 525）
红细胞形态：无明显异常		

生化检查

GLU	77 mg/dL	（67.0 ~ 135.0）
BUN	27 mg/dL	（8 ~ 29）
CREA	0.7 mg/dL	（0.5 ~ 1.5）
P	7.1 mg/dL	（2.6 ~ 7.2）
Ca	10.6 mg/dL	（9.5 ~ 11.5）
Mg	2.5 mmol/L	（1.9 ~ 2.6）
TP	5.7 g/dL	（4.8 ~ 7.2）
ALB	3.1 g/dL	（2.5 ~ 3.7）
GLO	2.6 g/dL	（2.0 ~ 4.0）
Na^+	↓ 127 mmol/L	（141 ~ 151）
Cl^-	↓ 87 mmol/L	（105 ~ 120）
K^+	↑ 5.8 mmol/L	（3.6 ~ 5.6）
HCO_3^-	24 mmol/L	（15 ~ 28）
AG	18.8 mmol/L	（15 ~ 25）
TBIL	0.3 mg/dL	（0.10 ~ 0.50）
ALP	29 IU/L	（20 ~ 320）
ALT	50 IU/L	（10 ~ 95）
AST	36 IU/L	（10 ~ 56）
CHOL	157 mg/dL	（110 ~ 314）
AMYL	804 IU/L	（400 ~ 1 200）

腹腔液检查

> 离心前外观：橙色，混浊
> 离心后外观：无色，澄清
> 总蛋白：3.6 mg/dL
> 有核细胞总数：24 300 /μL

腔检查。主人很关心治疗费用问题。

　　细胞学检查：涂片由88 %非退行性中性粒细胞、2 %小淋巴细胞和10 %大单核细胞组成。未见致病原。涂片边缘处有大量圆形和卵圆形细胞（图7-1）。这些细胞的胞质呈嗜碱性或透明状，有些胞质丰富，有些胞质很少。很多细胞胞核周围和胞质出现空泡。每个细胞都含一个圆形或卵圆形的细胞核，染色质粗糙，胞核大都被空泡包围。偶见膨胀的印戒细胞。可见明显的红细胞大小不均、细胞核大小不等；核质比适中但是不固定。印戒细胞有大而显著的核仁。

　　解析

　　CBC：Serengeti出现中性粒细胞增多症和淋巴细胞减少症，这是皮质类固醇作用引起的。轻度的并发炎症也可能是由炎性腹水所致；然而，并没有出现毒性变化或核左移。Serengeti还出现红细胞增多症。该病例中，呕吐、腹泻和食欲下降与脱水和红细胞增多有关。高蛋白血症和高钠血症可能会伴发红细胞增多，比如某些会发生脱水的疾病；但该病例并不符合上述推测，因为它出现了蛋白质和电解质减少。该病例中，呕吐、腹泻导致的胃肠紊乱和第三间隙中腹水积聚，使脱水症状没那么明显。肿瘤疾病中网织红细胞的前体细胞大量增殖时、心肺疾病和肾脏损伤导致肾脏缺氧

时，红细胞也可能会代偿性增加。

　　血清生化分析

　　低钠血症和低氯血症：电解质丢失可能源于胃肠道丢失和第三间隙液（腹水）渗出。若丢失的是高渗液，电解质的丢失比水的丢失更严重，导致血清中电解质降低。若丢失的是含有等比例的水和电解质的等渗液，液体丢失常被机体摄入的水分所补偿，进一步稀释了剩余的电解质。氯离子不成比例的减少（校正过的氯离子浓度为99 mmol/L）与呕吐和体液丢失有关。尽管已接近参考值上限，血清中碳酸氢盐浓度还是正常的。血清中氯离子和碳酸氢盐的变化通常是相反的，而且胃肠道的体液流失常伴随氢丢失造成的碱中毒。如果存在混合性酸碱紊乱，并发的代谢性碱中毒和酸中毒相互作用可使得血清中碳酸氢盐浓度仍在参考值范围内。血气分析能为Serengeti的酸碱状态提供更详细的信息。此外由于摄入减少，血清电解质浓度可能会降低，但通常不会造成血清中钠离子和氯离子浓度显著降低。

　　高钾血症：结合患犬高钾、低钠和低氯的情况，应考虑肾上腺皮质机能减退。皮质类固醇性白细胞象少见于肾上腺皮质机能减退患犬，虽然胃肠道症状和虚弱的表现符合肾上腺皮质机能减退的表现。一些胃肠道疾病或渗出也与Serengeti电解质的变化有关。虽然机理不

明，但根据推测，血容量不足和肾小管流量降低促进了高钾血症的形成。尽管高钾血症可见于静脉补液时钾离子补充过量，但除非肾脏排泄功能有损伤，钾摄入增多很少会引起高钾血症。没有肾脏疾病的情况下，使用β-受体阻断剂或血管紧张素转换酶抑制剂进行治疗会干扰钾离子的排泄。也没有组织损伤或酸碱异常的证据，组织损伤可能会引起钾离子从细胞内向外转移。结合临床症状来看，腹腔积尿的可能性不大，检测腹水中肌酐浓度可以排除这一可能。

病例总结和结果

Serengeti的主人考虑到费用较高且预后较差，选择施行安乐死。Serengeti的腹水可能是由肿瘤、癌症引起的，但是在尸检时并没有发现原发肿瘤（图7-1）。其他发现包括膜性增生性肾小球肾炎（显然是亚临床状态，尽管未做尿检）、胆结石、良性前列腺增生、大量网膜纤维化。纤维化伴随新血管分布、坏疽、发炎，还有大量非典型间皮细胞。解剖病理学家认为这些损伤很可能与之前的胃肠道渗出有关，但没有发现损伤和败血症。

这个病例阐明了两个重要的原则。第一个是电解质的异常经常与肾上腺皮质机能减退（见第五章，病例23；第六章，病例13；第七章，病例3）和腹腔积尿（见第五章，病例18；第七章，病例12和21）有关，这两者可能继发于腔性渗出和胃肠道疾病。第二个是难以区分肿瘤和反应性增生，这两者都易引起显著的反应性变化。尽管进行了尸检，仍然不能确定该病例的最终诊断。

病例4 – 等级1

"Cinder"，拉布拉多寻回犬，8岁，去势公犬。表现为进行性嗜睡、厌食、呕吐。主人于上个月发现该犬上下楼梯困难，因此根据转诊前兽医的推荐，给予阿司匹林（口服）进行治疗。但是Cinder用药后开始呕吐，因此改用卡洛芬，效果较好。2周前Cinder开始出现厌食、不喜饮水的现象。就诊当天早上非常虚弱，开始呕吐、腹泻。体格检查发现其黏膜明显黄染，流涎，毛细血管再充盈时间正常，听

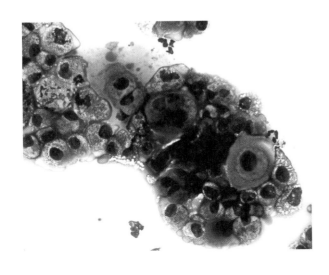

图7-1 患犬的腹水细胞学检查，发现疑似患癌症性非典型上皮细胞（见彩图29）

血常规检查

WBC	↑ 17.3×10^9 个 /L	（4.0 ～ 13.3）
Seg	↑ 15.7×10^9 个 /L	（2.0 ～ 11.2）
Ban	0	（0 ～ 0.3）
Lym	↓ 0.2×10^9 个 /L	（1.0 ～ 4.5）
Mono	1.4×10^9 个 /L	（0.2 ～ 1.4）
Eos	0	（0 ～ 1.2）
白细胞形态：正常		
有核红细胞 /100 白细胞：6		
HCT	43 %	（37 ～ 60）
RBC	5.8×10^{12} 个 /L	（5.8 ～ 8.5）
HGB	14.6 g/dL	（14.0 ～ 19.0）
MCV	77.0 fL	（60.0 ～ 77.0）
MCHC	34.0 g/dL	（31.0 ～ 34.0）
红细胞形态：少量豪 – 乔氏小体；多染性红细胞轻微增加；散在裂红细胞		
血小板：数量正常		

生化检查

GLU	71 mg/dL	（67.0 ～ 135.0）
BUN	↓ 7 mg/dL	（8 ～ 29）
CREA	（受胆红素影响无法有效测量）	（0.5 ～ 1.5）
P	3.7 mg/dL	（2.6 ～ 7.2）
Ca	10.0 mg/dL	（9.5 ～ 11.5）
Mg	2.4 mmol/L	（1.7 ～ 2.5）
TP	↓ 5.3 g/dL	（5.5 ～ 7.8）
ALB	3.1 g/dL	（2.8 ～ 4.0）
GLB	↓ 2.2 g/dL	（2.3 ～ 4.2）
Na^+	157 mmol/L	（141 ～ 158）
Cl^-	126 mmol/L	（106 ～ 126）
K^+	↓ 2.9 mmol/L	（3.8 ～ 5.4）
AG	14.9 mmol/L	（6 ～ 16）
HCO_3^-	19 mmol/L	（15 ～ 28）
TBIL	↑ 42.9 mg/dL	（0.10 ～ 0.50）
ALP	↑ 365 IU/L	（20 ～ 320）
GGT	10 IU/L	（2 ～ 10）
ALT	↑ 601 IU/L	（10 ～ 95）
AST	↑ 171 IU/L	（10 ～ 56）
CHOL	83 mg/dL	（82 ～ 355）
AMYL	357 IU/L	（400 ～ 1 200）

（AG：阴离子间隙）

血凝检查

PT	↑ 16.6 s	（6.0 ~ 9.0）
ATPP	↑ 18.0 s	（9.0 ~ 16.0）
FDP	↑ 5 ~ 20 μg/mL	（< 5）

尿液检查（采样方法不详）

SG：1.032
胆红素：3+
蛋白质：1+

尿沉渣
重尿酸铵结晶
葡萄糖、酮体：阴性

诊正常。该犬还有共济失调、虚弱的表现。

解析：

CBC：分叶中性粒细胞增多和淋巴细胞减少，可能是皮质类固醇引起的，也可能伴随轻度炎症。该病例产生有核红细胞的原因难以确定。有核红细胞增加可能伴随再生性反应，但Cinder没有贫血。有核红细胞增加可能和内皮细胞损伤或如骨髓、脾脏等造血组织损伤有关（图7-2）。也见于铅中毒。裂红细胞数量较多时提示血管病变如弥散性血管内凝血（DIC）（可能伴有凝血时间延长和纤维蛋白降解产物轻度增加）或者血管肉瘤，虽然裂红细胞也见于良性疾病如缺铁。

血清生化分析

血清尿素氮下降：常反映多饮、多尿伴随肾小管流速增加，而Cinder临床病史中无多饮/多尿。食物中蛋白含量低可能导致尿素氮浓度下降。同时，肝功能下降也能引起尿素氮浓度下降。肝功能低下时可能伴随出现的其他血清生化指标异常包括低血糖、白蛋白降低、胆固

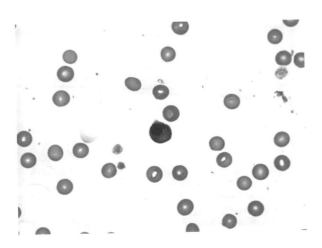

图7-2 患犬的血涂片显示有核红细胞（见彩图30）

醇降低。该犬血糖、白蛋白、胆固醇都只是在参考值下限，均未出现降低。其他实验室检查结果显示凝血时间延长，可支持肝功能受损这一诊断。由于这些指标都不能很好地反映肝功能，所以推荐检测血氨水平或血清胆汁酸浓度。当伴发高胆红素血症时，推荐检测血氨浓度，这是因为不论肝功能如何，血清胆汁酸浓度会因为胆汁淤积而升高。

伴随球蛋白降低的低蛋白血症：低球蛋白血症经常与低白蛋白血症同时出现，反映了蛋白非选择性丢失，如蛋白进入肠道、第三间隙，或经皮肤丢失，或者出血。该病例中，白蛋白（和红细胞比容）仍在正常范围内，尽管凝血异常提示存在失血的可能性。先天性免疫缺陷综合征可导致球蛋白生成障碍，但8岁的犬不太可能会出现这种情况。

低钾血症：肠道丢失和摄入不足共同作用导致Cinder出现低钾血症。

显著的高胆红素血症：外周血出现裂红细胞提示Cinder可能出现溶血，但红细胞比容正常又表明溶血可能性很小，也表明胆红素升高不全是由溶血引起的。高胆红素血症的另一个重要的鉴别诊断是胆汁淤积，ALP升高可指征胆汁淤积，尽管这一变化是轻度的，而且GGT没有同时升高。肝功能下降和败血症同样可以导致血清胆红素浓度升高。由于Cinder同时出现BUN下降和凝血时间延长，应重点考虑肝功能下降。

ALP轻微升高：对于犬来说，很多肝外因素可导致ALP升高，包括淋巴细胞减少所提示的皮质类固醇效应。其他考虑因素包括骨病、内分泌病、胆汁淤积性肝病。Cinder的临床病史提示骨病的可能性很小，也不太可能是引起ALP升高的内分泌疾病，如肾上腺皮质机能亢进、糖尿病等。胆汁淤积性肝病能引起胆红素浓度显著升高，然而ALP轻微升高和GGT正常又表明胆汁淤积性肝病可能性很低。

ALT、AST升高：ALT变化常提示肝细胞损伤，但不能指示病因。AST对肝脏疾病的特异性较低，且能反映更为广泛的组织损伤，特别是当ALT不成比例的变化时。肝细胞损伤可继发于胃肠道病变，然而胆红素浓度显著升高表明应考虑原发性肝病。

凝血：PT和APTT指示继发凝血障碍。通常应考虑的因素包括肝功能下降、抗凝血杀鼠剂中毒或弥散性血管内凝血。以上这些都可能伴随轻度至中度的纤维蛋白降解产物增加，因为无论是由肝功异常引起的清除障碍或者生成增加都和血凝块过度降解有关。

尿液分析：犬尿液中出现重尿酸铵结晶提示肝功能异常。

病例总结和结果

Cinder的血氨水平在参考值范围内。卡洛芬可能会引起犬急性肝脏坏死（MacPhail），因此应考虑药物毒性所致。给Cinder输入血浆，并服用维生素K以防止异常出血。腹部超声显示肝脏影像小而亮，表明这是一个慢性疾病过程而不是急性中毒。该犬神经症状进一步发展，最后进入昏迷状态。由于其预后不良，Cinder 的主人选择了安乐死。尸检发现Cinder出现了严重的进行性桥接样门脉纤维化，间质萎缩并伴有结节增生和肝内胆汁淤积，这和血液生化结果中胆红素升高相吻合。由于组织自溶无法评价急性坏死，也不能评价非类固醇类抗炎治疗在肝病发展过程中的作用。在这一病例中，胆汁淤积酶和肝细胞酶相对轻度升高可能反映了Cinder仍然残留少量有功能的肝组织。

Cinder唯一电解质紊乱表现是低钾血症，这在患有胃肠道疾病的家养动物中相对常见，这是由于丢失增加和摄入不足引起的，但也可见于多尿和烦渴（第三章，病例19）。

→ 参考文献

MachPhail CM, Lappin MR, Meyer DJ, Smith SG, Webster CRL, Armstrong J. 1998. Hepatocellular toxicosis associated with administration of carprofen in 21 dogs. J Am Vet Med Assoc (212) :1895-1901.

病例5 - 等级 1

"Fiero"，腊肠犬，12 岁，绝育母犬。因一天前进食进水后呕吐前来就诊。在过去3~4年，Fiero由于心脏杂音而一直服用血管紧张素转换酶抑制剂。为了纠正Fiero的高钙血症，在4 个月前施行了甲状旁腺切除术。除此之外，Fiero还有异食癖。体格检查发现其腹部触诊有明显的疼痛反应，轻微脱水。在就诊过程中呕吐，呕吐物呈淡红色。

解析

CBC：Fiero的成熟中性粒细胞轻微升高，淋巴细胞减少，提示与皮质类固醇效应有关。嗜酸性粒细胞减少也同样是类固醇性血象的特征之一，而在进行细胞计数时可以看到一些嗜

血常规检查

WBC	13.3×10^9 个 /L	（4.0 ~ 13.3）
Seg	↑ 11.4×10^9 个 /L	（2.0 ~ 11.2）
Band	0	（0 ~ 0.3）
Lym	↓ 0.8×10^9 个 /L	（1.0 ~ 4.5）
Mon	0.8×10^9 个 /L	（0.2 ~ 1.4）
Eos	0.3×10^9 个 /L	（0 ~ 1.2）
白细胞形态：正常		
HCT	↑ 60 %	（39 ~ 55）
RBC	↑ 9.45×10^{12} 个 /L	（5.8 ~ 8.5）
HGB	↑ 20.6 g/dL	（14.0 ~ 19.0）
MCV	61.1 fL	（60.0 ~ 77.0）
MCHC	34.0 g/dL	（31.0 ~ 34.0）
血小板：数量正常		

生化检查

GLU	↓ 57 mg/dL	（90.0 ~ 140.0）
BUN	15 mg/dL	（6 ~ 24）
CREA	0.5 mg/dL	（0.5 ~ 1.5）
P	4.6 mg/dL	（2.6 ~ 7.2）
Ca	9.6 mg/dL	（9.5 ~ 11.5）
Ma	1.9 mmol/L	（1.7 ~ 2.5）
TP	7.2 g/dL	（5.5 ~ 7.8）
ALB	3.5 g/dL	（2.8 ~ 4.0）
GLO	3.7 g/dL	（2.3 ~ 4.2）
Na^+	149 mmol/L	（140 ~ 151）
Cl^-	↓ 100 mmol/L	（105 ~ 120）
K^+	4.0 mmol/L	（3.6 ~ 5.6）
AG	23 mmol/L	（15 ~ 25）
HCO_3^-	↑ 30 mmol/L	（15 ~ 28）
TB	0.2 mg/dL	（0.10 ~ 0.50）
ALP	↑ 1 164 IU/L	（20 ~ 320）
GGT	7 IU/L	（2 ~ 10）
ALT	↑ 127 IU/L	（10 ~ 95）
AST	51 IU/L	（10 ~ 56）
CHOL	307 mg/dL	（110 ~ 314）
AMYL	↑ 3 547 IU/L	（400 ~ 1 200）

酸性粒细胞。由于动物处于脱水状态，红细胞增多应该与其有关，但同时总蛋白未升高，可能是脱水掩盖了机体的低蛋白血症，应在动物补充体液后再次检测。PCV升高的同时总蛋白正常，可能跟脾脏收缩有关。

血清生化分析

低血糖症：如果通过重复检查排除了操作错误，就需要考虑多种可能引起低血糖的原因。低血糖多与营养不良有关，而一些资料指出小型犬在食物摄入减少后更易继发低血糖。多数情况下，只有长期饥饿或饥饿程度很严重才可能引起动物低血糖症。肝功能衰竭可导致

糖原合成不足，但此时肝脏合成的其他物质如尿素、白蛋白、胆固醇等仍在参考范围内。败血症也能引起低血糖，但其血象变化并不支持此种解释。老年患病动物还要考虑肿瘤。

低氯性碱中毒：从Fiero的呕吐病史和异食癖可以推断，氯离子和酸丢失可能是由于呕吐引起的。使用血管紧张素转换酶抑制剂同样会导致钠离子和氯离子丢失，引起钾离子潴留。如果患病动物使用的药物会干扰肾素血管紧张素系统的功能，应定期监测血液电解质水平，必要时调整药物剂量。

ALP升高：如在第二章中所述，犬血清

ALP升高是非特异性的，药物、内分泌疾病、循环障碍、骨病理学改变和胆汁淤积性肝病等均可能导致其升高。若有严重的胆汁淤积性肝病，其胆红素和GGT不太可能是正常的，且病史中并未提到骨损伤。因此在这个病例中，最有可能的原因是药物/内分泌影响，或者是轻微的肝病（可能继发于肠道疾病）。

ALT升高：虽然只是轻微上升，仍指出了潜在的肝细胞损伤，并提示ALP上升可能反映了一些肝脏疾病。肝脏损伤有可能继发于肠道的炎症，因为肝酶活性升高并不能提示是原发性还是继发性疾病。内分泌疾病能引起多种肝酶活性升高。

高淀粉酶血症：通常认为淀粉酶升高是胰腺疾病的信号，如胰腺炎。这种解释与Fiero的临床病史非常吻合，但是血液生化指标的变化不符合典型的胰腺炎。肠道疾病也可能导致血清淀粉酶升高，这个病例可能就是如此。淀粉酶活性升高2~3倍也可能是肾小球滤过率下降引起的。虽然Fiero并没有出现氮质血症，但它出现了脱水，也可能会导致肾前性肾小球滤过率下降。

病例总结与结果

腹部射线片显示在幽门与十二指肠连接处有一异物，胸片未见异常。Fiero接受输液治疗稳定体况后进行手术，移除了异物（是一食物塑料包装袋）。由于它的肝酶活性升高，因此在手术时采集了肝脏活组织样本。显微镜检查显示该犬患有慢性活动性门脉周肝炎，可能继发于近期的胃肠道疾病。类固醇性肝病和炎症共同作用引起ALP升高，而其他肝酶活性并未明显升高。虽然Fiero未使用类固醇药物进行治疗，但内源性类固醇升高也可导致肝脏发生病变。此外，主人也曾不小心给Fiero使用过泼尼松，该药是用于治疗家中另外两只犬的皮肤病。治疗后Fiero在家中恢复得很好，主人也将垃圾桶放在了壁橱里。

病例6 － 等级2

"Francesca"，比格犬，8岁，绝育母犬。就诊时表现为呕吐和电解质异常。2周前，Francesca出现嗜睡、呕吐、腹泻的症状数天后，去转诊前兽医那里就诊。当时由于脱水严重，接受了输液治疗，同时应用抗生素治疗，且更换为清淡食物。后来由于病情逐渐加重，而且表现虚弱，10 d后再次就诊，进食、饮水以及服药后都会呕吐，同时有烦渴的表现，并且几天没有排便。随后使用皮质类固醇药物治疗，但无效，于是被转诊到本院（大学教学医院）。主人不清楚它是否接触过毒物和异物，但怀疑有人可能试图毒害Francesca，因为它有时会在晚上吠叫。发病前Francesca很健康，也没有服用任何药物。就诊时，Francesca很安静，对外界刺激有反应，脱水程度为10%左右。还出现了心搏过速、体温降低和毛细血管再充盈时间延长等症状。胸部听诊不清晰，腹部触诊疼痛。腹中部可触诊到一个管状物。

解析

CBC：Francesca有轻微的中性粒细胞增多症和淋巴细胞减少症，符合皮质类固醇性白细胞象。它曾经接受过皮质类固醇药物治疗，而且疾病也会导致内源性类固醇升高。当前的中性粒细胞增多也可能是炎症引起的。现在还没

血常规检查

WBC	↑ 28.7×10^9 个 /L	（6.0 ～ 17.0）
Seg	↑ 27.2×10^9 个 /L	（3.0 ～ 11.0）
Band	0	（0 ～ 0.3）
Lym	↓ 0.6×10^9 个 /L	（1.0 ～ 4.8）
Mono	0.9×10^9 个 /L	（0.2 ～ 1.4）
Eos	0	（0.0 ～ 1.3）
白细胞形态学：无明显异常		
HCT	53.4 %	（37 ～ 55）
RBC	8.11×10^{12} 个 /L	（5.5 ～ 8.5）
HGB	↑ 18.4 g/dL	（12.0 ～ 18.0）
MCV	65.8 fL	（60.0 ～ 77.0）
MCHC	↑ 34.4 g/dL	（31.0 ～ 34.0）
红细胞形态：正常		
PLT	268×10^9 个 /L	（200 ～ 450）

生化检查

GLU	↑ 212 mg/dL	（80.0 ～ 125.0）
BUN	↑ 44 mg/dL	（6 ～ 24）
CREA	1.1 mg/dL	（0.5 ～ 1.5）
P	4.3 mg/dL	（3.0 ～ 6.0）
Ca	9.9 mg/dL	（8.8 ～ 11.0）
Mg	↑ 2.6 mmol/L	（1.4 ～ 2.2）
TP	6.3 g/dL	（4.7 ～ 7.3）
ALB	3.1 g/dL	（2.5 ～ 4.2）
GLO	3.2 g/dL	（2.0 ～ 4.0）
Na^+	↓ 120 mmol/L	（140 ～ 151）
Cl^-	↓ 59 mmol/L	（105 ～ 120）
K^+	↓ 1.9 mmol/L	（3.8 ～ 5.4）
HCO_3^-	↑ 34.2 mmol/L	（16 ～ 28）
AG	↑ 28.7 mmol/L	（15 ～ 25）
TBIL	0.3 mg/dL	（0.10 ～ 0.50）
ALP	47 IU/L	（20 ～ 320）
ALT	27 IU/L	（5 ～ 65）
AST	47 IU/L	（15 ～ 52）
CHOL	220 mg/dL	（110 ～ 314）
AMYL	757 IU/L	（400 ～ 1 200）

尿相对密度：1.030

有出现中毒性变化和核左移，但并不是每种炎性疾病都会出现这些变化。

血清生化分析

高血糖：内源性或外源性皮质类固醇会引起高血糖。Francesca的临床症状符合糖尿病的表现，但患有糖尿病除并发肠胃炎或胰腺炎时，一般不会出现腹痛。

尿素氮浓度升高，而肌酐浓度正常：Francesca的尿相对密度为1.030，表明它的尿液浓缩能力正常。脱水引起肾小管流量减少，尿素氮先于肌酐出现变化。败血症也会引起血清尿素氮水平升高，同时伴有肌酐正常。胃肠道出血和高蛋白饮食也会引起血清尿素氮浓度升高。但是Francesca食欲废绝，所以不可能是由高蛋白食物引起的。

高镁血症：患病动物有脱水症状，因此高镁血症极有可能是肾小球滤过率降低引起的。

低钠血症和不成比例的低氯血症，低氯血症更严重：即使病情被拖延，低钠血症也很少由厌食引起。机体摄入的水量相对多于钠离子和氯离子、电解质过度丢失等都会引起低钠血症。Francesca的情况可能是由这两种机制引起的。由胃肠道疾病引起的呕吐和腹泻会导致电解质丢失。体液丢失后，肾小球滤过率降低。肾小管近端对钠的重吸收作用加强，肾小管远端对水的重吸收增加，最终导致水的排泄减少。另外血容量减少还会刺激抗利尿激素释放，使水的排泄进一步减少。最后，渴感增加往往引起动物大量饮水，掩盖体液丢失状态。伴发结构性或功能

性肠梗阻的呕吐会使梗阻前段的胃肠道氯离子（HCl）丢失过度，进而引起代谢性碱中毒。

低钾血症：由于钾离子持续经胃肠道丢失，又没有及时得到补充，因此Francesca出现低钾血症。患者呕吐出胃内容物或者使用利尿剂时，可能会出现伴随代谢性碱中毒的低钾血症。肠道腹泻、慢性肾功能衰竭或者肾小管远端酸中毒常会引发伴随代谢性酸中毒的低钾血症。

HCO_3^-增加（碱血症）：胃肠道前段疾病引发的呕吐会引起电解质以及氢离子的丢失，进而引起碱中毒。

阴离子间隙增加：碱中毒和脱水都有可能引起阴离子间隙增加。该病例可能发生了乳酸酸中毒，伴发脱水和组织灌注不良，从而继发混合性酸碱紊乱。血气分析可能指示患者的酸碱度情况。

病例总结和结果

随后Francesca接受了手术，兽医从其小肠内取出一段玉米芯。主人回忆说玉米芯可能是来自于孩子在院子里堆的雪人。Francesca出院后在家恢复良好。Francesca和Fiero（本章，病例5）都有肠内异物引起的呕吐病史，并且都出现了低氯血症和代谢性碱中毒，但是Francesca的电解质紊乱更明显。这可能是因为手术治疗之前，肠阻塞持续的时间过长，并且从理论上讲，血管紧张素转换酶抑制剂也会维持Fiero的血钾水平。尽管Francesca临床症状很严重，并且有皮质类固醇性白细胞象，但是并没有肝酶活性升高指示的类固醇性肝病。

病例7 – 等级2

"Snow"，比熊犬，11岁，绝育母犬。近几天因嗜睡、食欲减退、呕吐2次前来就诊。过去8个月中，一直有慢性咳嗽的症状。X线检查和超声心动检查结果提示咳嗽是由心脏病引起的。之后使用速尿和止咳药进行治疗。体格检查发现黄疸、脱水，有三级心杂音（6级分类）。

解析

CBC：无可用数据。

血清生化分析

低钠血症和低氯血症：利尿剂可引起电解质经肾脏的丢失增加（见第七章，病例11）。使用速尿治疗的患病动物，可能会出现校正氯离子偏低的情况（104 mmol/L）。胃肠道丢失液体和电解质，同时患病动物正常饮水，可能会稀释血清电解质浓度。充血性心力衰竭时，心脏功能不全，造成组织灌流不良，从而启动肾脏液体潴留的机制，同时使渴感增强以提高血容量，代偿性恢复组织循环，这会进一步降低血清电解质浓度。

低钾血症：与钠离子和氯离子相似，某些

生化检查

GLU	97 mg/dL	（90.0 ~ 140.0）
BUN	12 mg/dL	（6 ~ 24）
CREA	0.8 mg/dL	（0.5 ~ 1.5）
P	2.8 mg/dL	（2.6 ~ 7.2）
Ca	9.8 mg/dL	（9.5 ~ 11.5）
Mg	2.3 mmol/L	（1.7 ~ 2.5）
TP	6.7 g/dL	（5.5 ~ 7.8）
ALB	2.9 g/dL	（2.8 ~ 4.0）
GLO	3.8 g/dL	（2.3 ~ 4.2）
Na^+	↓ 137 mmol/L	（140 ~ 151）
Cl^-	↓ 98 mmol/L	（105 ~ 120）
K^+	↓ 3.5 mmol/L	（3.6 ~ 5.6）
HCO_3^-	23 mmol/L	（15 ~ 28）
AG	19.5 mmol/L	（15 ~ 25）
TBIL	↑ 8.1 mg/dL	（0.10 ~ 0.50）
ALP	↑ 4 515 IU/L	（20 ~ 320）
ALT	↑ 2 359 IU/L	（10 ~ 95）
AST	↑ 1 038 IU/L	（10 ~ 56）
CHOL	↑ 464 mg/dL	（110 ~ 314）
AMY	508 IU/L	（400 ~ 1 200）

利尿剂会导致钾离子经肾脏丢失。钾离子流失还可由胃肠道丢失和摄入减少引发。

高胆红素血症：高胆红素血症主要由溶血和胆汁淤积性肝病引起。败血症及肝功能下降时胆红素浓度升高不明显。怀疑溶血性疾病时可检测红细胞比容，最好进行CBC检查。ALP明显升高可能是胆汁淤积引起的，高胆固醇血症也支持这一推测。ALT和AST显著升高说明同时存在肝细胞损伤，但并没有表现出肝功能严重下降，因为尿素氮、血糖、白蛋白浓度都正常，而胆固醇浓度升高。在评价肝脏功能时，血清胆汁酸是更为敏感的指标。

ALP升高：如前文所述，ALP显著升高提示胆汁淤积性疾病，如果有GGT的数据支持，更有诊断意义。一些药物和内分泌疾病会引起ALP升高，例如糖尿病或肾上腺皮质机能亢进，但病史调查、临床检查和其他临床化学数据可以排除这些疾病。

ALT和AST上升：这些酶升高指示肝细胞受损，虽然肌肉损伤也会引起这种变化。检测肌酸激酶可以帮助诊断是否存在肌肉损伤。

病例总结与结果

腹部超声显示肝脏缩小，胆囊中等大小，无阻塞征象，胰腺回声较低，并且轻度增大。肝脏活组织检查显示Snow有慢性活动性肝炎，伴有炎性浸润和散在坏死灶，肝门中度纤维化。由于Snow呕吐，对其禁食，施行输液治疗，并给予抗生素和胃肠道保护剂。当它可以进食时，由于肝性脑病表现出精神沉郁。这种情况下需要给予低蛋白饮食，治疗方案中增加去氧胆酸和乳果糖。主人咨询心脏病专家，发现Snow有4级二尖瓣返流和轻度的三尖瓣返流，但无心衰迹象，心肌收缩性也很好。心脏病专家建议，一旦其肝病得到良好的控制，就换成心脏病的治疗方案，使用血管紧张素转换酶抑制剂和呋塞米，以控制其相关临床症状。8周之后，重新对Snow进行检查，它表现良好，未见和肝脏疾病有关的临床症状，血清胆红素也正常。主人觉得它的咳嗽加重了，但是放射学检查表明，和上一次检查相比，它这次的肺野更清楚，心脏也有减小的征象。

Snow的病例说明了药物和多种疾病之间相互影响。就像Fiero（第七章，病例5），当同时存在呕吐和厌食时，使用利尿剂可能造成电解质异常。患病动物使用一些可能影响电解质平衡的药物时，应定期监测血清电解质水平。在一些病例中，根据实验室检查结果，需要对药物剂量进行调整，或者改变治疗方案。

病例8 - 等级2

"Delaney"，摩根马，13岁，雌性，急腹痛。就诊时较为安静，重要的生理指标均在参考范围内。腹部触诊显示其盲肠显著扩张。为了缓解盲肠嵌闭的问题，就诊第1天对它施行了手术治疗。手术时给Delaney建立了不完全盲肠旁路，使空肠吻合于结肠右腹侧。Delaney苏醒后反应良好。但是4d后，又出现疼痛和发热的症状，于是又进行了一系列实验室检查。

生化检查（手术前，第 1 天）

GLU	108 mg/dL	（60 ～ 130）
BUN	15 mg/dL	（10 ～ 26）
CREA	1.1 mg/dL	（1.0 ～ 2.0）
P	3.2 mg/dL	（1.5 ～ 4.5）
Ca	11.4 mg/dL	（10.8 ～ 13.5）
Mg	↑ 2.6 mmol/L	（1.7 ～ 2.4）
TP	7.5 g/dL	（5.7 ～ 7.7）
ALB	3.4 g/dL	（2.6 ～ 3.8）
GLO	4.1 g/dL	（2.5 ～ 4.5）
Na^+	135 mmol/L	（130 ～ 145）
Cl^-	98 mmol/L	（97 ～ 110）
K^+	4.0 mmol/L	（3.0 ～ 5.0）
HCO_3^-	29 mmol/L	（25 ～ 33）
AG	12 mmol/L	（7 ～ 15）
TBIL	2.60 mg/dL	（0.30 ～ 3.0）
ALP	148 IU/L	（109 ～ 352）
GGT	211 IU/L	（4 ～ 28）
AST	↑ 410 IU/L	（190 ～ 380）
CK	↑ 1 072 IU/L	（80 ～ 446）

腹腔积液（第 1 天）

外观：淡黄色，清亮

总蛋白：2.5 mg/dL

总有核细胞计数：1 359 个 /μL

中性粒细胞是非退行性的，未见病原微生物

血常规检查（手术后，第 4 天）

WBC	↓ 3.4×10^9 个 /L	（5.4 ～ 14.3）
Seg	↓ 1.6×10^9 个 /L	（2.3 ～ 8.6）
Band	0	（0 ～ 0.3）
Lym	↓ 1.3×10^9 个 /L	（1.5 ～ 7.7）
Mono	0.5×10^9 个 /L	（0.0 ～ 1.0）
白细胞形态：一些中性粒细胞内含有 Dohle 小体		
HCT	47 %	（32 ～ 53）
MCV	50.6 fL	（37.0 ～ 58.5）
MCHC	36.6 g/dL	（31.0 ～ 38.6）
红细胞形态：正常		
血小板：数量正常		
纤维蛋白原	↑ 500 mg/dL	（100 ～ 400）

生化检查

GLU	↑ 148 mg/dL	（60 ~ 130）
BUN	10 mg/dL	（10 ~ 26）
CREA	1.1 mg/dL	（1.0 ~ 2.0）
P	2.1 mg/dL	（1.5 ~ 4.5）
Ca	11.7 mg/dL	（10.8 ~ 13.5）
Mg	↑ 2.8 mmol/L	（1.7 ~ 2.4）
TP	↑ 7.9 g/dL	（5.7 ~ 7.7）
ALB	3.2 g/dL	（2.6 ~ 3.8）
GLO	↑ 4.7 g/dL	（2.5 ~ 4.5）
Na^+	↑ 152 mmol/L	（130 ~ 145）
Cl^-	↑ 117 mmol/L	（97 ~ 110）
K^+	↑ 5.2 mmol/L	（3.0 ~ 5.0）
HCO_3^-	26 mmol/L	（25 ~ 33）
AG	14.2 mmol/L	（7 ~ 15）
TBIL	↑ 7.3 mg/dL	（0.30 ~ 3.0）
ALP	328 IU/L	（109 ~ 352）
GGT	24 IU/L	（4 ~ 28）
AST	↑ 870 IU/L	（190 ~ 380）
CK	↑ 1 379 IU/L	（80 ~ 446）

腹腔积液（第 4 天）

外观：橙色 / 红色，不透明

总蛋白：4.3 gm/dL

总有核细胞计数：270 000 个 /μL

积液中含有大量红细胞和有核细胞。以中性粒细胞为主，罕见退行性中性粒细胞。虽然没有见到明显的细菌，在一些中性粒细胞内能见到碎屑，在涂片的羽毛状边缘处能见到一些植物纤维（图 7-3）

图 7-3 马腹腔穿刺液中的植物纤维（见彩图 31）

解析

第1天

未进行CBC检查。血清生化检查有轻微变化。轻度高镁血症可能是肾前性肾小球滤过率下降伴发脱水引起的，但是该病例缺乏和脱水有关的其他证据，例如氮质血症。如果ALP和GGT都正常，胆红素升高可能是厌食引起的，而AST和CK升高可能是运输或治疗（例如，肌内注射）过程中的肌肉损伤引起的。腹腔液分析结果正常。

第4天

CBC：中性粒细胞出现轻度中毒性变化（Dohle小体），并且血液中纤维蛋白原升高。这些都是急性炎症或者内毒素血症的表现，也可能和腹腔内的炎性渗出有关。淋巴细胞减少可能是皮质类固醇药物引起的。

血清生化分析

高镁血症：可能是肾小球滤过率下降造成的，而肾小球滤过率下降可能继发于脱水或循环不良。没有出现氮质血症，因此尿相对密度对疾病的分析很重要。

高蛋白血症：炎症继发球蛋白浓度升高，从而导致高蛋白血症。

高钠血症，高氯血症：高钠血症和高氯血症很少是由摄入过多或补液过多造成的。肾上腺皮质机能亢进和醛固酮增多症也会导致钠离子和氯离子滞留，但不常见。水和电解质通过肾脏、肠道或者皮肤排泄时，如果比例失衡，可能会导致血钠和血氯升高。限制饮水的作用和低渗性体液丢失相似，也可能会引起高钠血症和高氯血症。Delaney可能在术后饮水减少，同时胃肠道出现低渗性体液丢失，特别是

术后出现肠梗阻性返流，则更易发生高钠血症和高氯血症。

高钾血症：体液丢失过量和尿路排泄减少都可能引发高钾血症。由于Delaney没有出现氮质血症，因此可以排除肾功能损伤。酸碱平衡改变也会影响细胞内钾离子浓度。但是，HCO_3^-和阴离子间隙无异常，可排除酸碱紊乱。组织损伤时，钾离子会从细胞内释放出来。基于AST和CK的升高，可能存在轻度至中度的组织损伤，但这不会使血钾浓度升高得如此显著。

AST和CK升高：这两种酶同时升高提示肌肉损伤。第1天这两种酶同时升高可能继发于手术或肌内注射引起的肌肉损伤。败血症所致的灌注不良也可能会引起肌肉损伤。

病例总结和结果

针对Delaney的败血性腹膜炎，采取腹腔内引流和连续灌洗措施进行治疗。之后，Delaney的双侧颈静脉均形成血栓，腹部手术切开部位也发生了感染。尽管出现了这些并发症，但其血清生化指标检查结果正常，且疗效良好。Delaney接受了抗生素治疗后出院，为了促进伤口的恢复，同时制订了伤口控制计划。

Delaney的水分丢失程度大于电解质丢失，导致其血清电解质浓度升高。适当的液体治疗或者增加饮水可以纠正这种失衡。有时限制饮水或者体液丢失都会引起电解质浓度升高（见第五章，病例1）。与Delaney相比，病例6和病例7的水和电解质也表现出相对丢失，但是比例相反，所以出现体内水潴留的现象。这些现象表明，在解读血清生化检查指标时，机

体内水平衡和电解质平衡一样重要。

病例9 - 等级2

"Humphrey"，家养短毛猫，16岁，去势公猫。嗜睡。Humphrey4d前吐出一个非常大的毛球，之后饮食正常，但呕吐过3次。最近2d，除了少量婴儿食品外几乎没有

进食，并且喜卧。体格检查发现听诊正常，但腹部紧张。由于Humphrey咬人，所以无法做口腔检查。

解析

未做CBC检测。

血清生化分析

等渗尿，伴有氮质血症：患病动物尿液浓缩能力下降，同时尿素氮和肌酐浓度都升高，

生化检查

项目	结果	参考范围
GLU	101 mg/dL	（70.0 ~ 120.0）
BUN	↑ 215 mg/dL	（15 ~ 32）
CREA	↑ 22.0 mg/dL	（0.9 ~ 2.1）
P	↑ 10.8 mg/dL	（3.0 ~ 6.0）
Ca	9.2 mg/dL	（8.9 ~ 11.6）
Mg	2.4 mmol/L	（1.9 ~ 2.6）
TP	↓ 4.9 g/dL	（6.0 ~ 8.4）
ALB	2.2 g/dL	（2.2 ~ 3.4）
GLO	2.7 g/dL	（2.5 ~ 5.8）
Na^+	↓ 143 mmol/L	（149 ~ 163）
Cl^-	↓ 107 mmol/L	（119 ~ 134）
K^+	↑ 6.9 mmol/L	（3.6 ~ 5.4）
HCO_3^-	18.5 mmol/L	（13 ~ 22）
CHOL	106 mg/dL	（50 ~ 150）

尿液检查：膀胱穿刺

尿色：黄色清亮
SG：1.009
pH：7.5
尿蛋白：阴性
尿糖/尿酮：阴性
胆红素：阴性
色素：阴性

尿沉渣
每个高倍镜视野下 0 个红细胞
未见白细胞
未见尿管型
未见上皮细胞
未见细菌

可能是肾性氮质血症的表现。虽然没有评估机体水合状态，但Humphrey的氮质血症可能合并有肾前性因素。

高磷血症：很可能是肾小球滤过率下降、肾脏排磷能力降低所致。

低蛋白血症：血清白蛋白和球蛋白都在参考值范围内，但是都处于最低限，所以总蛋白减少。血清白蛋白处于参考值的最低限，可能是由于生成减少或是丢失增加所致。虽然尿蛋白检测阴性，但用尿蛋白肌酐的比值进一步评估稀释的尿液，结果将更为敏感。肝功能下降也可能导致血清白蛋白生成量减少，但需要进一步检查来评估这种可能性。水排泄能力下降可能引起蛋白质稀释。这些指标都需要监测。

低钠血症和低氯血症，而HCO_3^-正常：氯离子比钠离子下降得更为明显。摄入减少很少会引起血清电解质浓度下降，因此诊断重点为丢失增加，包括胃肠道、肾脏、第三间隙和皮肤丢失。由于Humphrey的肾脏已经受到损伤，不能调节钠离子平衡，从而会引起肾脏丢失增加。通过尿液排泄分数可定量检查钠离子丢失量。而氯离子不成比例的丢失可能与机体酸碱紊乱有关，但血清碳酸氢盐却处于参考值范围内。如果氯离子和碳酸氢盐没有呈现出典型的相反变化，还需要进行血气分析，以确定混合性酸碱紊乱的情况。

高钾血症：肾衰多尿期通常出现低钾血症，因为剩余健康肾单位中肾小管的血液流速非常快，从而使得尿钾增多。与此相反，肾衰的无尿和少尿期通常伴有高钾血症，因为此时单个肾小球的滤过率下降。钾离子摄入过多或深部组织创伤引起钾离子向细胞外移动，都会导致高钾血症，但在本病例中这两种情况都不太可能。

病例总结和结果

对Humphrey进行静脉输液治疗，并给予胃肠黏膜保护剂。经过治疗，它的实验室指标没有明显改善，而且尿量减少。由于治疗效果不好，而且该病慢性不可逆，所以最后对Humphrey实施了安乐死。尸检发现Humphrey的组织广泛性水肿，提示水潴留、肾脏排泄功能下降。在双肾均有小管间质性肾炎、纤维化和矿化作用。右侧肾脏损害情况更严重，其剩余肾小管严重变性。由于该损伤为慢性损伤，故不能确定肾功能衰竭的原因。

肾病伴发的电解质紊乱随着摄入的食物和水、用药、其他并发疾病、肾衰阶段（多尿和少尿/无尿）的不同而有很大差别。虽然在这本书中没有提到，但很多患有慢性肾病的动物，在饮食合理、饮水得到控制的情况下，血清电解质水平正常。尿道梗阻、腹腔积尿或者无尿性肾衰常伴有高钾血症（第五章，病例7、9、18）。与此相反，肾衰多尿期的动物易出现低钾血症，特别是伴有厌食的动物（第五章，病例10）或并发第三间隙或胃肠道丢失（第五章，病例11、20）的动物。随着严重脱水和尿路梗阻状况的缓解，肾衰动物的肾小球滤过率可能会迅速发生变化，这可能会引起血钾的显著波动，这种波动可能很危险。肾衰动物血钠和血氯的变化不如血钾那么容易预料，并且这些电解质的变化与水代谢有关。值得注意的是，由于水和电解质含量存在波动，并且有细胞转运的可能性，因此对于评定机体总电解质储备来说，血清电解质测量值不是可信的指标。肾损伤可能导致排钠能力下降，也可能导致钠潴留（第五章，病例15、17、19）。

需要注意的是，有腹水的动物常表现出低钠血症、低氯血症和高钾血症（Serengeti，第七章，病例3），可能与肾上腺皮质机能减退的情况相一致。因为患有肾上腺皮质机能减退的动物通常会有氮质血症，并会因为脱水而使得尿浓缩能力下降（见第五章，病例23；Astra，第七章，病例13）。单靠电解质紊乱很难区分肾衰与肾上腺皮质机能减退。对于Humphrey来说，考虑到其年龄和品种，应优先怀疑肾病，而不是内分泌疾病。

病例10 - 等级2

"Darla"，比格犬，8岁，绝育母犬，因血尿和虚弱前来就诊。体格检查发现Darla可视黏膜苍白、心搏过速且呼吸急促。在它身上没有发现淤血斑，但是静脉穿刺10~15 min后，在穿刺部位形成一处大血肿。

解析

CBC：虽然该病例没有出现成熟中性粒细胞增多症或者单核细胞增多症，但淋巴细胞减少，可能是类固醇反应引起的。淋巴细胞减少是类固醇性白细胞象的特征表现，其他特征性变化不一定每次都出现。病毒介导的细胞溶解或者胃肠道丢失都会引起淋巴细胞减少。

Darla的红细胞比容处于最低限，同时红细胞总数和血红蛋白均下降。由于Darla有出血证据，例如血尿、泛蛋白减少症，还有一些反映贫血的临床症状例如虚弱、心搏过速、呼吸迫促，因此即使Darla的红细胞比容在参考

血常规检查

WBC	12.5×10^9 个 /L	（4.0 ~ 13.3）
Seg	11.1×10^9 个 /L	（2.0 ~ 11.2）
Band	0	（0 ~ 0.3）
Lym	↓ 0.5×10^9 个 /L	（1.0 ~ 4.5）
Mono	0.9×10^9 个 /L	（0.2 ~ 1.4）
Eos	0	（0 ~ 1.2）
白细胞形态：形态正常		
HCT	38 %	（37 ~ 60）
RBC	↓ 5.41×10^{12} 个 /L	（5.8 ~ 8.5）
HGB	↓ 12.6 g/dL	（14.0 ~ 19.0）
MCV	66.0 fL	（60.0 ~ 77.0）
MCHC	33.2 g/dL	（31.0 ~ 34.0）
PLT：凝聚，不能评估		

生化检查

GLU	136 mg/dL	（90.0 ～ 140.0）
BUN	19 mg/dL	（6 ～ 24）
Crea	0.5 mg/dL	（0.5 ～ 1.5）
P	5.1 mg/dL	（2.6 ～ 7.2）
Ca	↓ 8.6 mg/dL	（9.5 ～ 11.5）
Mg	2.3 mmol/L	（1.7 ～ 2.5）
TP	↓ 4.9 g/dL	（5.5 ～ 7.8）
Alb	↓ 2.5 g/dL	（2.8 ～ 4.0）
Glo	2.4 g/dL	（2.3 ～ 4.2）
Na^+	↓ 135 mmol/L	（140 ～ 151）
Cl^-	↓ 97 mmol/L	（105 ～ 120）
K^+	↓ 3.2 mmol/L	（3.6 ～ 5.6）
AG	11.2 mmol/L	（6 ～ 16）
HCO_3^-	↑ 30 mmol/L	（15 ～ 28）
TBIL	0.2 mg/dL	（0.10 ～ 0.50）
ALP	↑ 393 IU/L	（20 ～ 320）
GGT	< 3 IU/L	（2 ～ 10）
ALT	↑ 348 IU/L	（10 ～ 95）
AST	46 IU/L	（10 ～ 56）
CHOL	157 mg/dL	（110 ～ 314）
AMY	481 IU/L	（400 ～ 1 200）

范围内，也可能是不"正常"的。尽管没有获得Darla的基础值，红细胞比容从上限迅速下降到下限可能产生明显的生理反应。临床症状跟贫血的程度有关，也能反映红细胞下降的速度。另外，需要记住的是，急性出血在24h后，才可能会出现红细胞比容及总蛋白下降，因为急性出血一段时间后机体才出现代偿性扩充血容量的反应，例如液体转移、肾脏排水减少和饮水等。

血清生化分析

低钙血症：这个病例中血磷正常，血钙降低可能是由低白蛋白血症引起的。Darla已经做过绝育手术，因此钙的代谢不可能受妊娠和泌乳的影响，也没有胰腺疾病或胃肠道疾病的证据。

伴有低白蛋白血症的低蛋白血症，而球蛋白在参考值范围下限：蛋白质下降可能是生成减少或丢失增加引起的。而这个病例，我们怀疑是失血造成的。同时也没有蛋白经其他途径丢失的迹象，例如第三间隙液体蓄积、皮肤损伤或者胃肠道疾病。由于血清白蛋白水平比球蛋白低，也可能存在肾小球选择性丢失白蛋白。通过尿液分析可以对丢失的蛋白进行定量分析，但是不能鉴别蛋白丢失的原因，因此我们不知道蛋白尿是肾小球损伤引起，还是某段尿道的血尿引起。在这个病例中，首先要控制血尿，然后找到蛋白丢失的原因（证明是不是蛋白丢失性肾病引起的）。蛋白生成减少——尤其是白蛋白，可能是由饥饿引起的，但是仅见于动物长时间饥饿、严重食物缺乏或动物体况非常差时。肝脏衰竭也会导致白蛋白合成减少。虽然两项肝脏转氨酶升高，但大多数与肝功能有关的临床生化指标都在参考值范围内（BUN、GLU、CHOL）。由于这些指标的敏感性和特异性都不高，因此对怀疑肝脏衰竭的动物要测量胆汁酸浓度或者血氨水平。白蛋白是负急性期反应蛋白，部分炎症反应也可能会下调其生成水平。但该病例中，CBC检查结果未见炎症征象。

血钠与血氯等比例降低：丢失增加和血液稀释都可能会引起钠离子和氯离子下降，出血也会导致电解质和液体等比例下降。和PCV及总蛋白相似，低钠血症和低氯血症也可能由出血引起，因为丢失的液体可以很快经饮水得到补充，而这时血压降低机体会分泌抗利尿激素，从而造成水潴留。液体经过胃肠道、皮肤、肾脏或第三间隙丢失时也遵循这一机制。怀孕或者充血性心力衰竭时水潴留也会稀释钠离子和氯离子，而糖尿病动物出现高钙血症时，由于渗透效应，水会从血管外组织进入循环血液中。饲喂商业日粮的犬猫，即使有厌食的病史，也很少会因为食物中含量不足而出现低钠血症和低氯血症。

低钾血症：在Darla这一病例中，低钾血症的原因可能与其钠离子氯离子异常的原因相似。出血会引起钾离子丢失，同时血容量降低会代偿性引起血管内自由水蓄积，从而使钾离子浓度降低。厌食期间钾离子摄入不足也会加重低钾血症的症状。

HCO_3^-升高：由于贫血和缺氧，Darla的呼吸频率增加，换气过度引起二氧化碳丢失过度，从而出现碱血症。

ALP轻度升高：很多肝外原因都会引起犬ALP升高，包括类固醇效应（淋巴细胞减少提示可能是这种情况）。由于Darla的ALP只是轻度升高，而且GGT没有同时升高，因此需要全面了解其用药史，以排除医源性可能。还需要考虑其他因素，例如骨骼疾病、内分泌疾病、胆汁淤积性肝病等。由于胆红素和GGT都正常，所以患肝脏疾病的可能性不大。需要重新检查ALP水平，以进一步确定ALP升高是持续性的还是一过性的。第二章里全面介绍了ALP升高的原因，包括肝性及肝外的原因。

ALT升高：一般情况下ALT升高提示肝细胞损伤，但是不能提示损伤的原因。在这个病例中，需要考虑肝脏灌流不足和缺氧这两方面原因，它们都可能导致肝细胞损伤。由于ALP同时升高，所以不能排除原发性肝病。明确Darla贫血的原因之后，再次进行生化检查有助于指导临床治疗。

病例总结和结果

综合考虑血尿和静脉穿刺部位形成血肿的症状，提示Darla有凝血障碍。凝血检查发现PT和APTT延长，证实了这一推测。进一步问诊发现Darla曾食入具有抗凝作用的灭鼠药，因此给Darla输入血浆，并使用维生素K治疗。

Darla在凝血时间正常后出院，最终在家完全恢复。

由于出血时等渗液丢失，之后机体的自由水（低渗）代偿性地进入血管，从而使Darla出现了电解质异常。

病例11 – 等级2

"Isis"，家养短毛猫，8 岁，绝育母猫。10d 前发生车祸，右前肢撕脱性损伤。Isis住院进行创伤控制、静脉补液并使用抗生素。就诊当天，Isis呼吸急促、肺音粗厉、心搏过速，并伴有奔马律。X线检查显示其肝脏增大、心脏增大，并有肺水肿征象，与充血性心力衰竭相符。当天早些时候，医生发现它呼吸急促、肺音粗厉，开始用呋塞米进行治疗。

解析

CBC：Isis的中性粒细胞增多是由腿部创伤的炎症反应引起的。小红细胞性低色素性贫血可能与撕脱性损伤引起的慢性红细胞丢失和缺铁有关。

血清生化分析

高血糖症：血糖升高是由疼痛和/或应激反应引起的。

低磷血症：HCO_3^-升高和碱血症会促进血清中的磷转移到细胞内。原发性甲状旁腺功能亢进及恶性肿瘤性高钙血症也可能引发低磷血症，这些一般与高钙血症有关，而Isis是低钙血症。

低钙血症：低血钙通常是由血清白蛋白下降引起的，但这个病例并非如此。该病例既没有肾脏疾病的证据，也没有甲状旁腺功能减退

血常规检查

WBC	↑ 28.4×10^9 个 /L	（5.5 ~ 19.5）
Seg	↑ 25.2×10^9 个 /L	（2.1 ~ 10.1）
Bands	0.3×10^9 个 /L	（0.0 ~ 0.3）
Lym	2.3×10^9 个 /L	（1.5 ~ 7.0）
Mono	0.6×10^9 个 /L	（0 ~ 0.9）
白细胞形态：未见明显异常		
HCT	↓ 19 %	（28 ~ 45）
RBC	↓ 4.41×10^{12} 个 /L	（28 ~ 45）
HGB	↓ 5.4 g/dL	（8.0 ~ 15.0）
MCV	↓ 37.0 fL	（39.0 ~ 55.0）
MCHC	↓ 28.4 g/dL	（31.0 ~ 35.0）
红细胞形态：红细胞大小不等，有小红细胞		
血小板：凝集成簇，但数量充足		

生化检查

GLU	↑ 210 mg/dL	（70.0 ~ 120.0）
BUN	20 mg/dL	（15 ~ 32）
CREA	↓ 0.8 mg/dL	（0.9 ~ 2.1）
P	↓ 2.7 mg/dL	（3.0 ~ 6.0）
Ca	↓ 7.3 mg/dL	（8.9 ~ 11.6）
Mg	1.6 mmol/L	（1.6 ~ 2.6）
TP	6.4 g/dL	（6.0 ~ 8.4）
ALB	2.7 g/dL	（2.4 ~ 4.0）
GLO	3.7 g/dL	（2.5 ~ 5.8）
Na^+	↓ 132 mmol/L	（149 ~ 163）
Cl^-	↓ 82 mmol/L	（119 ~ 134）
K^+	↓ 3.2 mmol/L	（3.6 ~ 5.4）
HCO_3^-	↑ 32 mmol/L	（13 ~ 22）
AG	21.2 mmol/L	（13 ~ 27）
TBIL	↑ 0.4 mg/dL	（0.10 ~ 0.30）
ALP	↑ 85 IU/L	（10 ~ 72）
GGT	1 IU/L	（0 ~ 5）
ALT	48 IU/L	（29 ~ 145）
AST	↑ 79 IU/L	（12 ~ 42）
CHOL	256 mg/dL	（77 ~ 258）
AMYL	↑ 3 323 IU/L	（496 ~ 1 847）

的证据，这些可能与血磷下降有关。使用碳酸氢盐输液治疗或用利尿剂如呋塞米治疗的猫，可能会出现低钙血症。这些治疗会导致肾小管升支不能形成足够的钠离子梯度，从而导致钙离子被动重吸收受阻。

低钠血症与不成比例的低氯血症：如果将氯离子浓度与血钠降低程度（82×146/132）进行校正，校正后氯离子浓度为90.7 mmol/L，仍然明显低于参考范围。撕脱性损伤可能会引起钠离子和氯离子通过皮肤丢失增加。由于使用了利尿剂，钠离子可能会继续通过肾脏丢失。肾脏灌注不良的情况下，如充血性心力衰竭时，机体的总钠量可能会增加，这是由于肾素-血管紧张素系统激活，促进了近曲小管对钠和水的重吸收。正因为如此，能够到达负责游离水排泄的肾小管远端的水量减少。另外，抗利尿激素释放引起的非渗透性刺激会进一步影响水的排泄，导致血浆中电解质稀释。一些利尿剂如速尿，在限制氯离子重吸收的同时，也能轻微增加碳酸氢盐重吸收。低氯血症与碱中毒有关。

低钾血症：如果Isis食欲不佳，低钾血症是摄入减少与肾素-血管紧张素系统激活（钾离子丢失增加）共同作用的结果。转运至远曲小管的钠离子不足可能会造成尿钾增多，同时使用利尿剂也会加剧钾离子经肾流失。利尿剂作用对猫的影响比其他物种更明显，并且由厌食引起的电解质摄入减少也更显著。

HCO_3^-升高（碱血症）：利尿剂治疗以及氯化物的消耗都能促使HCO_3^-升高。由于这只猫有可能并发呼吸道问题，因此需要进行血气分析，从而为机体的酸碱状态提供更多信息。

AST升高：AST轻微升高，可能与灌流不良引起的组织损伤有关。

淀粉酶升高：这个病例中，血清淀粉酶升高是由肾小球滤过率降低引起的。不能排除并发胰腺疾病的可能，但淀粉酶不是诊断猫胰腺炎的敏感指标。

病例总结和结果

医生认为液体负担过重诱发了充血性心力衰竭，因此停止输液治疗，并使用利尿剂以减轻体液负担。治疗效果良好，而且创伤也得到恢复。各种利尿药都会影响电解质平衡（见Snow，第七章，病例7），所以治疗时要谨慎选择利尿剂，并随时监测血清中电解质的含量。这个病例与Darla相似（第七章，病例10），Darla发生等渗液体丢失之后，血管内水量代偿性增加，导致血清电解质浓度降低。Isis在进行输液治疗后，引发医源性液体超负荷和心力衰竭，从而引起血管容积扩张，最终导致电解质异常。

病例12－等级12

"Weasel"，柯利犬，10岁，去势公犬。有4个月血尿病史。4个月前该犬初次出现血尿时，用抗生素治疗2周，症状好转，其腹部X线检查未见明显异常。2个月后，Weasel再次出现血尿，且抗生素治疗无效。4 d后，Weasel血尿更加严重，主人观察到它并未出现排尿困难，而是排尿后移动几步再排出一部分尿液，其中后段尿比初段尿红。其排尿次数与正常时一样。除了血尿以外，其他状况看起来都很正常。体格检查显示Weasel没有脱水，其他重要体征及听诊均正常；但是，腹部触诊时表现紧张，腹部超声显示其膀胱壁腹侧靠近膀胱颈部位有一团块，因此预约下周手术摘除。但是4d后Weasel的情况开始恶化，由于嗜睡、呕吐、食欲不振、排尿困难和腹部膨大前来就诊。这次就诊时，Weasel精神沉郁、虚弱、直肠检查可见黑便。

解析

CBC：成熟中性粒细胞增多，淋巴细胞减少，与皮质类固醇白细胞象相似。

血清生化分析

高血糖：内源性和外源性皮质类固醇可引发高血糖，同时也要考虑糖尿病。由于糖尿病患犬可能会多饮/多尿，或有泌尿道感染，因此可能会表现出一些泌尿道疾病症状，但是该病例的血糖只是轻度升高。

氮质血症：氮质血症分为肾前性、肾性和肾后性三种。该病例并没有检查尿相对密度，此时不能排除肾前性因素。临床病史并没

血常规检查

WBC	↑ 17.3×10^9 个 /L	（6.0 ~ 17.0）
Seg	↑ 15.8×10^9 个 /L	（3.0 ~ 11.0）
Band	0	（0 ~ 0.3）
Lym	↓ 0.6×10^9 个 /L	（1.0 ~ 4.8）
Mon	0.9×10^9 个 /L	（0.2 ~ 1.4）
Eos	0	（0 ~ 1.3）
白细胞形态：未见异常		
HCT	53 %	（37 ~ 55）
RBC	8.11×10^{12} 个 /L	（5.5 ~ 8.5）
HGB	18.0 g/dL	（12.0 ~ 18.0）
MCV	65.8 fL	（60.0 ~ 77.0）
MCHC	34.4 g/dL	（31.0 ~ 34.0）
红细胞形态：正常范围内		
血小板	268×10^9 个 /L	（200 ~ 450）

生化检查

GLU	↑ 177 mg/dL	（80.0 ~ 125.0）
BUN	↑ 160 mg/dL	（6 ~ 24）
CRE	↑ 12.8 mg/dL	（0.5 ~ 1.5）
P	↑ 17.7 mg/dL	（3.0 ~ 6.0）
Ca	↑ 11.3 mg/dL	（8.8 ~ 11.0）
Mg	↑ 3.6 mmol/L	（1.4 ~ 2.2）
TP	7.2 g/dL	（4.7 ~ 7.3）
ALB	3.6 g/dL	（2.5 ~ 4.2）
GLO	3.6 g/dL	（2.0 ~ 4.0）
Na^+	↓ 133 mmol/L	（141 ~ 151）
Cl^-	↓ 90 mmol/L	（108 ~ 121）
K^+	5.3 mmol/L	（3.8 ~ 5.4）
AG	↑ 35.2 mmol/L	（15 ~ 25）
HCO_3^-	↓ 13.1 mmol/L	（15 ~ 26）
TBIL	↑ 0.6 mg/dL	（0.10 ~ 0.50）
ALP	↑ 666 IU/L	（20 ~ 320）
GGT	5 U/L	（2 ~ 10）
ALT	↑ 154 IU/L	（5 ~ 65）
AST	↑ 64 U/L	（15 ~ 52）
CHOL	↑ 376 mg/dL	（110 ~ 314）
AMYL	↑ 1 572 IU/L	（252 ~ 988）

腹水检查

> 外观：红色，混浊
> 总有核细胞计数：8 900 个 /μL
> 总蛋白：< 2.5 g/dL
> 描述：涂片可见少量红细胞，主要的有核细胞是非退行性中性粒细胞，还有少量大单核细胞和活化的间皮细胞

有明确描述Weasel的脱水状况，而且没有出现脱水的征象——例如红细胞增多、蛋白浓度升高等。因此，氮质血症可能是肾功能衰竭引起的。膀胱内的团块又提示氮质血症可能是肾后性因素所致。最近腹部膨大的症状可能是膀胱破裂引起的。Weasel有黑粪症，血液在肠道消化吸收也可能会引起BUN轻度升高。

高磷血症：这种变化是肾脏排磷功能下降引起的。

高镁血症：镁的潴留和磷一样，都是由于肾脏排泄功能下降引起的。

低钠血症和不等比例的低氯血症（更低），以及酸血症：校正氯离子浓度是98 mmol/L，因此并非所有氯离子浓度的降低都与钠离子浓度变化相关。该病例腹部膨大，可能是电解质渗入第三间隙引起的。同时如果机体不能排尿，也会对电解质有一定的稀释作用。低血压或低渗透压导致的水潴留也会加剧钠离子降低。呕吐会引起氯离子丢失，低氯血症一般会伴随碱中毒，但是Weasel的碳酸氢盐降低、阴离子间隙升高且伴随代谢性酸中毒，因此Weasel可能发生了混合型酸碱紊乱。需要进行血气分析以评估血液酸碱水平。肾上腺皮质机

能减退的典型特征就是低钠血症和低氯血症，但是根据Weasel的病史，应优先怀疑膀胱病变，而非肾上腺皮质机能减退。

阴离子间隙升高：阴离子间隙升高可能与尿毒症酸性物质蓄积有关。

胆红素轻微升高：胆红素刚刚超出参考值范围，且没有出现其他指征，因此其临床意义不是很确定。PCV正常但接近上限，表明胆红素升高的原因不太可能是溶血，而肝酶活性升高提示Weasel可能患有肝病。

ALP升高：ALP是肝脏疾病非常敏感的指标，但很多肝外因素也会引起ALP升高，这些肝外因素包括代谢异常和激素紊乱等。高胆红素血症、ALT升高和AST升高证明Weasel存在肝脏病变。由于GGT正常，而且胆红素的变化也不明显，因此ALP升高可能不是由胆汁淤积性肝病引起的。该病例的皮质类固醇性白细胞象与激素引起的ALP升高之间有一定程度的关系。

ALT及AST升高：ALT和ALP升高（ALP升高2 倍）都提示肝细胞损伤，然而其病因并不明确。对于肝外因素的影响来讲，ALT不如ALP那样敏感，但其在缺乏原发性肝病的情况

下仍然会升高，包括对皮质类固醇的反应。AST的肝脏特异性比ALT低。

高胆固醇血症：由于犬的高密度脂蛋白较高，一般情况下高胆固醇血症并不会引起临床症状，但是它往往提示一些病理过程。通常会引起犬胆固醇升高的疾病有肾上腺皮质机能亢进（高血糖、皮质类固醇性白细胞象和ALP升高）、糖尿病（高血糖，但不太像）、肝脏疾病（高胆红素血症及肝酶活性升高）和肾脏疾病（氮质血症）。应考虑是否有餐后效应，不过Weasel厌食已经几天了。

高淀粉酶血症：淀粉酶活性升高的程度低于2倍，可能是肾小球滤过率降低引起的。胰腺炎或肠道病变也可能引起淀粉酶活性升高。

腹水分析：尽管腹水蛋白含量较低，但是以中性粒细胞为主的有核细胞计数增多提示Weasel发生了化脓性炎症，而正常情况下腹腔液应该是无菌的。此时应考虑为化学性腹膜炎例如尿液性腹膜炎（最有可能）或胆汁性腹膜炎（不太可能，临床病史不支持，并缺少胆色素）。结合腹水和血清肌酐水平可以帮助确定腹腔中是否有尿液。

病例总结与结果

因怀疑膀胱破裂，Weasel被送往手术室进行腹腔冲洗，并进行膀胱修补。手术中从Weasel腹腔中清除4L尿液，并采集了肝脏活组织样本进行检查，以确定肝酶活性升高是否为肝病引起的。手术后1d，Weasel得精神有所恢复，并且排尿量正常。但是第2d，它又变得精神沉郁且开始呕吐。膀胱阳性造影显示其膀胱腹侧壁上有一处能渗出造影剂。Weasel又被送去手术，并从其腹腔中清除了1 L血性液体。手

术修补了膀胱的一个穿刺伤，这个伤口可能是由于牵引线或伤口渗水检查时穿刺针留下的。Weasel恢复得很好，膀胱壁上的肿物经细胞学检查确诊为移行细胞癌，出院后使用吡罗昔康（Piroxicam）控制肿瘤的发展。

Weasel的情况可以与Sloop（第五章，病例18）进行对比。Sloop也被诊断为腹腔积尿，表现为腹部膨大、氮质血症、高磷血症、低钠血症、低氯血症及阴离子间隙升高。不同于Weasel的酸中毒，Sloop有高钾血症，且其血清碳酸氢盐相对正常。这种变化表明诊断相似或相同的病例中也会出现个体间差异。由于Sloop病程较长，排尿量应该不会很大，导致钾离子大量蓄积，而Weasel对酸中毒的代偿能力更低。Weasel的氮质血症比Sloop的更为严重，可能是因为Weasel有潜在的肾病，从而影响了肾脏调节酸碱平衡的能力，虽然肾前性因素的差异也会有影响。值得注意的是氮质血症的等级与肾小球滤过率并不呈线性相关，因此在个体动物之间，不能直接使用肌酐和尿素氮的检测值来对比肾小球滤过率的大小（参考第五章对于BUN和肌酐的进一步解释和讨论）。

病例13 – 等级2

"Astra"，拳师犬，4岁，绝育母犬。最近体重减轻了约10kg，运动不耐受。患有厌食并伴有持续性呕吐，无腹泻。偶发无力和晕厥（2～4次）。Astra的莱姆病snap检测结果为阳性，经过2周抗生素治疗。体格检查发现Astra非常消瘦，肌肉明显萎缩。毛细血管再充盈时间延长至4 s，眼睛凹陷。其中一个主人表示要

血常规检查

WBC	14.3×10^9 个 /L	（6.0 ~ 17.0）
Seg	7.6×10^9 个 /L	（3.0 ~ 11.0）
Ban	0	（0 ~ 0.3）
Lym	↑ 6.0×10^9 个 /L	（1.0 ~ 4.8）
Mono	0.4×10^9 个 /L	（0.2 ~ 1.4）
Eos	0.3×10^9 个 /L	（0 ~ 1.3）
白细胞形态：未见明显异常		
HCT	↓ 29 %	（37 ~ 55）
MCV	66.4 fL	（60.0 ~ 77.0）
MCHC	↑ 37.9 g/dL	（31.0 ~ 34.0）
红细胞形态：轻度红细胞大小不等。可见少量裂红细胞、球形红细胞、豪 – 乔氏小体和棘红细胞		
血小板	400×10^9 个 /L	（200 ~ 450）
血浆呈现显著溶血		

生化检查

GLU	78 mg/dL	（65.0 ~ 120.0）
BUN	↑ 84 mg/dL	（8 ~ 33）
CREA	↑ 2.2 mg/dL	（0.5 ~ 1.5）
P	↑ 7.9 mg/dL	（3.0 ~ 6.0）
Ca	↑ 11.8 mg/dL	（8.8 ~ 11.0）
Mg	↑ 3.0 mmol/L	（1.4 ~ 2.7）
TP	6.3 g/dL	（5.2 ~ 7.2）
ALB	↓ 2.6 g/dL	（3.0 ~ 4.2）
GLB	3.7 g/dL	（2.0 ~ 4.0）
Na^+	↓ 133 mmol/L	（140 ~ 151）
Cl^-	↓ 106 mmol/L	（108 ~ 120）
K^+	↑ 7.0 mmol/L	（3.8 ~ 5.4）
HCO_3^-	20 mmol/L	（16 ~ 25）
AG	↓ 14 mmol/L	（15 ~ 25）
TBIL	0.2 mg/dL	（0.10 ~ 0.50）
ALP	180 IU/L	（20 ~ 320）
GGT	3 IU/L	（3 ~ 10）
ALT	47 IU/L	（10 ~ 95）
AST	↑ 67 IU/L	（15 ~ 52）
CHOL	↓ 107 mg/dL	（110 ~ 314）
TG	62 mg/dL	（30 ~ 300）
AMYL	↑ 1 806 IU/L	（400 ~ 1 200）

尿液检查（取样方法不详）

外观：黄色，混浊
SG：1.016
pH：9.0
蛋白质：阴性
葡萄糖：阴性
酮体：阴性
胆红素：阴性
色素：阴性

尿沉渣
无细胞、管型和结晶
细菌：3+

尽一切努力救治Astra，而另一位则没那么热心，认为"它就是一只拳师犬，早晚都会死的"。

解析

CBC：淋巴细胞轻度增多，但形态无明显异常。可能是肾上腺素作用的结果。抗原刺激可使循环中淋巴细胞数量增加。如果出现反应性淋巴细胞可进一步证实这一解释。也应考虑淋巴瘤，但未见异形细胞，因此这种可能性不大。一只重病患犬无类固醇性白细胞象，且有相关病史及血清生化数据，提示肾上腺皮质机能减退。

Astra轻度正细胞性贫血，并有溶血迹象。红细胞生成不会造成红细胞内血红蛋白过量，平均血红蛋白浓度升高可能是测量误差引起的，也可能是溶血引起的。无法确定是体外溶血还是体内溶血，但少量裂红细胞和球形红细胞符合血管内溶血的表现。球形红细胞常和免疫介导性红细胞损伤有关，其他较不常见的病因包括铅中毒、蛇或蜜蜂蜇咬以及红细胞代谢异常。少量球形红细胞是非特异性的，且对诊断没有帮助。裂红细胞可能和脉管系统异常、凝血异常或缺铁有关。出现豪-乔氏小体时可能反映脾脏功能下降、免疫抑制或红细胞生成增加。红细胞大小不等现象可能是由少量未成熟的巨红细胞引起的，但这种未成熟的巨红细胞数量太少，不足以影响平均红细胞体积。此外，红细胞大小不均可能和球形红细胞有关，由于球形红细胞从盘状变成了球形，看起来比正常红细胞小。事实上球形红细胞对平均红细胞体积的影响很小。通常溶血和巨红细胞性、再生性贫血有关。可能是发病过急，再生性贫血反应在如此短时间内还无法表现出来。应该用网织细胞计数来评价红细胞生成反应，出血或溶血至少3~4 d后才会表现出网织红细胞增多。该犬可能是非再生性贫血，与慢性疾病或营养不良有关。血常规检查结果显示Astra没有炎性白细胞象。

血清生化分析

氮质血症：Astra的尿液浓缩不良，说明氮质血症可能是肾脏疾病引起的，也可能合并有肾前性因素。高磷血症、高镁血症、高淀粉酶血症、高钾血症都提示肾小球滤过率低。在肾性氮质血症得到确证之前，应考虑其他导致尿液浓缩能力降低的肾外因素。由于胆红素、胆固醇正常，而尿素氮升高，因此肝脏衰竭的可能性不大，但白蛋白下降，需要检测血清胆汁酸浓度或血氨水平以证实肝脏是否衰竭。尿液分析结果正常，且没有使用利尿剂的病史，因而不太可能发生渗透性利尿。由于Astra表现出低钠血症和低氯血症，可能存在髓质冲洗。如果尿液浓缩不良是髓质冲洗引起的，合理补充电解质和输液治疗应该可以纠正这一问题。

高磷血症和高钙血症：肾功能衰竭、维生素D中毒和肾上腺皮质机能减退都能导致钙磷升高。其他实验室检查结果都符合肾功能衰竭和肾上腺皮质机能减退，而且这两种情况下，肾小球滤过率低、磷排泄受阻引起磷在血液里蓄积。肾上腺皮质机能减退能引起犬高钙血症，但不能引起离子钙升高，而且这种血钙升高不是病理性的，而是由皮质醇不足引起的肾排泄下降和血液浓缩导致的，在首次治疗后血钙水平应该迅速恢复正常。犬高钙血症最常见的病因是恶性高钙血症，本病例不排除这种可能。离子钙升高能引起可逆和不可逆性肾功能障碍，容易发展为高钙血症。检测甲状旁腺激素（PTH）和甲状旁腺激素相关肽（PTHrP）有助于鉴别不同原因的高钙血症，但本病例没必要检测这一指标。

高镁血症：Astra的高镁血症是由肾小球滤过率降低引起的。

低白蛋白血症：白蛋白降低可能是生成不足或丢失过多引起的。由于白蛋白是在肝脏中生成的，所以肝功能下降可导致血清白蛋白降低。肝功能下降也会引起其他指标异常，但此病例中未见其他异常，如果其他原因都不能解释这个病例低白蛋白血症的原因，可以考虑检测血清胆汁酸。炎症反应也会引起肝脏合成白蛋白能力下降，但球蛋白没有升高，且血常规检查未显示Astra体内有炎症反应。营养因素也可能导致低白蛋白血症，但不常见，Astra体重下降明显，且体况很差，提示白蛋白水平下降可能是因为蛋白摄入减少和机体储存不足。体内循环系统中体液蓄积会引起白蛋白稀释，还可造成低钠血症和低氯血症。循环体系中渗透性物质过度蓄积最常引起这种变化，例如葡萄糖蓄积，但本病例不属于这种情况。考虑到尿液中未检出蛋白，白蛋白经肾小球选择性丢失的可能性不大，而对尿液相对稀释的患病动物而言，尿蛋白/肌酐比会是更好的指标。由于缺乏相应的临床表现，且血清球蛋白水平正常，因此可以排除蛋白非选择性的流入体腔液、经皮肤渗出以及经胃肠道丢失等情况。

低钠血症和低氯血症：以商品化食物为食的患病动物，很少会因摄入不足而发生低钠血症和低氯血症。Astra的低钠血症和低氯血症可能是自由水蓄积后电解质稀释引起的。这种变化可见于充血性心衰，或者抗利尿激素作用引起的自由水过度蓄积。这一推测可以解释毛细血管再充盈时间延长、肾前性氮质血症和间歇性晕厥，但不能解释胃肠道症状。Astra的低钠血症和低钾血症最有可能是二者等比例丢失引起的，通过它的病史推测钠离子和氯离子可能是经肠道丢失的。可以根据临床症状判断离子是否经第三间隙或皮肤丢失。也要考虑肾性丢失，并可通过尿排泄分数进行量化。因为机体要保钠，低钠血症动物的尿钠排泄分数应该很低。这种情况下，如果排泄分数正常或升高都是异常的，可能提示肾病或肾上腺皮质机能减退（醛固酮缺乏，肾脏保钠信号减退。）

低钾血症：由于钾离子经尿液排泄增多，多尿性肾衰常伴发低钾血症。只有当肾小球滤过明显受限或机体无法排尿时才会出现高钾血症。Astra脱水明显且灌注不良，其症状包括股动脉微弱、毛细血管再充盈时间延长。这些都能使肾小球滤过率严重下降。其他异常实验室检查结果还提示肾上腺皮质机能减退，肾上腺皮质机能减退使皮质醇合成减少、导致高钾血症。高钾血症也有可能由酸中毒引起的细胞易位导致，然而这一现象在有机酸中毒时没有无机酸中毒那么显著。

阴离子间隙下降：可能是白蛋白下降和电解质紊乱引起的。

AST升高：继发于灌注不良的组织损伤最可能产生这种变化。

高淀粉酶血症：淀粉酶活性轻度改变最有可能和肾小球滤过率降低有关。胃肠道疾病也伴有淀粉酶活性升高，而且与Astra的临床病史相符。不能排除胰腺疾病，但不需解释这一信息。

尿液检查：尿检中发现细菌提示污染或存在尿道感染。

病例总结和结果

由于怀疑Astra患有肾上腺皮质机能减

退，所以进行了ACTH刺激实验。实验前后血浆皮质醇浓度均小于1.00 $\mu g/dL$，与肾上腺皮质机能减退相符。由于听诊和胸廓影像检查正常，没有进行心脏检查。Astra成功接受激素补充治疗和尿道感染的抗生素治疗。

电解质紊乱是肾上腺皮质机能减退的典型表现，但并不是每一例肾上腺皮质机能减退的动物都会出现电解质紊乱（Sadek）。因此，患犬出现以下临床症状时提示肾上腺皮质机能减退：虚弱、嗜睡、胃肠道症状和伴有血容量减少的晕厥。在某些病例中，可以把临床症状严重但不表现皮质类固醇白细胞象作为肾上腺皮质机能减退的线索。除肾上腺皮质机能减退外，其他疾病病程中也会出现低钠血症、低氯血症和高钾血症，包括原发性胃肠道疾病（DiBartola）、体腔积液（第七章，病例3）、腹腔积尿（第五章，病例18）或肾衰（第七章，病例9）。Astra是一个很好的病例，它的实验室检查异常结果是由肾前性因素引起的，而这些检查结果又能提示原发性肾病。Astra有氮质血症并伴随尿液稀释、高磷血症、高镁血症和高钾血症。与Humphrey 相似（第七章，病例9），所有这些变化都可能是肾小球滤过率降低引起的。低钠血症与低氯血症可能是原发性肾功能不全引起的，这些病例的尿液排泄分数可能会很高。一般而言，患肾上腺皮质机能减退的动物进行合理输液治疗，可纠正电解质紊乱，暂时恢复尿液浓缩能力，而肾衰的动物则无法恢复浓缩能力。

→ 参考文献

DiBartola SP, Johnson SE, Davenport DJ, Prueter JC, Chew DJ, Sherding RG. 1985. Clinicopathologic findings resembling hypoadrenocorticism in dogs with primary gastrointestinal disease. J Am Vet Med Assoc (187): 60-63.

Sadek D,Schaer M. 1996. Atypical addison's disease in the dog: a retrospective survey of 14 cases. J Am Anim Hosp Assoc (32): 159-163.

病例14 – 等级3

"Twix"，瑞士牛和荷斯坦牛杂交的小牛，2周龄，有3d嗜睡、腹泻的病史。最初粪便黄软。使用抗生素治疗，并通过静脉补充电解质。接下来的2 d，粪便变为白色水样。体格检查发现Twix虽然精神呆滞、嗜睡、喜卧，但是哺乳反射良好。听诊正常，仅有轻度脱水。Twix不发热，也没有水肿现象。现在它的粪便已变成棕黑色黏稠性物质。牛群中另外一头牛也可能被感染了。这个牛场曾经有过隐孢子虫、沙门氏菌及冠状病毒感染的历史。

解析

CBC：白细胞增多，伴随杆状中性粒细胞增多、中毒性变化及单核细胞增多，提示机体有炎症反应（图 7-4）。小红细胞可能与年龄有关（Adams），在大型动物中，血小板增多通常和炎症有关。

血清生化分析

高血糖：血糖升高最有可能是由应激引起的，但是小牛出生后3～4周才会出现瘤胃消化的转变，因此幼畜的血糖水平比成年牛高。

氮质血症：Twix有轻度氮质血症。未进行

血常规检查

WBC	↑ 17.3 × 10⁹ 个 /L	（4.1 ～ 11.3）
Seg	5.7 × 10⁹ 个 /L	（0.8 ～ 7.2）
Band	↑ 3.1 × 10⁹ 个 /L	（0 ～ 0.1）
Lym	4.5 × 10⁹ 个 /L	（1.1 ～ 7.1）
Mono	↑ 4.0 × 10⁹ 个 /L	（0.0 ～ 0.9）
白细胞形态：中性粒细胞呈现中毒性变化（1+），罕见反应性淋巴细胞		
HCT	36 %	（24 ～ 39）
MCV	↓ 36.4 fL	（39.2 ～ 52.5）
MCHC	35.5 g/dL	（33.5 ～ 35.7）
红细胞形态：血涂片中散在棘红细胞和钝锯齿状红细胞		
PLT	↑ 754 × 10⁹ 个 /L	（222 ～ 718）

生化检查

GLU	↑ 101 mg/dL	（56 ~ 83）
BUN	↑ 32 mg/dL	（6 ~ 20）
CREA	↑ 1.7 mg/dL	（0.5 ~ 1.1）
P	6.6 mg/dL	（4.0 ~ 7.7）
Ca	9.5 mg/dL	（8.4 ~ 10.1）
Mg	2.5 mmol/L	（1.7 ~ 2.5）
TP	↓ 5.6 g/dL	（6.9 ~ 9.4）
ALB	2.5 g/dL	（2.5 ~ 3.5）
GLOB	3.1 g/dL	（2.5 ~ 4.5）
Na^+	↑ 163 mmol/L	（134 ~ 144）
Cl^-	↑ 136 mmol/L	（95 ~ 106）
K^+	5.1 mmol/L	（3.9 ~ 5.5）
HCO_3^-	↓ 14 mmol/L	（26 ~ 33）
AG	18.1 mmol/L	（14 ~ 20）
T.BILI	↑ 0.8 mg/dL	（0.10 ~ 0.40）
ALP	↑ 223 IU/L	（29 ~ 101）
GGT	↑ 333 IU/L	（5 ~ 34）
AST	↑ 424 IU/L	（190 ~ 380）
SDH	15 IU/L	（4 ~ 55）
CK	↑ 1224 IU/L	（63 ~ 294）
AST	↑ 95 IU/L	（26 ~ 93）

该参考范围为成年牛的参考范围

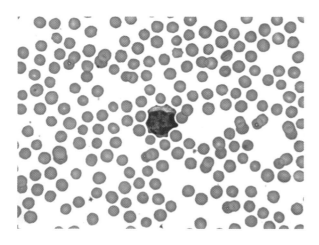

图7-4 牛的血涂片中的反应性淋巴细胞
（见彩图 32）

尿相对密度检查，很难确定氮质血症的原因，但是病史和体格检查提示是由脱水引发的肾前性氮质血症。

低蛋白血症：白蛋白和球蛋白都在参考值范围内，这样使得总蛋白水平下降的原因更加复杂。刚出生的动物血清中总蛋白质水平偏低，因为相对于成年动物来说幼畜机体内含水量更多，并且免疫系统是新生的。机体脱水后蛋白质水平可能会升高，应该在体液缺失得到纠正后重新进行评估。

高钠血症和高氯血症：在这个病例中，丢失的是等渗液或低渗液，但补充的是高渗液，从而导致水相对缺乏，而电解质出现蓄积。大多数病例可以自由饮水，若肾功能正常，仍可以调节血液中电解质的平衡。但是，Twix没有机会自己饮水，不过其肾功能可能正常，轻度氮质血症是肾前性的。

碳酸氢盐降低（酸血症）：碳酸氢盐丢失的主要途径是腹泻流失。

ALP升高：ALP升高可能与肝胆疾病有关，幼年动物骨骼生长也会引起ALP升高，因此解释起来比较复杂。

GGT升高：对于大动物来说，血清中GGT升高是肝病的一个特征性变化，比ALP更具有指示意义，但是也可能受年龄因素的影响，如幼畜摄入初乳就会升高。另外，肝脏损伤可能继发于肠道疾病或者血液灌流不足。SDH正常提示ALP和GGT的升高与肝脏疾病无关，可能是由于骨骼生长或者是摄入初乳引起的。还有一种不常见的情况，即肝脏之前发生过短暂的损伤，但没有持续下去，而这一损伤无法在SDH上表现出来，因为SDH的半衰期很短，损伤停止后很快降低。

AST和CK升高：这两种酶升高提示肌肉损伤，可能和治疗或运输有关。AST升高可能是由肝细胞损伤引起的，但是它的组织特异性不如CK强。

病例总结和结果

对Twix进行静脉输液治疗，补充碳酸氢盐以纠正酸中毒，然后食用代乳制品，替代初乳。逐步降低钠离子和氯离子的补充量，直到它体内的电解质达到平衡。也使用了抗生素治疗。化验粪便样品，进行了沙门氏菌、冠状病毒、轮状病毒和志贺氏大肠杆菌的分离鉴定，最后分离出了一种非溶血性大肠杆菌。Twix经过治疗后恢复很好，后出院。

和Delaney（第七章，病例8）相似，Twix也出现了低渗性失水，从而导致体内剩余的电解质浓度升高。通常这种变化会使动物的渴感增加，饮水量增加，所以在这两个病例中，饮水受限会引起电解质异常。如果像Twix那样，电解质补充过多，那么等渗液丢失也会导致高钠血症和高氯血症。这和Darla正好相反（第七章，病例10），Darla因为出血引起等渗液丢失，血液中剩余的电解质被摄入的水稀释。这些病例表明在评价血清电解质时，必须同时考虑水和电解质的丢失或摄入。

→**参考文献**

Adams R, Garry FB, Aldridge BM, Holland MD, Odde KG. 1992. Hematologic values in newborn beef calves. Am J Vet Res (53): 944 - 950.

病例15-等级3

"Jason"，斯塔福德犬，3岁。2周前吃了1/3只感恩节火鸡后厌食、嗜睡。患有糖尿病，现正用胰岛素进行治疗。虽然增加了胰岛素剂量，多尿和烦渴的症状却越来越严重。几周前Jason出现血尿，并用抗生素进行治疗。平时食欲很好，但在吃过火鸡后食欲减退。2 d前去医院就诊时，在X线摄片上可以看到不透明的金属密度异物。随后进行开腹探查，发现一段肠道有梗阻迹象，但是进行疏通时又发现这段肠道没有梗阻。腹部探查时可见其肝脏增大，很像脂肪肝。当时采集了肝脏活组织检查样本，结果尚未出来。术后2 d，虽然进行着输液治疗，但Jason仍有脱水的表现，体况日益下降，于是被转诊到教学医院。就诊时Jason反应迟钝、脱水、休克。有双侧糖尿性白内障，腹部柔软无痛感。身上有许多处褥疮性溃疡，左侧肘关节大面积溃疡。

解析

CBC：中度中性粒细胞增多，并伴有轻度再生性核左移、淋巴细胞减少和单核细胞增多。糖皮质激素效应会导致成熟中性粒细胞增多、淋巴细胞减少和单核细胞增多，而再生性核左移则说明炎症对白细胞的变化也起了一定作用。Jason患有小细胞低色素性贫血，这表明它可能患有缺铁性贫血，尤其是并发血小板增多症时。门体分流也可能会发生小红细胞症，但临床表现和实验室数据不支持这一推测。一些日本犬种的红细胞偏小（秋田犬或者柴犬）。

血清生化检查分析

高血糖：虽然能导致血糖水平升高的因素很多，如应激、糖皮质激素、胰腺炎，但是根据病史推测，糖尿病的可能性最大。

血常规检查

WBC	↑ 39.1×10^9 个 /L	（6.0 ～ 17.0）
Seg	↑ 35.9×10^9 个 /L	（3.0 ～ 11.0）
Band	↑ 0.4×10^9 个 /L	（0 ～ 0.2）
Lym	↓ 0.8×10^9 个 /L	（1.0 ～ 4.8）
Mono	↑ 1.6×10^9 个 /L	（0.1 ～ 1.2）
Eos	0.4×10^9 个 /L	（0 ～ 1.3）
白细胞形态学：未见明显异常		
HCT	↓ 25 %	（37 ～ 55）
MCV	↓ 62.7 fL	（64.0 ～ 77.0）
MCHC	↓ 30.8 g/dL	（31.0 ～ 34.0）
红细胞形态：轻度大小不等，可见多染性红细胞和少量豪 – 乔氏小体		
血小板	↑ 585×10^9 个 /L	（200 ～ 450）

生化检查

GLU		↑ 194 mg/dL		（65.0 ~ 120.0）
BUN		↓ 4 mg/dL		（8 ~ 33）
CREA		0.5 mg/dL		（0.5 ~ 1.5）
P		4.3 mg/dL		（3.0 ~ 6.0）
Ca		↓ 8.8 mg/dL		（8.5 ~ 11.5）
Mg		1.9 mmol/L		（1.4 ~ 2.7）
TP		5.3 g/dL		（5.2 ~ 7.2）
ALB		↓ 2.4 g/dL		（2.5 ~ 3.7）
GLO		↓ 2.9 g/dL		（2.0 ~ 4.0）
Na$^+$		↑ 163 mmol/L		（140 ~ 151）
Cl$^-$		↑ 130 mmol/L		（105 ~ 142）
K$^+$		4.6 mmol/L		（3.8 ~ 5.4）
HCO$_3^-$		22.4 mmol/L		（16 ~ 25）
AG		15.2 mmol/L		（15 ~ 25）
CK		↑ 3 220		（55 ~ 309）
CHOL		266 mg/dL		（110 ~ 314）

尿素氮浓度下降：尿素氮浓度下降可能与多饮多尿和肾小管排泄速率增加有关，也可能是低蛋白饮食引起的。Jason出现了小红细胞症和低白蛋白血症，提示Jason的肝功能可能有下降的表现，但这两种变化并不是肝脏疾病的特异性指标。肌酐水平处于参考范围的最低限，可能是多饮多尿或者肌肉消耗的反映。

低钙血症，但血磷正常：血清白蛋白浓度下降可能会在一定程度上引起低钙血症，但并不影响离子钙水平。考虑到实验室错误的可能，可以重复检测来验证这一结果。由于Jason有饮食不慎的病史，还要考虑胰腺炎。原发性甲状旁腺功能低下或者维生素D缺乏也可能引起低钙血症，但是这两种情况很少见，并且常常与高磷血症有关，而这个病例没有高

磷血症。测量离子钙可以进一步确定Jason体内的钙含量。

轻度低白蛋白血症：摄入减少、生成减少和选择性丢失均会引起低白蛋白血症。Jason有厌食、肌肉消耗的表现，这表明可能是营养不良妨碍白蛋白的生成。白蛋白浓度下降也可能是肝功能下降引起的，然而需要进一步检查来评估这种可能性。白蛋白浓度下降也可能是白蛋白经肾小球选择性丢失引起的，但需要进行尿液分析，或通过测量尿蛋白肌酐比来量化蛋白尿。需要记住的是，尿蛋白升高可能和尿路隐性感染有关，这种情况在糖尿病患者中很常见。

血钠与血氯等比例升高：自由水不等比例丢失时这些电解质可能会出现异常，但也可

能和低渗性液体丢失有关（肾脏、肠道、第三间隙和皮肤）。限制饮水或同时发生低渗性液体丢失，都会引起钠离子和氯离子升高。在Jason这一病例中，尿糖会造成渗透性利尿和失水。液体也可能经过胃肠道丢失，但并未提到出现积液或者明显的皮肤病。褥疮表明Jason不能自由饮水，并且也可能因为肠切开手术而被限制饮水。静脉输液治疗可能不足以保持机体正常水合状态，并且在Jason丢失低渗液的同时，用等渗液进行治疗，使得电解质过量的情况更加恶化。

CK升高：CK升高可能与不能走动引起的肌肉损伤和褥疮有关。其他潜在因素包括医源性操作——例如手术和肌内注射。

病例总结和结果

对Jason应用抗生素，并进行输液治疗，调节电解质。继续使用胰岛素，并用止痛药物来控制疼痛。对其褥疮进行治疗，并频繁地变换体位。到第2天，Jason已经能自己转身了，每2h喝一小碗水。少吃多餐。Jason住院将近两周，明显好转：电解质恢复正常，体力改善，血糖曲线显示糖尿病得到良好的控制。左侧肘关节处的伤口也愈合了，但需要在家继续治疗。手术时采集的肝脏样本进行了活组织检查，结果表明肝脏有脂肪变性，和糖尿病的病史相吻合。

和Twix一样（本章病例14中的小牛），体液丢失（在这个病例中因肾脏发生渗透性利尿而丢失体液，前一个病例是因为肠道丢失体液）和饮水受限共同导致了高钠血症和高氯血症。糖尿病动物的血清电解质和酸碱状态变化很大，这些指标取决于食物摄取量、多

尿程度和任何与胃肠道有关的症状。一些糖尿病动物的电解质会下降到参考值范围以下（例如Hooligan，第三章，病例20），而其他糖尿病动物可能因水分相对过多（高血糖的渗透效应）而表现出低钠血症和低氯血症，（例如第三章，病例18中的Marion）。Hooligan和Marion出现低钠血症和低氯血症可能跟生病期间自由饮水有关。

病例16 – 等级3

"Decker"，家养短毛猫，11岁，去势公猫。患糖尿病数年，一直控制良好。今天早上出现呕吐和嗜睡。就诊时可见Decker消瘦，被毛蓬乱。

解析

没有进行CBC检查。

高血糖：由病史可推测出血糖升高的主要原因是糖尿病，但不能排除应激导致血糖升高加剧的可能性。

轻度氮质血症：BUN和CREA升高表明肾小球滤过率有所降低。患糖尿病的动物易出现糖尿和酮尿，使功能正常的肾脏不能产生正常浓缩的尿液，引起渗透性利尿，故排除肾性氮质血症。Decker可能有一定程度的肾前性氮质血症。

高磷血症：肾小球滤过率降低，磷不能按正常速度排出。

低钙血症：血清总钙轻度下降的原因并不是很明显。检测结果与正常值偏差较小，有可能是实验室异常引起的，可能需要重复检测。如果Decker的确患有肾脏疾病，则有可能导致

生化检查

GLU	↑ 327 mg/dL	（70.0 ～ 135.0）
BUN	↑ 58 mg/dL	（8 ～ 29）
CREA	↑ 2.3 mg/dL	（0.9 ～ 2.0）
P	↑ 8.1 mg/dL	（3.0 ～ 7.2）
Ca	↓ 9.2 mg/dL	（9.4 ～ 11.6）
Mg	↑ 3.1 mmol/L	（1.9 ～ 2.6）
TP	6.7 g/dL	（5.5 ～ 7.6）
ALB	3.6 g/dL	（2.8 ～ 4.0）
GLOB	3.1 g/dL	（2.3 ～ 4.2）
Na^+	155 mmol/L	（149 ～ 164）
Cl^-	↓ 109 mmol/L	（119 ～ 136）
K^+	4.0 mmol/L	（3.8 ～ 5.4）
HCO_3^-	↓ 8 mmol/L	（13 ～ 22）
AG	↑ 42 mmol/L	（15.0 ～ 28.0）
TBIL	0.1 mg/dL	（0.10 ～ 0.30）
ALP	↑ 995 IU/L	（10 ～ 72）
GGT	↑ 25 IU/L	（3 ～ 10）
ALT	↑ 373 IU/L	（29 ～ 145）
AST	↑ 114 IU/L	（12 ～ 42）
CHOL	↑ 789 mg/dL	（77 ～ 258）
TG	↑ 425 mg/dL	（25 ～ 321）
AMYL	↑ 3 568 IU/L	（496 ～ 1 874）

尿液检查（导尿管）

外观：红色，絮状　　　　尿沉渣
SG：1.025　　　　　　　红细胞：高倍镜视野下偶见
pH：6.0　　　　　　　　白细胞：高倍镜视野下罕见
蛋白：2+　　　　　　　　未见管型
葡萄糖：4+　　　　　　　未见鳞状/移行上皮细胞
酮体：3+　　　　　　　　未见细菌或结晶
胆红素：阴性

真性总钙浓度下降，但离子钙浓度可能正常。如果有相关临床表现，需要检查离子钙浓度。

　　低氯血症，血钠浓度正常：与血钙水平相似，血氯水平与参考范围偏差极小，不具有临床意义。血氯水平下降可能是呕吐引起的。

　　血清HCO_3^-下降（酸血症），阴离子间隙升高：这一结果提示未检测阴离子浓度升高。这一变化的主要原因是酮症酸中毒，但也不能排除继发于脱水和灌流不良的尿毒症性酸中毒或乳酸酸中毒。未检测离子也可能包括外源性化合物。例如乙二醇中毒，如果不给出其他实验室数据以及临床信息，乙二醇中毒表现出的生化检测结果与这个病例相似：阴离子间隙升高、氮质血症、低钙血症以及高磷血症。

ALP和GGT升高：这一结果提示胆汁郁积。虽然并未出现高胆红素血症及尿胆红素，但因为老年猫多发肝脏疾病，因此不排除肝病的可能性。各种内分泌疾病，包括糖尿病和甲状腺机能亢进，也可能会导致血清中这些酶的活性升高。

ALT和AST升高：提示肝细胞损伤，但也可能是内分泌疾病引起的。

高胆固醇血症，高甘油三酯血症：由于厌食和呕吐，所以该患猫的高脂血症不太可能是餐后效应引起的。内分泌疾病和肾脏疾病也有可能引起这些指标升高。糖尿病时，胰岛素不足会降低脂蛋白脂酶的活性。另外，感知组织"饥饿"时，脂肪会被广泛地当作替补能源。

病例总结及结果

对Decker进行住院治疗，胰岛素剂量升高后效果良好，病情稳定后出院。在以前讨论的病例中，一些患有糖尿病的动物，尤其是没有并发肠道疾病的动物或能正常饮水的动物，其血清电解质正常或接近正常。Decker的低氯血症极有可能是呕吐引起的，而并非高血糖症造成的。同时在一些病例如Decker和Hooligan（第三章，病例20），继发于渗透性多尿的脱水可能会导致肾前性氮质血症，但另

一些病例（如Jason，第七章，病例15；Marion和Amaryllis，第三章，病例18和19）并无这样的表现。也有一些病例由于多饮/多尿及肌肉消耗导致血清BUN和CREA值下降（如Decker和Gerhardt，第五章，病例22）。其他异常的实验室检查结果与糖尿病有关，包括肝酶活性升高（第三章，病例18、19、20；第五章，病例22）、高胆固醇血症（第三章，病例18、19；第五章，病例22），以及高甘油三酯血症（第三章，病例18、19；第五章，病例22）。

病例17 – 等级 3

"Smooth"，一只4岁的卷毛比熊犬，绝育母犬。就诊时表现倦怠、厌食和气喘。一个月之前有呕血的现象，当时诊断为免疫介导性血小板减少症。随后给予皮质类固醇和环孢霉素进行治疗。这次就诊时Smooth黏膜淡粉、轻度脱水；腹部膨大，触诊时有些疼痛。前腹部器官肿大，皮肤薄，并且脱毛。支气管肺泡音提示可能有肺炎。

解析

血常规：Smooth有明显的中性粒细胞增多症（且呈中毒性变化）、核左移和单核细胞增多症，这些变化提示Smooth有明显的炎症（图7-5，A和B）。在这个病例中，这种现象可能继发于肺炎或胰腺炎。类固醇治疗也很可能引起中性粒细胞增多症和单核细胞增多症，但是却没有出现淋巴细胞减少这样的类固醇性白细胞象。自从开始治疗Smooth的免疫介导性血小板减少症（ITP），血小板数量恢复正常。但是Smooth表现为正细胞性正色素性贫血，而且

血常规检查

WBC	↑ 79.5 × 10^9 个 /L	（4.0 ～ 13.3）
Seg	↑ 66.1 × 10^9 个 /L	（2.0 ～ 11.2）
Band	↑ 0.8 × 10^9 个 /L	（0 ～ 0.3）
Lym	2.4 × 10^9 个 /L	（1.0 ～ 4.5）
Mono	↑ 10.2 × 10^9 个 /L	（0.2 ～ 1.4）
Eos	0	（0 ～ 1.2）
白细胞形态：中性粒细胞呈中毒性变化		
HCT	↓ 28.7 %	（39 ～ 55）
RBC	↓ 4.41 × 10^{12} 个 /L	（5.8 ～ 8.5）
HGB	↓ 10.0 g/dL	（14.0 ～ 19.0）
MCV	65.1 fL	（60.0 ～ 77.0）
MCHC	34.0 g/dL	（31.0 ～ 34.0）
PLT	323 × 10^9 个 /L	（160 ～ 425）

生化检查

GLU	↑ 449 mg/dL	（90.0 ～ 140.0）
BUN	↑ 36 mg/dL	（6 ～ 24）
CREA	↓ 0.5 mg/dL	（0.6 ～ 1.5）
P	↓ 2.4 mg/dL	（2.6 ～ 7.2）
Ca	↓ 8.7 mg/dL	（9.5 ～ 11.5）
Mg	2.0 mmol/L	（1.7 ～ 2.5）
TP	6.2 g/dL	（5.5 ～ 7.8）
ALB	3.2 g/dL	（2.8 ～ 4.2）
GLOB	3.0 g/dL	（2.3 ～ 4.2）
Na$^+$	↓ 142 mmol/L	（145 ～ 151）
Cl$^-$	113 mmol/L	（105 ～ 120）
K$^+$	↓ 2.4 mmol/L	（3.6 ～ 5.6）
HCO$_3^-$	24.4 mmol/L	（15 ～ 25）
AG	↓ 7.0 mmol/L	（15 ～ 28）
TBIL	↑ 2.9 mg/dL	（0.10 ～ 0.50）
ALP	↑ 17 433 IU/L	（20 ～ 320）
GGT	↑ 149 IU/L	（2 ～ 10）
ALT	↑ 216 IU/L	（10 ～ 95）
AST	↑ 175 IU/L	（10 ～ 56）
CHOL	↑ 461 mg/dL	（110 ～ 314）
AMYL	↑ 3 235 IU/L	（400 ～ 1 200）

尿液分析：接尿

> 外观：暗黄，混浊
> SG：1.021
> pH：6.5
> 葡萄糖：3+
> 酮体：4+
> 胆红素：3+
> 蛋白质：3+
> 尿沉渣：每高倍镜视野 5 ～ 20 个红细胞

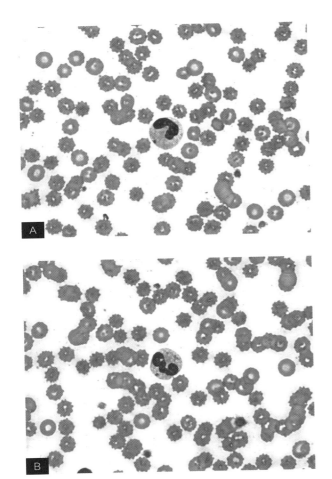

图 7-5 A 和 B：犬血涂片中的杆状中性粒细胞 A 和分叶中性粒细胞 B（见彩图 33）

很可能是非再生性的。需要通过网织红细胞计数来加以证实。鉴于Smooth出现了炎症白细胞象，提示非再生性贫血可能是慢性疾病/炎症引起的。

血清生化分析

高血糖：血糖值非常高，而且伴有酮尿，

指示糖尿病。皮质类固醇的治疗可引起胰岛素抵抗，并且恶化或促发临床糖尿病。

尿素氮升高、肌酐降低：肾前性或肾性疾病所致的肾小球滤过率轻度下降的病例中，可能会出现尿素氮升高而同时肌酐浓度正常或偏低的现象。本病例中尿素氮升高可能是胃肠道出血引起的。肌肉消耗可导致肌酐浓度下降。

低磷血症和低钙血症：胰岛素治疗能刺激磷从细胞外转向细胞内，但不清楚Smooth在化验前是否用过胰岛素。肌肉消耗、随尿液丢失和损伤组织对磷的利用，患糖尿病的动物会出现机体总磷的缺乏。Smooth呼吸急促，这也可以触发磷转移至细胞内。低磷和低钙都可能与医源性肾上腺皮质机能亢进有关，因为肾上腺皮质机能亢进时，磷经肾脏丢失增加。低钙血症也可能是维生素D不足或者胃肠道疾病引起的，但这种可能性不大。Smooth出现血清淀粉酶升高和炎性白细胞象，因此低钙血症也可能是胰腺炎引起的。

低钠血症：低钠血症很可能是高血糖引起的，高血糖引起渗透压升高，迫使组织中的水渗入到循环血液中，从而引起钠离子稀释。另外一种原因是出血，钠离子和血液一起丢失，但动物摄入水分时没有补充电解质。考虑到Smooth有心脏杂音，应对其进行心脏功能的评估，因为充血性心力衰竭和体液负荷同样可以引起低钠血症。

低钾血症：引起Smooth出现低钾血症的原因有很多种。由于Smooth有多尿和渗透性利尿的症状，同时存在钾离子摄入减少，使得钾离子浓度很难恢复正常。呕吐可以促进钾离子丢失，而胰岛素治疗可能会导致钾离子向细胞内转移。

血清碳酸氢盐浓度下降（酸血症）：酸血症可能是有机酸例如酮酸生成增加引起的。在大多数病例中，这种变化会引起阴离子间隙升高，但在该病例中，未测量阴离子和异常电解质相互抵消。大量酮酸可通过尿液排出，所以多尿可以减少酮酸的蓄积，尤其是那些饮水量足以维持机体水合状态的动物。

高胆红素血症：这个病例中引起胆红素升高的原因很多。败血症会干扰肝细胞对胆汁的摄取，而显著的炎性白细胞象提示Smooth可能发生了败血症。贫血可能是溶血造成的，但是血涂片上并没有出现溶血的异常红细胞形态。由于ALP和GGT都显著升高，胆汁郁积的可能性最大，尽管糖尿病和皮质类固醇治疗也可引起两者升高。仍然无法排除原发性肝脏疾病的可能性。

ALP和GGT升高：如第二章所述，犬的ALP升高不是一种特异性变化，可能跟药物作用、内分泌疾病、循环障碍、骨骼疾病和胆汁淤积性肝病等有关。这个病例中，ALP和GGT升高与内分泌疾病和胆汁淤积性肝病有关。皮质类固醇诱导的ALP升高可能跟ITP的治疗有关。虽然由皮质类固醇诱导的ALP可以测量出来，但在停止使用皮质类固醇和糖尿病得到良好控制之前，无法彻底分清ALP的具体来源，因为目前影响SmoothALP水平的因素很多。

ALT和AST升高：两者同时升高提示肝细胞损伤。肝细胞损伤酶活性升高的严重程度不如胆汁淤积酶，所以这种变化可能是由皮质类固醇治疗和糖尿病引起的，可能反映了胆汁淤积，而非肝细胞损伤。

高胆固醇血症：引起Smooth血清胆固醇升高的原因很多。胆固醇升高可能是糖尿病和皮质醇增多引起的，也可能是胰腺炎引起的，因为胰腺炎可能表现出淀粉酶活性升高。

高淀粉酶血症：肾小球滤过率下降可能会出现淀粉酶轻度升高（2～3倍）。虽然Smooth脱水，但它的血清肌酐值却下降，使得淀粉酶更加难以解读。胰腺炎可同时并发糖尿病，从而表现出相应的变化，如高胆固醇血症、低钙血症或炎性白细胞象。

尿液分析：尿液中的葡萄糖和酮体引起的渗透性利尿作用会导致尿相对密度下降。非常高浓度的葡萄糖和酮体可以使尿相对密度轻微增加，因为在尿相对密度的标准测量方法中，会评估尿液中微粒的数量及大小。虽然尿沉渣检查未见明显异常，但是可以考虑做尿液培养，因为糖尿病患犬易发隐性泌尿道感染（McGuire）。

病例总结和结果

对Smooth使用抗生素、胃肠保护剂进行治疗，并使用胰岛素治疗糖尿病。虽然贫血转为再生性，但是由于胃肠道出血，Smooth发展为低蛋白血症，因此Smooth接受了一次输血。住院期间其肺炎逐渐改善。另外其酮病最终也得到解决，出院时仍然使用胰岛素进行治疗，并且放置鼻饲管以提供营养支持。为了减少胃肠道的不良反应并提高胰岛素治疗的敏感度，降低了皮质类固醇的用量。

由于之前的情况和用药，使得Smooth的实验室检查更加难以解读。皮质类固醇治疗可以使血糖浓度升高，并诱导肝酶活性升高及高胆固醇血症。虽然如此，这么高的血糖不可能仅仅由皮质类固醇引起的。此外，鉴于贫血和高

胆红素血症，一些肝胆疾病和/或溶血也可能产生影响。胰腺炎与肝酶活性升高、高胆固醇血症、低钙血症和高血糖都有关。在一些病例中，如果胰腺炎病程中生成胰岛素的β细胞受损，可能会促发糖尿病。

由于引起电解质异常的因素很多，并且在通一个病程中可能出现多种因素，因此很难判断每个病例电解质异常的发病机制。如上文所述，糖尿病或心血管疾病引起钠离子稀释，但也不能排除钠离子通过出血或第三间隙渗出的丢失。不像前面两个糖尿病病例（Jason和Decker，第七章，病例15和16），Smooth是低钾血症。一些糖尿病可能会出现高钾血症（第三章，病例18；第五章，病例22）。因为Smooth厌食钾离子摄入减少，所以血钾会降低。同时由于Smooth的葡萄糖/酮体或糖皮质激素诱导引起了多尿，导致肾小球滤过率上升，钾离子通过肾脏丢失增多。Smooth已经出现低钾血症，所以开始胰岛素治疗时需对血清钾离子水平进行严密监测，因为胰岛素可导致血清钾离子向细胞内转移。即使开始血清钾离子浓度处于正常范围，糖尿病治疗过程中钾离子可能会出现快速而又危险的波动，所以在初始恢复稳定过程中要对钾离子进行密切监测。

→ 参考文献

McGuire NC, Schulman R, Ridgway MD, Bollero G. 2002. Detection of occult urinary tract infectious in dogs with diabetes mellitus. J Am Anim Hosp Assoc (38): 541-544.

病例18 - 等级3

"Zippy"，一只10岁的杂种雪纳瑞犬，去势公犬。因多饮多尿前来就诊。Zippy有关节炎病史，因此服用过葡萄糖胺。上个月被诊断出莱姆病，并给予多西环素治疗。在使用多西环素治疗后，开始在室内排尿。2周前血液学检查显示Zippy血糖显著升高，但其主人想度完2周假期后再来治疗。昨天他们刚度假回来，犬保姆反映Zippy食欲下降，自上周以来一直嗜睡。今天早上Zippy不能走动。就诊时Zippy喜卧、呼吸急促、黏膜苍白；体温很低，直肠检查发现有黑便。

解析

CBC：Zippy有轻度淋巴细胞减少症，可能是皮质类固醇效应，虽然其他皮质类固醇性白细胞象特征并不明显，例如成熟中性粒细胞增多和单核细胞增多。不能排除病毒引起的淋巴细胞减少症，中性粒细胞的中毒性变化说明有潜在炎症。根据临床病史及其他实验室检查资料，也可能是其他疾病引起的，如胃肠损伤导致淋巴细胞减少。由于Zippy出现了泛蛋白减少症，因此淋巴细胞可能是通过胃肠丢失的，因为肠道蛋白质丢失往往是非选择性的。由于淋巴管扩张，胆固醇也会随着淋巴丢失，通常会导致低胆固醇血症。目前Zippy的胆固醇在正常范围内。另外，临床上淋巴管扩张一般不会与黑粪症联系在一起。

Zippy具有小红细胞性正色素性贫血。一些特定品种的犬正常情况下会出现小红细胞（如秋田犬、柴犬等），门静脉短路和缺铁也会引起小红细胞症。除了白蛋白，血清生化指标大都下降，指示肝功能受损的参数升高或在正常范围，如葡萄糖、尿素氮、胆固醇。需要进行肝功检查如血清胆汁酸检查来排除肝功

血常规检查

WBC	5.71×10^9 个/L	（4.0 ~ 13.3）
Seg	4.7×10^9 个/L	（2.0 ~ 11.2）
Band	0.2×10^9 个/L	（0 ~ 0.3）
Lym	↓ 0.2×10^9 个/L	（1.0 ~ 4.5）
Mono	0.6×10^9 个/L	（0.2 ~ 1.4）
Eos	0	（0 ~ 1.2）
白细胞形态：中性粒细胞呈轻度中毒性变化		
HCT	↓ 25.0 %	（37 ~ 60）
RBC	↓ 4.38×10^{12} 个/L	（5.8 ~ 8.5）
HGB	↓ 8.8 g/dL	（12.0 ~ 19.0）
MCV	↓ 58.8 fL	（60.0 ~ 77.0）
MCHC	33.2 g/dL	（31.0 ~ 34.0）
血小板：足量		

生化检查

GLU	↑ 1009 mg/dL	（90.0 ~ 140.0）
BUN	↑ 90 mg/dL	（6 ~ 24）
CREA	1.4 mg/dL	（0.5 ~ 1.5）
P	3.2 mg/dL	（2.2 ~ 6.6）
Ca	↓ 6.1 mg/dL	（9.5 ~ 11.5）
Mg	2.5 mmol/L	（1.7 ~ 2.5）
TP	↓ 3.2 g/dL	（4.8 ~ 7.2）
ALB	↓ 1.9 g/dL	（2.5 ~ 3.7）
GLO	↓ 1.3 g/dL	（2.0 ~ 4.0）
Na^+	↓ 130 mmol/L	（140 ~ 151）
Cl^-	↓ 97 mmol/L	（105 ~ 120）
K^+	↓ 1.6 mmol/L	（3.6 ~ 5.6）
HCO_3^-	↓ 5 mmol/L	（15 ~ 28）
AG	↑ 29.6 mmol/L	（15 ~ 25）
TBL	0.4 mg/dL	（0.10 ~ 0.50）
ALP	↑ 2 232 IU/L	（20 ~ 320）
GGT	↑ 17 IU/L	（2 ~ 10）
ALT	62 IU/L	（10 ~ 95）
AST	86 IU/L	（10 ~ 56）
CHOL	153 mg/dL	（110 ~ 314）
AMYL	↑ 5 420 IU/L	（400 ~ 1 200）

尿液分析：导尿

外观：暗黄色，混浊	尿沉渣
SG：1.031	每个高倍镜视野下偶见红细胞
pH：5.0	每个高倍镜视野下偶见白细胞
葡萄糖：4+	每个高倍镜视野下 > 10 个颗粒管型，见图 7–6
酮体：3+	微量细菌
胆红素：1+	
蛋白质：100 mg/dL	

能不足。缺铁更容易用来解释Zippy的贫血现象。Zippy有黑粪症，老年犬的黑粪症常常会导致机体缺铁。红细胞形态异常也可能和缺铁有关，但是Zippy还没有出现血红蛋白减少或裂红细胞，可能是在疾病发展过程中它们比小红细胞症出现得迟一些。缺铁患者常会出现血小板增多症，但该病例并没有见到。慢性疾病也常导致贫血，但通常为正细胞、正色素性贫

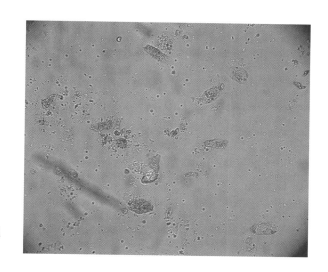

图 7-6 犬尿液中的颗粒管型
（见彩图 34 ）

血。出血性贫血一般是再生性的，然而有时在出血的最初阶段，因出血过快而表现不出再生性迹象。

血清生化分析

严重高血糖：血糖轻度升高的潜在原因很多。该病例的血糖如此之高，可能与糖尿病有关，Zippy 在屋内排尿及多饮多尿的临床症状也符合糖尿病的表现。糖尿病时动物可能会出现尿道感染，因此其排尿可能会出现变化。

尿素氮升高，肌酐正常：尿素氮升高可能与胃肠出血有关，因大量蛋白被消化。患病动物出现渗透性利尿时，如果水摄入不足，不足以补偿体液的丢失，则会有脱水及肾小管流量下降的危险。尿沉渣中可见大量颗粒管型，其中包含脱落的肾小管上皮细胞，说明 Zippy 可能有严重的肾脏损伤。本病例中重度高血糖还可能与休克及灌注不良有关。

低钙血症：这种变化很可能与低白蛋白血症有关，与白蛋白结合的钙离子减少导致低钙血症。低白蛋白血症引起的低钙血症不会表现

出临床症状，因为离子钙仍然是正常的。但 Zippy 的总钙水平很低，需检查离子钙的生物学活性。由于淀粉酶活性也出现升高，还应该考虑胰腺炎是不是导致血钙降低的原因。

泛蛋白减少症：低白蛋白血症与低球蛋白血症同时出现往往提示非选择性蛋白丢失。本病例中黑粪症提示蛋白丢失是出血或胃肠疾病引起的。轻度的蛋白尿很可能与尿道感染有关，其他非选择性蛋白丢失的途径和电解质丢失相似，包括皮肤和第三间隙。

低钠血症：钠离子丢失增加可能是出血或胃肠疾病引起的，如果电解质丢失时仅仅补充水分，电解质丢失的情况会更加恶化。高血糖的渗透压作用会吸收大量液体进入血管，钠离子会被进一步稀释。

低氯血症：校正后氯离子浓度为 108 mmol/L，说明氯离子变化的原因与钠离子一致。

低血钾症：很多因素会影响 Zippy 体内的钾离子状况。由于厌食钾离子摄入减少，又加上胃肠道疾病导致丢失增加；尿液中的葡萄糖

和酮体导致Zippy出现渗透性利尿，肾小管流速升高，从而引起尿液钾离子丢失增加；为了维持机体的电中性，尿液中阴性的酮体也会进一步引起阳性钾离子丢失；胰岛素活性受损会使细胞外液中钾的含量升高。

阴离子间隙升高和碳酸氢盐下降：Zippy具有低氯性代谢性酸中毒。这个病例中，阴离子间隙升高可能是酮症酸中毒引起的，尽管脱水或循环受到影响时灌注不足会并发乳酸酸中毒。

ALP升高：糖尿病属于内分泌疾病，常伴随一些肝酶活性升高，但也不能排除皮质类固醇诱导的可能性。由于胆红素及ALT均正常，不太可能是原发性肝病。

AST升高：AST是组织损伤的非特异性指标。如果是肝细胞损伤，那么ALT也应该升高，但该病例ALT正常。可能是灌注不良引起了组织损伤。

高淀粉酶血症：肾小球滤过率下降是引起犬淀粉酶活性升高的常见原因。肾小球滤过率下降的情况下，淀粉酶活性只升高2~3倍。另外，该病例有肠道疾病的证据，也会导致淀粉酶活性升高。高淀粉酶血症也可能是胰腺炎引起的。

尿液分析：Zippy的尿液为浓缩尿。但尿沉渣（图7-6）中的颗粒管型提示肾小管有损伤，尿浓缩能力可能会随时间推移而下降。尿中有大量葡萄糖和酮体，尿相对密度较高，因此尿相对密度反映出来的尿液浓缩能力要高于实际情况。肾小管功能障碍或者血糖超过肾糖阈值时会出现糖尿，本病例的血糖浓度远远超过肾糖阈值。如前所述，蛋白尿应归因于肾小

球损伤，或尿道感染、炎症。尿道感染是糖尿病的常见并发症，白细胞象和菌尿提示Zippy免疫功能下降，从而引发了尿道感染。

病例总结和结果

Zippy的病情进一步恶化，治疗也无济于事，并开始无尿。呼吸困难明显，提示肺血栓栓塞。继续便血，并且开始大量呕血。由于Zippy的治疗效果太差，而且预后严重不良，最后对其施行了安乐死。

与本书其他病例相比（第四章，病例18、19、20；第五章，病例22；本章前三个病例）Zippy的高血糖程度实属罕见，极有可能导致体液从间质流向血管内，因此稀释了电解液。在考虑到前一个病例（Smooch）总结，进一步讨论和比较一下本书所列出的几个糖尿病患者电解质异常情况，如Decker（第七章，病例16），Zippy是阴离子间隙升高性酸中毒，很有可能是伴随糖尿病的酮酸蓄积引起的。由于Zippy喜卧、体温下降、尿液中的颗粒管型等表现，提示它可能有广泛性组织灌注不良以及酮酸和乳酸的双重酸中毒。一旦无尿，Zippy也可能会出现尿毒症性酸中毒。

病例19 – 等级3

"Stowaway"，雌性羊驼，3岁。一周以来出现喜卧、磨牙、食欲下降、迟钝等症状。几个月之前，它经过2d才难产出一只幼崽，且未产奶。当时它住院数日，被诊断为胃肠道寄生虫并进行治疗。3个月后又出现喜卧的症状，粪便漂浮检查发现寄生虫。治疗效果良好，体重增加。这次就诊时，Stowaway精神沉郁、

喜卧、消瘦，身体两侧都能听到肠鸣音，但不能明显区分是哪段肠道的收缩音，粪便漂浮检查呈阴性。

解析

CBC：Stowaway出现以单核细胞增多为特征的白细胞增多症，伴有炎症。组织坏死可能会引起单核细胞增多。中性粒细胞（图 7-7）和纤维蛋白原都在正常范围的上限。

血清生化分析

高血糖：这可能跟应激反应有关，在羊驼

血常规检查

WBC	↑ 23.2×10^9 个 /L	（7.5 ～ 21.5）
Seg	16.0×10^9 个 /L	（4.6 ～ 16.0）
Ban	0	（0 ～ 0.3）
Lym	3.0×10^9 个 /L	（1.0 ～ 7.5）
Mono	↑ 2.8×10^9 个 /L	（0.1 ～ 0.8）
Eos	1.4×10^9 个 /L	（0.0 ～ 3.3）
白细胞形态：正常		
HCT	37 %	（29 ～ 39）
红细胞形态：正常		
PLT：数量正常		
纤维蛋白原	400 mg/dL	（100 ～ 400）

生化检查

GLU	↑ 563 mg/dL	（90.0 ～ 140.0）
BUN	↑ 150 mg/dL	（13 ～ 32）
CREA	↑ 6.4 mg/dL	（15 ～ 2.9）
P	6.8 mg/dL	（4.6 ～ 9.8）
Ca	9.9 mg/dL	（8.0 ～ 10.0）
TP	↓ 5.2 g/dL	（5.5 ～ 7.0）
ALB	↓ 2.8 g/dL	（3.5 ～ 4.4）
GLOB	2.4 g/dL	（1.7 ～ 3.5）
Na^+	↓ 132 mmol/L	（147 ～ 158）
Cl^-	↓ 82 mmol/L	（106 ～ 118）
K^+	↓ 2.8 mmol/L	（4.3 ～ 5.8）
HCO_3^-	↑ 31 mmol/L	（14 ～ 28）
TBIL	0.1 mg/dL	（0.0 ～ 0.1）
ALP	180 IU/L	（30 ～ 780）
GGT	18 IU/L	（5 ～ 29）
LDH	↑ 491 mg/dL	（14 ～ 70）
AST	↑ 324 IU/L	（110 ～ 250）
CK	↑ 913 IU/L	（30 ～ 400）

尿液检查：尿液采集方法不明

> 外观：黄色，清亮
> SG：1.017
> pH：6.0
> 尿蛋白、葡萄糖、酮体、胆红素：阴性
> 尿沉渣：偶见红细胞、白细胞、上皮细胞

腹腔液检查

> 有核细胞总数：500 个 /μL
> 总蛋白：4.0 mg/dL
> 描述：腹腔液含有少量有核细胞，以巨噬细胞为主。偶见非退行性中性粒细胞和少量小淋巴细胞。
> 未见病原微生物

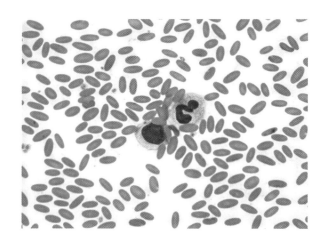

图 7-7 血涂片中可见正常的中性粒细胞、淋巴细胞以及椭圆形红细胞（见彩图 35）

很常见（参考范围见第二章，病例14）。

氮质血症：虽然该羊驼水合状况不清，但尿液浓缩不良，提示肾性氮质血症。由于血清中电解质浓度较低，因此怀疑Stowaway发生了髓质冲洗，加上并发的肾脏疾病，从而使尿液浓缩能力受到影响。

伴有低白蛋白血症的低蛋白血症：伴有球蛋白正常的低白蛋白血症常提示肾脏选择性丢失增加，以及由于营养不良或肝脏衰竭导致的白蛋白生成减少。血清总胆红素、ALP、GGT正常的情况下，虽然不能排除肝脏衰竭，但其可能性很小。Stowaway很消瘦，故营养因素可能影响蛋白质的平衡。尿液检查未发现蛋白尿，但对于相对稀释尿，尿蛋白/肌酐比是肾小球蛋白丢失更为敏感的指标。寄生虫病史揭示蛋白质可能会经胃肠道丢失，但胃肠道丢失

往往是非选择性的。在一些病例中，急性期反应或跟免疫刺激有关的球蛋白生成增加会被同时发生的蛋白非选择性丢失所掩盖，从而导致球蛋白水平在参考值范围内。

低钠血症和低氯血症：校正后氯离子为94 mmol/L，仍然低于参考范围。由于营养不良很少引起低钠血症和低氯血症，因此最可能的机制是血液稀释或丢失增加。高血糖会引起渗透压升高，从而将组织内液体转移至血管内，但此种情况钠离子氯离子被等比例稀释。该病例的电解质丢失可能为经肾脏和胃肠道双重丢失。通过检查尿液电解质排泄分数科对肾脏丢失量进行定量分析。有肾脏疾病的动物伴随钠摄入降低和/或其他途径的丢失增加（如胃肠道途径）时，更加不能保持血钠水平。如果近端胃肠道出现液体蓄积，可能会引发不成比例的低钠血症，这恰好与血清HCO_3^-浓度升高相符。

低钾血症：相比血钠血氯，血钾水平更易受到摄入减少的影响。钾离子经过肾脏和肠道丢失时也会引起低钾血症。碱中毒时，钾离子转移至细胞内以置换出氢离子，也会引起低钾血症。

HCO_3^-升高（碱血症）：上消化道出现液体滞留后，含酸的胃肠道分泌物的滞留或者丢失都会引起这种异常变化（碱血症）。

LDH、AST、CK同时升高：酶活性升高，而胆红素、ALP、GGT无明显变化，提示肌肉损伤，可能与侧卧或人为操作有关。

尿液检查：Stowaway的尿检结果中pH较低，和机体碱中毒自相矛盾。这是机体以尿中丢失氢离子为代价从而保留钠离子和氯离子。

腹腔液分析：Stowaway腹腔液中细胞含量较低（含有巨噬细胞），蛋白含量较高，因此该液体应该是改良漏出液。渗出液的蛋白浓度一般会超过3.5 g/dL，对样本进行重复检查可排除早期炎症反应。

病例总结和结果

对Stowaway进行输液治疗，并给予胃肠保护剂和止痛药，之后Stowaway的电解质和酸碱紊乱情况都得到了恢复，氮质血症持续存在。放射学检查显示小肠积气，后腹部肠道严重扩张。第2、3胃的体积也出现扩张。放射学家认为Stowaway出现了机械性或功能性梗阻，这一推测也符合临床生化检查结果。由于持续性厌食和侧卧，它被施以安乐死。尸检发现升结肠上有一个界限清晰的环形狭长坏死灶，这一发现与肠道局部缺血坏死症状吻合，而局部坏死可能继发于血栓或局灶性肠绞窄。肺脏上发现多处急性血栓，提示血栓病。肾脏出现肾小管蛋白沉积（透明管型）。蛋白丢失性肾病可能与内源性凝血因子如凝血因子Ⅲ的消耗有关，进而加速了血栓病的发展。

Stowaway高血糖和电解质紊乱符合其他物种糖尿病的表现。对于骆驼科动物来讲，高血糖的程度与应激和疾病病情有很大关系。显著高血糖使得血管内渗透压升高，从而引起电解质稀释（见 Zippy，第七章，病例 18）。在Stowaway这一病例中，胃肠道滞留是电解质紊乱的重要机制，也是Stowaway出现不等比例低氯血症的最好解释。最后，糖尿病也往往会引起酸中毒（第七章，病例16、17、18），而这个病例出现了代谢性碱中毒，这一变化和Stowaway的近端胃肠道液体蓄积或丢失有关。

病例 20 - 等级3

"Simba"家养短毛猫，9岁，去势公猫。因一整天都躲在角落里而前来就诊。在这之前，Simba很健康，最近因贪食家里其他猫的食物体重有所增加。此前未用过任何药物，刚做过免疫。就诊时，Simba反应迟钝，体温较低。脉搏较弱，估计脱水程度达8%～10%，且膀胱充盈。抽取血液进行初次生化检查（第1天）。腹部X线检查显示Simba可能有膀胱结石，接受了结石移除手术和尿道造口术。术后第2天进行第2次生化检查。

生化检查

	第1天	第2天	参考范围
GLU	101 mg/dL	↑ 166 mg/dL	（70.0 ~ 120.0）
BUN	↑ 192 mg/dL	↑ 34 mg/dL	（15 ~ 32）
CREA	↑ 14.3 mg/dL	1.6 mg/dL	（0.9 ~ 2.1）
P	↑ 11.6 mg/dL	3.1 mg/dL	（3.0 ~ 6.0）
Ca	↓ 6.9 mg/dL	↓ 8.3 mg/dL	（8.9 ~ 11.6）
Mg	↑ 3.0 mmol/L	2.4 mmol/L	（1.9 ~ 2.6）
TP	↑ 5.2 g/dL	↓ 4.6 g/dL	（5.5 ~ 7.6）
ALB	↓ 2.0 g/dL	↓ 1.9 g/dL	（2.2 ~ 3.4）
GLO	3.2 g/dL	2.7 g/dL	（2.5 ~ 5.8）
Na^+	↓ 148 mmol/L	151 mmol/L	（149 ~ 164）
Cl^-	↓ 114 mmol/L	↓ 110 mmol/L	（119 ~ 134）
K^+	↑ 7.7 mmol/L	↓ 2.6 mmol/L	（3.9 ~ 6.3）
AG	26.7 mmol/L	↓ 9.8 mmol/L	（13 ~ 27）
HCO_3^-	15 mmol/L	↑ 33.8 mmol/L	（13 ~ 22）
TBIL	↑ 2.6 mg/dL	↑ 0.7 mg/dL	（0.10 ~ 0.30）
ALP	26 IU/L	29 IU/L	（10 ~ 72）
GGT	3 IU/L	3 IU/L	（3 ~ 10）
ALT	70 IU/L	38 IU/L	（29 ~ 145）
AST	↑ 145 IU/L	↑ 98 IU/L	（12 ~ 42）
CHOL	↑ 232 mg/dL	↑ 178 IU/L	（50 ~ 150）
AMYL	815 IU/L	1 842 IU/L	（496 ~ 1 874）

尿检：第2天从导尿管采集

SG：1.011

未进行CBC检查。

第1天的血清生化分析

氮质血症：氮质血症的原因可分为肾前性、肾性和肾后性。临床检查发现Simba膀胱膨大，X线检查发现它有尿石症，这两者都提示氮质血症是肾后性的。尿道梗阻也可以解释第1天的高钾血症。同时脱水引发的肾前性因素加重了氮质血症。

高磷血症和低钙血症：在这个病例中，最有可能导致高磷血症的原因是肾小球滤过率下降，无论是肾前性、肾性和肾后性病因。其他潜在的因素包括严重组织损伤。患有肾功能衰竭的小动物血钙浓度可能升高、正常或者下降。和健康动物一样，肾功能衰竭的动物也可能会出现离子钙浓度和总钙浓度不一致的情况。一项小型的猫尿路梗阻调查显示，75%的患病猫血清离子钙下降，27%的猫总钙下降（Drobatz）。第五章病例7（Ringo）中有更多关于这种变化的机制分析。由于白蛋白浓度下降时结合钙会下降，因此在这个病例中，白蛋白浓度下降对血钙下降有一定的影响。

高镁血症：肾功能下降导致血镁浓度升高。

低蛋白血症：因选择性白蛋白浓度下降导致低蛋白血症，这一变化可能是肾小球损伤引起的。需做尿液检查以证实是否有蛋白尿。没有证据表明Simba患有肝脏疾病或营养不良，因此低蛋白血症不是蛋白生成减少引起的。

低氯血症和低钠血症：虽然Simba有明显脱水症状，仍然出现了轻微低钠血症和低氯血症，可能是电解质丢失量多于水引起的。急性肾功能衰竭或呕吐都会出现这种变化。第三间隙丢失也会引起这些电解质变化（例如腹腔积尿），因此需评估膀胱的完整性。第1天氯离子下降的程度比钠离子稍高，提示需要对机体的酸碱状况进行评估。肾上腺皮质机能减退会引起高钾血症、低钠血症和低氯血症，但是猫很少患这种病，而且也不符合病史和体格检查。

高钾血症：高钾血症与以排尿障碍为特征的肾脏疾病有关，例如尿路梗阻、腹腔积尿、少尿或无尿的肾功能衰竭。病史调查提示不存在摄入增加、过度补充、药物影响等因素，无机酸酸中毒引起的离子转运概率也较低。由于Simba同时出现AST升高和血磷升高，因此高钾血症可能是组织损伤后离子转运引起的。

HCO_3^-和阴离子间隙：HCO_3^-接近参考范围的最低限。血气分析表明，梗阻或者腹腔积尿可能会引起肾脏排泄的氢离子减少，从而引发持续酸血症。乳酸酸中毒也可导致酸血症。

高胆红素血症：引起高胆红素血症的原因还不是很清楚；由于24 h内血液中胆红素含量明显下降，Simba的高胆红素血症指示意义不明确。总的来说，引起高胆红素血症的原因包括溶血、胆汁淤积性肝病、肝功能衰竭和败血症。由于未进行CBC检查，不能确定Simba是否发生了溶血。CBC可以作为鉴别诊断败血症的重要方法。脱水和循环障碍继发肝脏灌注不良，从而引发肝脏组织缺氧和功能障碍。对于这点，虽然没有进行特殊的肝功能检查，但ALP、GGT、ALT都正常，因此可以排除严重的肝脏疾病。

AST升高：AST只是轻度升高，并且ALT正常，因此肝脏疾病的可能性很小。溶血或肌肉损伤也可能引起AST升高。检测CK有助于证实是否有肌肉损伤，而肌肉损伤的病因包括尿道损伤或创伤、侵入性治疗或灌注量不足。

高胆固醇血症：Simba有轻微高胆固醇症，但这可能与多项代谢紊乱、内分泌疾病、肝脏疾病或肾脏疾病有关（见第三章）。和高胆红素血症一样，胆固醇也出现下降，仍需后续监测。

附加临床信息和病例结果

尿道中大量砂状结晶物蓄积，难以放置导尿管。通过手术从Simba膀胱中取出了3块2 mm的结石，术后补液并使用抗生素。Simba在住院期间食欲不振，因担心发展为脂肪肝故提前一天出院。

第2天的血清生化分析

高血糖：第2天出现了轻微高血糖症，可能是应激或补液时补充葡萄糖引起的。

氮质血症：尽管血清肌酐水平下降至正常范围，尿素氮水平依旧偏高，梗阻后部分肾脏实质可能出现了损伤。尿浓缩程度明显降低，与梗阻后多尿相符。

高钙血症：第2天，血磷浓度因多尿已恢复正常水平。由于Simba有低白蛋白血症，结合钙会随之下降，从而引起轻微低钙血症。

低蛋白血症：第2天低蛋白血症加重，但这种变化可能只是输液引起的，Simba原本就有低蛋白血症，输液后起了稀释作用。梗阻后Simba可能会出现蛋白尿，剩余的肾实质也可能会出现损伤，因此需要进行后续的尿液分析及蛋白/肌酐比的监测。

低氯血症：第2天，轻微的低钠血症已得到纠正，但出现了不成比例的低氯血症。如果不是呕吐导致大量氯离子丢失，那么低氯血症可能是酸碱紊乱引起的。

高钾血症之后的低钾血症：血清钾离子水平不能准确反映机体总的钾离子水平，随着肾小管流速改变和酸碱状况的波动，血钾水平也随之迅速变化。第2天排尿恢复，Simba因尿道疏通后突然多尿而致尿钾增多。

HCO_3^-和阴离子间隙：结合HCO_3^-升高和低氯血症，提示Simba出现了混合性酸碱紊乱。第2天阴离子间隙升高，这一变化可能是低蛋白血症的表现，而HCO_3^-显著升高提示机体出现了碱血症。该病例2d之内机体酸碱状况发生了显著变化，这与治疗之前的酸中毒时过度使用碳酸氢钠有关。

病例总结和结果

Simba的病类似于Ringo（第五章，病例7）。两只猫都有尿道梗阻、高磷、低钙的临床表现，相似程度的氮质血症以及尿液稀释。两只猫都因尿道梗阻使钾离子排泄受阻，从而引发高钾血症。两只猫都表现为低氯血症、血清钠离子下降或在参考范围的最低限。两只猫的血清碳酸氢盐水平都在参考范围的最低限（可能是尿毒症性酸中毒或乳酸酸中毒），但使用碳酸氢盐纠正酸中毒的治疗导致Simba第2天出现了医源性碱中毒。第2天，血钾水平也迅速下降，这一显著变化跟尿路梗阻的缓解及随后的多尿有关。Ringo似乎也经历了类似的变化，但其缺少系统的数据支持（译者注：Ringo第2天没有做生化检查）。肾小球滤过率显著升高的任何病例都会出现这种血钾波动（译者注：这里指的是血钾浓度迅速下降），如极度脱水后补液纠正的病例。

核细胞增加，纤维蛋白原含量升高，提示机体有炎症反应。

血清生化分析

高血糖：引起马属动物高血糖的常见原因包括与运输或疼痛有关的兴奋及应激、皮质类固醇药物治疗或库兴氏综合征。马属动物很少发生糖尿病。

氮质血症：由于动物无尿，所以没有尿相对密度数据来衡量尿液浓缩能力，因此无法对氮质血症进行分类。腹腔积液分析以及肌酐水平提示腹腔积尿和肾后性氮质血症。血容量减少还可导致肾前性氮质血症。

低钙血症：在马属动物种，胃肠道疾病、肾脏疾病及败血症可能造成低钙血症。José有尿路梗阻的迹象。急性肾功能衰竭最典型的表现之一是低钙血症，并通常伴有高磷血症，但此病例没有出现高磷血症。考虑到炎性白细胞象，有可能是败血症。因José肠音减弱，所以胃肠道吸收功能可能降低。José可能会出现和低钙血症有关的临床症状，离子钙能提供更多

→ 参考文献

Drobata KJ and Hughes D. 1997. Concentration of ionized calcium in plasma from cats with urethral obstruction. J Am Vet Med Assoc (211): 1392-1395.

病例21 - 等级3

"José"，一只1.5 岁的迷你驴，3周前实施了去势手术。术后切口周围极度肿胀，之后排尿紧张。就诊时，José腹部两侧膨胀，阴茎包皮鞘及腹股沟区域中度肿胀。呼吸急促，心搏过速，精神沉郁。未听见肠音。数天无尿，2 d未排粪便。

以下所提供的参考范围是马的，并非驴的。

解析

CBC：José表现为中性粒细胞增多，且单

血常规检查

WBC	↑ 24.6 × 10⁹ 个 /L	(5.4 ~ 14.3)
Seg	↑ 19.4 × 10⁹ 个 /L	(2.3 ~ 8.6)
Band	0	(0 ~ 0.3)
Lym	2.5 × 10⁹ 个 /L	(1.5 ~ 7.7)
Mono	↑ 2.7 × 10⁹ 个 /L	(0.0 ~ 1.0)
白细胞形态：未见异常		
红细胞比容	44 %	(32 ~ 53)
MCV	51.5 fL	(37.0 ~ 58.5)
MCHC	34.3 g/dL	(31.0 ~ 38.6)
红细胞形态：未见异常		
血小板：成团聚集数量充足		
纤维蛋白原	↑ 1 000 mg/dL	(100 ~ 400)
血浆表现为轻微脂血症		

生化检查

GLU	↑ 484 mg/dL	（60 ~ 130）
BUN	↑ 114 mg/dL	（10 ~ 26）
CREA	↑ 12.5 mg/dL	（1.0 ~ 2.0）
P	4.3 mg/dL	（1.5 ~ 4.5）
Ca	↓ 9.6 mg/dL	（10.8 ~ 13.5）
Mg	↑ 8.4 mmol/L	（1.7 ~ 2.4）
TP	↑ 8.3 mmol/L	（5.7 ~ 7.7）
ALB	2.6 g/dL	（2.4 ~ 3.8）
GLO	↑ 5.7 g/dL	（2.5 ~ 4.5）
Na^+	↓ 117 mmol/L	（130 ~ 145）
Cl^-	↓ 72 mmol/L	（97 ~ 110）
K^+	↑ 6.8 mmol/L	（3.0 ~ 5.0）
HCO_3^-	↑ 39 mmol/L	（25 ~ 33）
AG	12.8 mmol/L	（7 ~ 15）
TBIL	0.3 mg/dL	（0.30 ~ 3.0）
ALP	↑ 505 IU/L	（109 ~ 352）
GGT	↑ 53 IU/L	（4 ~ 28）
AST	↑ 424 IU/L	（190 ~ 380）
CK	↓ 74 IU/L	（84 ~ 446）
TG	↑ 1 288 mg/dL	（90 ~ 52）

腹腔穿刺

外观：褐色、云雾状
有核细胞总数：16700 /μL
总蛋白：2.0 g/dL
描述：主要细胞为非退行性中性粒细胞，少数为巨噬细胞。可见散在红细胞，部分巨噬细胞吞噬了红细胞。未见病原微生物
腹腔液肌酐：20.6 mg/dL

相关信息，但潜在疾病得到治疗以后，血钙可能恢复正常。

高镁血症：在此病例中，无尿之后导致尿液中镁离子无法排泄，从而引起高镁血症。高镁血症在大动物中很少见，常因过度补充或使用含镁的治疗药物而引起高镁血症。

高蛋白血症，高球蛋白血症：急性期反应使其产物如纤维蛋白原过度生成，以及/或抗原刺激反应使免疫球蛋白过度生成，从而导致血清中蛋白含量变化。

轻度低钠血症，不成比例的重度低氯血症：很多机制都会引起低钠血症和低氯血症。

由于膀胱破裂，电解质流入腹腔形成积液，引起电解质丢失。马能产生含有较高浓度氯的高渗汗液，如果José因疼痛而出汗，也会引起电解质丢失。因为高血糖的渗透性作用将额外的液体自循环外带入循环中，稀释了剩余的钠离子。如果生化分析仪采用间接电位法测量电解质，并使用离子选择电极，需要稀释样本，因此严重脂血症样本的测量值会假性降低。校正后氯离子浓度为84 mmol/L，提示存在作用于氯离子的其他因素。低氯血症常见于代谢性碱中毒，该病例也有类似的表现。消化紊乱导致含氯溶液的丢失或扣押可导致血氯下降，由于José有肠音减弱和无粪症状，因此这种情况是有可能的。

高钾血症：当肾小球滤过率下降导致钾离子不能从尿液中排出时，血液中钾离子会出现蓄积，从而引起高钾血症。该病例中，尿液在腹腔内潴留，由于腹膜的半透膜作用，使得钾离子从腹腔转移至循环中，以重建离子平衡。

碳酸氢盐增加（碱血症）：含酸或含氯液体的丢失或扣押能促进机体发生碱中毒。机体保钠排钾的同时，如果氯离子相对缺乏，碱中毒会持续存在。肾小管远端重吸收钠离子时，为了维持机体的电中性，一些阴离子也会被重吸收。氯离子不足时，远端小管中钠离子的含量会增加。钠离子重吸收的同时伴随氢离子丢失，并产生碳酸氢盐，碱中毒持续存在。

ALP和GGT升高：ALP和GGT同时升高，提示肝脏胆管疾病。由于血清胆红素含量在参考范围内，因此不太可能是严重的胆汁淤积。在判断大动物的肝脏疾病时，GGT更可信，且符合伴有高脂血症的肝脏损伤的表现。但由于

驴的GGT的参考范围上限比马的高出2～3倍，因此应慎重判读GGT这一指标。马的参考范围常用于这些物种，可能会导致判读错误。

AST升高：AST不是组织损伤的特异性指标，这个病例中可能指示肝脏损伤。像GGT一样，驴的AST参考范围上限也略高。

CK下降：没有诊断意义，但提示AST升高可能与肝脏损伤有关，而不是肌肉损伤。

甘油三酯浓度升高：甘油三酯浓度升高可能与代谢紊乱有关，特别是马、矮种马和驴的高脂血症。健康驴的血清甘油三酯含量略高于马。禁食造成脂肪过度动员产生更多的脂肪酸，随后甘油三酯合成增加，各器官发生脂肪浸润，包括肝脏。在这个病例中，泌尿道疾病可能会引起食物摄取减少，并导致此类疾病发生。

病例总结和结果

对José实施手术，治疗腹腔积尿。营养支持治疗后高脂血症得到恢复。像Simba（第七章，病例20）一样，尿道梗阻后无法排出尿液，导致钾离子蓄积和氮质血症。某种程度上，José的低钠血症和低氯血症的原因比Simba更清楚。再加之电解质丢失到腹腔积液中，高血糖的渗透作用导致液体转移至血管内，使得钠离子和氯离子被稀释，见高血糖症的羊驼（第七章，病例19）和这里的糖尿病病例。排汗也是马属动物电解质丢失的一种途径。如果使用间接电位电势法或火焰光度法测量电解质，继发性高脂血症时电解质测量值可能会假性降低。厌食的马可能会出现继发性高脂血症，引发和原发疾病无关的并发症。这个病例出现了高脂血症和肝酶活性升高，但这些变化和尿道梗阻没有直接关系。

→ 参考文献

Toribio RE. 2003. Parathyrid Gland Function and Calcium Regulation in Horses. American College of Veterinary Internal Medicine Forum. Charlotte, NC.

病例22 - 等级3

"Pat"，cockapoo（译者注：可卡犬与贵宾犬的杂交品种，AKC承认的新品种），6岁，去势公犬。表现为嗜睡、呕吐和呼吸困难。前天就诊时，X线检查提示心脏和肝脏扩张。心包穿刺抽出185 mL液体。Pat曾使用过抗生素和维生素K治疗。在转诊医院就诊时，Pat十分虚弱但很警觉。巩膜充血、黏膜粉红色、毛细血管再充盈时间延长。无发热，但心率和呼吸频率加快，并有Ⅲ/Ⅳ级收缩期心杂音。

解析

CBC：尽管Pat的杆状中性粒细胞总数在参考值范围内，但成熟中性粒细胞增多，与炎症有关。循环血液中可见少量的有核红细胞前体，这通常是内皮系统损伤或造血系统损伤的表现。在本病例，心脏功能降低引起的低血氧或败血症可能引起内皮损伤和红细胞前体提前释放。

血清生化分析

低血糖：假设本次检查结果可信，炎性血象和心包积液细胞学检查显示该动物很有可能已经出现败血症，低血糖的一个重要的鉴别诊断是败血症。轻度的低血糖可能不表现出临床症状。

尿素氮浓度升高，而肌酐浓度正常：因为

血常规检查

WBC	↑ 19.5×10⁹ 个/L	（4.0 ~ 13.3）
Seg	↑ 15.8×10⁹ 个/L	（2.0 ~ 11.2）
Band	0.2×10⁹ 个/L	（0 ~ 0.300）
Lym	2.8×10⁹ 个/L	（1.2 ~ 1.4）
Mono	0.7×10⁹ 个/L	（0.2 ~ 1.4）
Eos	0	（0.0 ~ 1.2）
有核 RBC/100WBC	3	
白细胞形态：参考范围内		
HCT	50 %	（37 ~ 60）
RBC	7.5.2×10¹² 个/L	（5.8 ~ 8.5）
HGB	17.2 g/dL	（12.0 ~ 18.0）
MCV	61.8 fL	（60.0 ~ 77.0）
MCHC	34.0 g/dL	（31.0 ~ 34.0）
血小板：数量正常		

生化检查

GLU	↓ 55 mg/dL	（90.0 ~ 140.0）
BUN	↑ 50 mg/dL	（6 ~ 24）
CREA	1.5 mg/dL	（0.5 ~ 1.5）
P	↑ 7.9 mg/dL	（2.6 ~ 7.2）
Ca	↓ 8.3 mg/dL	（9.5 ~ 11.5）
Mg	2.3 mmol/L	（1.7 ~ 2.5）
TP	5.1 g/dL	（4.8 ~ 7.2）
ALB	↓ 2.0 g/dL	（2.5 ~ 3.7）
GLO	3.1 g/dL	（2.0 ~ 4.0）
Na^+	↓ 130 mmol/L	（140 ~ 151）
Cl^-	↓ 95 mmol/L	（105 ~ 120）
K^+	4.6 mmol/L	（3.6 ~ 5.6）
HCO_3^-	16.6 mmol/L	（15 ~ 25）
AG	23 mmol/L	（15 ~ 28）
TBIL	↑ 1.0 mg/dL	（0.10 ~ 0.50）
ALP	↑ 300 IU/L	（20 ~ 121）
GGT	6 IU/L	（2 ~ 10）
ALT	↑ 107 IU/L	（10 ~ 95）
AST	↑ 150 IU/L	（10 ~ 56）
CHOL	161 mg/dL	（110 ~ 314）
AMYL	553 IU/L	（400 ~ 1 200）

凝血检查

PT	↑ 10.7 s	（6.2 ~ 9.3）
APTT	↑ 21.9 s	（8.9 ~ 16.3）
FDP	< 5.0 μg/mL	（<5.0）

心包积液检查

离心前外观：红色，混浊
离心后外观：黄色，混浊
TP：4.0 g/dL
总有核细胞计数：110 000 个 /μL（图 7-8）

图7-8 直接涂片显示积液中有大量细胞，退行性中性粒细胞占 98 %，单核细胞占 2 %。可见红细胞。也可见大量细菌，大部分是杆状的。细胞内或细胞外都可见革兰氏阴性/阳性的有机质（见彩图 36）

本患犬无法进行尿相对密度分析，因此很难对肾功能进行评价。早期肾脏受损、脱水或心输出量下降等肾前性因素引起肾小管流速下降时，尿素氮浓度升高会比肌酐浓度升高更早出现。败血症同样可以引起尿素氮浓度升高而肌酐浓度不变。高蛋白饮食可以引起尿素氮浓度升高。

高磷血症：高磷血症往往是肾小球滤过率降低引起的，患病动物往往因脱水或心功能不全等因素出现肾前性氮质血症。组织坏死引起血磷升高，但在此仅仅表现出AST轻度升高，缺少CK的数据支持，而且K$^+$也在正常范围内，可以排除组织坏死。血钙降低，有甲状旁腺功能减退的可能。白蛋白浓度减少后，和蛋白结合的钙也随之减少，因此，低钙血症常继发于低白蛋白血症。

低白蛋白血症，而球蛋白正常：肝脏蛋白质合成减少可造成单纯的白蛋白浓度降低。肝脏衰竭造成低血糖和凝血时间延长，但是其他肝脏合成的产物如尿素氮和胆固醇并没有降低。肝脏特异性指标如血清胆汁酸或血氨浓度

可以更好地反映肝脏功能，因此，检测这些指标能证实Pat的肝功能是否下降。因为白蛋白是负急性期反应蛋白，在感染时肝脏会选择性降低白蛋白的生成。由于Pat出现了中性粒细胞增多和败血性心包积液，提示低白蛋白血症是炎症引起的。另外，Pat体况良好，因此可以排除饥饿引起蛋白生成减少的可能性。白蛋白也可经肾小球选择性丢失，并可从尿液中检测到。蛋白质非特异性丢失进入第三间隙（包括心包囊）后，通常会造成白蛋白和球蛋白浓度同时降低。通过这些途径丢失的球蛋白，可能被炎性反应引起的球蛋白增多所掩盖，造成球蛋白浓度在正常值范围内。最后如心衰等病因造成的全身性水肿可稀释白蛋白，造成白蛋白浓度降低。本病例正好有心包积液的表现。

低钠血症和低氯血症：与蛋白质相似，摄入、排出及稀释调节着血清中钠离子和氯离子的平衡。电解质的丢失途径与蛋白质相似，包括肾脏、胃肠道、皮肤和第三间隙。在Pat这个病例中，电解质主要通过心包积液丢失，特别是心包积液的反复抽吸，消耗了大量的电解

质。通过测量尿液排泄分数可以确定电解质是否通过肾脏丢失，但一般的兽医诊所很少检测这一指标。由于Pat没有明显的胃肠道症状，所以可以排除电解质经胃肠道丢失的可能。如果自由水的变化和电解质得失不成比例，会引起血液稀释或血液浓缩，从而影响电解质浓度。本病例有充血性心衰，灌注不良激发抗利尿激素分泌，从而使饮水增加和自由水潴留，有效地稀释了血氯和血钠。大多数饲喂商业日粮的家养动物，一般不会出现钠离子和氯离子摄入不足或者过量的现象。

高胆红素血症：败血症可影响肝细胞对胆红素的摄取，进而造成胆红素轻度升高。虽然特异性的胆汁淤积酶GGT没有升高，ALP、ALT和AST的升高也提示Pat可能存在肝脏疾病和胆汁淤积。溶血可以引起胆红素轻度升高，但通常PCV会出现异常。在治疗后若胆红素仍高于正常值，应进一步评估肝脏疾病和胆汁淤积的可能性。

ALP升高，而GGT正常：肝脏酶活性升高时，要同时考虑潜在的肝胆管疾病和肝外疾病。在没有原发肝脏疾病的情况下，败血症和心血管疾病也可引起血清肝脏酶活性升高。应详细检查用药史以排除药物影响的可能性，还要考虑是否因内分泌疾病引起肝脏酶活性增高。

ALT和AST升高：在小动物肝脏疾病中，ALT的特异性相对较高，可以反映肝脏的损伤。AST也可反映肝脏损伤，但特异性比ALT低。一些肝外组织损伤也可引起AST升高，如肌肉损伤。败血症和灌注不足可引起肝脏损伤，同时也可破坏其他组织。

凝血检查分析：PT和APTT时间延长，提示机体出现凝血异常。肝脏疾病和败血症都可影响凝血。由于血小板数量和纤维蛋白降解产物正常，所以Pat尚未出现弥散性血管内凝血。

病例总结及结果

根据最初的检查结果，对Pat进行输液治疗，并应用抗生素。心脏超声检查显示Pat心包内仍有大量积液，右心房塌陷，部分左心室功能基本正常。因为心包积液持续存在，所以安置了一个多孔导管进行引流。随后，手术摘除了Pat部分心包组织。组织病理学检查显示Pat有严重的纤维素性及脓性心包炎，并且有细菌感染。手术过程中在胸腔内放置了一个引流管，用于引流化脓的心包积液。在手术后的5d内，Pat逐渐恢复往昔的警觉。胸腔引流液显示感染消失后将引流管拆除。出院之后长期进行联合抗生素治疗。

和本章的Snow（病例7）和Isis（病例11）一样，因心脏功能减退（心血管系统功能不足）导致身体自由水潴留，进而导致电解质浓度降低。由于Pat经心包积液丢失了部分电解质，从而引起低钠血症和低氯血症。Snow则是因治疗心脏病时使用了大量利尿剂，通过肾脏丢失了大量的电解质。Lsis是通过表皮的伤口丢失了大量的电解质。Pat的血钾浓度处于参考值范围内，但血钾水平不能准确反映身体内钾离子的总含量，渗出、腹泻或呕吐常引起血钾浓度降低。肾脏灌注不良和败血性休克可能会引起血钾升高，血钾水平会随着Pat的治疗和身体状况迅速波动。与Snow不同，Isis和Pat都出现了选择性蛋白丢失。Isis的血清蛋白浓度正常，但Pat表现出了低蛋白血症。水潴留时也可稀释血清蛋白浓度。

病例23 - 等级3

"Diamond"，2.5 岁，家养短毛猫，绝育母猫。Diamond平时在室内外自由活动，3d以来，嗜睡、沉郁、食欲下降。体格检查发现Diamond喜卧、黏膜苍白、体温过低，无惊吓反射或眨眼反射；呼吸困难、心动过缓；听诊时心音低沉；胸腔穿刺抽出了恶臭的棕色液体。体况评分很低。

解析

CBC：Diamond出现了显著的成熟中性粒细胞增多症，并表现出与炎症有关的中毒性变化，而炎症来源于胸腔。Diamond患有正细胞正色素性贫血，提示其贫血为非再生性的，但此推论需要进行网织红细胞计数加以证实。贫血可能是慢性疾病引起的，但Diamond的血清蛋白含量相对较低，需要考虑急性出血的可能

性。诊断贫血往往需要排除感染性因素，如猫泛白细胞减少症（这里不太可能，因为发生了白细胞增多症）和猫白血病病毒，尤其是幼龄猫。并发的血小板减少症提示骨髓可能存在异常，而血小板减少也可能继发于出血或炎性疾病的消耗增多，而非生成障碍引起的。有化脓性病灶的患病动物可能会发展成弥散性血管内凝血（DIC），进而导致血小板消耗增多，最终引起中度血小板减少症。

血清生化分析

高血糖：血糖升高可能是疾病或应激引起的非特异性反应，急性内毒素血症可能会引起血糖升高，而一些败血症动物最终会发展成低血糖。

BUN和肌酐浓度下降：这一变化可能是体况太差或低蛋白饮食引起的。从这一点上看，此种变化除了可以排除氮质血症，没有其他临床意义。

低钙血症：最可能的原因是白蛋白减少，

血常规检查

WBC		↑ 43.8×10^9 个 /L	（4.5 ~ 15.7）
Seg		↑ 42.0×10^9 个 /L	（2.1 ~ 10.1）
Lym		0	（1.5 ~ 7.0）
Mono		1.8×10^9 个 /L	（0 ~ 0.9）
Eos		0	（0.0 ~ 1.9）
白细胞形态：中性粒细胞呈现中度中毒性变化			
HCT		↓ 24 %	（28 ~ 45）
HGB		↓ 8.2 g/dL	（8.0 ~ 15.0）
MCV		41.5 fL	（39.0 ~ 55.0）
MCHC		34.2 g/ dL	（31.0 ~ 35.0）
PLT（人工计数）		↓ 104×10^9 个 /L	（183 ~ 643）
血浆黄疸			

生化检查

GLU	↑ 161 mg/dL	（70.0 ~ 120.0）
BUN	↓ 12 mg/dL	（15 ~ 32）
CREA	↓ 0.5 mg/dL	（0.9 ~ 2.1）
P	3.7 mg/dL	（3.0 ~ 6.3）
Ca	↓ 7.7 mg/dL	（8.9 ~ 11.5）
Mg	2.0 mmol/L	（1.9 ~ 2.6）
TP	↓ 3.9 g/dL	（6.0 ~ 8.4）
ALB	↓ 1.4 g/dL	（3.0 ~ 4.2）
GLO	2.5 g/dL	（2.5 ~ 5.8）
Na^+	↓ 144 mmol/L	（149 ~ 164）
Cl^-	107 mmol/L	（119 ~ 134）
K^+	↓ 3.0 mmol/L	（3.6 ~ 5.4）
HCO_3^-	↑ 28 mmol/L	（13 ~ 22）
AG	↓ 12.0 mmol/L	（9 ~ 21）
TBIL	↑ 1.2 mg/dL	（0.10 ~ 0.30）
ALP	13 IU/L	（10 ~ 72）
GGT	< 3 IU/L	（0 ~ 4）
ALT	57 IU/L	（29 ~ 145）
AST	↑ 61 IU/L	（12 ~ 42）
CHOL	108 mg/dL	（77 ~ 258）
AMYL	1 145 IU/L	（496 ~ 1 874）

凝血检查

PT	9.9 s	（7.6 ~ 10.4）
APTT	↑ 53.6 s	（11.8 ~ 17.4）
FDP	< 5 μg/dL	（< 5.0）

胸腔穿刺液分析

外观：棕褐色，并且不透明

总蛋白：3.5 g/dL

总有核细胞计数：240 000 个 /μL

细胞学形态：直接涂片可见大量细胞，但是细胞状态不佳。大多数可识别的细胞是退行性极其严重的中性粒细胞，细胞内含有大量形态各异的细菌。还有许多大的空泡化的巨噬细胞；细胞外可见细菌聚集成簇。既有革兰氏阳性菌也有革兰氏阴性菌，包括小的球杆菌和一些细长的、形成链状的杆菌由于Diamond表现得太过虚弱，所以应该测定离子钙水平，以确定补充钙离子是否能改善状况。

伴随低白蛋白血症的低蛋白血症，而球蛋白处于参考范围下限：血清蛋白水平下降的常见原因包括稀释、生成减少和丢失增加。临床病史没有提到Diamond的水合状态，而根据其嗜睡和厌食的病史，Diamond更像是脱水而非过度水合。Diamond的身体状况很差，可能与营养不良导致的蛋白质合成减少有关，但是由摄入不足引起的低蛋白血症通常不会表现得这么严重。由于机体有炎症反应，而白蛋白也是一种是负急性期反应蛋白，因此其生成会减少。肝功能不全也可能会引起白蛋白合成减少，但临床病史表明其可能性并不大。在这个病例中，低蛋白血症和低白蛋白血症主要是由胸腔积液引起的蛋白丢失增加造成的。第三间隙的蛋白丢失通常是非选择性的，白蛋白和球蛋白同时丢失。尽管如此，由于免疫球蛋白生成增加和炎症导致急性期反应产物增加，球蛋白可能仍在参考范围内。其他非选择性蛋白丢失的途径包括胃肠道丢失和皮肤丢失，但这个病例不太可能。没有进行尿液分析，因此不能确定白蛋白是否经肾小球发生了选择性丢失。由于血清尿素氮和肌酐浓度降低，肾小球疾病的可能性不大，但在肾小球疾病早期，氮质血症可能尚未出现。

低钠血症和低氯血症：低氯血症的程度比低钠血症稍高（校正后氯离子浓度为115 mmol/L）。尽管不能排除其他丢失途径，但与之前关于蛋白质的分析一样，钠离子和氯离子下降是以渗出积液引起丢失为主的可能性最大，不可能是水蓄积引起的，也不太可能是摄入减少。碱血症和非钠离子引起的氯离子丢失有关。

低钾血症：低钾血症与钾离子流失到胸腔积液有关，但这个病例中，摄入减少可能也有一定的促发作用。酸碱紊乱经常被视为引起钾离子在细胞内外转移的原因。

碱血症（HCO_3^-增加）：碱血症可能是由于代谢性碱中毒或代偿性呼吸性酸中毒所致。由于Diamond出现呼吸困难和酸碱紊乱，提示需要进行血气分析，以深入分析这一病理过程。

阴离子间隙降低：这种变化与低白蛋白血症有关。

轻度高胆红素血症：败血症可能会阻碍肝细胞吸收胆汁，这会导致胆红素轻微升高。由于尿素氮和血清白蛋白浓度同时下降，并且凝血时间延长，所以应该考虑肝功能下降，但临床病史并不支持这一推论。因为ALP和GGT都在参考值范围内，因此不太可能发生严重的胆汁淤积。贫血提示机体可能发生了溶血。

AST升高：AST广泛存在于肝细胞、肌细胞和红细胞，它是组织损伤的非特异性指标。为了确定组织来源，解读AST指标时需要结合ALT和CK的水平。这个病例中AST的升高比较轻微，可能没有诊断价值，组织损伤可能是败血症和休克引起的灌注不良所致。

腹腔积液分析：败血性化脓性炎症。

凝血检查：血小板减少症和APTT延长可能是复杂的凝血障碍的表现，如弥散性血管内凝血（DIC），FDPs增多并不能证明动物发生了DIC。这个病例只出现了血小板减少症，且其严重程度不会引起自发性出血，但如果同时出现了继发性凝血障碍，就可能发生异常出血。Diamond的APTT延长，而PT在参考范围内，通常肝病和维生素K颉颃剂都会导致APTT和PT同时延长。有时机体可能先出现PT延长，因为参与外源性凝血途径的Ⅶ因子的半衰期最短；而肝脏疾病中偶尔会先出现APTT延长。无论如何，应该对Diamond的凝血状况进行监测。

病例总结和结果

X线摄片显示Diamond出现了胸腔积液，但在给它放置双侧胸导管时出现了呼吸骤停的现象。心脏复苏成功后，依靠呼吸机度过了一整夜。针对败血性胸腔积液，使用抗生素治疗，Diamond反应良好，并最终脱离了对呼吸机的依赖。

Diamond的数据可与June（第四章，病例11）进行比较，它也发生了化脓性胸膜炎。这两只猫都有低钠血症和低氯血症，但是June的血钾水平尚在参考范围之内，而Diamond发生了低钾血症。这两只猫都因液体渗出引发了蛋白质丢失和电解质消耗，也都因败血症引发了轻度高胆红素血症和肝酶活性升高。June因为轻度应激或早期内毒素血症出现了高血糖；而Diamond因为败血症出现了低血糖。

病例 24 – 等级 3

"Caviar"，一只5月龄的卷毛比熊犬，母犬。3个月前被领养时出现呕吐、腹泻和食欲不振的症状。体格检查发现Caviar身体虚弱、反应迟钝、非常消瘦、心搏过速和脉搏微弱。在检查过程中，Caviar还排出了血便。

解析

CBC：Caviar出现以中性粒细胞增多为特

血常规检查

WBC	↑ 38.2×10^9 个 /L	（4.0 ~ 13.3）
Seg	↑ 32.9×10^9 个 /L	（2.0 ~ 11.2）
Band	↑ 0.4×10^9 个 /L	（0 ~ 0.3）
Lym	↑ 4.9×10^9 个 /L	（1.0 ~ 4.5）
Mono	0	（0.2 ~ 1.4）
Eos	0	（0.0 ~ 1.2）
每 100 个白细胞中含有 1 个有核红细胞		
白细胞形态：出现了中等数量的反应性淋巴细胞		
HCT	↓ 18.0 %	（37 ~ 60）
RBC	↓ 2.47×10^{12} 个 /L	（5.5 ~ 8.5）
HGB	↓ 4.9 g/dL	（12.0 ~ 18.0）
MCV	65.1 fL	（60.0 ~ 77.0）
MCHC	↓ 27.2 g/dL	（31.0 ~ 34.0）
血小板：数目正常		

生化检查

GLU	↓ 26 mg/dL	（90.0 ~ 140.0）
BUN	↓ 7 mg/dL	（8 ~ 33）
CREA	↓ 0.2 mg/dL	（0.5 ~ 1.5）
P	6.3 mg/dL	（2.2 ~ 6.6）
Ca	↓ 7.5 mg/dL	（9.5 ~ 11.5）
Mg	↓ 1.2 mmol/L	（1.7 ~ 2.5）
TP	↓ 2.4 g/dL	（4.8 ~ 7.2）
ALB	↓ 1.0 g/dL	（2.5 ~ 3.7）
GLO	↓ 1.4 g/dL	（2.0 ~ 4.0）
Na^+	↓ 129 mmol/L	（140 ~ 151）
Cl^-	106 mmol/L	（105 ~ 120）
K^+	↑ 6.8 mmol/L	（3.6 ~ 5.6）
AG	↓ 10.8 mmol/L	（15 ~ 25）
HCO_3^-	19 mmol/L	（15 ~ 28）
TBIL	↑ 0.9 mg/dL	（0.10 ~ 0.50）
ALP	↑ 369 IU/L	（20 ~ 320）
GGT	2 IU/L	（2 ~ 10）
ALT	↑ 851 IU/L	（10 ~ 95）
AST	↑ 225 IU/L	（10 ~ 56）
CHOL	↓ 24 mg/dL	（110 ~ 314）
AMYL	472 IU/L	（400 ~ 1 200）

血凝概况

PT	↑ 16.2 s	（6.2 ~ 9.3）
APTT	↑ 38.4 s	（8.9 ~ 16.3）

征的白细胞增多症，并伴有轻度核左移，以及由炎症和抗原刺激作用引起的反应性淋巴细胞增多。单核细胞减少症无临床意义。幼年动物出现少量典型的有核红细胞这一结果很值得怀疑，在循环血液中出现这些细胞的原因可能是由炎症或者败血症继发的内皮细胞损伤。有核红细胞还可见于再生性贫血过程中。Caviar患有正细胞低色素性贫血，此时很难进行分类。

红细胞血红蛋白减少反映了再生趋势。还需要进行网织红细胞计数来确定是否存在再生性反应。

血清生化分析

低血糖：一旦排除了样本处理错误的可能，就应该考虑生理性低血糖。患犬的炎性白细胞象和就诊时的体况都和败血症相吻合。低血糖可能是先天性门脉血管异常导致肝功能受损引起的，支持这一猜测的其他指标变化包括尿素氮浓度降低、低白蛋白血症、高胆红素血症、血清胆固醇降低以及凝血时间延长。因此，有必要测定血清胆汁酸或者血氨浓度，以评估肝脏功能。幼年犬几乎不可能出现副肿瘤性低血糖。尽管Caviar体况很差，缺乏营养，但仅仅营养不良很少会引起低血糖（见Belinda，第四章，病例1；Marsali，第五章，病例3；Diva，第六章，病例16）。

尿素氮和肌酐浓度下降：尿素氮浓度下降可能和肝功能下降有关。而肌酐浓度下降可能是由体况较差和肌肉消耗引起的。

血磷正常，低钙血症：血清总钙含量降低可能是由白蛋白浓度下降引起的。Caviar有长期腹泻的病史，提示吸收不良可能也是低钙血症的原因之一。

泛蛋白减少症：许多泛蛋白减少症的患者都会出现非选择性蛋白丢失增加。Caviar有长期腹泻和胃肠道出血的病史，因此蛋白丢失的途径最有可能是胃肠道。由于该病例凝血时间延长，提示出血可能是由凝血障碍造成的。由于病程较长，其他引起腹泻的原因和蛋白丢失性肠病也应考虑在内。蛋白持续丢失，但Caviar营养不良，代偿能力不足，不足以维持血清蛋白的水平。以上这些因素导致肝脏功能下降，从而造成白蛋白合成减少。由于幼年动物接触的抗原较少，因此血清球蛋白水平低于成年动物。

低钠血症，氯离子处于参考值范围下限：怀疑电解质经胃肠道丢失。出血激发肾脏对血容量不足做出反应，引起自由水蓄积，对血液产生稀释作用，从而造成低钠血症。与钠离子相比，氯离子浓度相对较高，但是血清碳酸氢盐仍在正常参考范围内。这符合混合性酸碱紊乱的表现，应考虑血气分析。

高钾血症：假设已经排除了严重的溶血和组织损伤（这两种病变都会引起钾离子释放），接下来需要评估尿液排泄钾离子的能力。排泄减少通常发生于尿液不能从体内排出的情况，例如肾衰的少尿或者无尿期、尿道阻塞或者膀胱破裂。虽然目前没做尿液分析，Caviar排尿正常，并且未见与上述疾病相关的临床症状。电解质异常和胃肠疾病的病史符合肾上腺皮质机能减退的表现，但是Caviar尚处于幼年阶段，不至于患此病。另外，有些患有原发性胃肠道功能紊乱的犬也会出现电解质异常，和肾上腺皮质机能减退引起的电解质异常相似。腹泻会引起水、钠离子和氯离子丢失，造成血容量降低，从而引起肾小管流速下降和钾离子潴留。文献报道显示犬的鞭虫感染也会产生假性肾上腺皮质机能减退，因此有必要对该病例进行粪便漂浮检查。

阴离子间隙下降：这种变化是显著的低蛋白血症引起的。蛋白质如白蛋白是重要的阴离子。

高胆红素血症：败血症和肝脏功能下降都会导致轻度高胆红素血症。ALP和GGT轻度升高，提示机体不太可能发生严重的胆汁淤积。由于Caviar贫血，需要做血涂片检查，以确定是否发生溶血。

ALP升高：对于一只临床表现复杂的犬来讲，很难确定ALP轻度升高的原因。造成ALP升高的肝外原因包括青年犬骨骼生长、药物影响和激素的作用。轻度胆汁淤积可能继发于肝细胞损伤所致的组织肿胀。肠道损伤也会引起肝酶活性升高，因为肠壁破损使其接触更多的细菌和毒素。

ALT和AST升高：这些酶活性升高反映了肝细胞损伤。由于Caviar贫血，并且可能存在败血症，因此ALT和AST升高可能与一定程度的肝细胞缺氧或灌注不良有关。因为其他反应肝脏功能下降的实验室指标也出现异常，因此要考虑原发性肝脏疾病。

低胆固醇血症：低胆固醇血症可能是由肝功能下降引起，也可能是蛋白丢失性肠病引起。

凝血检查：肝脏功能下降后不能产生血凝因子，从而引起凝血时间延长。同时损伤的胃肠道维生素K吸收不良，造成维生素K不足，从而生成无活性的凝血因子。

病例总结和结果

对Caviar采取抗生素治疗，静脉输注液体、血浆和葡糖糖。治疗过程中Caviar身体状况有所好转。更进一步的诊断包括细小病毒检测（阴性）和粪便漂浮检测。进食后的血清胆汁酸浓度为221 μmol/L（参考范围：0～25），证实该病例肝功能不全。腹部超声检查发现肝外血管分流，但是医生怀疑Caviar还同时患有肠道疾病，包括淋巴管扩张或者感染性肠炎。Caviar经药物治疗病情稳定，然后手术纠正血管分流。术后饮食恢复，血糖水平也得到恢复，但是出院几天后出现腹水。然后又进行了一次手术，试图降低分流的血压，但是不可能去除括约肌或者使其舒张。对它采取对症治疗，出院后由转院前的兽医照顾。

在Caviar这一病例中，引起电解质异常的原因包括胃肠道丢失增加、组织灌注不良以及肾脏排钾能力下降，以上变化还可见于肾上腺皮质机能减退（病例13）、腹腔积尿（病例21），以及其他引起第三间隙丢失的原因（如积液）（病例1）。前面也有同时出现电解质消耗和低血糖症状的病例，血糖降低的原因是败血症（Pat，第七章，病例22）。而Caviar的血糖降低是由肝脏功能受损引起的。

病例25 – 等级3

"Albus"，杂色公马，6月龄。最近2d严重腹泻、食欲减退。就诊时Albus心搏过速、黏膜发黏。

解析

CBC：Albus出现白细胞减少症，并且以中性粒细胞严重减少和轻度中毒性变化为特征，Albus患有急性炎症或内毒素血症，这可能与肠道疾病有关。

血清生化分析

高血糖：马属动物很少出现高血糖，该病例的高血糖与应激或兴奋有关。

氮质血症：尿相对密度较高，提示氮质血症是肾前性的。

高磷血症：肾前性肾小球滤过率降低导致血磷蓄积。

低钙血症：血钙略微降低可能与胃肠道疾病有关（见Faith，第五章，病例19）。

伴有球蛋白降低的低蛋白血症：低球蛋白血症常和低白蛋白血症同时出现，这一变化提示蛋白丢失是非选择性的（经肠道、第三间隙、皮肤或出血等途径丢失）。在这一病例中，白蛋白水平仍保持在参考范围内。单独的

血常规检查

WBC	↓ 2.7×10^9 个 /L	（5.4 ~ 14.3）
Seg	↓ 0.5×10^9 个 /L	（2.3 ~ 8.6）
Band	0	（0 ~ 0.3）
Lym	2.1×10^9 个 /L	（1.5 ~ 7.7）
Mono	0.1×10^9 个 /L	（0.0 ~ 1.0）
白细胞形态：中性粒细胞呈现轻度中毒性变化		
HCT	35 %	（32 ~ 53）
MCV	↓ 33.7 fL	（37.0 ~ 58.5）
MCHC	34.9 g/dL	（31.0 ~ 38.6）
红细胞形态：未见异常红细胞		
血小板：聚集成簇，但数量充足		

生化检查

GLU	↑ 238 mg/dL	（60 ~ 130）
BUN	↑ 31 mg/dL	（10 ~ 26）
CREA	↑ 2.4 mg/dL	（1.0 ~ 2.0）
P	↑ 12.0 mg/dL	（1.5 ~ 4.5）
Ca	↓ 10.6 mg/dL	（10.8 ~ 13.5）
Mg	↑ 2.8 mmol/L	（1.7 ~ 2.4）
TP	↓ 5.4 g/dL	（5.7 ~ 7.7）
ALB	3.1 g/dL	（2.6 ~ 3.8）
GLOB	↓ 2.3 g/dL	（2.5 ~ 4.5）
Na^+	↓ 129 mmol/L	（130 ~ 145）
Cl^-	↓ 84 mmol/L	（97 ~ 110）
K^+	↑ 6.1 mmol/L	（3.0 ~ 5.0）
HCO_3^-	↓ 20.0 mmol/L	（25 ~ 33）
AG	↑ 31.1 mmol/L	（7 ~ 15）
TBIL	1.25 mg/dL	（0.30 ~ 3.0）
ALP	↑ 552 IU/L	（109 ~ 352）
GGT	15 IU/L	（4 ~ 28）
LDH	↑ 539 IU/L	（122 ~ 360）
AST	321 IU/L	（190 ~ 380）
CK	↑ 1 212 mg/dL	（80 ~ 446）

尿相对密度：1.035

球蛋白降低反映了新生幼畜的被动转运功能低下，新生动物在接触到抗原以前，球蛋白水平较低。随着抗原刺激反应，体内球蛋白水平逐渐升高。可能由于年龄因素的影响，在发病之前，Albus的球蛋白水平一直处于参考范围的下限。先天性免疫缺陷综合征（例如阿拉伯马驹的联合免疫缺陷综合征）很少会引起球蛋白生成障碍。

轻度低钠血症，伴有不成比例的低氯血症（更严重）：这种变化是电解质经胃肠道丢失造成的。碱血症往往会引起氯离子与钠离子不成比例的下降。如果不成比例的低氯血症和HCO_3^-下降同时出现，则怀疑机体发生了混合性酸碱紊乱。这个病例也发生了类似变化。灌注不良和乳酸酸中毒可能会引起尿液中乳酸含量升高。由于乳酸不能被肾小管重吸收，为了维持机体的电中性，尿液中钠离子的排泄会代偿性增加。钠离子被重吸收以后会形成相应的电化学梯度，促进肾小管和集合管对氯离子的重吸收。所以一旦钠离子不能被重吸收，氯离子也就无法被重吸收了。

高钾血症：肾小球滤过率严重下降导致钾离子排泄受阻，会引起血清钾离子蓄积。另外，无机酸酸中毒会导致钾离子从细胞内转移至细胞外。根据临床病史和实验室数据来看，大面积组织坏死、横纹肌溶解、低醛固酮血症等因素都会引起高钾血症，一些药物也会引起高钾血症，例如血管紧张素转换酶抑制剂或甲氧苄氨嘧啶（磺胺类抗生素）。但这个病例出现的高钾血症跟这些因素关系不大。当出现横纹肌溶解或组织坏死时，肌酸激酶等酶活性升高的程度不会如此轻微。

高离子间隙性酸中毒：阴离子间隙升高是由测量不出的阴离子蓄积造成的。对于Albus而言，酸中毒的原因可能是尿毒症酸中毒，也可能是继发于脱水和灌注不良的乳酸酸中毒。

ALP和LDH升高：在一系列相关机制的作用下，肠道疾病可能会继发肝酶活性升高。患病动物出现肠道疾病以后，接触细菌、内毒素、炎症介质的机会增加，从而引起肝细胞损伤；肠道炎症引发的全身炎症及循环紊乱会引起肝细胞缺氧；而胆管的上行性感染、肠内压升高引起肠内容物反流入胆管等因素都会导致胆汁淤积。在一项研究中，研究者分析了五匹患有近端肠炎的马（这五匹马都因肠道疾病造成了肝脏损伤）的肝脏组织病理学检查结果，得出以下结论：肠炎能够继发引起肝酶活性升高（Davis）。虽然马属动物中引起LDH升高的最常见病因是肝细胞损伤，但这种酶并不具有肝脏特异性，也有可能源自于肌肉组织。由于骨骼的生长，幼年动物的ALP也可能会比较高。

CK升高：CK升高常提示肌肉损伤。肌肉损伤可能是运输或医疗操作引起的，例如肌内注射。如果Albus感到疼痛，它可能会自残，从而造成肌肉损伤。虽然一般情况下，结缔组织对缺氧有一定的抵抗力，但在有些病例中，灌流不良也会引起肌肉损伤。

病例总结和结果

Albus的轮状病毒和产气荚膜杆菌检查阴性。对Albus进行对症治疗，包括应用抗生素和止痛药、输液治疗及止痛药等，效果良好。如果把Albus和Delaney（第七章，病例8，实验室数据较为简单）进行对比，我们会发现

Delaney表现出的是胃肠道疾病，电解质丢失很少，但自由水丢失以及饮水受限导致机体出现高钠血症和高钾血症。相反，Albus的电解质流失比较严重，而且还可能同时伴有自由水蓄积或者饮水增加（增加饮水以代偿液体不断的流失）。注意观察这种伴随血钾浓度升高的低血钠和低血氯的情况，这一章前面的病例中已经出现过几次。Delaney没有表现出酸碱紊乱，但由于肠炎和体液失衡，Albus出现了高离子间隙性代谢性酸中毒。

→ 参考文献

Davis JL, Blikslager AT, Catto K, J ones SL. 2003. A retrospective analysis of hepatic injury in horses with proximal enteritis. J Vet Intern Med (17): 896-901.

回顾

第一步：如果电解质水平升高，需要考虑以下几个方面。

• 饮食摄入增加或治疗干扰（病例1、14）

• 排泄减少，尤其是通过肾脏排泄减少（病例9、13、20和21）

• 细胞跨膜转移，尤其是钾离子跨膜转移（病例2、17）

• 液体量减少，电解质浓缩（病例8、15）

• 酸碱紊乱时，发生电化学代偿

第二步：如果电解质水平降低，需要考虑。

• 摄入减少，主要影响钾离子（病例4、11）

• 电解质丢失途径：

胃肠道（病例4、5、6、7、8、18、19、24和25）

肾脏（病例9、13、18、19）

第三间隙（体腔、间质）（病例3、20、21和23）

皮肤丢失（病例11、21）

出血（病例10、24）

• 稀释（病例9、10、12、17、18、21和22）

• 酸碱紊乱时，发生电化学代偿

第三步：如果电解质的测量值正常，但是患病动物仍有离子蓄积或丢失、或者有体液/酸碱调节异常的可能性，则需要考虑多重因素的影响，多种因素不同作用叠加的结果。

第四步：如果患病动物有碱血症（碳酸氢盐升高），需要考虑碳酸氢盐潴留、酸扣押或者消耗（病例5、6、10、11、19、及21）。

第五步：如果患病动物有酸血症（碳酸氢盐下降），需要考虑碳酸氢盐或酸的潴留（病例12、18及25）。

第六步：如果患病动物的阴离子间隙升高，需要考虑伴有脱水的白蛋白升高，或者是内源性/外源性的有机酸蓄积（病例6、12、17、18、20和21）。

第七步：如果患病动物的阴离子间隙下降，需要考虑蛋白质和阳离子异常，例如钙离子和镁离子（病例13、23和24）。

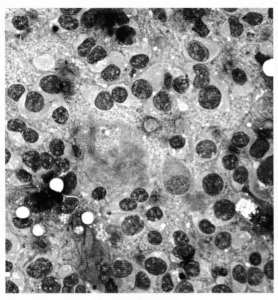

彩图1

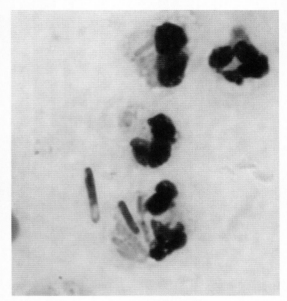

彩图2

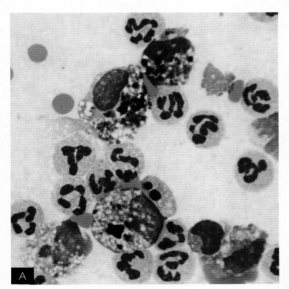

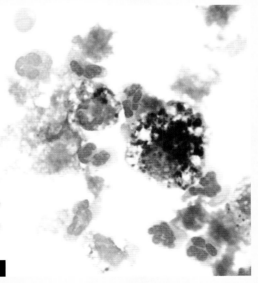

彩图3 A和B

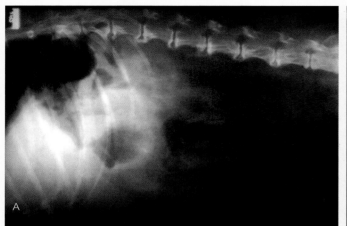

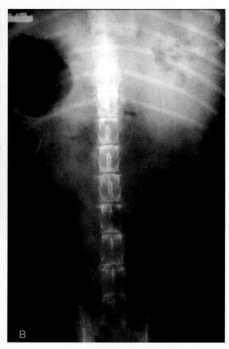

彩图 4　A 和 B

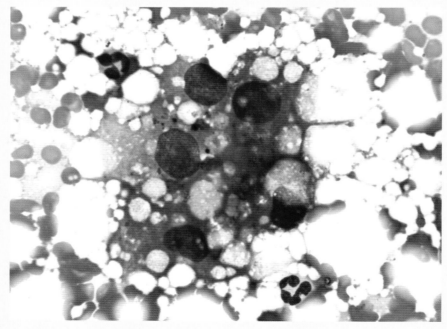

彩图 5

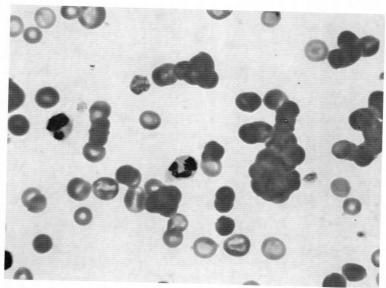

彩图 6

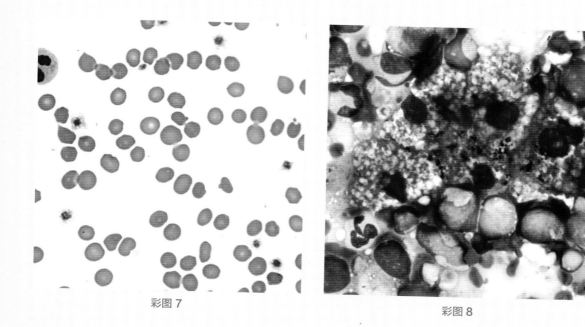

彩图 7

彩图 8

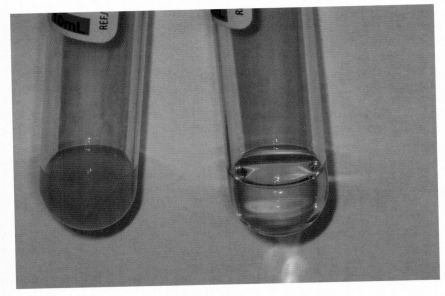

彩图 9

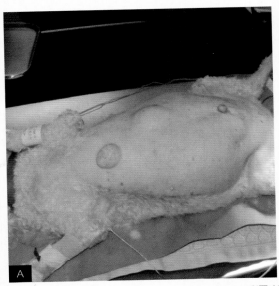

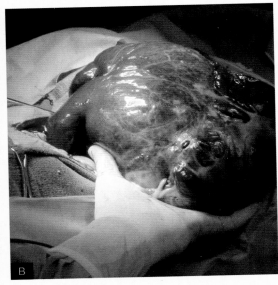

彩图 10　A和B

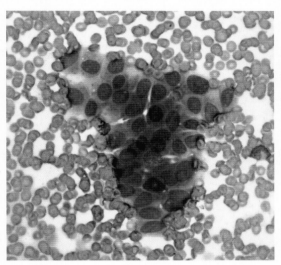

彩图 11

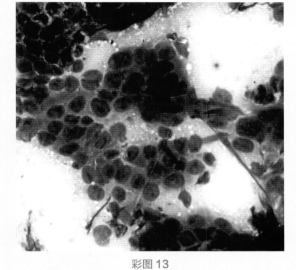

彩图 13

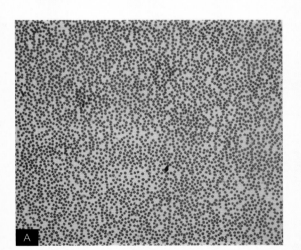

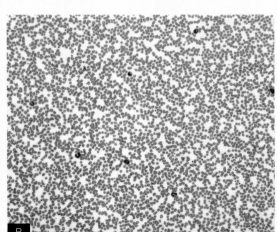

彩图 12 A 和 B

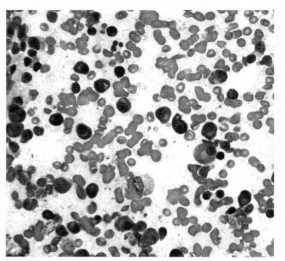

彩图 14

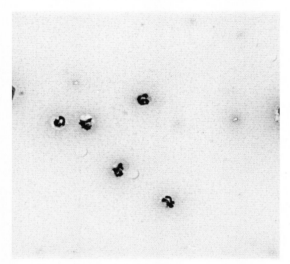

彩图 15

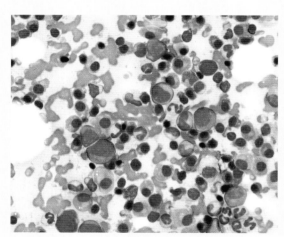

彩图 16

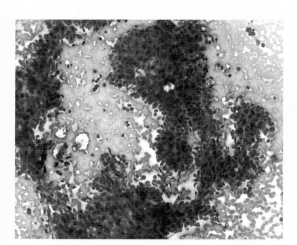

彩图 17

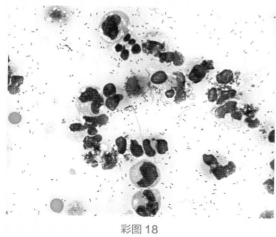

彩图 18

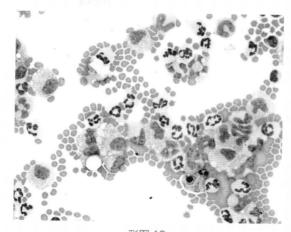

彩图 19

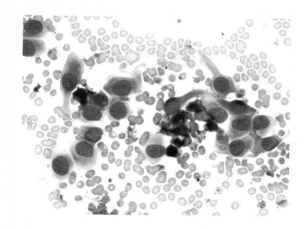

彩图 20

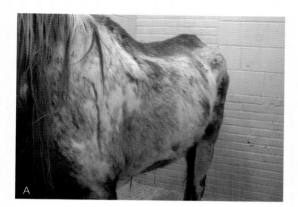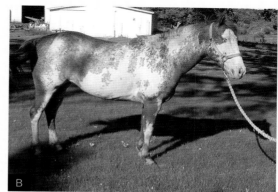

彩图 21 A 和 B

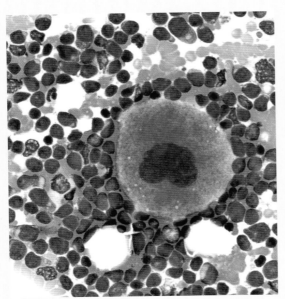

彩图 22

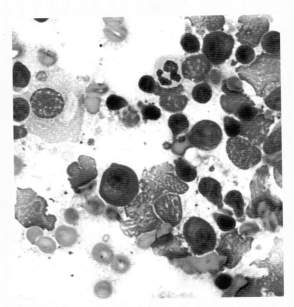

彩图 23

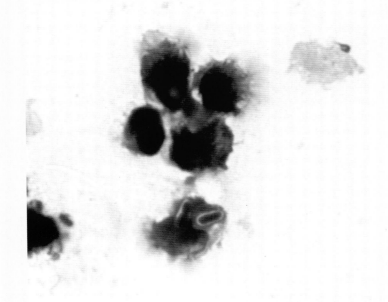

彩图 24

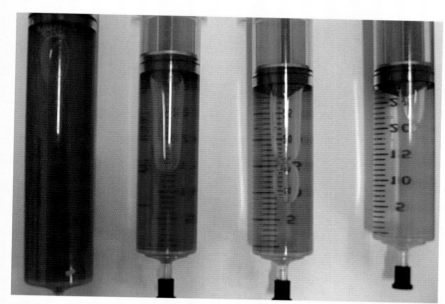

彩图 25

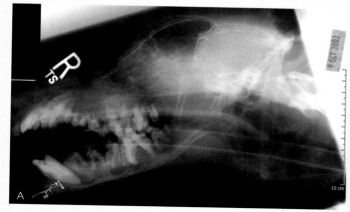

彩图 26　A，B

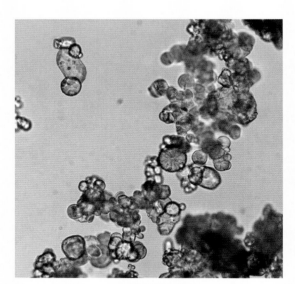

彩图 27

彩图 28

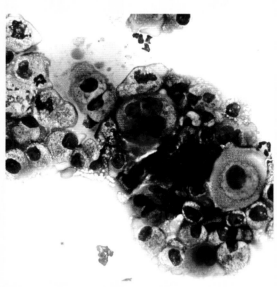

彩图 29

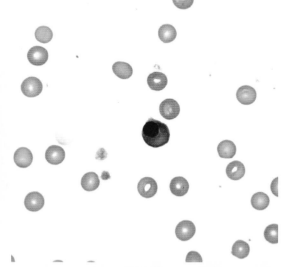

彩图 30

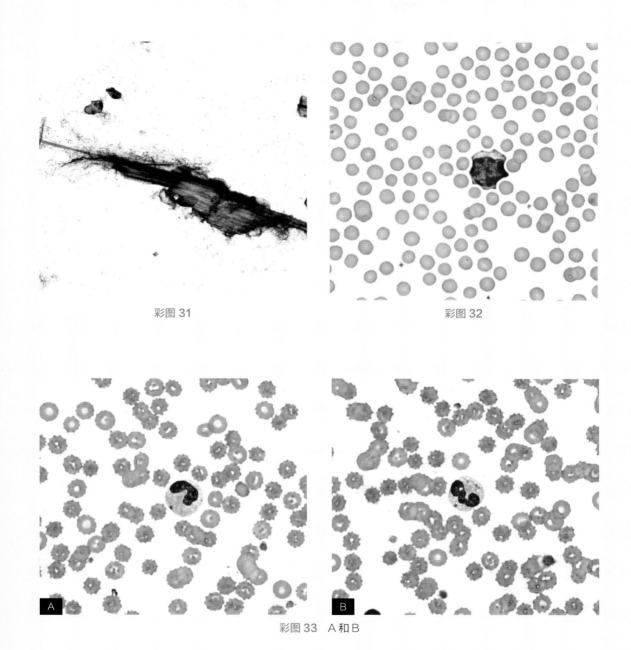

彩图 31

彩图 32

彩图 33 A和B

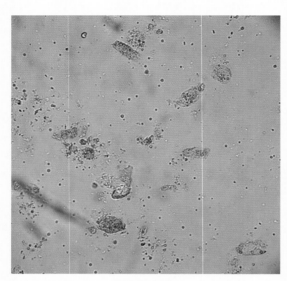

彩图 34

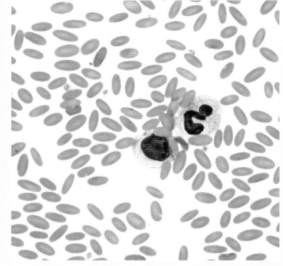

彩图 35

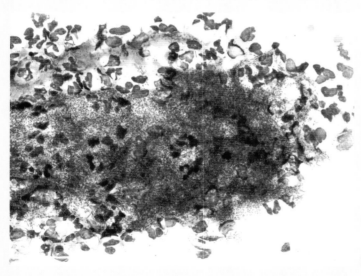

彩图 36